環境経済学入門

Introduction to
Environmental Economics

ニック・ハンレー／
ジェイソン・ショグレン／
ベン・ホワイト＝著

Nick Hanley
Jason F. Shogren
Ben White

田中勝也＝編訳

Edited and Translated
by Katsuya Tanaka

昭和堂

日本の読者の皆さまへ

　日本の皆さん，私たちが執筆した「環境経済学入門」の日本語版を手に取っていただきありがとうございます。この教科書は，さまざまな環境問題に対する経済学の考え方や分析手法について，シンプルかつ示唆に富んだ形で紹介できるように工夫しました。経済学が初めての人にも，経済学の基礎がすでにある人にも自信を持ってお薦めできます。

　この第3版は，2001年に初版が刊行されてから2度目の大改訂になります。この10年間で環境を取り巻く状況は大きく変化し，環境経済学という学問も大きく発展しました。これらの変化を踏まえ，第3版では内容を大幅に書き加えました。既存の各章に最新のトピックや研究成果などを反映させるとともに，保全インセンティブ（第3章），廃棄物とリサイクル（第11章），生物多様性（第13章）などの新章を加えました。

　環境経済学は，世界中のさまざまな場面で「実践」されています。そこで私達は，「環境経済学の実践」という囲み記事により，オーストラリアの生物多様性保全，アメリカの水質汚染対策，EUの農業環境政策，グローバルな気候変動対策など，世界中のさまざまな事例を紹介しました。本文の説明を補足するように配置していますので，事例を学びながら本書の理解も深まるはずです。重要な概念については「キーコンセプト」という囲み記事も組み込みました。

　本書は「基礎編」と「応用編」の2部構成です。まず「基礎編」（第1〜7章）では，経済学の視点から環境問題を理解し，対応するための基本的なツールを説明しています。これらのツールには，排出量取引市場，環境税，生態系サービスへの支払い（PES）などが含まれます。次に「応用編」（第8章〜13章）では，基礎編で学習したツールを貿易，気候変動，水環境，廃棄物とリサイクル，エネルギー，生物多様性など重要な環境問題に対して適用していきます。また，希少な天然資源を社会はどのように管理するべきなのか，「持続可能な発展」をどう実現していくかなどについても考えていきます。

　本書の根底にある思想は，「私たちが個人として行う選択が，自然環境の保全に役立つ」そして「自然環境を保全することが，現在および将来における

人々の幸福度に影響する」というものです。そのために私たちは経済学を理解
し，経済学のツールを政策に取り入れることで，環境破壊を防ぐことができる
と確信しています。

　本書を日本語化するという素晴らしい企画の提案者である田中勝也氏と，各
章を翻訳してくださった日本の環境経済学者の方々，そして日本語版の出版社
である株式会社昭和堂の編集スタッフに深く感謝の意を表します。

ニック・ハンレー
ジェイソン・ショグレン
ベン・ホワイト

謝　辞

　著者らは，オックスフォード大学出版局スタッフの尽力と激励に感謝する。ニック・ハンレーは，ミック・チャイコフスキー，ベン・グルーム，オーエン・マクラフリン，トーマス・キナマン，ジャック・ペッツァイの有益なコメントに感謝する。ベン・ホワイトは，マイケル・バートンの環境経済学に対する洞察に感謝する。ジェイソン・F・ショグレンは，長年にわたり議論しアイデアを共有してくれた教員と学生に感謝する。

第 3 版の新機能

　『環境経済学入門』第 3 版は，好評を博した第 2 版を踏まえて以下のように更新されている。

・新章の追加：保全のためのインセンティブ（第 3 章），家計の廃棄物とリサイクルの経済学（第 11 章），生物多様性（第 13 章）
・既存章の大幅な改定：費用便益分析（第 5 章），水質改善の経済学（第 10 章）
・行動科学や再生可能エネルギー政策からの知見を含む新しいトピックの追加
・図表の新規追加と更新
・3 つの新しい学習機能：重要な原則を強調する「キーコンセプト」，理論が現実の世界でどのように適用されているかを示す「環境経済学の実践」，学習内容のより深い理解を促進するための「ディスカッションのための質問」

本書の使用方法

　本書は，環境経済学を学ぶ上で必要な知識やスキルを習得するための，さまざまな学習機能を備えている。

「キーコンセプト」による学習
　本文の内容を拡張し，環境経済学において影響力のある考えや問題点について詳細に説明する。

「環境経済学の実践」による応用
　現代の多様な事例を通して本文で取り上げた概念を説明するとともに，現実の環境問題を分析して理論を解決策に適用することを促す。

「ディスカッションのための質問」による挑戦
　挑戦的な内容で，重要な問題についてのディスカッションを促す。この質問を復習や授業で活用することで，分析力と推論力を養うことができる。

「練習問題」による復習
　各章の最後にある刺激的な設問は，学習内容を振り返り，その内容を批判的に考えるように作られている。これらの問題に答えることで，理解度を確かめるとともに，個別指導の準備をすることができる。

「参考文献・その他の参考資料」による探求
　各章の最後に掲載されている書籍・論文リストは，その章の主要な内容についてさらに探求し，理解を深めるためのものである。

＊原著にはオンライン教材，用語集，教員向けの図表，ディスカッションのための質問のサービスが附属しているが，日本語版では省略している。なお，原著第8章，第9章，第10章は日本語版には含まれない（訳者あとがき参照）。

目　　次

第 I 部　基礎編

第 | 部

基礎編

| 第1章 | 環境のための経済学 |

1.1 はじめに

　ようこそ！本章のタイトルが「環境の<u>ため</u>の経済学」なのは，なぜだろうか。それは，今日世界中の人々が直面している多くの環境問題を理解し，解決する上で，経済学が重要な貢献をしていると確信しているからである。人々は経済学を金融や大企業のビジネスに関するものと捉えがちであるが，経済学はウォール・ストリート[※1]に関するのと同じぐらいメイン・ストリート[※2]に関するものである。経済学的な議論や手段は，環境に害を与えるよりも，むしろ環境を守ることに使われるものである。本書の第Ⅰ部である基礎編では，経済学が提供しなければならない主要な知見を紹介していく。そして第Ⅱ部の応用編では，重要な環境問題を取り上げ，第Ⅰ部で学習した知見が政府や企業，人々の問題への対応をどのように改善できるかを示していく。

　筆者らは，消費者や企業の経済行動を考慮しない環境政策は，事態を好転させるよりむしろ悪化させるものだと強く信じている。消費者や企業などの経済主体に対しては，環境財やサービスの価格を「正しく」設定することで，環境への影響を考慮するように誘導することができる。そして環境政策を設計する際は，「価格を正しく設定する」ことが大きなメリットになる。例えば，農家や森林所有者には，洪水調節や炭素貯蔵など，彼らの土地が「供給」できる有

※1　訳注：都市部の金融業や大企業全般を指す。
※2　訳注：ウォール・ストリート以外の経済，とくに地方の小規模事業者を指す。

益な生態系サービス※3（第 13 章参照）に対して報酬を与えることで，生態系
サービスの供給を増やすインセンティブ（誘因）を与えることができる。

　人々は，経済活動による環境影響や，自然環境を保護することの経済的価値
に，より多くの注意を払うようになっている。これは，気候変動，海洋プラス
チック，地域の貴重な景観の喪失といった環境問題に対する意識の高まりが一
因である。また，環境規制のメリットとコストを理解することへの政策立案者
の関心が高まった結果でもある。人々は，環境悪化や生態系サービスの利点に
ついて関心を持ち，より多くを知るようになっている。持続可能な開発（第 7
章参照）は，公共政策において重要な概念となっているが，世界人口の増加と
気候変動による差し迫った破滅が予測されているにもかかわらず，この概念の
有用性は不明である。経済学は，これらの問題とその背後にあるトレードオフ
を理解する上で，重要かつ不可欠な貢献をしていると確信しているため，基本
的な考え方を幅広い読者に伝えるための本を出版することは有意義だと考えて
いる。

　本書は，2001 年に出版された教科書の第 3 版である。原著初版の刊行以降，
気候変動の証拠と対策をめぐる議論が活発化し，2005 年のミレニアム生態系
評価※4（MEA）の公表を契機に，生態系サービスへの認識も高まっている。
多くの国が再生可能エネルギー利用を大幅に拡大しているが，生物多様性の損
失を減らすための世界的な目標は未だに達成されていない。世界各地でより多
くの海洋保護区が指定されているが，海洋環境への負荷は増加し続けている
（マイクロプラスチックのような海洋動物への新たな脅威を含む）。アフリカゾウ
やライオンなどの絶滅危惧種の個体数も減少する一方である。さらに，グロー
バルな経済活動の拡大，貿易と環境との関連性についても議論が続いている。

　2001 年当時，筆者らは，環境問題の理解と解決に経済学が貢献できること
を説明した入門書の必要性を感じていたが，現在ではその必要性はさらに強
まっている。改訂にあたっては，初版，第 2 版の刊行以降の環境問題の変化
と，環境経済学の発展の両方を考慮した。また，本書を使用した学生や教員か
らのフィードバックも考慮している。

※ 3　訳注：国連の提唱により実施された，地球規模での生物多様性および生態系の保全と
　　持続可能な利用に関する科学的な総合評価。
※ 4　訳注：生態系が人々にもたらす恵み。

　本章の残りの部分では，経済と環境の関連性について論じた上で，環境学者，経営者，政治家などが知っておくべき環境・自然資源経済学からの 10 の重要な視点を述べたい。

1.2　経済と環境

　本書は，環境・自然資源政策において，なぜ経済学が多くの人が考える以上に重要なのかを探求していく。経済学では，市場における金銭的なやり取りだけでなく，自然環境が私たちに提供する「価格設定されていない」非市場サービスも同様に重要である。生物多様性，洪水制御，汚染処理のために湿地を保全することの便益は，今週のテキサス油田からの石油生産量と同様に経済的な問題である。

　経済と環境がどのように相互に関連しているかを理解することは有益である。経済は環境システムの内部で動いており，2 つのシステムは常に変化しながら同時に決定される。ここで「経済」とは，産業を構成する企業，労働を供給し消費者でもある家計（個人），政府，これらの経済主体間の相互作用を規定する市場などの制度，技術水準，物的・人的資本の蓄積（ストック）を指す。「環境」とは，地球上の様々な生態系（森林，砂漠，湿地など），そこに生息する動植物，石炭や鉄鉱石などの地表面下の資源堆積物，大気などを意味する。図 1.1 に示すように，これら 2 つのシステムの間には多くのつながりが存在する。

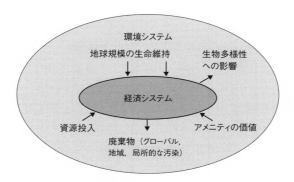

図 1.1　経済と環境の相互作用

　第1に，環境は，鉱物，金属，食料，炭化水素，木材や綿などの原材料やエネルギー資源を経済システムに提供する。これらの資源には，石炭や鉄鉱石などのように再生不可能なものもあれば，水産資源や森林などのように再生可能なものもある。これらの資源は，木材から紙へ，石油からガソリンへといったように，経済システムによって消費者が必要とする物に変換される。

　第2に，経済は環境を廃棄物の受け皿として利用している。廃棄物には，発電によるCO_2排出のように生産プロセスから発生するものもあれば，車での通勤のように人々の消費活動から発生するものもある。また，廃棄物には固体，液体，空気中に浮遊するものなど様々な種類があるが，環境が廃棄物を吸収して無害な物質に変換する浄化能力には限りがある。汚染とは，環境の同化能力を超える廃棄物が排出され，望ましくない影響をもたらす状態を指す。

　第3に，環境は家計にアメニティを提供する。人々は，美しい景観や野生生物の観賞，ハイキングや釣りなどから効用（幸福感，満足感）を得ている。このような環境の幸福感への影響は，経済学の観点から見ても重要である。

　最後に，環境は経済システムに基本的な生命維持サービスを提供している。ミレニアム生態系評価（MEA 2005）以来，これらのサービスは生態系サービスと呼ばれるようになっている。湿地などの生態系は，生物学的特徴（植物や動物など）と非生物学的特徴（土壌など）の組み合わせである。これらの構成要素は相互に，また太陽エネルギーなどの投入物とも作用して，多様な生態系機能を生み出している。これらの機能には，純一次生産力，栄養塩循環，生息地の提供などが含まれる。これらの生態系機能は，人々の幸福に直接または間接的に貢献する多くのサービスを生み出していると考えることができる（図1.2参照）。

　MEA（2005）以降，これらの生態系サービスは通常，①供給サービス，②調整サービス，③文化的サービス，④基盤サービスの4つのグループに分類される。

　表1.1は，深海生態系におけるこれらのサービスの一覧である。生態系サービスは，他の投入物と組み合わされて人々に便益をもたらす。例えば森林の存在は，家具や薪を生産に使用できる木材を供給することで（供給サービス），炭素を貯蔵・隔離することで（調整サービス），散歩やバードウォッチングに出かけることができる場所であることで（文化的サービス），私たちの幸福に

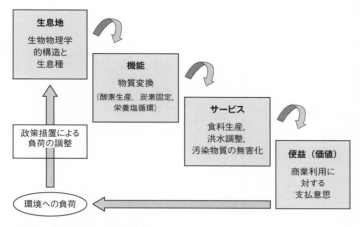

図 1.2　生態系サービスの枠組

表 1.1　深海渓谷（海底谷）の生態系サービス

生態系サービス	価値の説明
供給サービス	
炭素隔離・貯蔵	渓谷内での有機物の自然吸収，貯蔵，埋没の価値
食糧供給	人間の消費のために海洋生物を提供する渓谷の価値
遺伝資源や化合物	生物工学的，薬学的，または工業的応用に峡谷生物を使用することのオプション価値
調整サービス	
生物学的防除	病気や外来種を制御することの価値
廃棄物の吸収・無害化	渓谷生態系内での廃棄物の埋没，分解，物質変換の価値
文化的サービス	
美的・精神的	宗教，芸術，映画，ドキュメンタリー，本，民間伝承などを引き起こす渓谷生態系の価値
遺産・存在	将来の世代のために渓谷の生態系を維持することの価値とその海洋種の固有の価値
科学と教育	科学と教育のための峡谷生態系の認知的価値
中間サービス	
生物が媒介した生息地	海洋生物によって形成される峡谷の生息地の価値
栄養循環	峡谷生物による栄養素の貯蔵と再利用の価値
レジリエンスと抵抗	環境撹乱に対する渓谷生態系の対処能力と，撹乱後の再生能力の価値
水循環・水交換	海流の価値（湧昇，沈降，大陸棚における水塊斜面滑降，水塊交換）

出典）Jobstvogt et al.（2014）.

表 1.2　生態系サービスと沿岸湿地の便益

分類	サービスの内容	経済的な便益
調整サービス	炭素の貯蔵と隔離 （例えば，塩性湿地植物による）	気候変動による被害の軽減，他の温室効果ガス抑制と比較した支出の節約
	風水害対策	地域の住宅地，農地，商業地への浸水被害の軽減
文化的サービス	鳥類の生息地	バードウォッチングの価値
	教育的資料	湿地の働きを学ぶ生徒への価値
供給サービス	魚類個体数の維持	湿地機能による商業漁獲の価値

出典）Jobstvogt et al.（2014）.

貢献している。表 1.2 は，湿地に対する生態系サービスとその便益を示している。

　経済学者たちは，現在および将来の生態系サービスから人々が得られる価値（便益）の流れ（フロー）に関心を持っている。また，生態系管理の変更が，長期的にこれらの便益のフローにどのような影響を与えるのか，誰がそれらの利益を得るのかにも関心を持っている。これらのサービスの中には，市場により価格が決定されるもの（森林所有者が販売する木材など）もあるが，野生生物の観察や，炭素隔離などはそうではない。しかし，いずれも森林が供給するサービスであり，経済的な価値のあるものである。もし森林所有者が森林の管理を通じて生態系サービスを「生産」することが市場やその他の方法で報われなければ，これらのサービスを提供し続けるインセンティブは低くなる。これは特に，生態系サービスを提供することで，他の方法による土地管理（例えば，森林を伐採して集約的な農業に変えるなど）で収益を得ることが制限される場合に当てはまる。英国の全国生態系アセスメント（UK National Ecosystem Assessment）は，一国のすべての生態系が生み出す生態系サービスをリストアップし，その価値を評価する試みのよい例である。

　1 点明らかなことは，図 1.1 が示す 4 つのサービスのいずれかに関して，経済が環境への負荷を増大させた場合，他のサービスを提供する能力に影響を与えかねないということである。具体例は以下の通りである。

・汚染排出により，廃棄物の吸収源としての環境利用が増加すると，気候調整機能が妨げられ，環境の基本的な生命維持能力が低下する可能性がある。また，野生生物の個体数が減少することで，環境のアメニティ価値を低下する可能性がある。

・資源利用のための環境への需要の増加は，アメニティのフローを減少させる可能性がある。具体的には国立公園で採石場が開発された場合や，伐採により熱帯雨林が減少した場合などである。

・図 1.1 は経済と生物多様性との関連性も示しており，経済活動が野生の動植物の多様性や豊富さに影響を与える可能性があることを示している。その顕著な例が生息地の乗っ取りである（例えば熱帯雨林が金鉱になった場合など）。経済活動によって引き起こされる気候変動も，生物多様性に悪影響を及ぼす。生物多様性は干ばつや火災などの災害に耐える能力であり，自然システムの重要な特性であると考えられている（この特性はレジリエンスとして知られている）。したがって，最終的には生物多様性の減少は，人間の幸福に直接的・間接的な影響を及ぼす可能性がある。本書の最終章では，生物多様性の経済学について詳しく見ていく。

　相互に依存する経済・環境システムの重要な特徴は共進化である。これは，経済システムが時間とともにどう進化するかは，環境システムの状態変化に依存し，その逆もまた同様であることを意味する。環境の変化が経済発展に及ぼす影響という点で，新石器時代のスコットランドにおける気候変動がこれをよく表している。紀元前 4000 年頃，新石器時代の農民たちは，アラン島などの島々を含むスコットランド西岸に定住していた。この社会の繁栄ぶりは，彼らが建てた石碑の大きさからうかがえる。農地を開墾するために樹木が伐採され，大規模な土地被覆の変化が生じた[*1]。しかし，気候が寒冷化するにつれ，作物の成長率は低下し，その土地で生活することは難しくなっていった。泥炭湿地の面積が拡大し始め，人々が東や南に移動するにつれて居住地は放棄され，経済活動は環境条件の外生的影響によって変化していった（Whittington and Edwards 1997）。

[*1]　実際，この地域の森林には約 2000 年前まで多くの変化があったが，その正確な原因については未だに多くの議論がある。詳細は Whittington and Edwards（1997）を参照。

　環境システムは，気候変動などの外生的要因に反応して変化するだけでな
く，経済システムの内生的な理由で変化することもある。例えば，19世紀の
エジプトでは，ナイル川流域で紀元前5000年以来行われていた自然洪水のシ
ステムから脱却し，灌漑農業により輸出用の綿花を生産するようになった。そ
の結果，農地の塩分濃度が上昇したため，最終的には放棄された。メソポタミ
ア，イースター島，インダス川流域，中央アメリカのマヤ文明など，多くの地
域で農地の過剰利用が起こり，食料生産の危機を引き起こし，社会全体の発展
の方向性にも影響した（Ponting 1991）。

　経済の変化もまた，生態系の進化に影響を及ぼす。具体例は以下の通りであ
る。

　・外来生物の移入。例えば，オーストラリアからニュージーランドへのフク
　　ロネズミの導入や，さらに以前のネズミやオコジョの導入は，ニュージー
　　ランドの動植物の種類と豊富さに変化をもたらした。また，米国の五大湖
　　に侵入したゼブラ貝は，淡水生態系サービスの基本的な性質を変容させた。
　・18世紀後半から19世紀にかけて英国で起こった産業革命に伴う水圏生態
　　系の変化。その結果，酸性雨による硫黄の沈着が増加し，湖沼のpH値が
　　低下し，脊椎動物と無脊椎動物の動物相の構成が徐々に変化していった。

1.3　経済学から見た10の重要な視点

　前節では，経済と環境の相互作用について説明した。これらの相互作用につ
いて，経済学者はどのような見解を持っているのだろうか。本章の残りの部分
では，環境問題の理解と解決に経済学が貢献できることを説明していく。しか
し，多忙のため本書の続きを読めない人がいたとしたら，最低限何を伝えたら
よいだろうか。以下のリストは1つの可能性である。

① 経済システムと環境システムは同時に決定される

　これらのシステムを完全に理解するためには，経済学は自然科学の力学的，
進化的，行動的な基盤を取り入れなければならない。また自然科学は，経済学
の行動的，価値的な基盤を取り入れなければならない。

②　経済学の行動的基盤は環境政策にとって重要である

　第 1 に，人々は企業と同様にインセンティブに反応する。最も重要なインセンティブは価格である。第 2 に，人々は「ギリギリのところで」意思決定をする。いいかえれば，物事を一歩先に進めるごとに費用と便益のバランスを取ろうとする。第 3 に，企業と家計は通常，最善の利益のために行動することを期待されている。これは一般に，企業にとっては利潤の最大化を，家計にとっては幸福（効用）の最大化を意味する。このことは，戦略的な行動の可能性，たとえば，誰かが環境保護のための寄付にただ乗り（フリーライド）したり，農家が補償金が支払われなければ湿地を破壊すると脅したりしても，驚くべきではないことを意味する。制度は，このような行動を考慮して設計する必要がある。従来の経済学が想定する「合理的選択」の標準モデルよりも，人間行動の背後にある動機をより広い視点から捉える行動経済学の「革命」は，環境経済学においてますます重要になっている（Shogren and Taylor 2008）。

③　環境資源は希少であり，その利用は機会費用を伴う

　「希少」とは，すべての需要を満たすのに十分な環境資源がないことを意味する。「機会費用」とは，次善（second-best）の利用により得られたであろう利益（逸失利益）のことである。例えば，ある土地に農業，林業，レクリエーション※5 の 3 つの用途があり，それぞれ 1ha 当たり 2000 ポンド，3000 ポンド，4000 ポンドの利益が得られるとする。同時に複数の目的に使用できず，これらの用途は相互に排他的であると仮定する。土地をレクリエーションのために使用する場合，農業または林業のために使用した場合の利益は得られなくなり，機会費用は次善の利益，つまり 1ha 当たり 3000 ポンドとなる。この機会費用の考え方は，レクリエーションのために土地を利用することの純便益を評価する際に考慮されるべきものである。

④　自由市場システムは，「間違った」環境水準をもたらすことがある

　これは，社会の最適性の観点から見ると，環境に悪いもの（例えば汚染など）が多すぎたり，環境によいもの（例えば美しい景観など）が少なすぎたり

※5　訳注：スポーツやレジャーなど娯楽としておこなう様々な余暇活動のこと。

する結果を意味する。このような結果が生じる理由は，経済主体（個人や企業）が汚染するのを思いとどまらせたり，環境便益を生み出すことを奨励するための市場価格が存在しないためである。この問題は，経済学では市場の失敗として知られている。第 2 章では，この問題を詳しく検討し，その解決方法を提案する。もう 1 つの理由は，環境は多くの点で価値があるが，そのすべてが市場価値や価格に表れるわけではないためである。例えば，農家にとって自分の農地が「生産」する景観の便益について料金を請求することは困難であり，景観の美しさの多くの側面には市場価格が存在しないものである。

⑤　**しかし，市場は多種多様な資源を配分する最良の方法である**

　アダム・スミスの「見えざる手」には，今でもそれを推奨する余地が大いにある。市場は行動の調整，情報の伝達に長けており，多くの資源における相対的な希少性の変化にもうまく対応している。例えば，1970 年代の原油価格の大幅な上昇では，需給は市場により自動的に調整された。市場は人々に取引の機会を与え，全体として社会厚生を向上させるよい方法であり，環境のために機能させることもできる。例えば，第 2 章の取引可能な汚染許可証の考え方の議論を参照されたい。

⑥　**政府の介入は常に事態を改善するわけではなく，事態を悪化させることもある**

　EU の共通農業政策（CAP）は，農家に環境破壊のインセンティブを与えたとして，しばしば批判されてきた（環境経済学の実践 2.2 参照）。政府が市場の自由な運営に干渉することは，行動の調整や情報の伝達において問題を引き起こす可能性があることを認識すべきである。政府の介入は，相対的な希少性の変化に対する市場の反応性を阻害する可能性があり，例えば，価格を市場の清算レート以外の水準に維持する場合などが考えられる。

⑦　**環境保全には費用がかかる**

　希少性とは，あらゆる選択に機会費用が存在することを意味する。絶滅危惧種の保護には，直接的（モニタリングなど）にも間接的（その土地を開発できなくなるなど）にも費用が発生する。大気汚染軽減のために公共交通機関に公

的資金を費やすことは，学校教育への支出を減少させてしまうかもしれない。一般に，環境保護の費用は指数関数的に増加するものであり，汚染の追加的な削減にはさらなる費用が必要となる。しかし，これらの機会費用が経済主体によりどう異なるかを認識することで，認識しない場合よりもはるかに低い費用で環境目標を達成することが可能となる。

⑧　魚や森林などの再生可能資源を管理する上で，最大持続収量が収穫の最適水準であることは稀である

　これは，最大持続収量のルールが再生可能資源管理の経済的費用と便益を無視しているためである。この水準で収穫することは，通常，あまりにも多くの船があまりにも少ない魚に殺到することを意味する。

⑨　経済成長は現在の環境問題の一因となっているかもしれないが，200 年前の経済水準を受け入れる人はほとんどいない

　これは，1 人当たりの実質所得の大幅な増加と平均寿命の改善によるものである。経済成長を悪と考えるのは難しいが，環境への影響については対処しなければならない。

⑩　世界で最も深刻な環境問題の多くは，本質的にグローバルなのものである

　経済学の予測によれば，グローバルな環境問題に共同で対処することに各国が合意するのは難しい※6。なぜなら，ゲーム理論が示すように，各国は他国の行動にただ乗り（フリーライド）するインセンティブがあるからである。例えば，ある国は地球規模の排出削減のための国際協定に署名せず，署名した他の国々の削減に依存するかもしれない。しかし，経済学者はこのような問題を軽減するための制度設計を支援することができる。

※6　訳注：これは原著第 8 章の内容であるが，紙面の都合上，日本語版では割愛する。

1.4　本書を使用した指導と学習

　本書は幅広い層の読者を対象にしている。経済学の基礎知識はほとんど想定しておらず，数学的な説明は可能な限り控えている。経済学の専攻かどうかを問わず，環境・資源経済学の入門講義に適している。また，経済学のバックグラウンドを持たない学生が主体の学部・修士レベルの学際的な講義にも適している。

　本書は，経済と環境の相互作用を学習する上で重要な経済的概念を紹介し，それらの概念をもとに，環境問題の原因と解決策を明らかにしていく。各章末には，個別指導や講習会などで使用するための質問リストを掲載している。参考文献は，巻末にまとめて掲載するのではなく，各章末に掲載している。

参考文献

Jobstvogt, N., Townsend, M., Witte, U. and Hanley, N. (2014). How Can We Identify and Communicate the Ecological Value of Deep-Sea Ecosystem Services? *PLoS ONE* 9 (7): e100646.

Millennium Ecosystem Assessment (2005). *Millennium Ecosystem Assessment.* Washington: Island Press. https://www.millenniumassessment.org/en/index.html

Ponting, C. (1991). *A Green History of the World*. London: Penguin Books.

Shogren, J. and Taylor, L. (2008). On Behavioral-Environmental Economics. *Review of Environmental Economics and Policy* 2 (1) : 26-44.

UK National Ecosystem Assessment (2011). *The UK National Ecosystem Assessment: Synthesis of the Key Findings*. Cambridge: UNEP-WCMC.

Whittington, G. and Edwards, K.(1997). Climate Change. In K. Edwards and I. Ralston(eds.), *Scotland: Environment and Archaeology, 8000 bc-ad 1000*. Chichester: John Wiley & Sons.

| 第2章 | 市場と環境 |

2.1　はじめに

　私たちは皆，毎日市場を利用している。市場では財やサービスを売買することで経済的価値が生み出されており，人々は市場が提供する選択と機会を享受している。経済学者以外の人たちにとって市場とは，センテニアル※1のファーマーズ・マーケット，パースのネイバーフッドモール，フランスのヴィレッジマーケットのように，実際に取引が行われる場所のことであろう。また，あらゆる物が売買されるウェブサイトを思い浮かべるかもしれない。しかし，経済学者にとって「市場」にはより深い意味があり，取引を通じて価値を創出するための手段，あるいは，競争原理に基づいて自発的に財やサービスを交換する場と捉えている。買い手と売り手の双方が利益を得られるため，取引は価値を生み出すのである（Heal（2016）も参照）。

　市場は1万年以上もの間，生活の営みの中に常に存在してきた。経済学者が市場を支持するのは，市場と市場価格は，経済活動を営むための最も強力な手段だと考えているからである。市場が自然発生的に発生するのは，希少な資源を取引して価値を生み出すインセンティブを人々が持っているからである。市場価格は，何をどれだけ取引するかを決める際の指針となる。富は，資源が価値の低い用途から高い用途へと移転する際に生み出される。市場は，椅子の配

置を入れ替えるようなゼロサムの結果ではなく，人々の間で富を再分配することによって，プラスサムの結果を社会にもたらすのである。

　市場が強力なのにはもう 1 つ理由がある。それは，財やサービスの価格についてのシグナルを発信するからである。経済学者は，市場が社会全体に拡散している情報を整理し，統合するために人間が「発見」した，最も効果的なツールであると考えている。例えば価格は，人々が何を買いたいのか，何を売りたいのか，その商品が現在および将来にどれだけ存在するのかなどの情報を発信する。市場は価格を用いて，自然法則と人間の法則の両方で定義された希少性を伝達するのである。価格は，分散型の経済決定を調整するためのシグナルを送信する。市場が成功するのは，価格が人々の直面するトレードオフを正確に反映し，社会で最も価値の高い用途に資源が割り当てられる場合である。

　しかし，時には市場も失敗する。市場が失敗するのは，価格が希少性についての不正確なシグナルを送ってしまう場合や，構築費用が莫大で市場が存在しない場合である。例えば，電気，鉄鋼，輸送などの市場価格に，それらの生産で生じる人間や生態系への影響が反映されていないために，過剰な汚染に苦しむこともある。市場価格が低すぎると，環境保護を通じた健康増進に対する人々の選好を伝えることができないかもしれない。また低すぎる価格が，汚染による健康リスクを低減させることの経済的価値を誤って伝達してしまうかもしれないし，そもそも価格が存在していない可能性さえある（Dasgupta and Ramanathan（2014）を参照）。この問題を放置すると，市場が生み出す環境質が過小だったり，汚染が過剰だったりする可能性がある。その結果，人々が個人として求めるもの（自分自身の富と健康）と，社会が集団として求めるもの（すべての人の富と健康）の間に楔が打ち込まれるのである。

　私有地における絶滅危惧種の保護は，潜在的な市場の失敗の典型例である。私有地では，公共財は個人の手に委ねられている（詳細は第 13 章を参照）。ある試算によると，米国の絶滅危惧種の約半数は，生息地の 80％が私有地にあるという。ここで課題となるのは，絶滅危惧種の保護は地球上のすべての人に恩恵をもたらすが，保全のための費用はその土地の所有者が負担している点である。種を保護するためには，その土地における経済活動を制限することになるが，それには費用が発生する。しかし，保護により利益を得る人々が，その対価を支払うわけではない。結局，私有地の市場価格は，種の保全による社会

的便益を含んでいないため，所有者は絶滅危惧種のための自然保護区を創設するよりも，自らの私的投資（例えば畜産の拡大）を維持することに重点を置く。市場が失敗するのは，私有地では個人の意思決定により，社会が望むほどには生息地が保全されないためである。

　しかし，たとえ機能しないことがあるとしても，市場は環境問題の解決の礎となりうる。社会は，コマンドアンドコントロールによる規制や，当事者による交渉プロセスに頼るのではなく，既存の市場を改善したり，環境や資源を管理するための新たな市場を作り出したりすることができる（Anderson and Leal 2015 も参照）。その一例が，排出量取引制度（キャップアンドトレード）の考え方である。この制度は，汚染の排出許可証市場を形成し，そこで買い手と売り手が一定の上限まで取引することを意味する。市場は私たちにとって有効なツールであり，その精度は，市場における行動ルールをいかに社会が定義するかにかかっている。ここでのルールには，財産権，責任，情報をどのように定義するかが含まれる。市場が決定する価格を好まない人は，価格シグナルと市場ルールとの関係を再考することができる。人々は協力することでルールを変更することが可能である。市場は私たちのために存在するのであり，その逆ではない。

　本章では，市場の性質，市場の失敗，市場の解決策について検討する。市場がもつ力を解説するとともに，欠陥があるにもかかわらず，経済学者が環境問題のために市場を推進するのかについても議論する。また，外部性，公共財，オープンアクセス共有財産，隠された情報などによって，市場が環境を破壊してしまうメカニズムについても説明する。最後に，市場の失敗や政府の補助金によるガバナンスの失敗を是正するために，市場の要素をどのように利用できるかを検討する。

2.2　市場の力

　市場は，取引を通じて価値を創造することで社会に貢献している。また市場は価格を利用することで，広範で多様な社会の欲求と制約を伝達し，協調しつつ，効率よく経済的意思決定をおこなう。市場システムの力は，意思決定と交換の分散プロセスにあり，資源の配分に万能の中央計画担当者は不要である。

むしろ，市場価格が資源を最も価値のある人に配分し，アダム・スミスの「見えない手」に導かれることで，社会全体にとって最適な状態が実現するのである。利己心がその原動力，競争がその調整役となり，両者が一体となって人々の生活を向上させる。これが，市場がなぜ機能するのか，そして経済学者がなぜ自由貿易とグローバリゼーションを推進し続けるかの理由である。

　市場の力の背後にある重要な考え方は，専門化と比較優位である。比較優位とは，他の人よりも低い機会費用（私たちが諦めなければならないもの）で何かを生産できることを意味する。比較優位により，スキルの有無にかかわらず，費用が人によって異なるため，誰もが取引の際に価値を生み出す財やサービスを生産することができる。なぜなら，比較優位性がある活動に特化し，消費したいものと交換することができるからである。

　市場が取引を通じて価値を生み出すことを，経済学者は市場の効率性と呼ぶ。少なくとも1人の暮らし向きがよくなり，他の誰も不利益を被らないような財やサービスの取引が可能であれば，経済には効率性改善の余地が存在するといえる（パレート改善）。パレート効率性とは，誰も不利益を被ることなく資源を再配分することができない状態を意味する。

　例えば，雪が積もった時に自分の家の前の雪かきをするべきだろうか。必ずしもそうとはいえない。比較優位の考え方によれば，隣人にお金を払って雪かきをしてもらうことは，自分にとっても，隣人にとっても，そして社会にとってもメリットになりうる。誰もが，自分の相対的な費用に基づいて，何らかの比較優位性を持っている。あなたが町で一番の雪かき名人だとしよう。しかし，あなたは他のことを行うことで，より多くの富や健康を得ることもできる。あなたは2時間で雪かきができるかもしれないが，その2時間でナポレオンの青年時代についての素晴らしいエッセイを書き，フランスの歴史的指導者についてのブログに売ることで5000ポンドを稼げるかもしれない。一方で，あなたの隣人は雪かきを4時間で，1時間当たり10ポンドですることができるので，雪の除去には40ポンドの費用がかかる。ティーンエイジャーの費用とは，ゲームで遊ぶのを4時間我慢するという程度のことなので，40ポンド以下だと推測できる。そこであなたはエッセイを書いてお金をもらい，ティーンエイジャーは雪かきをしてお金をもらえば，両方が得をするので社会はよりよくなっているといえる。これはパレート効率的な取引でwin-winである。

キーコンセプト 2.1 では，取引で得られる利益の考え方を，具体例を挙げて説明する。

キーコンセプト 　2.1

取引による市場均衡と利益

　次の市場について考えてみよう。グランドティトン国立公園[1] を撮影したアンセル・アダムズ[2] の名作に市場が存在し，買い手と売り手がそれぞれ 8 人いるとする。各買い手は，1 枚の写真の購入に対して最大限支払っても構わない金額（支払意思額：WTP）を持っており，各売り手は，1 枚の写真の売却に対する最小限受け入れ可能な補償額（受入補償額：WTA）を持っている。

表　名作市場における買い手の WTP と売り手の WTA

買い手 ID	WTP（ドル）	売り手 ID	WTA（ドル）
B1	300	S1	250
B2	200	S2	350
B3	50	S3	150
B4	500	S4	450
B5	300	S5	250
B6	250	S6	100
B7	400	S7	200
B8	100	S8	100

　WTP と WTA のデータを使って，市場の需要曲線と供給曲線をグラフ化し，均衡価格と量，そして取引から得られる総利益を計算することができる。まず，WTP の高い順に買い手をランク付けし，それらを一段ずつ下降していくように描く。これが市場需要曲線である。次に，WTA の低い順に売り手をランク付けし，一段ずつ上昇していくように描く。これは市場供給曲線である。市場の需要が市場の供給と交差するとき，市場均衡，すなわち市場の清算価格と販売数量が分かる。上記の例では，均衡市場価格は 250 ドルで，均衡数量は 4 または 5 となる。

　経済学者は，どのようにして取引によって生み出された価値を測定するのだろうか。取引から得られる価値は，消費者余剰と生産者余剰という 2 つの経済的幸福度の尺度の合計によって測定される。消費者余剰（CS）は，WTP と実際

の市場価格の差で表される，各買い手の利益を表す。

$$CS = (500-250) + (400-250) + (300-250) + (300-250) + (250-250) = 500 ドル$$

例えば，買い手7は最大400ドルまで支払う用意があったが，市場価格が250ドルだったので，250ドル支払い，150ドル節約することができた。これを消費者余剰（400 − 250 = 150ドル）と呼ぶ。消費者余剰は，取引によって生み出された買い手の利益を反映している。各買い手の消費者余剰を計算することで，この市場における買い手の利益の合計が得られる。

　同様に，生産者余剰（PS）は，各売り手がこの市場から得た利益を表している。生産者余剰は，市場価格と各売り手のWTAの差である。

$$PS = (250-100) + (250-100) + (250-150) + (250-200) + (250-250) = 450 ドル$$

　例えば，売り手6は最低でも100ドルを受け入れる用意があったが，市場価格が250ドルだったので，250ドルで販売し，250 − 100 = 150ドルの利益を得ることができた。4人または5人の売り手全員の生産者余剰を合計すると，この市場における売り手の利益の合計が得られる。

　取引から得られる利益の合計は，消費者余剰と生産者余剰の合計に等しく，この例では，500 + 450 = 950ドルとなる。この市場では，低価格の売り手も高価値の買い手も両方利益を得ることができる。市場は，可能な限りの価値を創出し捉えることができるため，「効率的」であるといわれている（詳細については，Krugman and Wells（2008）を参照）。

訳注
※1　イエローストーン国立公園に隣接するワイオミング州の国立公園。
※2　米国の著名な風景写真家・環境運動家。ティトン連山とスネーク川の風景写真で有名。

　正確な価格シグナルを発信できる，効率的な市場を構築するための鍵は何だろうか。ほとんどの経済学者は，明確に定義された所有権のシステムが重要であると認識している。明確に定義された所有権のシステムとは，所有者の権利，つまり資源や資産を使用するための義務を定義する一連の権利のことである。具体的には次の4つの特性に基づいている。

・包括性：すべての資源は個人または集団により所有されており，すべての権利が定義され，周知され，施行されている。

・排他性：資源の利用によるすべての便益と費用は，直接または他者への売却により，所有者にのみ帰属する。これは，私有財産と共有財産の両方に適用される。

・譲渡可能性：所有権は，ある所有者から別の所有者への自発的な交換によって譲渡可能でなければならない。所有者は，その資源を利用すると予想される期間を超えて，その資源を保全するインセンティブを持つ。

・安全性：資源に対する所有権は，他人，企業，政府による強制的な差し押さえや侵入から安全でなければならない。安全性は，所有者が資産を搾取するのではなく，所有者の管理下にある間，資源を改善し保全するためのインセンティブを与える。

　これら4つの条件は，取引から得られる利益が，取引を行う人々によって生み出され，獲得されるという理想的なシナリオを表している。経済学者は，「完備市場」という概念により，社会が市場取引を通じて経済的価値の獲得にどれだけ成功しているかを判断する，シンプルな基準を作り出している。この比較は仮想的なものであるが，環境問題の解決に取り組む際に，美辞麗句と実際の行動を区別するのに役立っている。

2.3　市場の失敗

　市場が取引で得られるすべての利益を取り込んでいるとき，経済は理想的な状態にあるといえる。しかし現実には，市場は失敗することもある。市場の失敗は，次のような場合に起こりうる。

① 取引が最も高い社会的価値を達成していない場合（取引が多すぎる，または少なすぎる）。

② 自由な取引が社会的不平等（金持ちはより豊かになり，貧乏人はより貧しくなる）を悪化させる，あるいは社会的秩序を損なう場合。

③ 個人や企業が大気や水を汚染し，健康リスクや環境質の低下に直面している場合。

④ 個人や企業が，社会にとって望ましい水準の公共財（生物多様性保全，気候変動対策など）を生み出せない場合（すべての便益を捉えることができないため）。

⑤　財産権が弱い，または存在しないために，個人の行動が集団の目標と一致しない場合。

⑥　隠された行動や情報の非対称性により，価格が環境保護に必要な正しいシグナルを発信していない場合。

　環境に関していえば，市場の失敗は，社会が所有権を定義できない場合に起こりうる。また，市場が失敗するのは，権利を自由に移転できない場合や，利益／費用から他者を排除できない場合，または他者による環境の利用を制限できない場合などである。そこで課題となるのは，環境に対する権利を誰が所有しているのかを理解することである。私たちは皆，安定した気候やきれいな空気，生物多様性への「権利」を有している。しかし，誰もがきれいな空気や生物多様性の権利を「所有」しているのであれば，誰もその権利を「所有」していないのと同じことになる。民間部門の誰が，利益を得ることができないのに，きれいな空気や水を提供してくれるのだろうか。市場が存在しないと，自由な取引では資源を効率的に配分できなくなる（Ledyard 2008）。

　例えば，大規模な養豚農家からのブタの臭い（すなわち糞尿の臭い）を生産したり消費したりする権利は，明確に定められているだろうか。風上の人も風下の人も，香ばしい空気を売買することはできない。風上の養豚場は新鮮な空気を売ることはできないし，風下の人も新鮮な空気を買うことはできない。養豚場は風下の費用を負担しなくてもよいので，これらの費用を無視して生産を行う。不完全な市場では，養豚農家が排出量を抑制したり汚染の少ない方法に切り替えたりするための経済的インセンティブを欠いている。同様に，法的にも制度的にも根拠が存在しない場合，汚染された河川の水を利用する人々は，農場からの堆積物，農薬，肥料による飲料水の汚染，魚の減少，レクリエーションの機会の減少などの費用について，上流の養豚農家から補償を受けることができない。養豚農家は，河川を利用する他の人々に「外部費用」を課しているのである（Hepburn 2010）。

　市場がどのようにして失敗するのか，なぜ失敗するのかを理解することは，問題を修正するための第一歩である。市場が環境保護に失敗する主な理由は，「外部性」「公共財」「オープンアクセスの共有財産」「隠された情報」の４点である。これらの失敗の要因には重複する部分がある上，独占など，価格を人為的に上昇させる他の要因も存在する。

2.3.1　外部性

　外界に目をやれば，外部性は至るところで見つけることができる。隣人の植えた素敵な花を見て楽しんだとしても，そのことに金銭を支払うわけではない。上の階の隣人が騒いであなたの睡眠を妨げていたとしても，その補償はたいてい支払われない。外部性とは，市場において価格や生産費用に社会的影響が含まれず，個人や企業が自身の行動により生じるすべての費用を負担しない，またはすべての便益を享受できないことである。自分の行動が他人にどのような影響を与えるのか，また，なぜ追加的な費用や便益のために他人に金銭を払ったり補償を受けたりできないのかを考えてみたい。市場が失敗するのは，これらの市場が欠落しているためであり，人々が追加的な便益のために他者に支払いをしたり，環境保護のための追加的な費用について補償を受けたりするための制度が存在しないからである（この問題の初期の重要な議論はArrow（1969）を参照）。外部性は，市場の失敗の典型的なケースなのである（環境経済の実践 2.1 を参照）。

環境経済学の実践　2.1

外部性の事例——エクアドルの大気汚染

　環境に適正な価格を設定しないと，環境の悪化を招く。例えば，生産量を増やすことを決めた工場所有者は，結果として生じる汚染の増加に対する費用を負担しない。このことは，所有者は排出量を削減する経済的インセンティブを持たないため，過剰な汚染が生じることを示唆している。もう 1 つの例は，車での通勤による大気汚染である。車で通勤するほとんどの人は，車から排出される汚染の費用を支払うことはない。

　Jurado and Southgate（1999）は，エクアドルにおける工場および自動車の大気質の外部性を調査した。エクアドルの首都キトは，アンデス山脈の谷間の高台に位置しており，標高の高さが大気質問題を悪化させている。下の表は，汚染物質の主な発生源が自動車と工場であることを示している。調査の時点では，工場所有者も自動車の所有者も，自らが責任を負う汚染に対して，直接的な経済的費用に直面していなかった。

	総浮遊粒子状物質（TSP）	二酸化硫黄（SO$_2$）	亜酸化窒素（NO$_x$）
車両	1,069	659	5,298
工場	7,170	18,707	5,023

　この表が示す大気汚染レベルは，世界保健機関（WHO）が設定した最大推奨レベルを超えている。1991 年の総浮遊粒子状物質（TSP）の濃度は，WHO の基準が 60g/m^3 であるのに対して，平均値は 149.9g/m^3 であった。今日でもこれらの汚染排出源により，キトは依然として深刻な大気汚染の課題を抱えている。

　Jurado and Southgate の研究では，人の健康への影響で測定される大気汚染の経済的コストを推定した。肺炎やその他の呼吸器疾患は，市内のすべての年齢層の主要な死因であり，高い TSP レベルはこれらのリスクを悪化させている。この研究では，TSP レベルと 3 つの標準的な疾病指標（活動制限日数，労働損失日数，超過死亡率）との間の統計的関係を分析した。

　汚染により予測される病気の増加は，労働時間の価値や病気のコストなど，いくつかのアプローチにより経済的に評価された（例えば，患者の治療に使われた病院の資源。下表の 2 行目と 3 行目を参照）。死者の増加は生涯所得の割引価値として評価されたが，これは時代遅れのアプローチである。この結果では，1999 年における回避された死亡の価値は 1 件当たり 1 万 6887 ドルであり，2018 年には 2 万 5650 ドルに増加している（下表の 4 行目）。

キト市民の年次コスト（米ドル，1999 年）	
活動制限によるコスト（3,433,000 日制限として）	14,418,600
労働損失によるコスト（1,765,000 日損失として）	12,708,000
死亡者数超過によるコスト（1999 年の調査によると大気汚染のために年間 94 人死亡）	1,587,378
2018 年，米ドルによる超過死亡コストの修正（2016 年価格で 1 件死亡当たり 193,000 米ドル，Fankhauser et al.（1998）から更新）	18,142,000

　我々は，人々のリスク削減のための支払意思額に基づく「確率的生命価値」を推計に使用した（上表 5 行目，詳細は第 6 章を参照）。リスク低減の価値は，4 行目から 1 桁増加している。これらの新しい推定値は，Fankhauser et al.（1998）による途上国における回避された死亡 1 件当たり 19 万 3000 ドルという数字に基づいている。この結果によるメッセージは明確である。大気を汚染するという私的な決定がもたらす外部性は，首都キトの市民に社会的コストを課している。市場は，こうしたコストのかかる健康への影響を回避するために必要な水準の大気質を供給できなかったのである。

　街中で車やトラックを運転することは，多くの外部性を生み出す。排気ガス
は大気汚染をもたらし，ラッシュ時の運転は渋滞を引き起こし，運転中のイラ
イラは他人や自分自身へのリスクを増大させる。また一方で，車の側面に描か
れた炎のペイントは，自らや他者の文化的な誇りを高めたりもする（訳注：伝
統的に火を祭るスコットランドのケルト文化を指す）。よいものと悪いものとを
交換する明確な市場は存在せず，私たちはそのことを受け入れて生きている。
しかし効率性の観点から見ると，これらの外部性により，社会は限られた資源
から最大限の便益を得ることができない。市場の欠如は，過剰な排気ガスや，
あまりにも多くの渋滞や，運転中のイライラが起こることを意味する。

　別の例として，ワイオミング州スノーウィーレンジ山脈の麓にあるセンテニ
アル村について考えてみよう。この村にはあまり多くの人は住んでおらず，宅
地開発は盛んではない。住宅は尾根の下にあるので，山の景色を遮ることはな
い。ここに住んでいる人も外部からの訪問者も，誰もが山々と広大な景色を楽
しむことができる。しかし，アポロがこの谷に引っ越してきて，新居を建てた
いとしよう。その土地は「ホグバック」と呼ばれる突出した尾根の上にあり，
彼はそこに新居を建てたいと考えているとする。

　一方，スヴェンは尾根の下に住んでいて，その向こうの山々の眺めを何の障
害もなく楽しんでいたとする。もしアポロが尾根の上に家を建てれば，景観は
損なわれてしまい，スヴェンの幸福度を低下させるだろう。しかし，スヴェン
は眺望に対する権利を持っていないため，アポロは補償金を支払う必要はな
い。自分の土地に家を建てるというアポロの私的な決定は，景観を大切にして
いたスヴェンが被る損失を考慮していない。現在の規制に照らし合わせると，
アポロは自分の土地で好きなことをすることができる。外部性は，私的な結果
（アポロの幸福のみ）と社会的に最適な結果（アポロとスヴェンの幸福の両方）
との間に楔を打ち込んだことになる。

　経済理論は，外部性が存在するときの私的結果と社会的結果のトレードオフ
を考える上で有用である。図 2.1 はこの例を示したものである。アポロは，自
身の限界便益（MB）と限界費用（MC_p）を考慮するため，開発の水準は H と
なる。もし彼がスヴェンの被る社会的費用を考慮したとすると，開発水準は
H^* であり，家は尾根の下に建てられるだろう。$H > H^*$ であるため，市場は
資源を効率的に配分できなかったことになる。

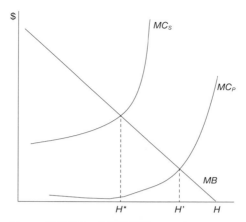

図2.1　限界便益，私的限界費用および社会的限界費用

　この例では美観の喪失を伴ったが，外部性はもっと深刻で，生死に影響を及ぼすこともある。飲料水に溶解した有害廃棄物や，都市部の大気汚染はその一例である。補償なく他人の健康に影響するような行為はすべて，市場に放置されている外部性を生み出している。これらの例では，汚染された空気を吸ったり水を飲んだりすると，健康に影響するという直接的な外部性を反映している。しかし，過去100年の科学の発展により，人間は自然界の気まぐれから自らを切り離すようになってきたため，外部性の直接的な影響を追跡することはより複雑になっている。

　状況によっては，汚染が人の健康や環境に及ぼす影響が，生態系のネットワークの中に隠されてしまうこともある。その場合，被害は間接的で迂回的である。例えば，DDT[※2]のように，鳥を直接殺すことはないものの，卵の殻が薄くなることで孵化の回数に影響を与え，鳥の個体数を減少させるものもある。また，子どもや家畜を守るために捕食者（コヨーテ，キツネ，オオカミ，ピューマなど）を駆除してしまうと，げっ歯類の蔓延につながり，穀物の収穫量が減少する可能性がある。人は自然に影響を与えるが，自然もまた人に影響を与えるのである。

　生態系の外部性を理解するためには，経済学者が自らの専門領域の外に出る

※2　訳注：かつて使用されていた有機塩素系の農薬。発癌性や環境ホルモンの問題から各国で使用が禁止された。

ことも必要となる。複雑に関係する生命体に関する外部性を定義するために
は，経済学者は自然科学者と協力することが必要なのである。経済学者は，経
済的意思決定の基盤となる生態系をすべて理解したり予測したりすることはで
きない（Finnoff and Tschirhart 2008）。そのため，生物学者や生態学者と協力
して，経済システムと生態系の間の相互作用やフィードバックを理解し，意図
しないリスクを理解しなければならない。

　例えば，Settle and Shogren（2002）は，大イエローストーン生態系※3 にお
ける在来種と外来種との衝突の同時決定システムをモデル化した。イエロース
トーン湖では，外来種のレイクトラウトが移入されたことで，在来種のカット
スロートトラウトの個体数が減少した。彼らはこの問題に関する生物学的・経
済的データを利用して，イエローストーン湖の生態学・経済学の統合モデルを
構築し，ある問題に取り組んだ。それは，経済システムと生態系（エコシステ
ム）との間のフィードバックを考慮した場合と，考慮せず両者を個別に扱った
場合とで，政策介入による結果は異なるかという問いである。

　彼らは①最良のシナリオ，②最悪のシナリオ，③政策シナリオという 3 種類
のシナリオを作成し，それぞれについて相互関係の有無を検討した。最良のシ
ナリオとは，レイクトラウトが速やかに自然淘汰されるものであり，最悪のシ
ナリオとは，レイクトラウトに対して何の対策も取られないものである。そし
て政策シナリオとは，国立公園局が介入してレイクトラウトを駆除するもので
ある。

　（レイクトラウトが存在しなくなる）最良のシナリオの下での分析結果によれ
ば，カットスロートトラウトの個体数は，フィードバックを考慮した場合 340
万匹，考慮しなかった場合 270 万匹であった。個体数に違いが生じるのは，
フィードバックありの場合では漁師の行動が変化するためである。フィード
バックなしの場合，漁師はいつもの漁場で普段通りの操業をするが，フィード
バックありの場合，漁師はよりよい漁場に移動することになる。そのことが
カットスロートトラウトに対する漁獲圧を下げ，個体数の増加につながる。

　（レイクトラウトの駆除が進む）政策シナリオでも結果は似たようなものであ

※3　訳注：ロッキー山脈北部，ワイオミング州北西部，モンタナ州南西部，アイダホ州東
　　　部に位置する約 2200 万エーカー（約 8 万 9000km²）の生態系。イエローストーン国立公
　　　園はその一部である。

るが，（レイクトラウトが一切駆除されない）最悪のシナリオの下での結果は
まったく異なる。フィードバックありの場合のカットスロートトラウトの個体
数は 100 万匹と，一般的な予測よりも健全な状態が予測され，なしの場合では
カットスロートトラウトの絶滅が予測されている。これは，もしフィードバッ
クがなければ漁師は普段の操業を続けるので，レイクトラウトも捕獲されて
カットスロートトラウトの個体数回復につながる。しかし，フィードバックが
ある場合，漁師はカットスロートトラウトの捕獲が難しくなったことに気づい
て操業を取りやめるため，結果としてレイクトラウトがイエローストーン湖を
支配することになる。人は自然に影響を与え，自然も人に影響を与えるのであ
る。この研究は，経済システムと生態系とを同時決定的に考慮することの重要
性を示している。

2.3.2　公共財

　公共財もまた，市場の失敗の典型的な例である。公共財の例としては，生物
多様性の保全，気候変動対策，大気汚染，水質汚染，オープンスペースなどが
挙げられる。公共財は，非排除性と非競合性という 2 つの重要な点で私有財と
異なる。非排除性とは，誰もその財の便益や費用を享受することを妨げられな
いことを意味する。非競合性とは，ある人の消費によって，他の人の財の利用
可能性が減少することがないことを意味する（Samuelson（1950）の古典的な
論文を参照）。公共財は，非排除性または非競合性のいずれかの性質を有する
財・サービスのことである。

　非排除性は，その財の特性および財産権制度に依存する。気候変動対策は，
炭素排出量の削減による恩恵からどの国も除外できないため，非排除性の明白
な例といえる。生物多様性の保全も，種の保全による地球規模の便益から除外
される人はいない。野生生物の観察も同様で，その種が私有地にいるのでない
限り，潜在的な受益者がワシ，オオカミ，クマ，ヘラジカを見る楽しみから排
除されることは難しい。人々がその種から価値を得ているのであれば，排除に
は費用がかかりすぎる。これは多くの環境資源にも当てはまる。都市の大気質
が改善されれば，その都市に住んでいる人も，その都市を訪れる人も，誰もそ
の恩恵から排除されることはない。他の環境資源では，消費において排除可能
なものもある。例えば，スキーリゾートへのアクセスは，訪問にかかる市場価

格によりコントロールすることが可能である。

　非競合性もまた，その財の特性に依存する。非競合とは，利用したいと願う人すべてに便益が行き渡ることを意味する。例えば，空気が清浄になると個人の幸福度は高まるが，それは他の人たちがどれだけ空気を吸い込んでも影響しない。絶滅危惧種が保護された場合，影響を受ける人の数がどれだけ増えても1人当たりの便益は減少しない。しかし，すべての環境や資源がこの特性を持っているわけではない。国立公園や自然保護区域の中には混雑しすぎるものもある。例えば，イエローストーン国立公園を訪れる年間3500万人の観光客の中には，人が多すぎて自然に浸ることができないと感じる人もいるだろう。

　市場が公共財の社会的最適供給に失敗した状況では，なぜ非排除性や非競合性などの特性が重要なのだろうか。一言で言い表すなら「ただ乗り（フリーライド）」の問題である。ただ乗りは，人々が公共財の便益を，費用の支払いなしに享受できる場合に発生する。問題は，たとえ社会的便益が費用を上回っていたとしても，誰もが他人に公共財を供給させる誘因があることである。つまり人々は，他人の努力を自由に利用しようとする経済的インセンティブを持っていることになる。センテニアル村のアポロ＝スヴェン論争をもう一度考えてみよう。仮に，尾根にあるアポロの家がスヴェンに影響するだけでなく，村全体の景観を台無しにしたとしよう。これは公共財の問題である。センテニアル村では誰もが景観を楽しみ，誰も排除されることはなかった。また，スヴェンが景観を楽しむことが，他の人の楽しみを減少させることもなかった。もし，アポロに尾根に家を建てないように支払いを行う計画があった場合，村の人々は，自分が支払わなくても便益を享受できる可能性があることを知りながら資金を提供するだろうか。

　ただ乗りは，囚人のジレンマ，社会的トラップ，コモンズの悲劇（キーコンセプト2.2を参照）などの古典的な問題にもつながる。ジレンマが生じるのは，個人的なインセンティブが，個人および社会にとって最悪の結果をもたらすような選択をさせてしまうと，人々が気付いたときである。この考えには説得力がある。仮に私が自分の最善の利益を追求していて，あなたも同じことをしていることを知っているとしよう。私たちはお互いに協力すれば，よりよい結果が得られることを知っている。しかし，ここで問題なのは，あなたが公共の利益のためにお金を支払い，私がただ乗りするならば，私はさらによい利益を得

ることができるという点である。あなたも同じインセンティブを持っており，私にお金を払わせて，ただ乗りすることができる。このような私的なインセンティブの性質を考えると，私たちのどちらも相手にお金を支払わせたいという誘惑を避けることはできない。最終的には，どちらも支払いをせず，最悪の結果に追い込まれてしまう。

　これは，公共の利益を考えるとただ乗りすべきでないことは皆分かっている

キーコンセプト　2.2

コモンズ（共有地）の悲劇

　生物学者のギャレット・ハーディンは1968年，科学専門誌「サイエンス」の中で「コモンズ（共有地）の悲劇」という言葉を生み出した。この「悲劇」という言葉は「物事の無情」を意味していた。ハーディンは，粗放的な世界の人口増加が，共有資源にとっては持続不可能だと考えていた。彼が用いた例によれば，すべての放牧者に牧草地（共有地）を開放して家畜を放牧させると，その牧草地は過放牧になる。それぞれの放牧者は，共有地のウシが1頭増えることで追加的な利益を得ることができる（ウシ1頭当たりの利益）。しかし，ウシの数が増加するにつれ，過放牧が発生し，皆が損をする原因となる。このことは，1人1人が社会の破滅への道をひた走り，アダム・スミスの「見えざる手」の考えを破壊してしまう結果となる。ハーディンは，人口が増加すればするほど，この悲劇は深刻になると主張した。

　ハーディンの分析は賞賛され，批判され，そして拡張された。コモンズの悲劇が新しい考えではなく，古代マヤ文明や古代エジプト文明で実際に起こったことは私たちの知るところである。また，コモンズで生産された財の価格は，ハーディンが考えた以上に資源の搾取率にとって重要であることも分かっている。また，世界中の多くのコモンズが，その地域へのアクセス権を持つ人々により設定されたルールによって規制されていることも分かっている（Ostrom 1990）。

　しかし，ハーディンのメッセージは強力である。私たちは，乱用によって損傷を受けたオープンアクセス資源の例をたくさん見出すことができる。その一例として，スコットランド海岸沖の島々における共同放牧地の研究はその一例である。シェットランド島では，一般的な放牧地は，同等の私有地よりも高いレベルの環境被害を被っていることが示されている（Hanley et al. 1998）。

にもかかわらず，その経済的誘因から誰もがただ乗りしてしまうことを意味している。温室効果ガスの排出量削減のための，効果的で包括的な国際合意に到達することが歴史的に困難であったことは，ただ乗りの典型的な例といえる。現実には，私たちは人々が自発的に公共財に貢献していることを知っている。問題は，公共財を社会的に最適な水準にするために，人々が自発的に「十分な」貢献をしているかどうかである。もし，公共財の供給が十分であれば，市場への政府の介入は必要なくなる。

　センテニアル村の話に戻ろう。スヴェンと村人たちは市場を使ってアポロを買収して，彼が尾根に家を建てるのをやめさせるために資金を集めているとしよう。誰もオープンスペースの潜在的な便益から排除されないので，限界的な社会的便益は，景観を楽しむ 1 人 1 人の限界便益に等しくなる。限界的な社会的便益は，社会が公共財の追加的単位をどのように評価しているかを反映している。限界的な社会費用は，アポロが移転して新しい場所を見つけるための機会費用である。したがって，最適な公共財とは，これらの便益と費用のバランスをとることである。公共財は，限界社会的便益が限界社会的費用と等しくなるまで供給されるべきである。この最適水準は，最初に発見したスウェーデンの経済学者にちなんで「リンダール均衡」と呼ばれている。

　市場が公共財を十分に供給できない場合，社会はどのようにして最適水準を達成できるだろうか。1 つの可能性はクラブを設立することである。便益を享受するすべての人が集まってその財を供給し，その便益はクラブの会員に限定する。これは，受益者が財のために支払いを行い，政府の介入を必要としないため魅力的に見える。英国の王立鳥類保護協会（RSPB）や米国のシエラクラブなどの団体がその好例である。RSPB は，クラブ会員の資金により自然保護区を購入することで，鳥類の保護を進めている。

　しかし，クラブ会員は保護区への入域料が割引になる一方で，非会員も環境保護の恩恵を受けることができる。この非排除性は，RSPB に自然保護区の供給が委ねられた場合，クラブの会員数は社会的に望ましい水準よりも少なくなることを意味する。さらに，クラブが調達できる資金も最適な水準でない可能性が高い。というのは，いずれにしても利益が得られると分かっていれば，実際に参加して支払う必要がないからである。ただ乗りする戦略的インセンティブはここにも存在する。

2.3.3　オープンアクセス共有資源（コモンズ）

　社会は，財産権がどのように定義され執行されるかに応じて，いくつかの代替的な方法でオープンアクセス共有資源（またはコモンズ）を管理することができる。オープンアクセス共有資源とは，その資源へのアクセスから誰も除外することはできないが，ある人の利用が他者の利用と競合する（利用可能性を減少させる）ような財・サービスのことである（Gordon（1954）や Hardin（1968）の古典的な論文を参照）。ある人の利用が利用可能な資源の総量を減少させる状況では，誰もが他者に先駆けてその恩恵を享受するインセンティブを持っている。誰でも自由にアクセスできるため，資源の利用は非効率的なものになる。北大西洋のグランドバンクス沖で，タラやヒラメの漁獲量が激減したのはその典型例である。非効率性とは，限界費用が限界便益（すなわち市場価格）を超える水準まで資源が過剰利用されることを意味する。過剰利用は，市場価格が資源の真の希少性を示していないことを示している。1 人の漁師が魚を 1 匹釣り上げても，それは他の漁師たちが獲る魚の数が 1 匹減ったにすぎないため，漁師は資源の希少価値を考慮する個人的なインセンティブを持たない。その結果，漁師はあまりにも多くの労力を費やし，経済的に効率的で，生物学的には潜在的に非効率的な水準を超えて，水産資源を乱獲してしまうことになる（例えば Platteau（2008）を参照）。

　オープンアクセス共有資源では，どのような経済的インセンティブが働いているのだろうか。それぞれの漁師は，他の誰かが捕まえる前に，できるだけ多くの魚を捕まえようとする。自分が獲らなければ他の誰かが捕ることになるので，漁師にはその魚の希少性を考慮する動機が存在しない。誰もが捕獲する権利を持っているので，仮にある漁師が操業を控えたとしても，その判断は他の漁師たちからは尊重されない。その結果，限界費用が限界利益を上回るまで操業を続けるようになる。このことが，限界便益と限界費用が等しいときに純便益が最大化されるという，経済学の基本的な効率性の条件を破ってしまうのである。

　なぜこのような問題が生じるのだろうか。効率性が低下するのは，それぞれの漁師の操業が，他のすべての漁師に外部費用を課すためである。この外部費用が発生するのは，ある漁師が魚を釣り上げるたびに，誰もが次の魚を捕まえ

るための費用が増えるからである。これは，努力に対する収穫逓減の 90-10 の法則のようなもので，10％の努力で 90％のものを手に入れることができるが，残りの 10％は容易には見つからないため，90％の努力が必要になるのである。

　漁師たちはいつオープンアクセス共有資源の収穫を止めるのだろうか。それは，彼らの限界費用が平均便益と等しくなるときである。誰もが参入できる状況で漁師たちは魚の希少価値を無視するため，捕獲による社会的純価値は今やマイナスである。漁師たちは依然として魚を追いかけているが，最終的には魚の希少価値に見合った経済的レントを受け取ることができなくなるのである。

　オープンアクセスは「コモンズの悲劇（共有地の悲劇）」の典型的な事例である。誰もがアクセスできるので，誰もがその資源に対する権利を持ち，誰もが希少性の価値を無視する。しかし現実には，ほとんどのコモンズには，より効率的に資源を配分するための，公式または非公式の財産権スキームが備わっているものである。例えば，希少資源を集団で利用するための自治共同体の事例などが確認されている。このような集団は，共有ルール，排除原則，執行・処罰スキームなどの共有財産権を確立したときに成功する（詳細については Ostrom（1990）を参照）。この事実は，オープンアクセス共有資源は必ずしも市場の失敗を意味するものではないことを示唆している。人々は機能的な共有ルールを発明し，実際にそれを運用している。しかし，共有ルールや執行ルールが失敗するとき，市場もまた失敗するのである。

2.3.4　隠された情報

　市場の失敗は隠された情報によっても起こりうる。他者の行動やタイプを観察できないとき，人々が受け止める便益と，実際の便益および費用との間にずれが生じる可能性がある。隠された情報には，「モラルハザード」と「逆選択」の 2 つの形態がある。モラルハザードは，環境に配慮した行動が隠された情報（または観察するにはコストがかかりすぎる）の場合，市場を混乱させる。事例としては，農業における硝酸塩の管理，パイプラインの漏洩を防止するための予防措置などが挙げられる。逆選択は，買い手が売り手の隠されたタイプ（例えば，土地所有者による土地売却の機会費用が高いか低いかを知らずに，その土地を保全するなど）や，財やサービスの隠された品質（例えば，コーヒーが有機栽培されているかどうか）を観察できないときに，市場を失望させる。モラ

ルハザードも逆選択も，便益と費用の間に明確な関係がないため，市場の運営に影響を与える。

環境経済学の実践　2.2

政府による介入の失敗——EU の共通農業政策（CAP）

　第2章では，市場の失敗が環境に望ましくない結果をもたらすメカニズムを検討している。政府が介入すべき場合もあるが，それが裏目に出て，むしろ環境を悪化させてしまうこともある。CAP として知られる欧州連合（EU）の共通農業政策は，その事例として有用である。

　CAP は，輸入課徴金，輸出補助金，介入買い付けなどの複雑なシステムを通じて，EU 域内の農家に，自由市場が実際に生み出すよりも高い生産価格を提供してきた。その理由は，農家の所得を支え，作物価格を安定させ，主要食料品の自給率を上げることであった。この政策の環境への影響を考えてみよう。農家は価格上昇に対応して，より多くの土地を耕作し，生産の集約度を高めることで生産量を増大させるようになった。技術の進歩も相まって CAP は農村を変容させ，それは英国のように農地が国土の約8割を占める国では顕著であった。最も重要な影響は以下の通りである。

・生け垣の撤去，圃場周縁部の耕作，農地における林地の喪失
・恒久的な牧草地の一時的な牧草地と耕地への置き換え
・土地排水
・農薬，除草剤，肥料の使用量の大幅な増加

　これらの農法の変化が野生生物や景観に及ぼす影響は甚大であった。英国自然保護委員会（NCC）の数字は，例えば次のことを示している。

・1949年以降，低地のヒース[※1]が50～60%喪失
・ハーブが豊富な花の牧草地が95%喪失
・生態学的価値の高い石灰岩の草原が80%喪失

　CAP はその後，改革され，直接的な価格支援の多くが廃止されるとともに，放牧圧の低減や化学肥料・農薬の削減など，環境便益を生み出す可能性のある行為に対して支払われる一連の農業環境スキームが導入された。農地の利用が生物多様性の重要指標である鳥類に与えた影響については，Dallimer et al.（2009）を参照されたい。

訳注
※1　海抜300m 以下で見られる牧草や灌木などの生息環境のこと。

　モラルハザードは，規制当局が汚染の低減や予防措置を完全に監視できないことを意味する。投資の価値を取り戻すことができない場合，企業は観察不能な汚染防止を回避するインセンティブが生まれる。モラルハザードは，異なる経済主体間でリスクを再配分する市場の能力を低下させる。民間市場が行動を監視できない場合，保険は予防措置をとる個人のインセンティブに影響を与えるため，保険業者は公害賠償責任市場から撤退する。偶発的な流出や汚染の蓄積が潜在的な金融負債（例えば清掃費用，医療費など）を生み出す可能性があることを考えると，企業はこれらのリスクを保険会社のようなリスク回避度の低い代理店に転嫁するために資金を支払うことを望む。しかし，リスク負担とインセンティブの間にはトレードオフの関係があるため，公害賠償責任保険の市場は不完全である。保険会社は情報に精通した個人の情報料を引き下げるからである。市場は非効率的なリスク配分を生み出す。

　逆選択は環境にも影響を与える。持続可能な財やサービスは，そのよい例といえる。理想的には，「持続可能な」製品は環境を守る方法を使用して生産されるべきであるが，課題は，その生産には費用がかかり，市場価格が高くなってしまうことである。買い手がこの価格プレミアムを支払うと考えられるなら，売り手は持続可能な製品を提供するだろう。しかし，製品が本当に「持続可能」であると保証されない場合，買い手が価格プレミアムを支払うとは限らない。「ナチュラル」や「オーガニック」と書かれた商品ラベルは，消費者に必要な情報のすべてを実際に伝えているわけではない。消費者がコストのかかる持続可能な商品と，類似の低コスト商品とを区別できない場合，価格プレミアムを支払うだろうか。これは，古典的な「レモン（粗悪な品質の商品）の問題」であり，買い手は市場の平均的な品質の商品の価格を超えて支払うことはない。これにより，高品質（高コスト）の売り手は市場から撤退することになる。市場の平均品質が低下したので，買い手は期待を再調整して，残った商品の平均的な品質の商品価格まで支払うようになる。このことで，残った売り手のうち，品質の高い売り手が市場から撤退するが，このプロセスは市場が崩壊するまで繰り返され，最終的に市場に残るのは，レモンだけになる。環境の持続可能性の場合，高コストでサステナブルな商品は市場から追い出され，低コストでサステナブルでない商品だけが市場に残ることを意味する。このような市場の崩壊を防ぐには，私的または公的な信頼できる機関による認証プログラ

ムが必要である。例えば，フランスの AB スキーム，スウェーデンのキーホールシステム，英国の土壌協会スキームなどが，そのような認証制度を実施している。

2.4　環境保全のための市場インセンティブ

　これまでに見てきたように，市場の失敗は環境問題を引き起こす。非市場価値を反映しない市場価格では，十分な環境保護を実施するだけの分散型の機会は創出されない。しかし，たとえ市場が失敗したとしても，市場と市場取引の考え方により，環境問題に対する新たな分散型の解決法を構築できる。社会は，一元化された指揮統制型の政府介入や，利害関係者の協調的プロセスに戻る必要はない。むしろ，政府や人々は，既存の市場から現在失われている非市場価値を捕捉するために，新しい市場を創出し，市場価格を修正することができる。このような市場原理に基づいた環境保護政策は，技術的専門家や利害関係者のプロセスに取って代わるものである。こうしたプロセスには，それぞれ成功と失敗がある（環境経済学の実践 2.2 を参照）。

　環境保護のために市場を利用しようと考えるのは，直観に反するように思えるが，他の現実の問題，例えば金融資産運用のように，意思決定の権限を政府などに委譲することが好まれない問題について考えてみよう。人々は何世紀にもわたって市場を使って多くの資産を管理する方法を発見してきたが，これは市場の配分がいかに強力で効率的であるかを明確に示している。例えば，リスク 1% 当たりの相対的な危険の度合いは，環境問題によるリスクよりも金融資産の方が大きい。しかし私たちは，通常は政府に株式や債券の価格の決定を委ねたりはしない。政府に求めるのは市場の財産権や取引ルールの確立，監視，執行などであり，市場の価格は需要と供給を通じてあくまで市場で決定される。同じ原則を，環境保護の文脈に適用することは可能である。

　ここでは，市場を利用して環境を保全するための 3 つの方法を検討したい。それらは①コースの定理，②環境税，③排出量取引である。

2.4.1　コースの定理

　アメリカの経済学者ロナルド・コースは，1960 年に発表した論文「社会的

費用の問題」で，所有権の割当と交渉の概念を提起した。この財産権の考え方は，後に「コースの定理（Coase Theorem）」と呼ばれるようになった。コースは，法制度におけるルールと経済における価格がどのように相互作用するかについて，経済学は十分に検討してこなかったと主張した。彼は，汚染の外部性のような市場の失敗を是正する方法を検討する上で，法的規則が経済学においても考慮されるべきであると主張した（Coase 1960）。

　コースの定理は伝統的に次のように理解されている。仮に，筆者は読者よりも下流に住んでいて，上流に住む読者が筆者の利用する水を汚染しているとしよう。コースは，読者に対して汚染する権利を割り当てるか，筆者に対してきれいな水の所有権を割り当てることができれば，お互いに合意できる解決策を見つけるまで交渉できると主張した。両者は，どちらに権利があるかにかかわらず，効率的で相互にメリットのある解決策のために交渉できるのである。読者に汚染する権利がある場合，読者は筆者に「きれいな水」の権利を売ることができる。筆者にきれいな水を有する権利があれば，筆者は読者に汚染する権利を売ることができる。重要なのは，読者が「きれいな水」を売っているのか，筆者が「汚染」を売っているのかに関係なく，両者はまったく同じ結果を得ようとして交渉するという点である。

　重要な前提は，筆者と読者の双方が汚染と金銭を交換する用意があることである。もし筆者にきれいな水の権利があったとすれば，筆者が汚染により被る費用が読者の支払う金額より高くなるまで，読者の環境汚染を許容するであろう。読者に汚染する権利があった場合は，読者の汚染軽減の費用が筆者から受け取る金額より高くなるまで，汚染を軽減すると考えられる。しかし，どちらにしても最終的な汚染のレベルは等しく，それが社会的な最適水準となる。これがコースの定理の重要な点である。私たちは，汚染の権利またはきれいな水の権利のいずれかを売買できる，分散化プロセス（汚染の市場）を利用している。ここでは，政府は初期的な所有権を定義するだけでよい。1 つ留意すべき点は，読者と筆者のどちらに権利が与えられるかで，富の配分に違いが生じることである。これは効率性の問題ではなく，衡平性の問題である。

　コースの定理を支える重要な前提は，交渉に機会費用が発生しないこと，すなわち「取引費用」がゼロであることである。取引費用とは，資源の売買や交換など，経済取引を行う際に発生する費用のことである。コースは，取引費用

ゼロの前提が現実的でないことを認識していたが，これを利用して，分散型の市場がどのようにして環境保全のために機能するかを説明した。コースは，市場に基づくすべての環境政策は，環境のような非市場財のための効率的な市場を構築する上で，取引費用が与える影響にも対処しなければならないと主張した。情報，交渉，契約の作成と執行，所有権の特定，制度設計の変更などを考慮すると，市場の構築には費用が発生するものである。

　センテニアルの例を使って，コースの定理について考えてみよう。アポロとスヴェンは，センテニアル渓谷の尾根の開発で意見が衝突している。アポロが尾根に家を建てると，スヴェンが見下ろす渓谷の景観は台無しになるからである。アポロは尾根に家を建てる権利を所有し，スヴェンは尾根を見下ろす土地を所有している。中央集権的な政府による直接規制型のゾーニングによる解決は，政府がこの係争に介入することを意味する。もし政府がスヴェンに味方するなら，アポロが尾根に家を建てることを禁止することになる。政府がアポロの側につくなら，アポロは家を建て，スヴェンは景観を失う。いずれにせよ，政府は勝者と敗者を選ぶことになる。

　しかし，ゾーニングによる政府の介入の代わりに，スヴェンまたはアポロに所有権を割り当てることもできる。スヴェンに所有権がある場合，彼は「開発権」を有することになる。彼はアポロに開発権を売却することができ，これらの権利はオープンスペースに対するスヴェンの選好が反映されることになる。スヴェンが売却する開発権は，開発による機会費用を反映している。その費用は，開発が進むにつれて指数関数的に増加すると仮定する。アポロは開発する権利を買う機会を持つことになるが，開発のための需要は彼が得ることのできる利益であり，その増分は逓減（徐々に減ること）するだろう。このような一方的な所有権を考えると，スヴェンとアポロは開発のための市場を持っており，両者にとって最適な開発水準のために交渉することができる。この交渉は，両者が取引から利益を得るような市場価格を決定する。スヴェンは景観を売却することで，アポロは開発権を買うことで，ともに利益を得ることができる。コースの定理は，社会的に望ましい結果をもたらす。すなわち，便益と費用の増分が釣り合うのである。

　この結果は，アポロが開発する権利を持っていたとしても変わらない。役割は逆になり，アポロが景観を売却し，スヴェンがそれを購入する。コースの定理の

力は，最終的に得られる結果，すなわち市場価格，景観の水準，社会的効率性が
いずれの場合でも同一となることである。スヴェンはアポロに対価を支払い，
開発を制限して景観を保全することができ，ともに利益を得ることができる。
この場合も，景観を保全することの便益と費用の増分が釣り合うのである。

　これらの例では，2 人の当事者が交渉をしてきた。コースの定理の課題は，
交渉に加わる人数が少なければ少ないほど，交渉がうまくいく可能性が高くな
ることである。さらに，もし交渉の敗者が複数いる場合，ただ乗りが交渉の妨
げになる可能性がある。今日の環境問題の多くでは，コースの定理を機能させ
るには「多すぎる」当事者が存在するため，環境への被害を正確に測定できる
のであれば，価格を利用した解決策の方が効果的かもしれない。次に税金につ
いて検討したい。

2.4.2　環境税

　1 世紀以上も前にアルフレッド・ピグーは，市場の失敗を課税によって「修
正」できるという考えを提案した。汚染に対して税金を課すのである。このピ
グー税または環境税（グリーン税）と呼ばれる考えは，汚染によって引き起こ
される，市場には反映されない損害に対して価格をつける。この税は，市場が
見逃した非市場的な社会的損害を反映しており，環境を汚染するような財や
サービスの価格を上乗せする。消費者は購入するたびに，汚染による被害を反
映したより高い価格を支払うことになる。企業と消費者は，消費を減らすこと
でこの新しい価格シグナルに反応する必要がある。両者はもはや環境をタダ
（自由財）として扱わない。汚染のために金銭を支払うのである。

　ピグー税を導入することで，環境汚染には代償が伴うことになるため，消費
者は意思決定を改めることになる。ガソリンを例に考えてみよう。ガソリン 1
リットル当たりの価格に，CO_2 排出の社会的費用を反映した課税を行った場合，
ガソリン価格は上昇する。人々はそれでも車を運転するだろうが，税の導入に
より自動車を運転することの私的費用と社会的費用の両方を支払うようにな
る。理想的には，ピグー税が正しく設定されれば，限界的な社会的費用が反映
され，市場は社会的に最適な消費水準に向かうことになる（例えば Sandmo
(2008) を参照）。

　センテニアルの例では，開発が景観に与える影響に基づいてピグー税を設定

できた場合，アポロはスヴェンに生じた損害を考慮した追加的な費用を支払うことになる。繰り返しになるが，開発の選択は，開発によって生じる私的費用と社会的費用の両方を反映することになる。理論的には，開発は社会的に最適な水準で行われることになる（その水準はコースの定理と等しくなる）。

　経済学者は，一般にピグー税の考え方を好む。社会的な損害を反映して価格を変更することで，人々の行動を変えることができるからである。また「よい」ピグー税が政府の歳入を増やし，所得税のような「悪い」税を減らすために使用できるという考え方も，経済学者のお気に入りである。所得税は意思決定をゆがめ，それ自体が非効率になる。経済学者は，よい環境税を悪い所得税と交換するこの考えを二重配当と呼んでいる（Schoeb（2006）などを参照）。二重配当は実際に存在する。例えば，①環境税により汚染の排出量が減少し，②税収が所得税やキャピタルゲイン税などの歪曲的な税を相殺するために使われる場合である。歪曲的な税とは，労働や投資など，社会が抑制ではなく推進しようとする活動に対する課税のことである。環境税で汚染を減らし，その税収で所得税を減らすことができれば，社会にとっては一石二鳥となる（Goulder 1995）。

　しかし，環境税は環境保護に役立つ一方で，追加的な保護のために費用が発生する。環境税は市場価格を引き上げ，生活費の増加につながる。これにより，労働賃金が下落して可処分所得は減少する。環境税は，歪曲的な所得税に付加された第二の労働税のようなものである。労働者にとっては労働供給を減少させる新たな理由となり，それは社会への追加的なコストとなる。二重配当の話の教訓は，2つのことがうまくいかないときに1つのことを修正しても，必ずしも幸福度が上がるとは限らないということである。最初の問題に対処することで，2つ目の問題をさらに悪化させる場合もある（これはセカンド・ベストの理論と呼ばれている）。

　歴史的に見ると，ほとんどの環境税は，環境保護のための行動に変化もたらすためではなく，歳入増加のために用いられてきた。汚染の大幅な削減や環境保護の拡大に寄与するには，税率の設定が低すぎるためである（Hanley et al. 2007）。しかし，気候変動のリスクを認識するようになったことで，環境税を取り巻く政治動向は過去30年間で大きく変化した。今日では，炭素税の形での環境税は，英国，多くの EU 加盟国，ノルウェー，カナダを含む40以上の

国と 20 以上の都市，州，地域で導入されている。他にも世界中の多くの国が
炭素税の導入を検討している（World Bank 2015）。英国やアイルランドのスー
パーマーケットでは，使い捨てレジ袋の使用に課税することで，その税率が非
常に低いにもかかわらず，プラスチック廃棄物による汚染が大幅に減少した。

　約 50 年前，経済学者のウィリアム・ボモールとウォレス・オーツは，環境
税を改善する方法について斬新なアイディアを発見した。彼らは，もし社会が
排出削減目標を達成したいのであれば，環境税は最も低コストであり，設計基
準（政府がどのように汚染を制御するかを企業に指示する）やパフォーマンス基
準（政府がどのくらいの量の汚染を排出できるかを企業に指示する）などのコマ
ンドアンドコントロールよりも優れていることを示した。ボモールとオーツの
アプローチを理解するために，ここで限界削減費用曲線（MAC 曲線）の考え
方を導入する。削減費用とは，汚染排出量を削減するための費用である。汚染
者は，以下の通りいくつかの代替手段により排出量を削減することができる。

- ・「エンドオブパイプ」処理プラントの設置（煙突や排水溝など製造工程の末
  端での対応）
- ・生産プロセスの変更（環境に配慮した投入物や，廃棄物リサイクルなど）
- ・生産量の削減

　汚染者は自らの選択肢を知っており，最も低費用の手段を選好すると仮定す
る。図 2.2(a)は河川に排出される汚染において，排出削減量に応じて削減費用
がどのように変化するかを理解するのに役立つ。この図では，ある企業
（ジョーンズ社）の，エンドオブパイプ処理の導入による排出削減の MAC を
示している。排出量の減少を示しているため，グラフは右から左に読み取る。
排出減少が進むにつれて，MAC は上昇することが分かる。

　この図が意味するのは，排出量が減少するにつれて，排出削減のための追加
的なコストはさらに増加し，MAC が上昇していくことである。この MAC の
上昇は，経験的事実である。MAC は 75％の削減で垂直になるが，これはエン
ドオブパイプ処理の技術ではこれ以上の排出削減はできないためである。任意
の地点での MAC 曲線下の領域は，排出削減の総費用を示している（例えば領
域 a は，100％排出量から 75％排出量に移行した場合の総削減費用を示す）。図 2.
2(b)は，すべての排出量削減の選択肢を考慮した企業の MAC 曲線を示してお
り，削減量が 75％を超えると，投入量を変更するなど他の方法を選択できる

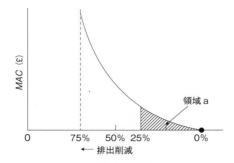

図2.2 (a)　エンドオブパイプ処理により排出
量を削減するための，ジョーンズ社の *MAC*
曲線

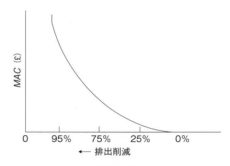

図2.2 (b)　すべての排出削減オプションにわたっ
て定義されたジョーンズ社の *MAC* 曲線

ようになっている。この曲線は，排出削減量が極端な水準（95％）になると，
費用がかかりすぎるため垂直になる。

　もう１つの重要な経験的事実として，同じ汚染物質でも，*MAC* 曲線の形状
は企業によって異なる可能性がある。例えば，スコットランドのフォース川河
口域における生物学的酸素要求量（BOD）の排出の場合，実際の1kg 当たり
削減費用には 2500 倍もの開きがあった。これは，同じ汚染物質を排出する企
業でも，①生産プロセスの違い，②管理能力の違い，③地域の違い（クリーン
な投入物の輸送コストの違いなど）があることに起因すると考えられる。

　図2.3(a)は，BOD を河川に排出する別の企業（ブロッグス社）の *MAC* 曲線
を示している。ジョーンズ社は，生産プロセスが異なるため，ブロッグス社よ

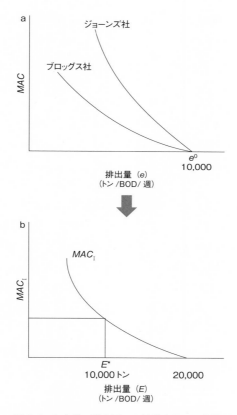

図 2.3　各企業の排出量から総排出量への変換

りも削減費用が高くなっている。公害防止に費用をかけない場合，両社とも同じレベルの排出量（図では e^0）を排出する。これは，それぞれ 1 週間当たり 1 万トンに相当する。この規制されていない状態の総排出量は 1 週間当たり 2 万トンである。図 2.3(b)は，ジョーンズ社とブロッグス社の MAC を水平に足し合わせた総 MAC 曲線（MAC_1）を示している。ここで，管理当局である環境保護庁（EPA）が，排出量を 1 週間当たり 1 万トンまで削減したいとする。

　経済的インセンティブはどのように汚染を削減して，その結果はどのようなものだろうか。例えば，EPA がジョーンズ社の排出 1 単位ごとに t の課税を行うとする。これは，ジョーンズ社の排出量が e' の場合，（$e' \cdot t$）の税金を支

払うことを意味する。ジョーンズ社はどのように対応すればよいだろうか。彼らが e^0 で排出しているとしよう。彼らができる最善のことは，排出量を e^t まで減らすことである。これは，排出量を削減することの限界利益が限界費用よりも大きいためである（$t > MAC$）。一方，排出量の増加による限界利益（MAC で測定した削減コストの節約）は，限界コスト（1ユニット当たりの t の増税）よりも大きくなる。排出量を e^t に設定することは会社として最善の対応であり，均衡点は以下の通りである。

$$t = MAC$$

　実際には，規制がない場合でも，企業の汚染削減はゼロとはならない。なぜなら，排水のリサイクルなど，コスト削減を動機とした生産工程の変更により，ある程度の汚染削減がもたらされる可能性があるからである。

　e^t では，企業は面積 b に相当する税収を支払い，課税前と比較して，面積 a 分だけ汚染削減支出を増加させている（図2.5）。管理当局はどのように税率を設定するだろうか。図2.3から，当局は限界削減費用曲線（MAC_1）を知っているとしよう。総排出量の目標レベルは E^* で示されており，これは1万トンの BOD に相当する。この排出量レベルでは，MAC の値は t となり，これが目標削減量を達成するための環境税となる。

　しかし，この情報を EPA が持っていない場合はどうだろうか。このような情報のギャップは現実に存在する。この条件で EPA は税率を推測し，企業の反応を観察している。税率が高すぎると，企業の排出削減が過大となり，目標を超過してしまう。逆に低すぎると，排出削減量が不足してしまう。EPA は，正しい税率まで試行錯誤を繰り返す。税率は不確実であり，投資計画をより困難にするため，企業は一般にこの推測調整アプローチを嫌う。

　ここでなぜ課税が規制的手段よりも好まれるかを示そう。課税の下では，各企業の排出量調整における最善の対応は以下の通りとなる。

$$t = MC$$

　過剰な汚染防止について語るのは奇妙に思えるかもしれないが，汚染防止にも機会費用があることには留意が必要である。これは，汚染防止の代わりに，教育，医療，国家安全保障の改善などに費やせたかもしれない費用である。

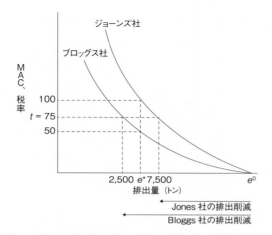

図2.4　最小費用の解決策としての汚染税

　つまり，ジョーンズ社とブロッグス社にとって，環境税は以下の結果をもたらす。

$$t = MAC_{\text{Jones}} = MAC_{\text{Bloggs}}$$

　これは，目標削減を達成するための費用を最小化する解決策である。この点が重要なのは，税金が効率性基準を満たすことができることを示唆しているからである。なぜ最小費用の解決策なのだろうか。それは，各企業の MAC が等しくない場合，MAC の高い企業から低い企業へと排出削減を再配分することで，社会は費用を節約できるからである。例えば，図2.4では，EPA が各企業に e^* に等しいパフォーマンス基準を課したとする。この時点で，ジョーンズ社の MAC は1トン当たり100ポンドであり，ブロッグス社は50ポンドである。ジョーンズ社には排出量を1トン増やすことを許可し，ブロッグス社には排出量をさらに1トン削減するように説得した場合，総排出量は変わらないが，（100 − 50）＝ 50ポンドの節約になる。MAC が異なる場合には，いつでもこのような利益を得ることができる。しかし，ブロッグス社には，ジョーンズ社よりも多くの排出削減をするように，どのように説得することができるだろうか。その答えは，税率を $t = 75$ に設定することである。これにより，望ましい排出量の削減が可能となる（ジョーンズ社の排出量は7500トン，ブロッ

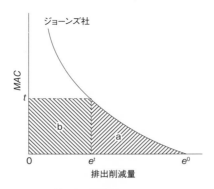

図 2.5　水汚染税の影響

　グス社の排出量は 2500 トンとなり, 総排出量は 1 万トンとなる)。課税が MAC の均等化をもたらすため, 汚染削減の最小費用化が可能となる。

　最も費用がかからないという環境税の特性が, 規制よりも課税が好まれる理由である (Baumol and Oates 1988)。環境税には, もう 1 つの大きな利点がある。それは, 企業は排出 1 単位ごとに税金を支払うため, 規制の下よりも環境に優しい技術に投資するインセンティブを持つという点である。これは課税の「動的効率性」であり, 長期的に見て重要な特性である。

　では, 政策的解決手段としての環境税の問題点は何だろうか。ここでは, 以下の 3 点に焦点を当ててみたい。

・汚染物質が不均一に混合されている場合, 単一の税率は効率的ではない。これは, 税が環境への影響ではなく排出に課されるためである。排出量当たりの環境への影響が大きい企業は, 小さい企業よりも高い税率で課税されるべきである。

・課税は, 社会的には目標達成に必要な費用を最小限に抑えることができる。しかし, 企業にとっての費用は, 規制よりも課税の方が高くなることがある。これは, 企業が汚染削減と環境税の両方の費用を支払っているからである。この税金の支払いは, 削減費用を上回る可能性があり, その結果, 税金 (図 2.5 の a と b の領域) の経済的負担の合計が規制の下での負担を超える可能性がある。このことは, 産業界による課税の拡大に反対するロビー活動を引き起こしてきた。

・EPA は通常，税率を正しく設定するための情報が不足している。さらに，これらの税率は，例えば企業の削減費用が変化すると，新しい情報に基づいて更新されなければならない。これは，EPA が税率のあるべき姿を再評価し続けなければならないことを意味し，不確実性の問題をより深刻なものにしている。

2.4.3　排出量取引（キャップアンドトレード）

　環境税の代替案として経済学者に好まれるのが「排出量取引（キャップアンドトレード）」である。その考え方は単純明快で，汚染排出量の上限を設定（キャップ）して汚染の市場を作り，排出許可証を配布し，人々にそれらを売買（トレード）させるのである。社会は汚染の総排出量について厳格な上限を設定した上で，その上限を超えない範囲で汚染者に許可証を売却または配布する。汚染者である企業や消費者が市場で許可証を売買することで，汚染の市場価格が明らかになる。この排出価格は，汚染者の選択を促す。キャップアンドトレードによる汚染の市場価格は，理論上は環境税によるものと同一である。

　排出市場は，汚染の排出権を企業，政府，市民に対して割り当てることで機能する（Gayer 2008）。これらの権利は，きれいな空気や水のように，市場がなければ自由財であったものに価値を与える。1960 年代半ば，トーマス・クロッカーと J・デイルズは，取引可能な許可証，つまりキャップアンドトレードの考えを提唱した。当時，このアイディアは物議を醸した（Crocker 1966; Dales 1968）。環境保護活動家たちは，自然に「価格をつける」ことは社会にとって不道徳であると主張したのである。しかし今日では，これらの環境保護団体の多くが考えを改めている。彼らは，自然を守るための最も費用対効果の高い方法として，キャップアンドトレードの考え方を支持している。この制度の魅力は，汚染のレベルを一定にして，人々が取引をすることでコストを削減できるということである。低コストの汚染者が高コストの汚染者に許可証を販売することで，双方が利益を得ることができる。

　取引可能な許可証は，市場方程式の量の側面に焦点を当てている（例えば Weitzman（1974）の古典的な論文を参照）。規制当局は，一定量の汚染や開発を決めた上で，その水準に応じて許可証の数を設定する。許可証は，影響を受ける地域の企業に与えられ，企業は許可証を市場で売買する。自企業の汚染や

開発が割り当てられた許可レベルを下回っている場合，企業は許可証の余剰分を売却したりリースしたりすることができる。排出量が割り当てられた許可証の水準を超える企業は，排出量が少ないか，より汚染の少ない技術を導入した企業から許可証を買わなければならない。

　排出量取引を効果的にするための条件は何だろうか。経済学者は，このような制度が有効に機能するための条件を以下の通り特定している。まず許可証は，その価値を正確に見積もることができるよう十分に定義されて，かつ希少でなければならない。また，許可証市場では自由な取引が支配的であり，政府の介入，ボトルネック，取引費用は最小限に抑えるべきである。取引における摩擦が少ないほど，許可証を最も高く評価する汚染者がそれを購入したり保持したりする可能性が高くなるためである。許可証は，市場の状況変化に応じて人々が許可証を貯めたり使ったりできる柔軟性を持つように，「貯金可能」であるべきである。人々が，許可証の取引から得た利益は保護されるべきである。許可に違反した場合の罰則は許可価格を超えなければならず，人々がルールを順守するようにしなければならない。

　ここでもアポロとスヴェンの例について考えてみたい。規制当局は，渓谷で許容される尾根の開発量を選択する。開発量は社会的に効率的な水準で選択され，そこでは限界便益と限界費用が等しくなる。規制当局は，あらかじめ決められたルール（おそらく土地面積か居住年数）に基づいて，センテニアル村のコミュニティに許可証を割り当てる。その後，許可証は自由に取引される。アポロが尾根の上に家を建てたいのであれば，彼は市場で開発許可証を購入することができる。理論的には，市場均衡における許可証価格は，開発の限界費用および限界便益に等しくなる。ここでも，社会的に効率的な結果が達成されることになる。

　この政策オプションがどのように機能するかをより詳しく見るために，汚染税の例に戻って考えてみたい。EPA は，BOD の排出目標が 1 万トンであるのに対し，2 社の企業が 1 週間当たり合計 2 万トンを排出するという状況に直面している。EPA は税金を課す代わりに，1 万トンの排出許可証を作成し，企業間での取引を認めることができる。所有する許可証以上に排出することは違法であるため，目標排出削減量を達成することができる。1 万トンの許可があれば，合計 1 万トンの BOD を合法的に排出することが可能となる。

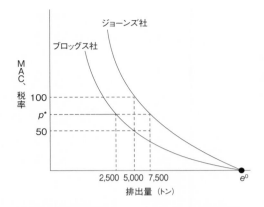

図2.6　最小費用ソリューションとしての排出権取引

　排出量取引にはどのような利点があるだろうか。図2.6はジョーンズ社とブロッグス社の MAC 曲線を再掲したものである。ここで各企業に，5000単位の排出許可証が与えられたとしよう。規制されていない状態での排出量が1万トンなので，両企業とも排出量を削減しなければならないが，どれだけの削減が可能だろうか。どちらの企業も取引を望んでいない場合を想像してみよう。排出量が5000トンの場合，ジョーンズ社の MAC は100ポンドであり，排出量を1トン増やすことでこの金額を節約できる。そのためにはブロッグス社から排出許可証を買う必要があるが，ブロッグス社に売却する意思がなければならない。ブロッグス社は，許可証の価格が MAC よりも高ければ，売るかもしれない。この売却によるブロッグス社の費用は50ポンド（この排出量での MAC）であり，ジョーンズ社が提示するであろう金額よりも低いため，取引は可能である。もし許可証が80ポンドで取引されれば，両企業ともに利益を得ることができる。取引による利益がすべて捉えられた場合，許可証の競争市場で MAC が汚染者間で均等化されるまで取引が継続すると予想される。この「MAC の均等化」まで取引するという考え方は，費用最小化のための必要条件と同じである。つまり排出量取引は，環境税と同様に，汚染をコントロールするための最小費用の方法を提供するのである。

　排出量取引について考えるもう1つの方法は，図2.7（a）の p^* のように，一定の価格で許可証が販売された場合の企業の反応について検討することであ

る。ジョーンズ社は，この価格水準では e^* だけ許可証を購入すると考えられる。そのためには，e^0 から e^* への排出量を削減する必要がある。それは，ジョーンズ社がより多くの許可証を購入することになった場合，排出量を削減するために必要なコストよりも，許可証に多くの費用を費やしてしまうからである。もし e^* 未満の許可証を購入するならば，削減コストを考慮すると，許可証の購入量は少なすぎる。最適な購入量は，限界費用と限界便益（e^*）が交差する水準である。ジョーンズ社は，価格が利益を上回るまで許可証を購入すべきである。許可証の価格が上昇した場合，企業は購入量を減らすことを選択し，排出削減に多くの費用をかけなければならなくなる（例：p^{**}）。価格が下がれば，企業はより多くの許可証を購入し，汚染防止のための支出を減らすことになる。企業の MAC 曲線は，許可証に対する需要曲線なのである。

　許可証の価格は，市場における売り手と買い手の相互作用により生み出される。供給は，図2.7（b）の目標排出量 E^* を決定する際に EPA が設定した，利用可能な許可証の総数により決定される。この時点では，供給曲線 S は垂直になっているが，これは許可証の価格に関係なく，EPA からこれ以上の排出許可が得られないためである。MAC_t は総 MAC 曲線であり，認可に対する市場需要を示す。E^* では，供給と需要は価格 p^* で等しく，これが許可証の市場価格である。もしすべての汚染企業がジョーンズ社のように行動する場合，多数の汚染者（企業 a, b, c……）により構成される市場では，次のような状況になる。

$$MAC\,(a) = MAC\,(b) = MAC\,(c) = p^*$$

これは，環境税の場合と同じ効率的な結果である。

　実際には，排出量取引には2つの形態がある。第1に，EPA は許可証を競売（オークション）にかけることで，許可証市場を立ち上げることができる。すべての企業は，単一の売り手の許可証に対して入札を行う。企業が最初の許可証を取得した後は，状況の変化や企業の産業／地域への参入・退出に応じて自由に取引することができる。許可証価格は企業間の交渉次第で決定される。

　第2に，EPA は許可証を企業に無償で与える，つまり「グランドファザリング」することもできる。この場合，すべての取引は企業間で行われるが，環境保護団体が許可証を購入して保留する（総排出量の上限を下げるため）場合

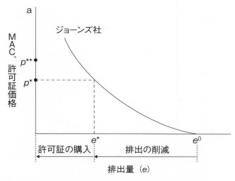

図 2.7（a）　排出権許可市場の価格（個別）

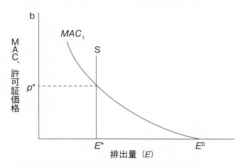

図 2.7（b）　排出権許可市場の価格（統計）

は例外である。企業は財政的負担が平均的に少ないため，オークションよりもグランドファザリングを好む。環境税と同様に，この制度における財政的負担には 2 つの要素がある。それらは汚染削減のために必要な費用と，許可証の支払いである。

　ここまで，排出量取引は汚染をコントロールするための最小費用で効率的な手段を生み出せることを見てきた。では，この制度の問題点は何だろうか。

・取引費用が高いと取引は減少し，その結果，削減費用の節約の一部は実現されない可能性がある。取引費用とは，潜在的な買い手／売り手を見つけ，取引を交渉するための費用のことである。米国ウィスコンシン州のフォックス川削減における排出量取引は 1980 年代に導入されたが，大幅なコスト削減の可能性を示す事前のシミュレーション研究があったにもかかわらず，取引はまったく成立しなかった。その理由の 1 つとして，高い

取引費用が挙げられている（Stavins 2003）。しかし，Chan et al.（2012）は，米国の SO_2 プログラムでは，取引に悪影響を及ぼすほどには取引費用は高くなかったと述べている。一般的に，規制当局が制度を複雑にするにつれて，取引費用は増加する。しかし，オンラインの取引プラットフォームは，買い手と売り手の検索プロセスを容易にすることで，このような費用を削減することができる（例えば，オンラインの参考文献に挙げられている米国カリフォルニア州の温暖化ガス取引ウェブサイトを参照）。フォックス川のスキームが「失敗」した背景には，複数の汚染物質が単一のスキームでカバーされていたことと，川の汚染が不均一に混合していたことがある（Evans and Woodward 2013）。

・取引に参加する企業が少ないほど，競争的な市場が存在する可能性は低くなる。規模が大きく市場に影響力のある売り手は，許可証の一部を留保することで価格を釣り上げるかもしれない。この種の行動は，買い手であれ売り手であれ，市場の効率性を低下させる。

・汚染物質が不均一に混合している場合，1 対 1 の比率で許可証を取引すると，局地的な水質基準違反が発生する可能性がある。2 つの企業が取引を考えているとしよう。図 2. 8 では，A 社は B 社の潜在的な買い手である。A 社は B 社の上流に位置しているため，A 社の排出量 1 単位は B 社のそれよりも河川に大きな害をもたらす。A 社が B 社から許可証を 100 単位購入した場合，総排出量は変わらないものの，A 社からの排出がその分増えることで環境被害は増大し，特に A 社のすぐ下流の地域で影響は顕著となる。この状況は水質汚染防止において生じ，いくつかの解決策が提案されている。1 つはゾーン取引で，ゾーン規制により A 社と B 社の取引を禁止し，A 社と C 社の取引は認めるというものである。ただし，このように取引が制限されるほど，費用削減の可能性は低くなる。もう 1 つは，A 社と B 社が取引できるレートを制限することである。仮に，平均的な水質の観点から，A 社の排出は B 社の 2 倍の有害性があるとする。その場合，規制当局は，両社間に 0.5 対 1 の取引レートを課すことができる。このスキームでは，取引レートが河川沿いのすべての企業について計算されるが，これは現在の水質モデルを考えると可能である。しかし実際には，運用されている最大規模の排出量取引制度（TPP）の 1 つである米

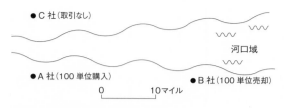

図2.8　河口域における排出量取引

　国の硫黄取引では，SO_2 が不均一に混合された汚染物質であるという事実に対処しておらず，排出量ベースの取引を1対1のレートで実施している。
・既存の企業は，新規の企業を締め出すために，許可証を参入障壁として利用するかもしれない。

　これらの問題に対する批判は妥当であるが，排出量取引による費用削減の可能性は依然として存在しており，規制から取引に変更することで一定の費用削減が期待できる。環境税と比較して，取引にはいくつかの利点がある。まず政策担当者である EPA は，取引制度のシステムを構築する際に企業の MAC 曲線を知る必要はない。この点は重要である。EPA は，許可証をどれだけ発行するか，取引にどのような制限を設けるか，制度をどのように監視するかを決定する必要がある。また企業は，許可証が競売ではなく無料で割り当てられる（グランドファザリング）ならば，財政的理由から汚染税よりも排出量取引を好む。排出量取引では，企業の削減費用が変化しても，制度を更新する必要はない。許可証に対する需要が変化して，実際の排出量は認可された最大値を超えることがないからである（環境経済学の実践2.3も参照）。Schmalensee and Stavins（2017）は，効果的かつ効率的な排出量取引を構築するためには，シンプルで透明性のある取引ルールを定義することが重要であると強調している（Worldbank 2016 も参照）。

　取引可能な許可証市場が，環境と健康のジレンマに対する手段として発展していけるかどうかは，時間をかけて判断されるだろう。1960 年代に考案され，1970 年代から 1980 年代にかけて試行され，1990 年代に入り実施されるようになったこの制度は，環境を費用対効果の高い方法で管理する方法についての議論の場では当たり前のものとなっている。最も研究されている事例は，1990 年代に実施された米国の酸性雨取引プログラムであり，SO_2 排出量の 50％削

減を規制アプローチの半分のコストで実現した。このような成功例は，社会に対するリスクの管理において，市場の有効性を無視する政策立案者に高い代償をもたらすものである。

　現在の気候変動政策は，費用対効果の高いリスク削減戦略の不可欠な部分として，取引可能な許可証市場，すなわち炭素排出の市場に焦点を当ててきた。2005 年，欧州連合（EU）は，炭素排出取引の地域市場である EU 域内排出量取引制度（EU-ETS）を創設した。EU の，気候変動政策に費用対効果の高い方法で取り組む試みの礎となっている EU-ETS は，約 1 万の工場，製油所，電力会社などを対象としたキャップアンドトレードシステムを構築している。ETS 市場は，買い手が世界中から低コストの売り手を見つけられるように柔軟性を持たせている。推定では，市場が機能すれば，京都議定書の目標達成のためのコストを 50〜80％削減できるとされている[4]。EU-ETS に対する主な批判は，炭素排出量の上限が，その大幅な削減を導き出すには，フェーズⅠとⅡであまりにも緩やかに設定されていたことである。そのことに対する反論として，フェーズⅠとⅡが，排出量データの改善，モニタリングの改善，炭素排出価格の設定など，システムの仕組みを定義するのを助けたという主張もある。フェーズⅢ（2013〜2020 年）は，EU における炭素排出量を 2005 年の水準から 21％削減し，より多くの部門をこの制度に取り込むという目標を掲げて開始された（Parker 2010）。2018 年始めには，2030 年の気候・エネルギー政策の枠組みに沿って，また 2015 年のパリ協定への EU の貢献の一環として，EU の 2030 年排出削減目標の達成にむけたフェーズⅣ（2021〜2030 年）が改訂された。

※ 4　訳注：原著では第 9 章を参照とあるが，同章は本書では割愛した。

環境経済学の実践　　2.3

排出許可証取引——エビデンスは？

　EU の炭素排出量取引制度が導入されるまで，米国は排出量取引市場を利用した公害抑制の経験が最も豊富であった。取引市場の利用に向けた最初の動きは1970 年代に起こったが，それは，大気質改善の国家目標を達成することと，国家目標に違反している工業州の経済成長を認めることの対立によるものであった。オフセット，ネッティング，バンキングなどの政策イニシアチブは，1986 年に排出量取引プログラムの下でまとめられた。これにより，米国全体の 247 の管理地域において，7 種類の汚染物質の「排出権」の限定的な取引が可能となった。

　1992 年に大気浄化法が改正され，発電所から排出される二酸化硫黄（SO_2）の全国的な排出量取引制度に道が開かれた。その目標は，SO_2 の総排出量を 50%削減することであった。市場は 1995 年に開始され，最大規模の発電所のうち約110 ヵ所には，過去の排出量に基づいて排出許可証が割り当てられ，取引が許可された。SO_2 は不均一に混合された汚染物質であるにもかかわらず，許可証は 1 対 1 の比率で取引された。2000 年には，さらに 800 の発電所がこのスキームに加えられた。

　エビデンスは，取引市場がうまく機能したことを示している。まず，多くの企業が将来の排出のために許可証を温存したため，フェーズⅠでは総排出量が目標レベルよりも減少した。許可証市場は着実に成長し，許可証価格は当初の 1 トン当たり 1000 ドル前後から 1 トン当たり 100 ドル前後まで下落した。その要因は，取引量の増加による取引費用の低下と汚染削減費用の低下であった。汚染削減費用が低下したのは，排ガス処理装置の供給者が価格を下げたことと，企業に代替手段（許可証の購入）があったこと，規制緩和により低硫黄石炭の価格が低下したことによる。

　全体として，SO_2 取引制度による費用節減は，規制を採用した場合の費用の最大 50% と推定されている。これは，年間約 10 億ドルの節約を経済全体にもたらしたことを意味する（Carlson et al. 2000）。また，取引スキームの総費用は，人間の健康，生態系，レクリエーション活動への被害の回避などの経済的価値を含む便益よりも少ないものと考えられる。

　もう 1 つの興味深い分析は Petrick and Wagner（2014）である。この研究では，2005〜2010 年のドイツの製造業 1658 施設のデータを対象として，排出量，産出

量，雇用，競争力に対する EU-ETS の影響を推定している。排出量については，取引スキームの参加企業は，フェーズⅡにおいて排出量を大幅に削減しており，取引スキームに参加しない企業と比較して，その差は約 25％であることが示された。これは主に，電力使用量を削減したのではなく，生産高当たりの CO_2 排出量が減少した（つまりエネルギー効率が向上した）ためである。参加企業の雇用，売上高，輸出が減少したというエビデンスはなく，排出量取引制度がドイツの製造業の競争力を損なったとは考えられないようである。

2.5   まとめ

　何千年もの間，人間の寿命はほぼ一定であったが，200 年ほど前に変化が生じ，世界の一部地域では寿命が約 30 年伸びている。経済学者はこれを単なる偶然の出来事ではないと考えている。ほぼ同時期に，アダム・スミスは「国富論」を発表し，取引を通じて価値を生み出す市場の力を説明した。今日，経済学者たちは，人々の生活の質と寿命を向上させるのに役立った情報を収集，体系化，普及させるための重要なツールとして，市場取引の考え方を推進している。

　しかし，市場が失敗することも分かっている。市場が失敗するのは，開発が自然界の価値を下げてしまうときである。外部性，公共財，オープンアクセス共有財産，隠された情報などの問題を修正できないときに，市場は失敗する。しかし，経済学者は市場を否定するのではなく，環境のために市場の力を利用できると主張している。本章では，環境保全のための 3 つの一般的な市場型インセンティブについて説明してきた。それはコースの定理，環境税，排出量取引制度である。いずれのインセンティブも，市場の仕組みにより環境保全の価値を創出するものである。新しい市場を構築することで，環境保全の費用対効果を高めていくことが可能となるのである。市場は優れた環境政策に取って代わるものではなく，環境保全を低コストで実現するための有用なツールである。市場は，価値のある資源を効率よく保全するための柔軟性をもたらすことで，優れた環境政策をよりよいものにすることができる。市場は人々のために働くのであって，その逆ではない。市場がどのように作られ，どのように修正

されるのかを見極めることは，より少ない費用でより多くの環境を保護することに関心を持つ私たち全員にとって重要な課題である。

ディスカッションのための質問

2.1 汚染する権利を売買することは道徳的だろうか。

2.2 ピグー税を実施するために，政策立案者は本当にすべての必要な情報を集めることができるだろうか。

2.3 市場は，繁栄と汚染の両方に対処する上での問題なのだろうか，それとも解決策なのだろうか。

練習問題

2.1 パレート効率性を説明せよ。

2.2 明確に定義された財産権制度が存在するために必要な4つの条件を説明せよ。また，取引を通じて価値を創出するために，それらの条件がなぜ重要なのかを説明せよ。

2.3 市場の失敗とは何か。

2.4 公共財とは何か，なぜ公共財は市場の失敗と見なされるのか。

2.5 「コモンズの悲劇」という言葉の背景にある考えを説明せよ。

2.6 モラルハザードと逆選択が市場の失敗である理由を説明せよ。

2.7 政府はどのようにして，隠された情報の問題を解決できるのか説明せよ。

2.8 ピグー税が汚染を抑制する仕組みを説明せよ。

2.9 排出量取引は，理論および実際においてどのように機能するのだろうか。

2.10 なぜ経済学者は，環境保護のための市場を作るという考えを推進するのか。

参考文献

Anderson, T. and Leal, D. R. (2015). *Free Market Environmentalism for the Next Generation*. New York: Palgrave Macmillan.

Arrow, K. (1969). The Organization of Economic Activity: Issues Pertinent to the Choice of Market Versus Non-Market Allocation. *The Analysis and Evaluation of Public Expenditures: The PPB System*. Washington, D. C.: Joint Economic Committee, 91st

Congress, 47-64.

Baumol, W. and Oates, W. (1988). *The Theory of Environmental Policy* (2nd edn.). Cambridge: Cambridge University Press.

Carlson, C., Burtraw, D., Cropper, M. and Palmer, K. (2000). Sulfur Dioxide Control by Electric Utilities: What Are the Gains from Trade?. *Journal of Political Economy* 108: 1292-326.

Chan, G., Stavins, R., Stowe, R. and Sweeney, R. (2012). The S02 Allowance Trading System. *National Tax Journal* 65 (2) : 419-52.

Coase, R. (1960). The Problem of Social Cost. *Journal of Law and Economics* 3: 1-44.

Crocker, T. (1966). The Structure of Atmospheric Pollution Control Systems. In H. Wolozing (ed.), *The Economics of Air Pollution*. New York: W. W. Norton, pp. 61-86.

Dales, J. (1968). *Pollution, Property, and Prices*. Toronto: University of Toronto Press.

Dallimer, M., Acs, S., Hanley, N., Wilson, P., Gaston, K. and Armsworth, P. (2009). What Explains Property-Level Variation in Avian Diversity? An Inter-Disciplinary Approach. *Journal of Applied Ecology* 46: 647-56.

Dasgupta, P. and Ramanathan, V. (2014). Pursuit of the common good. *Science* 345: 1457-8.

Evans, D. and Woodward, R. T. (2013). What Can We Learn from the End of the Grand Policy Experiment? The Collapse of National S02 Trading program. *Annual Review of Resource Economics* 5: 16.1-16.24.

Fankhauser, S., Tol, R. S. J. and Pearce, D. W. (1998). Extensions and Alternatives to Climate Change Impact Valuation: On the Critique of IPCC Working Group III's Impact Estimates. *Environment and Development Economics* 3: 59-81.

Finnoff, D. and Tschirhart, J. (2008). Linking Dynamic Ecological and Economic General Equilibrium Models. *Resource and Energy Economics* 30 (2) : 91-114.

Gayer, T. (2008). Pollution Permits. In S. Durlauf and L. Blume (eds.), *The New Palgrave Dictionary of Economic* (2nd edn.). New York: W. W. Norton. http://www.dictionaryofeconomics.com/dictionary

Gordon, S. (1954). The Economic Theory of a Common Property Resource: the Fishery. *Journal of Political Economy* 62: 124-42.

Goulder, L. (1995). Environmental Taxation and the "Double Dividend": A Reader's Guide. *International Tax and Public Finance* 2: 157-83.

Hanley, N., Kirkpatrick, H., Oglethorpe, D. and Simpson, I. (1998). Paying for Public Goods from Agriculture: An Application of the Provider Gets Principle to Moorland Conservation in Shetland. *Land Economics* 74 (1) : 102-13.

Hanley, N., Shogren, J. and White, B. (2007). *Environmental Economics in Theory and Practice* (2nd edn.). London: Palgrave Macmillan.

Hardin, G. (1968). The tragedy of the commons. *Science* 162: 1243-8.

Heal, G. (2016). *Endangered Economies: How the Neglect of Nature Threatens Our Prosperity*. New York: Columbia University Press.

Hepburn, C. (2010). Environmental Policy, Government and the Market. *Oxford Review of Economic Policy* 26: 117-36.

Jurado, J. and Southgate, D. (1999). Dealing with Air-Pollution in Latin America: the Case of Quito, Ecuador. *Environment and Development Economics* 4 (3) : 375-89.

Krugman, P. and Wells, R. (2008). *Microeconomics*. New York: Worth.

Ledyard, J. (2008). Market Failure. In S. Durlauf and L. Blume (eds.), *The New Palgrave Dictionary of Economics* (2nd eds). New York: W. W. Norton. http://www.dictionaryofeconomics.com/dictionary

Ostrom, E. (1990). *Governing the Commons*. Cambridge: Cambridge University Press.

Parker, L. (2010). *Climate Change and the EU Emissions Trading Scheme (ETS) : Looking to 2020*. Washington, D. C.: Congressional Research Service. http://www.crs.gov.

Petrick, S. and Wagner, U. (2014). The Impact of Carbon Trading on Industry: Evidence from German Manufacturing Firms. *Working Paper*. Kiel: Kiel Institute for World Economy.

Platteau, J-P. (2008). Common Property Resources. In S. Durlauf and L. Blume (eds.), *The New Palgrave Dictionary of Economics* (2nd edn.). New York: W. W. Norton. http://www.dictionaryofeconomics.com/dictionary

Samuelson, P. (1954). The Pure Theory of Public Expenditure. *Review of Economics and Statistics* 36: 387-9.

Sandmo, A. (2008). Pigouvian Taxes. In S. Durlauf and L. Blume (eds.), *The New Palgrave Dictionary of Economics* (2nd edn.). New York: W. W. Norton. http://www.dictionaryofeconomics.com/dictionary

Schoeb, R. (2006). The Double Dividend Hypothesis of Environmental Taxes: A Survey. In H. Folmer and T. Tietenberg (eds.), *The International Yearbook of Environmental and Resources Economics 2005/2006*. Cheltenham: Edward Elgar, 223-79.

Schmalensee, R. and Stavins, R. (2017). The design of environmental markets: What have we learned from experience with cap and trade? *Oxford Review of Economic Policy* 33: 572-88.

Settle, C. and J. Shogren (2002). Modeling Native-Exotic Species within Yellowstone Lake. *American Journal of Agricultural Economics* 84: 1323-8.

Stavins, R. (2003). Experience with Market-Based Environmental Policy Instruments. In K-G. Mäler and J. Vincent (eds.), *Handbook of Environmental Economics*. Amsterdam: North-Holland/Elsevier Science, pp. 355-435.

Weitzman, M. (1974). Prices vs. Quantities. *Quarterly Journal of Economics* 41: 477-91.

World Bank Group (2015). *State and Trends in Carbon Pricing*. Washington, D. C.

World Bank (2016). *Emissions Trading in Practice: Handbook on Design and Implementation. Partnership for Market Readiness and International Carbon Action Partnership*. Washington, D. C.

第3章 保全のための インセンティブ

3.1 はじめに

　第2章では，汚染やその他の市場の失敗を軽減するために，市場に基づく誘因（インセンティブ）をどのように用いるかについて述べた。税とキャップアンドトレードの誘因制度は，環境に損失を与えるものが相応の支払いをするという「汚染者負担原則（PPP）」の概念に基づいていた。本章では，「受益者負担原則（BPP）」の考え方を検討する。ここでは，土地の利用や保全・開発に関する当人の意思決定が，水の濾過，送授粉，栄養塩システムなどの生態系サービスの供給に影響を与える人々やコミュニティに対して，どのように補償するのが最善かについて検討する。保全に対するこれら補償制度は一般的に生態系サービスへの支払い（Payments for Ecosystem Services: PES）と呼ばれる。ここで重要となる前提は，生態系サービスを供給する土地，空気，水を社会や企業がお金を出して保護できるということである。つまり，私たちは民間の土地所有者に対して，（好ましくないものを削減するための汚染者への課税とは反対に）好ましいものをより多く生産するようお金を支払うということである。また，生態系サービスにより供給される公共財を保全するために，経済的誘因をどう活用できるかについても検討する（Parkhurst and Shogren 2003）。生態系サービスの供給を維持することは容易ではない。生態系サービスならびに生物多様性は，私的所有権によって保護される私有地上にある場合があるからである（第13章）。社会はそのうち公共財に相当する部分を保護したいと思

うだろうし，土地所有者は金融投資の対象に相当する部分を保護したいと思うだろう。このとき，保全費用は土地所有者負担となるが，社会は私有地が保護されることで便益を享受できるのである。経済学者は，私的な行動が公共の目標に一致するよう誘因を調整することが重要であると考えている。本章では，環境アメニティや生態系サービスを生み出す自然資源を保全するために，経済的誘因をどのように設計し，活用することができるかについて検討する（Bulte et al. 2008）。

　PESは，私的利益の確保ならびに公共財の保護のために自身の土地を自発的に利用する意思のある土地所有者に対して，政策実施者が然るべき対価を支払う制度である（Engel, Pagiola and Wunder 2008）。例えば，森林減少・劣化からの排出削減（REDD）は，炭素排出をオフセット（相殺）する手段として，途上国の森林保護のための許可証を政府や企業が購入するPESである。気候変動および生物多様性の喪失に起因する諸問題に対して，PESのような経済的誘因は，貧困と環境保護の双方に同時に取り組む手段を人々に提示するものであると経済学者は考えている（第9章および第13章参照）。例えば，経済的誘因によって，土地所有者による種の生息地保全や創出が，妨げられるのではなくむしろ促されるのであるならば，私有地に生息する絶滅危惧種はより効果的に保護されるだろう。しかし，誘因がうまく働かないこともある。土地所有者は，政府の生物学者が私有地内で絶滅危惧種を探索するのを禁止するかもしれないし，絶滅危惧種の生息地破壊や絶滅危惧種や準絶滅危惧種の「捕獲・採取」を行ったりさえするかもしれない。これらの行為は，絶滅危惧種に直接的な害を与え，生息地の価値を破壊・減少し，絶滅危惧種およびその生息地の再生費用を増加させることとなる。経済学は，「捕獲・採取」を規制するのではなく補償を通じて，土地所有者の協力を引き出すことで，社会がなぜそのような行為を禁止しようとするかの理由を説明しようとする。

　PESとは，例えば，政府，環境NGO，水・電気事業者などが，土地所有者や土地管理者に対して，金銭的支払いの対価として（洪水緩和策などの）生態系サービスや生物多様性指標の向上を求める制度である。PES関連の制度は，途上国・先進国を問わず世界中に普及しつつある。EUや米国で実施されている農業環境プログラムの多くはPESの1つのパッケージとして特徴付けることができる。費用対効果的な方法でよりよい保全を行うという観点から見れ

ば，PES がどの程度うまくいくかどうかはその制度設計次第，すなわち「悪魔は細部に宿る（devil is in the detail）」のである（Engel 2016）。

　本章では，（比較対象の基準としての）ゾーニング／プランニング，開発負担金，保全補助金，ゾーニングを伴う譲渡可能開発権，コンサベーション・バンク，保全地役権などの PES 型誘因制度の基礎をなす経済原理について検討する。読者の理解に資するための具体的な事例として，生物多様性のための環境保全および生息地保護に焦点を当てる。より詳細な議論は第 13 章を参照のこと。これら誘因オプションは現実に存在するものである。我々は，それぞれの誘因メカニズムを説明し，その長所と短所を紹介する。そして，そのような誘因メカニズムの基礎となる経済学的な考え方を検討する。

3.2　ゾーニング／プランニング

　比較対象の基準として，まず古典的な直接規制型のゾーニング（米国で使用される用語）もしくはプランニング（英国・EU で使用される用語）から見てみよう。簡便化のため，本節ではゾーニングもしくはプランニングを米国形式のゾーニングという用語で表す。ゾーニングは土地利用や経済活動を規制する一般的な手法である。コミュニティは，密度，土地面積（敷地面積），後退距離（セットバック），河川・湿地・湖・その他重要な生息地から開発地までの距離などの規制を通じてオープンスペースを保護するためにゾーニングを用いることがある。ゾーニング規制は環境保護に結びついた私的土地利用のみを認めるのである。経済学者は，ゾーニングを比較対象の基準とし，他の経済的誘因制度を活用することで社会は何を得られるかを理解しようとする（Liu and Lynch 2011）。

　ゾーニングは分かりやすい手法で，宅地開発と工業団地などの互いには両立しえない活動を峻別する手法である。地方行政は，土地利用の許容範囲を定めたり，ある地域において特定の活動を義務付けたりするゾーニング条例を通じて，私有地上での活動に影響力を行使できる。公共の利益を代表する政府は，望ましいと思われる環境特性を保護するために，開発やその他土地利用をゾーニングによって制限するのである。例えば英国では，国立公園内の土地は認可された開発さえも制限される特別計画管理の対象となっている。ゾーニング

は，漁業活動を制限するために政府が設定する海洋保護地区のように，海洋環境の保護にも活用できる。政府は，ゾーニングを活用し，開発を現存インフラの維持・更新に誘導することで，環境保護区での開発を抑制することもできる。米国のユタ，オレゴン，カリフォルニアなどの州では，政策実施者は景観，オープンスペース，森林，そして河川回廊を保護するためにゾーニングを活用している。カナダでは1973年にブリティッシュコロンビア州が農地保留地法を制定し，500万ha近くの農地保護のために都市開発を制限している（Eagle et al. 2015）。

　保全目標を達成するために特定の土地属性を対象とする場合に，ゾーニングは効果的である。ゾーニングは，地方行政にとっては最小限の財政負担で望ましい目標を達成することができる。なぜなら，必要となる費用負担は所有権が制限される民間の土地所有者に転嫁されるためである。しかし，民間の土地所有者が公共財供給にかかる費用を負担するこの仕組みは，経済効率性の低下を招きかねない。より柔軟なゾーニングの例として，クラスター・ゾーニングおよびパフォーマンス・ゾーニングの２つがある。前者は土地を集中的開発区域とオープンスペースとに分けるものであり，後者は開発業者が開発計画の承認に先んじて一定水準の保全を行うものである。柔軟なプログラムの下では事業ごとに審査が行われるため，通常，地方行政の行政費用は増大し，開発業者はより行政の管理下に置かれる傾向にある。柔軟なゾーニングでは，土地開発は小規模に抑えられ，時には既存インフラに近接した場所で開発がなされるため，道路の建設，維持管理，インフラ費用などの削減にもつながることが期待される。

　ゾーニングは硬直的，静的，および柔軟性の欠如という問題を有していると経済学者は考えている。柔軟性の欠如は，土地所有者が保全目標を達成する上で，創造的な方法で費用を低減することを妨げてしまう。何らの補償もないままに土地所有者の開発権が制限されうるという恐れは，将来的な規制による損失回避のために，今のうちに土地を開発しようとする誘因を土地所有者に与える。また，ゾーニングは政治的圧力やレント・シーキングの影響を受けやすいという点も批判の対象となる。レント・シーキングとは，利益増大ではなく，利益配分をめぐる争いに希少な資源が浪費されてしまうことである。レント・シーキングはゾーニング制度の恒久性および司法制度が欠如している場合によ

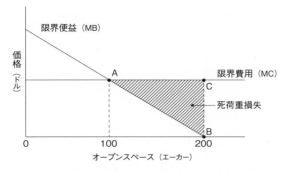

図 3.1　ゾーニング／プランニングとオープンスペース問題

り深刻になる。ゾーニング制度の柔軟性次第ではあるが，どちらの問題において
も，より柔軟な経済的誘因制度の下なら避けられたかもしれない利益配分を
めぐる争いに稀少な資源が浪費されてしまうのである。

　最後に，ゾーニングによって保全される土地は，社会にとって最も純便益が
大きい土地とは限らない。政府は社会全体の保全努力費用を最小化するため
に，土地所有者の土地利用価値に関する私的情報を入手する必要があるだろ
う。直接規制型の政策手段の大半がそうであるように，ゾーニングもこの問題
を解決するための手段を有しておらず，それゆえ経済効率性が損なわれるのであ
る。図3.1は，市街地周辺のオープンスペースを確保するためのゾーニングに
かかる経済的問題を示している。オープンスペース確保に資する土地保全から
生じる社会的限界便益（MB）は正値かつ逓減するものとする。オープン
スペース確保の限界費用（MC）は定数とし，市場価格で表されるとする。点 A
は社会的最適点を表しており，そこではオープンスペースのために 100 エー
カーが保全され（MB ＝ MC），便益と費用が等しくなる政策となっている。点
B はフル・ゾーニングを意味しており，土地所有者が 200 エーカーを保全する
政策となっている（MB ＝ 0）。費用を無視した政策の結果，オープンスペース
のために過大な土地面積を残す羽目になっている。斜線部分の三角形はゾーニ
ングによる死荷重損失を表している。死荷重損失とは，費用の視点を無視した
ゾーニング政策によって発生する経済的な非効率性を表す用語である。

　しかしながら，ピグー型の価格規制のみでは重要な生態系の破壊を防ぐため
の適切なシグナルを送ることができない場合，ゾーニングは必要な手法となる

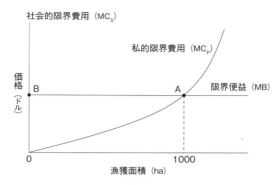

図3.2　カボ・プルモのサンゴ礁におけるゾーニング／プ
ランニングと漁獲問題

だろう。カリフォルニア湾の乱獲を考えてみよう。カリフォルニア湾は世界で
最も生産性の高い海域の1つであるが，数十年に及ぶ乱獲により生態学的およ
び経済学的な問題を抱えており，そこでは漁業資源が年々減少し，地域コミュ
ニティの収入も減少し続けていた。そこで，メキシコのバハ・カリフォルニ
ア・スル州にある漁村カボ・プルモは，ある行動をとることとした。村の住民
は，ゾーニングを行うようメキシコ中央当局に掛け合い，域内のサンゴ礁群を
自然保護区として法的に宣言してもらったのである。漁獲禁止地区，強力な執
行力，合理的ガバナンス，そして地域関与を伴う形で保護区は設計されること
となった。人による資源搾取をやめた後に海洋資源が回復を果たしたカボ・プ
ルモはたしかに成功事例と考えられるだろう。ウミガメ，エイ，ザトウクジ
ラ，ジンベイザメの個体数増加，魚類バイオマスの増加を通じて，生態系およ
び経済状況ともに今では元来の水準に戻りつつある。カボ・プルモには世界中
からエコツアー客が訪れ，また保護区周辺での漁獲量増により地元漁師も潤う
ことになったのである（Aburto-Oropeza et al. 2011）。

　図3.2は，カボ・プルモの事例において，ゾーニングがどのように機能した
かを示している。ここでは，市場における収穫物価格が一定であることから，
漁獲エリア（単位 ha）ごとの限界便益（MB）を一定としている。私的限界費
用（MC_p）は，漁獲範囲の拡大に伴い，機会費用が逓増する（より多くの漁船，
網，労働が必要となる）ことを表している。点 A は私的最適点を示しており，
そこでは漁獲エリアは 1000ha に設定されている（MB = MC_p）。しかし，資源

搾取によるサンゴ礁生態系の破壊が深刻な社会的費用をもたらす場合，社会的限界費用（MC_S）が縦軸にあるように，社会的に最適な漁獲エリアはゼロとなる。すなわち，全区域での漁獲禁止であり，このとき，漁業に課される 0ha 相当のゾーニング規制が正当化されるのである。

3.3　開発負担金

　開発負担金はよく用いられる保全手法である。開発負担金は，土地開発業者が開発許可を得る条件として，政府に現金もしくは現物給付を開発に先んじて提示する仕組みである。現物給付の例としては開発業者によるコミュニティ・パークの建設などがある。他にも，スコットランドでのことであるが，新しい風力エネルギー会社が開発に伴う「迷惑」をオフセットするために地元に負担金を支払うという事例がある。これら支出は「強制負担（exactions）」と呼ばれ，現金支払い，土地の寄付，公共の公園，街路，その他の公共財の形をとる（Altshuler and Gomes-Ibanez 1993）。土地利用に関する強制負担が現金支払いか現物給付かにかかわらず，開発業者は開発許可を得るための費用を支払うことを意味する（関連するすべての財産権を伴う形での直接的な土地購入である単純不動産権の取得についてはキーコンセプト 3.1 参照）。

キーコンセプト　　3.1

単純不動産権取得

....

　単純不動産権取得とは，関連するすべての財産権を伴う形で土地を購入することを意味する用語である。買い手と売り手の双方が価格に同意し，自発的に取引を行う土地市場が存在しており，通常，そこでの売り手は民間の土地所有者もしくは団体，生息地保全の場合の買い手は民間団体，政府，土地信託，その他非営利団体である。買い手は，野生生物種保護，自然遊歩道，その他公園のような公共財供給のために土地を購入する。単純不動産権取得の事例として，米国のユタ州にあるワサッチ山脈のスネーク川峡谷がある。地元のスキー・リゾート会社が当該地域の開発を計画したが，最終的には，自治体，民間企業，市民団体，州当局などの利益を優先する団体として，ネイチャー・コンサーバ

ンシー（Nature Conservancy）にその土地は売却されることとなった。土地購入資金をネイチャー・コンサーバンシーに充当するために各主体が出資したのである。こうしてスネーク川峡谷の開発権は買い取られ，土地信託であるユタ・オープン・ランド（Utah Open Lands）が保全地役権を保有し，ユタ州公園局が土地管理を引き受けることとなった。この事例は，いかにして関係機関と諸団体が土地利用に関する目標を協力して成し遂げることができるかを示すものであろう。

　土地信託やその他非営利団体は，生態学的保護区，特に都市のスプロール現象の脅威に晒されている土地を保護する手法として単純不動産権取得の方法を採用している。地元住民らが土地景観を開発から守ろうとしたことから，100 年以上前の 1891 年にマサチューセッツで土地信託は始まり，それ以来，湿地，牧場，海岸，農地などを保護するために活用されてきたのである。米国における土地信託は 1950 年の約 50 件から現在では 1300 件以上にまで増加し，全 50 州に広がっている（Albers and Ando 2003）。

　単純不動産権の取得には主に 3 つの利点がある。第 1 に，単純不動産権取得は保全主体に対して土地利用にかかる最大限の管理を可能にする。そこでは，他のメカニズムには存在する監視ならびに執行にかかる費用を負担することなく土地利用に関する制限を課すことができる。第 2 に，土地所有者は自発的に単純不動産権取得にかかる合意に関わることができ，かつ十分な補償を受けることができるし，保全主体は揉め事や将来的な訴訟を心配することなく土地を購入できる。不動産市場はすでに確立されているため，権利取得にかかるプロセスは容易で，必要な手続きは所有権の譲渡のみである（Boyd et al. 1999）。第 3 に，単純不動産権取得を活用する規制当局は，土地所有者に対して市場価格に相当する支払いを行う意思と能力がある限り，最大限の環境便益をもたらす土地に対象を絞ることができる。地方行政が土地を購入する場合，その地域の公共財利用から恩恵を受ける納税者が費用を負担することとなる。この仕組みの欠点としては，土地保全手段としては費用がかかるものであり，費用捻出のためには教育のようなその他有用な社会目標から資源を割く必要があるということである。なお，それら費用には，取得費用，土地の維持管理費用，保全に伴う土地利用の逸失利益，資金転用されたときに社会により大きな便益をもたらす可能性のある厚生損失などが含まれる。

　開発負担金のもう 1 つの例としては，2000 年に制定されたブラジルの環境補償プログラムがある。このプログラムでは，開発による環境への負の影響を

オフセットするために，開発業者は事業のライセンス料を支払わなければならない。規制当局は，生息地保護区の創設，維持管理計画の策定，土地所有権にかかる紛争調停，生息地管理の改善などに集めた負担金を充てる。過去数十年間で，ブラジル内で土地保全や環境保護に充てられた開発負担金は 3 億ドル以上にのぼる。

　理論上，開発負担金は（第 2 章で検討した）ピグー税と同等の機能を有する。開発負担金は，公共財需要を生み出す開発業者が，その需要に対する対価を支払うことを保証するものである（Brueckner 1997）。開発負担金は，開発業者が開発許可を得る前に支払われるので，開発事業完了前に新たな公共財が提供されることになる。この支払いによって，開発による周辺環境や既存インフラへの負の影響は（部分的に）オフセットされる。例えば，開発業者は既存の公共財やサービスに対する需要増に資する新規プロジェクトの許可を得る条件として開発負担金を支払う。徴収された開発負担金は，公園，レクリエーション施設，オープンスペースの取得，そしてインフラ整備などの新たな公共財の供給資金に充てられる。

　図 3.3 は，開発負担金の仕組みを示している。開発による限界便益（MB）は正値かつ逓減する。私的限界費用（MC_p）は開発に伴い逓増する。点 A は私的最適点であり，そこでは 300 エーカーが開発される（$MB = MC_p$）。開発に対する社会的費用（例えば，生態系サービスや生物多様性への損害）が存在する場合，社会的限界費用（MC_S）は私的限界費用よりも急速に増大するとす

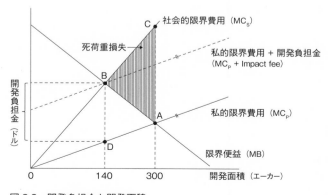

図 3.3　開発負担金と開発面積

る。点 B は社会的最適点であり，そこでは 140 エーカーが開発される（MB =
MC$_S$)。縦線の三角形 ABC は過度な開発による死荷重損失を表している。政策
実施者は，開発業者が私的限界費用および開発負担金（MC$_P$ + Impact fee）を
支払い，140 エーカーのみ開発するよう，追加的な限界被害（点 B と点 D の距
離）にあたる開発負担金を課すのである。

　新たな開発に関連する開発負担金の査定にかかる地方行政の権限の根拠は，
州によって認可された規制当局に基づく。こういった地方行政による規制権限
はたびたび問題を引き起こしてきた。関連訴訟の結果，開発負担金と開発によ
る地域への負の影響の間に「合理的な関連性」が存在することを求める判決が
下されている。開発負担金が合法的であるためには，開発業者の活動に由来す
る外部性と負担金の使用目的との間に直接的な関係性があることを明示しなけ
ればならないのである。このような因果関係を確立することは，公共財に対す
る将来需要を正確に予測することを意味するが，これは経済的な情報に関する
不正確さゆえに常に困難を伴う。一般的に，開発負担金は開発業者が許可証を
購入するときに，払い戻し不可という条件で支払われ，社会全体に利するオフ
サイト・プロジェクトに用いられる。自治体は，どのように，どこで，何のた
めに開発負担金を使うかを決めるが，それは開発と十分に関連しつつ，地域総
意の計画として正当化される必要がある。

　開発事業にかかる開発負担金に代わる手段として環境債（performance
bond）がある。環境債とは，開発業者が，事業開始に先立って，あらかじめ
定められたオンサイトの環境質水準達成を約束するために支払う一時預かり金
のことである。環境債は，開発負担金とは異なり，現物給付型開発負担がなさ
れることを保証する――開発業者はコミュニティセンターや公園を造ったり，
新鉱山の建設に伴う損害補償を例えば使用耐年数を終えた後に行ったりする。
環境債は，新規開発事業による需要増に応えるために，公共財の調達や建設資
金として給することができる。環境債は，満期になると，地元住民負担という
形で地域の一般予算を通じて開発業者に支払われる。一方，開発業者は費用発
生時に支払いを行い，環境質水準を達成できるよう事業を監督する必要があ
る。開発業者が契約履行条件を満たしていることを規制当局が確認して初め
て，環境債は払い戻される。

　環境債利用には流動性制約などの課題がある（Shogren et al. 1993）。例え

ば，多額の環境債（ウラン採掘や海洋石油採掘のための債券など）を条件とする政策が施行される場合，企業は流動性制約に直面することになる。いくつかの事業では潜在的な環境損害が数億ドルを優に超える場合がある。この規模の損害を賄うだけの債券を事前に求めることは，企業の資産を制約することになりかねない。必要とされる債券額が大きくなるほど，事前の一時預かり金支払いによって企業は流動資産不足に陥る可能性が高まるであろう。企業が債券を発行できなければ，たとえ事後的に社会厚生の観点から恩恵が見込まれていたとしても，当該事業は中止せざるをえないかもしれない。流動性制約は様々な形での拘束力を有し，企業の債務不履行の可能性と借入能力の双方に影響を与える。楽観的に考えれば，資本市場が発展し，企業は債券に対して保険をかけることでリスク分散できるようになるかもしれない。こういった債券保険市場は，企業が債券発行のために使用する借入資産の債務不履行リスクを分散するよう発展するかもしれない。しかし，環境債に必要とされる債券規模を考えると，保険市場で多額の保険金が要求されるリスクは極めて高い。環境債を支えるための政策支出は相当程度となり，それゆえ債務不履行に陥る可能性は高まるだろう。

3.4　補助金

　規制当局および非政府組織（NGO）は土地所有者に対して経済的支援として補助金を提示することがある。補助金は第2章で紹介したピグー税の考え方と似ているが，内容は正反対である。環境保護区での土地の維持・復元費用の負担軽減を通じて，土地所有者が土地を手つかずの状態に留める，もしくは土地開発による環境影響を緩和する誘因を創出するために補助金は用いられる。補助金は適切な規制主体によって提示され，交付金，貸付金，現金支払い，または税控除などの形態をとる。補助金の運用資金は，税収，くじ基金，特別許可などの様々な方法で充当される。

　補助金の一例として，米国カリフォルニア州魚類鳥獣保護局による木材税控除プログラム（Timber Tax Credit Program: TTCP）がある。TTCP は，ギンザケ，マスノスケおよびニジマスの生息地改善，およびそれらの生存確率向上に資する保全事業を行う誘因を土地所有者に提供する内容となっている。ま

た，TTCP は民間土地所有者に対して，河川堤防や河川流量の復元，在来植物による生息地の再植生，土壌流出の減少，河川への還元水の時期・分布の適正化などにかかる事業を実施した場合に税控除を認めている。最終的な査定が終了した後，土地所有者はサケやニジマスの生存確率向上に要した費用の削減に資する税控除を受け取る。一般的に，補助金は個人的な経済誘因と社会的な環境目標を摺り合わせる柔軟な手段になりうる。税控除，費用分担，保全契約，あるいはそれらを組み合わせることで，より広範な社会的目標と私的目標の歩調を合わせることができるのである（アイダホ州における補助金の取り扱いについては環境経済学の実践 3.1 参照）。

　もう 1 つの例として，チリの野生生物保全に関する補助金を考えてみよう。Horan et al.（2008）は，野生生物を病気から守るための補助金が，経済的，生態的，生物的システムを同時に考慮することで，いかに複雑になりうるかについて研究している。分析対象は，チリの文化的シンボルであるアンデスシカのゲマルジカである。ゲマルジカは生息地の分断ならびに家畜由来の寄生虫によって危機に晒されている。ウシやヒツジなどの家畜と野生のシカ，ヘラジカ，オオカミの生息地がちょうど重なり合うところで，野生生物にリスクをもたらす病原菌保有者として家畜が振る舞ってしまうことで，自然界と人間界の衝突が起きるのである。ここでの問題は，2 つの互いに拮抗する力が作用する点にある。まず，生息地の分断が穏やかになり，野生生物と家畜がともに過ごす時間が長くなるならば，家畜由来の寄生虫に対する野生生物の罹患リスクは増大する。しかし，それとは反対に作用する効果もある。すなわち，病気で絶滅した区域に健康な動物が再び住みつき始めるという現象が起こりうるのである。どちらの効果が支配的であるかは不明瞭で，システム内在的な問題である。農家はゲマルジカ保護のために高価なワクチンに投資することができるが，それによって社会的便益を得ることはない。そのため，社会にとって効果的な保全を実施するためには，農家への補助金が不可欠となるのである。Horan et al.（2008）はバイオエコノミックモデルを用いて，費用対効果の高い政策は次の 2 段階を踏むことで実現できると述べている。まず，規制当局は，罹患リスクの増大をもたらしうるが，まずは生息地を連続的につなぎあわせる事業に補助金を支払う。次に，ひとたび分断されている生息地がつなぎあわさると野生生物の罹患リスクが増大するため，ワクチン摂取のために農家に

環境経済学の実践　　**3.1**

補助金——アイダホ州生息地改善プログラム

　補助金制度の一例である米国アイダホ州の生息地改善プログラム（Habitat Improvement Program: HIP）は，アイダホ州の私有地および公有地の改善に資金配分する費用分担プログラムである。IDFG（アイダホ州魚類鳥獣保護局）は，野鳥の生息地を供給する上で民間土地所有者が果たす役割について十分に理解している。HIPの主目的は，民間土地所有者に対して，野鳥種の個体数増に資する生息地の復元・改善プロジェクトへの投資を促すことにある。新たな灌漑システム導入や限界地の利用拡大などの農業生産方式の変化が鳥類の個体数に悪影響を及ぼすことから，IDFGはHIPを導入した。IDFGは，野鳥が減少した理由の1つとして，例えばスプリンクラーのような用水路に代わる新たな灌漑技術のために，農家が以前のようには灌漑システムに依存しなくなったことを挙げている。その結果，用水路はコンクリートで敷き詰められたり，完全に撤去されたりすることとなり，野鳥の繁殖に必要な越冬地や営巣地となっていた生息地が消失してしまったのである。かつては野鳥が占有していた遊休地を活用し効率性を向上させようと農家が土地利用を拡大してきたことも，野鳥にとっては脅威となっている。IDFG職員は，土地所有者が固有植生を知るのを支援したり，種のニーズや生育条件に関する技術的情報を提供したりしてきた。HIPによって承認された事業では，水辺づくり，再植生化，野生生物の生息地から家畜を遠ざけるためのフェンス設置，水源づくり，防風林の設置，野生動物への冬季飼料の供給などが行われる。地域の野生生物にとって有益な事業は，あらゆる大きさ，形状の土地区画で実施が認められ，他の政府プログラムと併用して運用することもできる。IDFGは，土地所有者に費用の最大75％までを払い戻すことを約束するとともに，プログラム参加者に対して，必須ではないものの，その私有地に広く国民がアクセスできることを推奨している。また，土地所有者は費用分担金である補助金を返還することでいつでもHIPから脱退することができる（IDFG 2000）。

然るべき補助金を支払うというものである。もし生息地が十分連続的につなぎあわされたならば，ほぼすべての政府予算がワクチン摂取のための補助金に充てられなければならないだろうが，経済行動に生態学的知見を組み入れた保全支払いは間違いなくゲマルジカの個体数増加に役立つことであろう。

　しかし，保全目的の補助金はその取り扱いが容易ではない。第 1 に，補助金には多額の費用がかかる。必要となる主な費用は以下の 3 つである。①補助金制度の運用にかかる取引費用。適用範囲の拡大および検証過程の複雑化に伴い，補助金の実際上の予算は小さくなる。②補助金支払いのための公的資金の調達にかかる社会的費用。③稀少な公的資金を保全事業に対して使用することの機会費用。すなわち競合する公共サービス（例えば，教育，健康，交通機関など）に資源を投じないことで諦めなければならない便益。②，③の費用について，補助金制度の運用およびその資金源として必要な予算は，新しい税を課すか教育や医療などの他の価値ある制度から資金を転用することで充当せねばならない（Smith and Shogren 2002）。経済学者はこの追加的費用を死荷重損失とも呼ぶ（Laffont 1995）。政府プログラム内の死荷重損失の推定値は毎年の政府支出の 10％から 30％にも上る（Innes 2000）。評価されている他の社会制度から資金を転用し，再配分することは，社会にもたらされる総便益の減少になりうる——社会にとっては支出 1 ドルにつき得られる便益が少なくなるかもしれない。こういった総便益の減少分は，補助金制度の死荷重損失に加える必要がある。補助金制度に参加する土地所有者の土地利用価値を規制当局が確実に把握しているならば，土地所有者ごとに補助金を調整することで，社会にとって最大の便益を得ることができる（Hanley et al. 2012）。社会にとって得られる便益が最大化されるのは，土地所有者への補助金支払いと土地保全にかかる所有者費用負担とが釣り合うときであり，補助金と死荷重損失に関する政府負担が土地保全によって社会にもたらされる便益と一致するときである。これらの考え方については第 13 章で再び取り上げる。

　第 2 に，補助金は予期せぬ形で市場や保全選択を歪める可能性があるし，また善意によってなされた補助金が，本来の目的と不整合であったり費用対効果的でなかったりもする。どの行動（例えば，緩和，生産，保全）に支払われるかによっては，補助金は，本来は対象となるべきでないにもかかわらず補助対象に選ばれるよう企業や土地所有者の意思決定を歪めることがあり，その結果として経済効率性は低下する。例えば，機会費用が異なる土地所有者に対する一律補助金を考えてみればいい。

　図 3. 4 は，ある国のすべての農家を集約し，1 つの供給曲線で表したものである。このときの供給曲線は，生態系サービスを供給するための機会費用（供

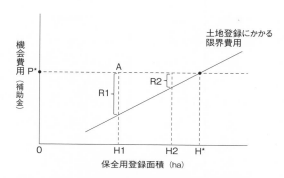

図 3.4　保全にかかる機会費用が異なる場合の一律補助金

給価格）からなる。この図では，生態系サービスの供給費用が最も低い農家は
「補助金対象としての土地登録にかかる限界費用」曲線の左側，供給費用が高
い農家は右側に位置する。生態系サービスの供給目標が全農家で合計 H*ha を
登録することであるならば，そのときの機会費用が最も高い農家も登録できる
よう一律 P* の補助金を課す必要がある。しかしそうであるならば，より安価
な費用で生態系サービスを供給できる農家は自身が必要とする最低限の支払い
よりもより大きな支払いを得る。そのため，農家 H1 は R1 の「レント（補助
金と機会費用の差額）」を得ることになり，機会費用がもう少し高い農家 H2 は
R2 のレントを得る。

　多くの補助金は，土地所有者が保全費用の一部を負担する費用分担の形態を
とる。土地所有者は，土地の復元にかかる費用もしくは生産活動の制限によっ
て生じる損失の一部しか補償されないため，こういった補助金制度は多くの土
地所有者にとってあまり魅力的ではない。一部の支払われない保全費用と少な
くとも同程度に，その土地保全に個人的な価値を見出す（非金銭的利益を得
る）土地所有者にとっては，この補助金制度は魅力的である。補助金制度に登
録した場合に生じる自己負担額よりも個人的な保全価値が小さい土地所有者は
本制度への参加を見送るだろう。しかし，そういった参加を見送る土地所有者
が，生態学的に最も貴重かつ保護の対象となるような土地を有している可能性
がある。

　保全オークションは，補助金を用いる際に，情報レントにうまく対処するた
めの 1 つの方法である。オークション方式は経済学者にとって訴求力の高い仕

組みである（Latacz-Lohmann and Hamsvoort 1997; Stoneham et al. 2003; Deng and Xu 2015）。理論的にも実践的にも，保全目標達成のための市場が存在しない場合に，保全オークションは稀少な補助金に対して競争的環境を作り出せることが分かっている。参加者間の競争によって生態系サービスの市場清算価格が実現することで費用対効果が向上する。適切な設定下では，オークションは，土地での生産活動を取り止めることの真の機会費用を反映した入札額を表明するよう入札者を誘導することができる。買い手が売り手の費用について乏しい情報しか持たない場合や，土地に付随する生態系サービスに大きな違いがある場合，保全の売り手が数多く存在する場合に，オークション方式は特に有用である。オークション方式は運用も比較的容易である。その代わり，保全オークションの設計そのものに意義があり，特に重要な設計項目は，どのようにオファーを引き出すか，どのようにオファーを評価するか，「勝者と敗者」をどのように決めるか，入札者にどの程度の情報を与えるかである（情報レントについてはキーコンセプト 3.2 参照）。

キーコンセプト　**3.2**

情報レント

　　情報レントとは，土地所有者が受け取る支払いと，生態系サービスの供給もしくは契約上の維持管理活動にかかる真の費用との差額を意味する。情報レントは，政府が PES 契約にオークションを利用するときでさえ存在しうる。なぜなら，買い手とは違って，土地管理者は真の供給価格を常に知っており，オークションの設計次第では，供給価格を上回る支払いを受け取ることで情報レントを得ることができてしまうからである。この事実は，保全政策が想定したほどに費用対効果的ではないことを意味している。Juutinen et al. (2013) は，フィンランドで，私有林所有者を対象とした保全契約にかかるオークションを実験的に試行し，情報レントの大きさを定量的に示した。"Trading in Nature Value" では，入札額と同額の支払いを受ける代わりに木の伐採を止めるという内容の契約に対して森林所有者に入札してもらった。ここでは不伐採は保全に資するという仮定がなされている（Juutinen and Ollikainen 2010）。この取り組みは 2003 年から 2007 年まで運用され，そこでは 10 年間の契約が提示された。Juutinen らは 72 の森林から得られたデータを用いて，参加者の費用を推定した。

推定費用は，森林の木材生産性だけでなく，森林所有者のモチベーションによっても異なることが明らかとなった。これらの結果は，森林所有者は木材生産による利潤最大化のみに関心があるのか，それとも森林から他の何らかのアメニティを享受しているのか，という問題を提起するものである。他の諸条件が等しければ，森林から何らかのアメニティを享受している森林所有者の保全費用は低くなるだろう。なお，ここでの費用にはオークションに参加するための取引費用も含まれている。

　筆者らによると，「純粋な利潤最大化主体」にとっての情報レントは1ha当たり159〜1608ユーロであり，それらは政府支払額の55％に相当するとのことである。「利潤＋アメニティ価値」タイプの森林所有者にとっての情報レントは，ある試算方法ではかなり小さくなるが（政府支払額の約13％に相当），別の試算方法ではもっと大きくなったりと，アメニティ価値をどのように含めるかによって結果は大きく異なることが分かった。オークションでも情報レントは存在するが，レントの大きさは土地所有者のモチベーションに依存する。

　最も一般的な保全オークションは差別価格方式で，落札者は自身が入札した額を受け取ることになる。（生態系サービスに関する諸条件が達成されるという条件下で）買い手は限界提示額を設定し，その額を下回る提示を行った売り手はすべて「勝者」となる。契約が成立した売り手はその提示額を受け取り，買い手は望んでいた「保全」水準を自身が妥当と見なす価格で達成することができる。このオークション方式の利点は，入札者にとって理解しやすく，売り手としても入札しやすい仕組みとなっている点である。欠点は，入札者は真の機会費用を上回るよう提示額を「偽装（shading）」することで情報レントを得ることができるという点である。図3.5は，オークション方式における入札行動を示すものである。横軸は保全にかかる「真の機会費用」，縦軸は「提示額」である。45度線は「真実表明線（truth-telling line）」で，提示額と真の機会費用とが等しくなる。この直線の上方領域は「過大入札（レント・シーキング）」，下方領域は「過小入札」（あまり起こりえないことであるが）を意味する。土地所有者の費用がC_Aのとき，真の提示額は$O_A = C_A$となるO_Aである。提示額O_{AA}は情報レントを得ようとして土地所有者が過大入札している状況を意味する（$O_{AA} - C_A > 0$）。

　保全の買い手は，理想的には，情報レントを得ようとする売り手の誘因を最

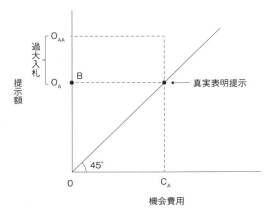

図3.5　保全オークションと入札

小化したいと考えるため，売り手が真実を表明するよう設計されたオークション方式（$O_A = C_A$）を好む。すべての入札者が同じ支払い（最低拒否提示額か最高受容提示額）を受け取る一律価格入札方式は，そういったオークション方式の1つである。理論的には，一律価格入札方式は，入札者の入札額と受取額を切り離す仕組みとなっている。このオークション方式は，真実を表明することが入札者の支配的戦略になるという性質を有している。しかし，入札者の入札額と受取額を分離するというこのアイディアは，入札行動を複雑にしうる。なぜなら，入札者は真実を表明することが最適戦略となることを常には理解していないからである。

　保全オークションは環境保護のための補助金配分に関する最先端の研究領域である。オークションは情報をうまく活用することで，より費用対効果的な保全を実現しようとするものである。保全オークションの設計では，入札のしやすさと入札者に真実をいかに表明させるかが重要となる。稀少な資源をより効率的に分配するために，保全の買い手が経済的な誘因をどのように活用することができるか，私たちはよりよく理解する必要があるだろう。

3.5　ゾーニングを伴う譲渡可能開発権

　譲渡可能開発権（Transferable development rights: TDR）は，第2章で検討

したキャップアンドトレード方式と類似している。TDR は，ある地域内で開発上限を設定し，「稀少」な開発権を取り扱う市場を創出するものである。開発権は当該地域の土地所有者に配分され，その後，買い手と売り手が自由にそれら権利を売買する。開発に高い価値を見出す開発業者はそれより安い開発権を売り手から購入する（Mills 1980）。センテニアル渓谷から見渡せる景観およびオープンスペース保護のために，郡政委員会は渓谷の稜線上には 10 軒分の家屋しか建設できないという上限を設定し，渓谷の住民たちに許可証を配分したとしよう。稜線上の宅地購入を検討している開発業者は，売却を検討している地元住民の 1 人から開発権を買わなければならない。適正価格が設定されているならば，取引は成立するだろう。開発権価格が低すぎる場合，他の地元住民が開発業者に代わり権利を購入・破棄し，稜線上に建てられる住宅を 1 つ少なくするかもしれない。すなわち，市場がなければ自由財であった資源に対して，新たな市場が創出されるのである。開発権は，開発規制を社会的に望ましい水準に誘導するという本来の目的を果たさなければならない。目標達成のためには，地域全体での開発規模は，開発権が開発業者にとって価値のある稀少資源として見なされるよう制限されなければならない。TDR によって，必然的に最も高い開発価値を有する土地で開発がなされることになるが，最も環境配慮が必要な土地が手つかずのまま維持・保全されることは保証されていない。対象地が開発より生息地としてより大きな価値を有している場合，この意図せぬ結果により，社会全体の純便益は減少するかもしれない。こういった非効率性を解決するための一般的な方法は，TDR にゾーニングを組み合わせることである（McConnell and Walls 2009）。

　TDR は，経済開発と環境保護を同時に進めるための誘因手法として世界中でその活用が提案されている。20 年前，国連による世界生物多様性アセスメントでは，途上国の新興経済国における自然保全に TDR が有用かどうかが検討された。それは，途上国は生息地保全の議論をいったん棚上げし，まずは TDR の仕組みを作るというものであった。TDR は，所有権，空間的位置，生息地の質，生物多様性の現況，そして環境保護の法的状況を規定するものである。途上国での経済開発と環境保護が win-win の関係になるよう，TDR では開発権売買価格が設定される。例えば，マダガスカルでは，中央政府から地方政府に開発権が譲渡されるという形で TDR が導入された。しかしながら，こ

の取り組みはこれまでのところ全面的な成功とまではいっていない（Antona et al. 2004）。

　土地利用計画に責任を持つ政府機関は，環境属性および環境質価値の観点から，まず地域内のどの土地もしくは区域を保護するかを決定する。次に，政府機関はその土地に開発制限を課し，土地所有者には開発制限に伴う経済損失を補填するための開発権を与える。開発権は，開発実施がより望まれる地域，かつ厳しい開発規制が課されていない土地で開発を検討している業者に対して売却することができる。なお，開発制限が課せられた土地を譲渡地（sending zones），開発される土地を譲受地（receiving zones）と呼ぶ。譲渡地と譲受地が決まると，規制当局は開発権を一方から他方へと移譲する方法を決定する。開発業者が譲渡地から TDR を購入するようにするには，TDR 取得以前では，譲受地の開発密度が需要量よりも低く制限されていることが重要になる。TDR 価格は公開市場を通じて決定される。規制当局は，売買を促し，取引費用を最小化するために，取引を通じて双方が利益を得られるよう取引意欲のある買い手と売り手とを結びつける TDR を取り扱う銀行および取引所を設立してもよい。

　TDR は，歴史的建造物やランドマーク，農地や牧場，オープンスペースや展望回廊，水辺地域，森林，その他生態学的に影響を受けやすい土地の保護のために，50 年近くにわたって米国州の多くで活用されてきた。初期計画の 1 つにニューヨーク市の歴史的建造物保存法がある。当プログラムは 1970 年代に開始され，歴史的建造物の空域に開発制限を課すことで歴史的ランドマークを保護するというものであった（Levinson 1997）。この法律は，ある建造物の所有者が，ゾーニングで定められている高さ制限を超えることが認められている建造物が周囲にある場合，自身が所有する建造物の空域開発権を譲渡する代わりに，失われた元来の権利である当該建造物の空域開発の補填を受けられるようにするものである。ニューヨーク市は他にも，隣接する不動産所有者同士がゾーニング対象である土地区画を合併し，開発権移譲を行うことを認めている。すなわち，不動産所有者は，2 つの建物の合計延床面積がゾーニングで定められた上限の合計を超えない限り，共同所有の形態をとることなく，それぞれの許容床面積を足し合わせることができるというものである。この方式では，隣接する不動産所有者が活用していない床面積を開発業者が購入すること

で，一方の建物の総延床面積がそこでのゾーニング制限を超えることが認められる。

　TDR には 3 つの利点がある。第 1 に，規制当局は，特定の土地の属性や質を保全目標に設定し，管理することができる。第 2 に，TDR の売却益によって，土地所有者の経済損失を補填できる。第 3 に，あらかじめ設定された密度水準を超えた開発分については開発業者に対して TDR の購入を求めることで，土地の保全費用を開発業者に負担させることができる（開発業者は自身の好む方法で支払うことができる）。規制当局は，TDR が価値を持つよう稀少性を調整することで，市場の発展を促すこともできる。

　ゾーニングを伴う TDR には経済学的な欠点があることにも留意が必要である。第 1 に，ゾーニングを伴う TDR の制度設計が不十分であるならば，一般的なゾーニング政策と同様に，硬直的かつ静的で，柔軟性に欠けるものとなる。第 2 に，TDR は政治的圧力に対して影響を受けやすい。ゾーニングは土地の恒久的属性ではないため，政治力学が変わるとゾーニング対象の土地利用も変わってしまう。第 3 に，保全地は市場ではなく規制当局が決定するため，ゾーニングを伴う TDR は保全目標が最小費用で達成されるかどうかを保証しない。第 4 に，ゾーニングを伴う TDR は監視および実施のために多大な費用を要する。土地所有者や開発業者が禁止活動を行う場合，規制当局は法定罰則付き制限を導入すべきか，導入するならばどの程度の制限にすべきかを決定せねばならない。第 5 に，ゾーニングを伴う TDR は多大な行政費用を要する。なぜなら，専門家は憲法の範囲内でプログラムを確立し，基準となる環境条件を設定し，TDR が価値を有し，かつ最小取引費用で売買されるよう制度的枠組みを構築する必要があるからである。また，規制当局は市場プロセスを監視し，開発権譲渡を記録し，必要に応じて，開発権を放棄した土地所有者がその土地の権利書に保全地役権を記載しているかを確認しなければならない。

3.6　コンサベーション・バンク

　新事業に着手する開発業者は，その事業が環境にもたらす悪影響を緩和するよう求められることがある。緩和は現場で行ってもよいし，土地利用規則を遵守するために現場とは異なる場所で開発「クレジット」を購入してもよい。開

発業者は，開発クレジットは必要分だけ購入してもよいし，余分に購入し，将来事業の緩和要件を満たすために残しておいてもよい。開発業者はクレジットを民間もしくは公営のコンサベーション・バンクから購入する。なお，そこでのクレジット価格は需要と供給に基づき決定される。この制度的枠組みは「生物多様性オフセット」としても知られている（Bull et al. 2013）。開発業者は，オンサイトでの緩和や別のコンサベーション・バンクの創造など他の緩和策にかかる費用よりも，クレジットの購入費用の方が安い場合にのみクレジットを購入するだろう。バンク所有によって利益が得られるならば，他のコンサベーション・バンク所有者も市場に参加し，その結果，市場競争を通じてクレジット価格は低下する（米国のコンサベーション・バンクについては環境経済学の実践 3.2 参照）。

　コンサベーション・バンクが売ることのできるクレジット量は，生息地の質やタイプ，土地一区画が支える絶滅危惧種の数などによって決まる（EDF 1999）。バンク所有者は，生息地の質向上，絶滅危惧種保護のための土地潜在力強化，もしくはその両方に資する維持管理活動を行うことで，クレジット数を増やすことができる。米国ジョージア州で，インターナショナル・ペーパー・カンパニー（International Paper Company: IP）が所有するサウスランド・ミティゲーション・バンクは，ホオジロシマアカゲラ（Red-Cockaded Woodpecker: RCW）にとって理想的な生息地である。このキツツキは少なくとも樹齢 100 年以上のマツの木に巣を作り，少なくとも樹齢 30 年以上の樹木で採食する。IP はジョージアのサウスランド・フォレスト地域にこういった生息地を 1 万 6000 エーカー有しており，そのうち 5300 エーカーを含む形で生息地保全計画（Habitat Conservation Plan: HCP）を環境保護組織（Environmental Defense Organization）と共同策定した。契約当時，HCP では，その土地に 2 組の RCW のつがいがいるという状態を基準値に設定した。そして，野焼き，巣穴の新設もしくは既存の巣穴の修復，雛鳥の移住などを通じて，RCW のつがいを 30 組に増やす土地利用計画を設計した。HCP エリアに RCW の新たなつがいが誕生するごとに，IP は，所有地での付随的取得をオフセットする許可証を得るか，米国魚類野生生物保護局に承認された当該地域の第三者機関にコンサベーション・バンクを通じてクレジットを売却することが認められている。

環境経済学の実践　　**3.2**

米国のコンサベーション・バンク

　　クレジットは，生息地のタイプと量に応じて決定される。例えば，サン・ビセンテ・コンサベーション・バンクは，カリフォルニア州のサン・ディエゴ郡にある 320 エーカーの土地で，主に沿岸域のセージ低木林や南部のチャパラル混合林から構成されており，それらは米国の絶滅危惧種法で絶滅危惧種に指定されているカリフォルニア・ブユムシクイの生息地になっている。生息地としての質は高く，生息地の維持管理のために何かすべきことは特段ない。サン・ビセンテ・コンサベーション・バンクは，カリフォルニア州魚類鳥獣保護局（CDFG）および米国魚類野生生物保護局の承認を受け，320 のクレジットが発行された。それらのクジレットは，多様な種や他の絶滅危惧種の保全のために，サン・ディエゴ郡の土地所有者に対して販売することが認められている。

　　同じくカリフォルニア州サン・ディエゴ郡にあるマンチェスター・アベニュー・コンサベーション・バンク（MACB）も同様の保護区で，エル・カホンのオープンスペースのための回廊になっている。MACB には独特な生息地である沿岸チャパラルが分布している。その生息地の稀少性ゆえ，標準比率では 1 エーカーにつき 1 クレジットであるところ，MACB には 1 エーカーにつき 1.8 クレジットが与えられている。民間企業が MACB を有しており，当該企業は自社の開発をオフセットするために多くのクレジットを利用する一方，残りのクレジットは地域内の他の開発業者に売却している。

　　コンサベーション・バンクの取り組みは新しく，1990 年代半ばから始まったもので，当初は湿地保全に用いられた。「湿地バンク」は，土地の評価，クレジットの入手と売却，現在および将来にわたる義務と要件の定義などに関して，民間土地所有者に確実性を提供する仕組みになっている。これらガイドラインが規定されると，土地所有者は現在および将来の規制上の義務にかかる費用を予測できるようになる。これにより，土地所有者の湿地緩和バンクへの投資リスクは軽減され，結果として土地所有者が湿地を保全しようとする誘因が与えられることになる（カリフォルニア州で作成されたコンサベーション・バンク原則については環境経済学の実践 3.3 参照）。

環境経済学の実践　3.3
カリフォルニア・コンサベーション・バンクの原則

　コンサベーション・バンクの先導者であるカリフォルニア州では，①現在および将来にわたるバンク所有者の義務に関する確実性を向上すること，②規制当局が設定する目標を保全努力によって確実に達成することを目的として，コンサベーション・バンクが活用されている。過去の経験に基づき，カリフォルニア州ではコンサベーション・バンクを成功に導くための14の原則を掲げている。

①　長期的な視点に立った生息地および種の保護を最優先とする。

②　法的に強制力のある契約または許可の下でバンクを設置する。

③　生態系アプローチ型保全実施に十分な大きさであれば，コンサベーション・バンクの規模は問わない。

④　単純不動産権または永続的土地保全を保証する保全地役権をクレジットとともに土地所有権に記録する。

⑤　バンクの申請承認後，コンサベーション・バンクとして認められる。維持管理者をバンクに配置し，クレジットの適用範囲を定める。クレジットは管理要件，年次報告，開発などのオフセットに利用できる。

⑥　バンク内に存在する資源についての説明，それら資源の維持管理方法，管理にかかる資金調達計画などを，バンクは詳細に規定する必要がある。

⑧　バンク所有者が満足いく利益を得られない場合の措置を保全計画に詳述しておく。措置はバンクの長期保全に資するものである必要がある。

⑨　指定種とその生息地の維持管理活動の監視・報告に注力する。

⑩　規定遵守の責任を負う機関には，協定内容監視のための立ち入りに関する地役権を認める。

⑪　バンク・クレジットは初期条件に応じて決定する。基準となる初期条件からの土地保全，生息地および種の質的・量的向上，土地の原状回復，またはそのような生息地が存在しない場合には種の保全に適した生息地創造を通じて，クレジット獲得を認める。

⑫　バンク所有者に付与されるバンク・クレジット数はそのつど決定するものとし，交渉はバンク所有者と規制当局との間で行う。

⑬　ある地域のバンク所有者と他地域の開発業者間のクレジット取引（域外影響緩和）は，そのつど承認する。

⑭　州全体のバンク・インベントリーを作成するために，カリフォルニア州

資源局と共同でコンサベーション・バンクをリストアップする。

追加情報については，http://ceres.ca.gov/wetlands/policies/mitbank.html を参照。

　大区画を保全することで1エーカー当たりの保全費用が削減できるため，コンサベーション・バンクには「規模の経済」が働く。事業ごとに緩和策が検討される開発業者の生息地保全計画と比べると，コンサベーション・バンクは1つの保全計画を設計・実施するだけでよい。保全計画の設計・実施は費用がかかるため，コンサベーション・バンクは開発業者の緩和要件を統合することで保全費用を削減できるのである。事業規模が10％増加することで1エーカー当たりの費用は31％減少することが，研究で示されている（King and Bohlen 1994）。コンサベーション・バンクでは事業数が大幅に削減されるため，より少ない費用で開発影響を緩和できる可能性があり，開発業者の保全要件にかかる規制当局の監視・実行費用も減少する（Fernandez and Karp 1998）。

　コンサベーション・バンクは，土地保全（多くの場合は生息地の質的改善）に資する経済的誘因を土地所有者に提供し，保全活動への関与を促す。保全価値を有する土地の所有者は，コンサベーション・バンクへの登録申請が承認されるとクレジットが給付され，それを開発業者に売却することで自身の緩和要件をオフセットすることができる。クレジット価格は市場によって決定され，クレジット価格が上昇するにつれて，土地所有者は売却可能なクレジットを得ようとするため，野生生物の生息地を創出する誘因は増大する。

　コンサベーション・バンクは低費用で質の高い生息地を保全する仕組みといえる。なぜなら，バンク所有者は投資に対する利益を期待するという意味で，土地保全はビジネスだからである。したがって，支出1ドル当たりの獲得可能クレジットが最も大きい土地を保全することで，バンク所有者はレントを手にする機会を得る。将来的なバンク所有者は任意に自身の土地をコンサベーション・バンクに申請できる。取引も任意であるため，土地所有者は自由に将来的なバンク所有者に土地を売却できる。コンサベーション・バンクは生態系全体の保護のためにも活用できる。そこでは，バンクは地域全体をいくつかの小さな部分的まとまりとしてではなく，1つのまとまりとして扱われる（オーストラリアのコンサベーション・バンクについては環境経済学の実践3.4参照）。

環境経済学の実践　3.4

オーストラリアのコンサベーション・バンク

　世界中の至るところで，生物多様性保全の促進策としてコンサベーション・バンクが用いられてきた。オーストラリアのニュー・サウス・ウェールズ州は，絶滅危惧種保全（生物多様性バンキング）にかかる規制に基づき，2010年にバイオ・バンキング（BioBanking）を始めた。この制度の主な目的は，特に沿岸域などの開発圧が高い地区での土地利用計画に生物多様性の概念を組み入れることにある（Hillman and Instone 2010）。オフセットにかかる活動は第三者機関またはクレジット購入が必要な開発業者によって創出された「バイオバンク」で行われる。法的根拠に基づきオフセット・クレジットの需要は創出されるため，土地管理者にはクレジットを創出する金銭的誘因が生じる。買い手と売り手とが互いに見つけられるよう，公的な登記所／仲介所も設立されている。

　バイオ・バンキングで利用可能なクレジット数は，バイオ・バンキング評価手法に基づき，サイト属性から決定される。サイト属性は，州や国の優先順位，地域的価値，景観的価値，地価，絶滅危惧種，維持管理活動などから構成される。クレジットは「同種交換」を原則とし，その取引率は最も脅威に晒されている種と生息地のタイプにあわせられる。

　2012年，ニュー・サウス・ウェールズ州政府はバイオ・バンキングの見直しを行ったところ，生態学者の多くはこのバイオ・バンキング評価手法は「オフセット要件を決定する上で，厳密，再現可能，かつ信頼できる科学的手法」であると認識していることが分かった。一方，多くの開発業者は，厳格な要件はオフセットを行う上での障壁と考えており，代わりに他の緩和オプションを選択したいと考えていた。バイオ・バンキングでは，クレジットは以下の「クレジット・プロファイル」から構成される。

　・植生区分
　・植生形態
　・周辺の植生被覆率
　・パッチサイズ

　オフセット・クレジットのプロファイルは，同種交換の原則に基づき，開発対象の土地のクレジット・プロファイルと一致しなければならない。多様なプロファイル基準のため，クレジット・プロファイルの組み合わせは膨大になり，開発業者と土地所有者が互いにクレジット・プロファイルを一致させることは，

とても難しい作業となる。生態学的観点からは，ノー・ネット・ロスを測る際に用いる基準値に関して批判が寄せられており，生物多様性の減少を止めるどころか悪化させるという意見もある（Maron et al. 2015）。53 件のバイオ・バンキング契約が成立したが（2016 年 5 月現在），多くの人々は，この制度は期待しているほどには成功しないと考えている。現時点での市場は十分なオフセット・クレジットを供給できず，取引が制限されるため，当初予想されていた費用削減には届かないだろう。これを受けて，任意ではなく強制的な制度へと変更することで，オフセット創出を促すよう求める声が上がっている（NSW 2014）。

コンサベーション・バンクの欠点は，多額の行政費用ならびに過剰開発の問題点がつきまとうことである。開発業者は，既存の生息地保全に資するクレジットを購入することで他の生息地を改変する権利を得るが，これは改変先の生息地での損失を意味する。（特に生物種が絶滅の危機に瀕している場所での）保全と開発のトレードオフは，本来は開発されなかったであろう土地開発を許容しうるものである。重要な点は，バンキングはリスクをある場所から他の場所へ移すという意味でしかないということである。環境保護団体は規制当局に対して，望ましい法施行を促したり，開発による負の影響を緩和したりするために，開発業者がより多くのクレジットを購入するために補償割合を高めるよう働きかける。クレジットの獲得条件が同じであれば，より高い補償割合は，開発利用に比べて，より広大な土地保全をもたらすことになる。依然として生息地は純減するが，それは環境保護者の努力がなければ失われるであろう生息地面積よりも少ないであろう。その他の問題としては，生態学的復元の成否にかかる不確実性への対処としてクレジットの単位表記をどうするか，生態学的な環境質のバラツキを制御するためのサイト間での交換レートをどう設定するかなどがある。

3.7　保全地役権

土地所有権はその所有者に対して土地の利用方法に関するいっさいの権利を付与するものである。そこには，他者による土地利用の排除，土地開発，商品

生産，その他合法的なレント・シーキング活動などが含まれる。従来型の地役権は，土地に関する土地所有者のある特定の権利を他の主体に移転する法的手段である。保全地役権も，種と生息地の保全を明確な目的としているという点を除いては，従来型の地役権と同様に用いられる（Parker and Thurman 2013）。

　従来型の地役権は通常，隣接する土地所有者間で交渉され，その合意から双方が利益を得ることとなる。コース（1960）は，著書『社会的費用に関する問題』の第2章で地役権の概念を説明している。そこでは，政府による税制度ではなく，問題となる資源についての自発的交渉を通じて，牧場主の家畜が水場へ向かう際に隣家の作物を踏みつけることで生じるような社会的費用が削減されうることを述べている。コースは，農家が所有権を有し，かつ取引費用が小さいという仮定の下で，地役権の設定は牧場主と農家の双方の福利向上に資すると論じた。地役権を設定する対価として農家が牧場主から金銭的支払いを受け取ることで，家畜は契約に基づき農家の土地を横断することができるようになるのである（保全委託についてはキーコンセプト3.3参照）。

　保全地役権は土地所有者と措置を講じる政府や非営利団体との間の自発的な契約である。保全地役権に関する契約は土地ごとに交渉がなされ，保全目標を維持しつつも個々の土地所有者に課される要件が満たされるよう，その内容を調整することができる。契約は，一般的には，土地保全目標の説明，土地の初期評価，土地利用に関する認可用途や制限，土地所有者の管理責任，土地にアクセスするための保全者の権利の明記，無担保所有権の証明，契約違反時の法的要件，現在および将来の債務に関する規定，土地売却時の土地所有者による通知要件などを含む。保全地役権の有効期限および土地所有者に対する補償も契約内で定められる（Fishburn et al. 2009）。

　米国モンタナ州のイエローストーン公園に隣接し，絶滅危惧種に指定されているグリズリーの極めて良好な生息地となる土地を保有している牧場主について考えてみよう。この牧場主は非営利の保全団体と保全地役権の条項について交渉しているものとする。牧場主と非営利団体の間で契約は取り交わされ，牧場主は，所有する土地を今後いっさい開発しないこと，また稀少なグリズリーの生息地であり，かつ放牧の影響を受けやすい土地区画での放牧を制限もしくは中止することに同意する代わりに，保全努力に対する支払いを受け取ることとなる（Lawley and Towe 2014）。土地の保全は種の回復を促し，絶滅危惧種

キーコンセプト　3.3

保全委託

　保全委託は経済的インセンティブの一形態であり，コンサベーション・オークション（保全オークション）とも呼ばれる（第13章も参照）。保全委託は次のように機能する。土地所有者はある土地の維持管理に必要な費用を入札に付して提出する。土地所有者は環境財供給にかかる保全契約獲得のために競い合い，政策実施者はその中から最も優れた売り手を選りすぐることができる（Whitten et al. 2017）。ひとたび政策実施者がある特定の生態系サービスを目標に据えると，あとは最高値をつけた入札を選びさえすればいいのである。なお，採択された入札額が最高値であり，かつその提示額が当該資源の社会的価値を反映しているとき，この保全委託は経済効率的となる。保全委託の利点の1つは，情報レントの問題を軽減できることにある。ここでの情報レントとは，土地所有者が費用やその土地で発揮される環境サービスを詳細に把握しているため，環境財供給にかかる真の費用を上回る支払いを受け取ることを意味する。保全委託方式の下では，土地所有者が「価格」の代価として環境サービスを提示することで，土地所有者は自身の費用や環境財やサービスが存在しているかどうかに関する情報を開示することになるのである（Stoneham et al. 2003; Engel and Palmer 2008）。保全委託によって社会と土地所有者の双方は利益を得ることになる。すなわち，社会は競争的で対費用効果的な保全から，土地所有者は自発的なサービス売却や経済活動の放棄から，それぞれ利益を得るのである。しかし，こういった保全委託型 PES の実際の有効性は理論値よりも低いと批判する人もいる。

リストからその種が除外される可能性を高める。保全地役権は土地保全をもって社会に便益をもたらす。開発権を有するということは，関係団体に土地の開発権を与えるのではなく，その所有者に対して土地開発を制限する権利と責任を与えるものなのである。

　保全地役権は，開発権付（Purchased Development Rights: PDR）地役権と寄付型地役権の2つに大別される。PDR 地役権は，土地所有者がその買い手に対して一定期間中の土地保全とは相入れない利用方法を控えることで，その対価として地役権の適正市場価格に相当する現金を受け取る制度である。買い手は主に政府や NGO である。PDR 地役権の支払いの多くは一括一時金であり，

地役権は期間限定もしくは恒久的に購入することができる。寄付型地役権は，保全目的のために土地所有者が NPO や政府機関に対して自身の土地開発権を恒久的に寄付する際，課税当局が土地所有者に税制上の優遇措置を行う制度である。寄付された地役権は，教育や野外レクリエーション，生息地もしくは生態系保全による種の保全，オープンスペース確保を通じた風景保護，歴史的に重要な土地や建造物の保護などに用いられる。

　地役権の欠点には，将来の代替的利用価値に関する不確実性，買い手不足，「適正価格」を定めるための比較可能な土地の欠如，土地の異質性などがあり，それらは PDR 地役権購入者にとって非効率的な資源配分の原因となる。地役権の個人的な保全価値を知りえない政府は，保全地役権の対価として，土地所有者に対して過大な支払いを行うかもしれない。また，政府には，行政費用を最小化したり，より重要なこととして，社会に正の純便益をもたらすよう土地を取得する誘因が欠けているかもしれない。土地所有者および保全主体――それが政府であろうと非営利の保全団体であろうと――の双方に保全地役権取得に関する契約交渉費用がかかる。土地およびその所有者の事情はそれぞれ異なるため，契約は個々の事例ごとになされ，その結果，契約締結に必要な詳細事項の規定には時間と費用がかからざるをえなくなる。契約が土地もしくはその所有者に特有の問題になればなるほど，それらにかかる時間や費用は増える。こういった費用の削減のために，効率化の代償として柔軟性を犠牲にすることで，関係者間では規格化された契約が取り交わされるようになってきた。また，契約が取り交わされた土地の将来の所有者は異なる方法でその土地を保全したいと考えるかもしれないし，取り決めた条項に違反するかもしれない。将来の土地所有者は，過放牧，各規定の土地利用境界の侵害，地役権協定で規定された維持管理要件の不履行などの問題を引き起こすかもしれない。その結果，地役権保有者による監視・実施費用は増加することになる。コロラド州の保全地役権プログラムに土地所有者が参加しようとするその根拠に関しては，Horton et al.（2017）を参照するとよい。

3.8　まとめ

　生態系サービスへの支払い（PES）などの環境保護に資する誘因メカニズム

を検討することで得られた経済学的教訓をまとめておこう。第 1 に，生物多様性を評価するための優れた画一的手法がない場合，PES には限界がある。土地によって生息地としての質は異なるため，効果的な環境保全のためには，市場はゾーニングのような規制ツールと組み合わされる必要がある。開発はしばしば恒久的な生息地破壊をもたらすので，規制当局にはそれを防ぐ機会は一度しか与えられていないことにも留意が必要である。第 2 に，保全地役権，コンサベーション・バンク，補助金などの自発的メカニズムは，質の高い生息地を低費用で維持・創出する効果的かつ柔軟な制度となりうる。しかしながら，生息地としての質および私的な土地利用価値に関する土地所有者の私的情報の入手費用は高額で，かつそれは政治的負担となる。第 3 に，コンサベーション・バンク，補助金，地役権などの誘因メカニズムは，所有者が自身の土地を保全したり，土地の保全価値向上に資する投資ができるよう設計できる。この特徴は質の高い生息地が今ある以上に必要な場合に重要となり，その際の環境目標達成のためには劣化した生息地の復元が不可欠となる。

　第 4 に，常に最良となる誘因メカニズムは存在しない。どのメカニズムが規制当局の目的を最も効率的に実現するかについては，開発圧，資金不足，土地の質，生息地としての適合性，土地の価値，土地所有者のタイプなどの様々な要因を考慮した上で検討する必要がある。第 5 に，生態系に基づくアプローチは，最小費用で最大限の種・生息地保全を行うためにはどのように資金配分すべきかの道筋を提示してくれる。生態系全体や広範囲の生態系サービスに焦点を当てることで，規模の経済を発揮することができる。種ごとの対策はできないが，複数種を同時に保護できるため，生息地保全が可能となる。

　第 6 に，コンサベーション・バンクや TDR のような保全アプローチは，州や連邦の土地利用規制の両方を満たすよう設計することができる。すべての関係者が協議の場につき，土地所有者には規制に関する確実性が，規制当局には土地利用を監視する手段や万一，土地所有者による契約不履行があった場合の明確な償還請求がそれぞれ明示されることで，土地所有者および規制当局の双方にかかる規制負担が軽減される。

　最後に，寄付型地役権のような PES 制度は，土地信託およびその他非営利団体が協働し，保全費用を分担する誘因を作り出すことで，規制当局の支出を削減できる。この費用分担は土地信託やその他の非営利団体にも効果がある。

土地信託は，生息地権を購入し，保全地役権を設定し，それを政府に寄付し維持管理してもらうことで，自身の費用を削減することができるのである。

ディスカッションのための質問

3.1 土地所有者は，自身の土地に関する価値を外部者や政策立案者よりも知っているか。

3.2 私的所有権が担保され，プライバシーが維持され，かつ土地所有者による管理が公的に認可されているならば，経済的誘因は費用対効果を高めるよう機能するか。

練習問題

3.1 生態系サービスへの支払いという考え方の経済学的根拠を説明せよ。

3.2 経済学者はゾーニングが保全にとって費用対効果的であると考えているだろうか。

3.3 保全にかかる開発負担金は汚染に対するピグー税とどう類似しているだろうか。

3.4 環境債の考え方に対する賛否を説明せよ。

3.5 補助金は情報レントの獲得競争につながる。理由を説明せよ。

3.6 コンサベーション・オークションは土地所有者への補助金配分の一般的な方法になりつつある。すべてのオークション形式において入札者は真実を表明するだろうか。

3.7 譲渡可能開発権は汚染に関するキャップアンドトレード方式に類似している。汚染ではなく生物多様性を維持するために譲渡可能開発権を活用する上での，キャップアンドトレード方式との類似点ならびに相違点を述べよ。

3.8 経済学者はコンサベーション・バンクの利点の1つに規模の経済を挙げている。その理由を説明せよ。

3.9 コースの定理は保全地役権の考え方とどのように関連しているだろうか。

参考文献

Aburto-Oropeza, O., Erisman, B., Galland, G., Mascareñas-Osorio, I. Sala, E. and Ezcurra, E. (2011). Large Recovery of Fish Biomass in a No-Take Marine Reserve. *PLoS ONE* 6 (8) : e23601. https://doi.org/10.1371/journal.pone.0023601

Albers, H. J. and Ando, A. (2003). Could State-Level Variation in the Number of Land Trusts Make Economic Sense? *Land Economics* 79: 311-27.

Altshuler, A. and Gomez-Ibanez, J. (1993). *Regulation for Revenue: The Political Economy of Land Use Exactions.* Washington, D. C.: Brookings Institution.

Antona, M., Biénabe, E., Salles, J., Péchard, G., Aubert, S. and Ratsimbarison, R. (2004). Rights Transfers in Madagascar Biodiversity Policies: Achievements and Significance. *Environment and Development Economics* 9: 825-47.

Boyd, J., Caballero, K. and Simpson, R. D. (1999). The Law and Economics of Habitat Conservation: Lessons from an Analysis of Easement Acquisitions. *Discussion Paper*, 99-32, Resources for the Future, April.

Brueckner, J. (1997). Infrastructure Financing and Urban Development: The Economics of Impact Fees. *Journal of Public Economics* 66: 383-407.

Bull, J. W., Suttle, K. B., Gordon, A., Singh, N. J. and Milner-Gulland, E. J. (2013). Biodiversity Offsets in Theory and Practice. *Oryx* 47: 369-80.

Bulte, E., Lipper, L., Stringer, R. and Zilberman, D. (2008). Payments for Ecosystem Services and Poverty Reduction: Concepts, Issues, and Empirical Perspectives. *Environment and Development Economics* 13: 245-54.

Coase, R. (1960). The Problem of Social Cost. In R. Dorfman and N. Dorfman (eds.) (1993), *Economics of the Environment: Selected Readings* (3rd eds.). New York: W. W. Norton & Company, Inc., pp. 109-38.

Deng, X. and Xu, Z. (2015). Green auctions and reduction of information rents in payments for environmental services: An experimental investigation in Sunan County, Northwestern China. *PLoS ONE* 10 (3) : e0118978.

Eagle, A., Eagle, D., Stobbe, T. and van Kooten, G. C. (2015). Farmland Protection and Agricultural Land Values at the Urban-Rural Fringe: British Columbia's Agricultural Land Reserve. *American Journal of Agricultural Economics* 97 (1) : 282-98.

Engel, S. (2016). The Devil in the Detail: A Practical Guide to Designing Payment for Environmental service schemes. *International Review of Environmental and Resource Economics* 9: 131-77.

Engel, S., Pagiola, S. and Wunder, S. (2008). Designing Payments for Environmental Services in theory and Practice: An Overview of the Issues. *Ecological Economics* 65 (4) : 663-74.

Engel, S. and Palmer, C. (2008). Payments for Environmental Services as an Alternative to Logging under Weak Property Rights: The Case of Indonesia. *Ecological Economics*

65（4）：799-809.

Environmental Defense Fund（1999）. Mitigation Banking as an Endangered Species Conservation Tool. https://www.cbd.int/financial/offsets/usa-offsetspecies.pdf

Fernandez, L. and Karp, L.（1998）. Restoring Wetlands Through Wetlands Mitigation Banks. *Environmental and Resource Economics* 12: 323-44.

Fishburn, I. S., Kareiva, P., Gaston, K. J. and Armsworth, P. R.（2009）. The Growth of Easements as a Conservation Tool. *PLoS ONE* 4（3）: e4996.

Hanley, N., Banerjee, S., Lennox, G. and Armsworth, P.（2012）. How Should We Incentivize Private Landowners to'Produce'More Biodiversity? *Oxford Review of Economic Policy* 28（1）: 93-113. https://doi.org/10.1093/oxrep/grs002

Hillman, M. and Instone, L.（2010）. Legislating Nature for Biodiversity Offsets in New South Wales, Australia. *Social & Cultural Geography* 11（5）: 411-31.

Horton, K., Knight, H., Galvin, K., Goldstein, J. and Herrington, J.（2017）. An Evaluation of Landowners'Conservation Easements on Their Livelihoods and Well-Being. *Biological Conservation* 209: 62-7.

Horan, R., Shogren, J. and Gramig, B.（2008）. Wildlife conservation payments to address habitat fragmentation and disease risks. *Environment and Development Economics* 13（3）: 415-39.

Idaho Department of Fish and Game（IDFG）（2000）. Habitat Improvement Program（HIP）: Key to the Future for Idaho's Game Birds. www.state. id. us/fishgame/hip.html.

Innes, R.（2000）. The Economics of Takings and Compensation When Land and Its Public Use Value Are in Private Hands. *Land Economics* 76（2）: 195-212.

Juutinen, A. and Ollikainen, M.（2010）. Conservation Contracts for Forest Biodiversity: Theory and Experience from Finland. *Forest Science* 56（2）: 201-11.

Juutinen A., Mantymaa, E. and Ollikainen, M.（2013）. 'Landowners'conservation motives and the size of information rents in environmental bidding systems. *Journal of Forest Economics* 19: 128-48.

King, D. and Bohlen, C.（1994）. A Technical Summary of Wetland Restoration Costs in the Continental United States. *University of Maryland* Technical Report UMCEES-CBL-94-048.

Laffont, J. -J.（1995）. Regulation, Moral Hazard and Insurance of Environmental Risk. *Journal of Public Economics* 58（3）: 319-36.

Latacz-Lohmann, U. and Hamsvoort, C.（1997）. Auctioning Conservation Contracts: A Theoretical Analysis and an Application. American Journal of Agricultural Economics 79（2）: 407-18.

Lawley, C. and Towe, C.（2014）. Capitalized Costs of Habitat Conservation Easements. *American Journal of Agricultural Economics* 96（3）: 657-72.

Levinson, A.（1997）. Why Oppose TDRs?: Transferable Developmental Rights Can Increase Overall Development. *Regional Science and Urban Economics* 27（3）: 283-96.

Liu, X. and Lynch, L. (2011). Do Zoning Regulations Rob Rural Landowners'Equity? *American Journal of Agricultural Economics* 93 (1) : 1-25.

Maron, M., Bull, J. W., Evans, M. C. and Gordon, A. (2015). Locking in Loss: Baselines of Decline in Australian Biodiversity Offset Policies. *Biological Conservation* 192: 504-12.

McConnell, V. and Walls, M. (2009). Policy Monitor: U. S. Experience with Transferable Development Rights. *Review of Environmental Economics and policy* 3 (2) : 288-303.

Mills, D. (1980). Transferable Development Rights Markets. *Journal of Urban Economics* 7 (1) : 63-74.

NSW (2014). BioBanking Scheme: Statutory Review Report. State of NSW and Office of Environment and Heritage, Sydney.

Parker, D. and Thurman, W. (2013). Conservation Easements: Tools for Conserving and Enhancing Ecosystem Services. In J. Shogren (ed.), *Encyclopedia of Energy, Natural Resources, and Environmental Economics* 2: 133-43. San Diego: Elsevier.

Parkhurst, G. and Shogren, J. (2003). Evaluating Incentive Mechanisms for Conserving Habitat. *Natural Resources Journal* 43 (4) : 1093-149.

Shogren, J., Herriges, J. and Govindasamy, R. (1993). Limits to Environmental Bonds. *Ecological Economics* 8 (2) : 109-33.

Smith, R. and Shogren, J. (2002). Voluntary Incentive Design for Endangered Species Protection. *Journal of Environmental Economics and Management* 43 (2) : 169-87.

Stoneham, G., Chaudri, V., Ha, A. and Strappazon, L. (2003). Auctions for Conservation Contracts: an Empirical Examination of Victoria's Bush Tender Trial. *Australian Journal of Agricultural and Resource Economics* 47 (4) : 477-500.

United Nations (1995). *Global Biodiversity Assessment.* Cambridge: Cambridge University Press.

Whitten, S., Wuenscher, T. and Shogren, J. (2017). Conservation Tenders in Developed and Developing Countries—Status Quo, Challenges and Prospects. *Land Use Policy* 63: 552-60.

第4章 | # 環境評価
——概念と手法

4.1　経済的価値とは何か？

本章では，次の項目について説明する。

・自然環境における「経済的価値（economic value）」とは何か

・環境はどのようにして経済的価値を持つのか

・これらの経済的価値が実際にどのように測定されるか[*1]

そして第5章では，これらの環境に関する経済的価値尺度が，プロジェクト分析，政策立案，環境管理にどのように活用できるかを見ていく。

経済学はしばしば，人々の制限のない欲望の下，限られた資源をどのように配分するかを解明する学問として表現される。資源が不足しているという事実は，ある方法で資源を使い切ってしまうと，別の方法で資源を使うことができなくなってしまうことを意味する。このように使うことができなくなった場合のコストを「機会費用」と呼ぶ（使用を諦めたことに対する最も望ましい代替物として定義する）。この概念は環境に関連している。廃棄物処理のために川を利用することは，レクリエーションや野生動物から得られる便益が失われるという機会費用が発生することを意味する。同様に，山岳地域を国立公園に指定するということは，人々がそこで鉱物を採取する機会を失うことを意味する。環境をある方法で利用することを決定すると，犠牲（または費用）が伴

[*1] この章の各部分についてコメントしてくれたロブ・ジョンストンとレイチェル・ベリーマンに感謝する。

う。つまり，別の方法で使用した場合に得られる便益は失われるのだ。

　あるものの価値はそれを手に入れるために何を手放すかで決定されるという考え方は，経済の重要な原則である。しかし，何が犠牲にされているかをどのように表現すればよいだろう。1つのアプローチは，犠牲にしているもので最も一般的な尺度，すなわち所得を用いることである。これは次の例から理解することができるだろう。例えば，自動車や大型トラックが使用するガソリンやディーゼル燃料に，都市の大気環境を改善する目的で地方税をかけるかどうかを世帯に尋ねたとしよう。この問題を問いかける1つの方法は，大気汚染改善のために彼らが支払おうとする額（すなわち，所得の放棄）が，税金で彼らに課す費用よりも大きいかどうかを尋ねることである。

　重要なことは，我々は環境全体の価値を評価しているのではなく，環境の質の変化を評価している点である。経済的価値が意味を持つのは，それが変化に対して定義される場合のみである。価値は，提供されている財やサービスの良し悪しに関して測定できる。この変化は環境サービスの総量やレベルに関して比較的小さな変化（例えば，都市における現在の大気中粒子状物質レベルの5％の減少）という意味で「限界的」であり，森林全体の消失や湿地の枯渇といった場合には「非限界的」かもしれない。支払意思額（WTP: Willingness To Pay）（より正確にいうなら，最大支払意思額）は，環境の質が改善したことによって得られる人々の便益を測定したものである。例えば，将来の大気環境の向上に対する支払意思額は個々人が大気環境の改善のために諦めることのできる最大所得のことを指す。ここでの論理は，合理的行動に基づいて展開されている。つまり，この変化からどのように価値（効用）を引き出すにせよ，自分たちが享受できる価値以上のものを諦める人は存在しないと想定している。

　評論家はこの価値の測り方に異を唱えるかもしれない。もし支払意思額が個々人に対する価値尺度として使われるのであれば，その価値尺度は人々の選好（他のものに対する好き嫌いと比較して，大気汚染を人々がどれだけ嫌っているのか）だけではなく，収入にも依存すると，その評論家は主張するだろう。同じ好みを持つ裕福な家庭は，貧しい家庭よりも明らかに多く支払うことができるだろう。支払意思額に基づく経済価値は，常に富裕層のために「偏った」ものである。経済学者は，たいてい「その通り。しかし，支払能力に裏打ちされていない限り，支払意思額はまったく役に立たない概念である。経済全体の

レベルでは，私たちが実際すでに得ているか，今後稼げると期待している以上のものを手放すことはできない」と答えるだろう。したがって，支払意思額として測った経済価値は既存の所得の分布に依存し，所得の分布が変化する際には支払意思額も変化する可能性がある。

　選好が異なる場合，所得金額が同じでも，環境の質の変化が同じでも，支払意思額は異なる。例えば，子どもがいないジョセフィーヌよりも，子どもが喘息を患っているジョーの方が都市の大気汚染問題に関心を持っていると仮定する。2人の収入が同じであれば，ジョーの大気環境改善に対する支払意思額の方がジョセフィーヌの支払意思額よりも高くなるはずである。

　経済的価値には，希少性と同じ原則に基づき，別の測り方が存在する。これは個々人が何かを諦めるためにどのような補償を受け入れるか，尋ねることを含んでいる。これは生活を営む上で誰もがよく知っている考え方である。例えば，あなたのお気に入りのギターに割り当てられる価値は，あなたがそのギターを売り払うために許容できる最低額と等しい。これは最低「受入補償額（WTAC: Willingness To Accept Compensation）」と呼ぶことができる。また労働者にとって，労働を受け入れる最低時給によって労働時間の価値を測定することが可能である。この価値の損失補償の概念は，環境資源にも拡張できる。あなたが，自身の庭に置く価値は，あなたが隣人に庭を売却する際に対価として受け入れることのできる最小限の補償によって測ることができる。同様に，安全と静けさの価値は，あなたの家の近くに新しい空港滑走路が建設される際，あなたが要求する最小限の補償と考えることができる。

　支払意思額または受入補償額のどちらを評価の基準として使用するのがよいだろうか。Robert Willig（1976）の有名な経済学論文は，ほとんどの私的財について，支払意思額と受入補償額の差は小さく，所得と需要の関係や，その財に対して個人の所得がどれだけ使われたのかに依存しているはずであると記している。しかし，経済学の実験結果は，実際には支払意思額と受入補償額の間には非常に大きな差が存在することを示しており，それはこの知見に矛盾するように思われる。この支払意思額と受入補償額の差については競合する説明が出てきている。1つ目の説明は，Michael Hanemann（1991）の研究に基づいており，財の代替物がどれだけ近くに存在しているかで差を説明できることを示している。近しい代替物が存在しない場合，支払意思額と受入補償額の間に

は非常に大きな差が生じると予測される。一方，近しい代替物が存在する場合，支払意思額と受入補償額の間にはそれほど差が生じないはずである。例えば，アイスホッケーの2試合のチケットについて，支払意思額と受入補償額を比較したとする。一方の試合は生中継されるが，もう一方は中継されず，そのゲームはアイスリンクでしか見ることができない。テレビで見られる試合の支払意思額と受入補償額の差は，スタジアムでしか見られない試合の差よりも小さくなるだろう。多くの人にとって，アイスリンクで試合を見ることはテレビで完全に代替できるため，支払意思額と受入補償額は一致するはずである。

　2つ目の説明は，損失回避の概念における行動心理学に基づいている。この概念は，人は獲得できるものよりもすでに持っているものを自動的に高く評価し，損失は常に同等の利益よりも大きく評価されるということを示唆している。損失回避の概念は，様々な状況で頑健であるように見えるが，ものを買ったり売ったりした経験に依存するなど（Loomes et al. 2003），個々人やそれぞれの文脈によってその強さが異なることが示されている（Novemsky and Kahnemann 2005; Hartley and Phelps 2012）。

　経済学者は，支払意思額と受入補償額（またはその両方）のどちらを測定するかについて，重要な選択をしなければならない。これらの選択は所有権の概念に基づいている。もし，人々が道徳的，法的，もしくはそのものに対する権利を持っているならば，我々は人々に対して，支払意思額ではなく，その財を減少させることに対する受入補償額を尋ねるだろう。もし逆に，人々がそのものを増やす権利を持っていないならば，その増加を放棄するための受入補償額ではなく，その増加のための支払意思額を尋ねることが合理的である。

　要約すると，環境財の増加を評価する場合，我々はこの増加に対する人々の最大支払意思額，もしくは，この増加を放棄するための最小受入補償額のいずれかの測定を試みることができる。同じ財の減少を評価する場合，そのような減少を防ぐための最大支払意思額，もしくは，減少を受け入れるための最小受入補償額のいずれかを明らかにすることができる。どちらのアプローチでも，環境の利得もしくは損失について，貨幣価値を設定することが可能であり，これは個々人にとっての潜在的な効用の利得または損失の推定値を示している。

　しかし，ある人にとって，提供されている環境財の量によって，支払意思額はどのように異なるのだろうか。環境財が数倍に増加するための最大支払意思

額をある人が尋ねられている実験を想像してみよう。そのような人（ギャビ
ン）に関し，我々は図4.1(a)に示すような結果を得られるかもしれない。（ス
コットランドで保護されているミサゴのつがいを例に考えてみた場合）その財の
質が改善するにつれて，ギャビンの総支払意思額は増加する。例えば，彼は
50つがいのミサゴを保護することよりも，100つがいのミサゴを保護すること
に対してより高い支払意思額を有する。なぜなら，バードウォッチャーとして
の彼の効用は50つがいよりも100つがいに対しての方が高いからである。「提
示された」つがいの数が増え続けるとともに，彼の総支払意思額は（彼にとっ
てのミサゴの合計価値は），増加率は減少しながらも増えている。図4.1(a)を
限界支払意思額曲線に変換し，つがいの数が増えるにつれての総支払意思額の
増加を測定したものが，図4.1(b)である。限界支払意思額は減少しているが，
常に正の値を示している（飽きることが設定されていないため，消費が増加する
と効用は常に増加する[*2]）。限界効用が逓減するため，つがい数（Q）が増加す
るにつれて，限界支払意思額は減少する。図4.1(c)は，ギャビンの限界支払意
思額曲線を示している。この曲線は，ミサゴの個体数が増加することに対する
ギャビンの限界的な価値であることから，ここでは限界価値曲線MV^Gと呼ぶ。
彼の友人であるキティーは彼よりさらにミサゴが好きなバードウォッチャーで
ある。彼女の限界価値曲線MV^Kはあらゆる点においてギャビーの上に位置し
ている。

　図4.2は環境の質がQ_0からQ_1に改善した場合の個人の支払意思額と受入補
償額の導き方を示している。この図は，効用が環境の質Qと所得Yの関数で
あることを示している。曲線U_0とU_1は無差別曲線である。これらは，与え
られた無差別曲線に沿って効用が一定であるという特性を持っている。無差別
曲線は，図4.1で示されたように，限界効用が逓減するものとして描かれてい
る。つまり，ある無差別曲線に沿って我々は動くので，多くの財を消費するに
つれ，より多くの財を持つことで得られる追加的な効用は逓減する。そのた
め，より多くの他の財を持つために諦めようとするある財の追加的な量は逓減
する。無差別曲線が原点から離れるほど効用レベルは高くなり，U_1はU_0より

　[*2]　Q^*の任意の値に対する限界支払意思額は，Q^*における総支払意思額曲線の傾きと等し
い。これは，Q^*で評価される，Qに関する総支払意思額の部分導関数である。

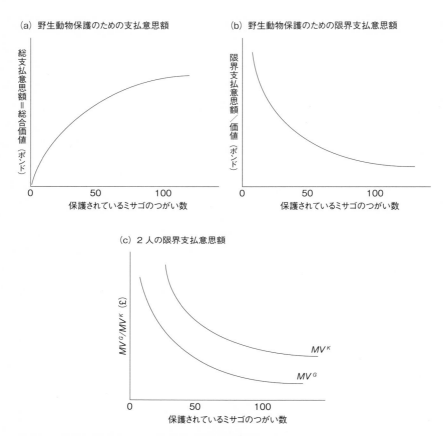

図 4.1　野生動物保護のための支払意思額と限界支払意思額

大きくなる。収入 Y，環境の質 Q_0 から始めよう。ここで，環境の質が Q_1 に改善したとする。所得が同じであれば，その個人はより高い無差別曲線上の点 b に移動する。彼らの状態は改善する。

　環境改善に対する彼らの最大支払意思額とは何だろうか。これは彼らが a 点から手放すことができる最大の収入であり，依然として U_0 と同等の効用がある。この量は，図 4.2 の支払意思額とラベル付けされた垂直距離，つまり距離 （bc）である。この図はまた，環境改善を断念するために，この個人が提供しなければならない最低限の報酬を算出するために使用することができる。点 b

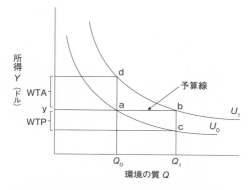

図 4.2　無差別曲線と環境の質の向上の価値

注) 環境の質は Q_0 から Q_1 まで上昇した。これは，消費者の
固定された予算線に沿って U_0 から U_1 へと消費者の効用が
増加し，消費者を a 地点から b 地点へと移動させることを
意味する。あるいは，消費者は，環境便益の改善を見送る
ために，受入補償額の補償を受け入れることも厭わないだ
ろう。支払意思額は受入補償額よりも大きいことに注意。

から始めて，所得が受入補償額として示されている分だけ増加すると，環境が
Q_0 のままであっても，個人は効用レベル U_1 に保たれる。この差（da）は受入
補償額に等しい。描かれている図に基づけば，Q の同じ変化に対し，支払意思
額は受入補償額よりも小さいことに注意したい。

4.2　環境はどのような意味で経済的価値を持つのか

　第 1 章では，環境システムと経済システムがどのように相互に結びついてい
るかを見てきた。図 1.1 は，環境が経済に 4 つのサービスを提供していること
を示している。

① 生産のためのエネルギーと物的資源（投入物）の供給源

② 廃棄物の受け皿

③ アメニティ（良質な居住環境）の直接的な供給源

④ 水質や気候の調整機能など，その他の地域，地方，地球規模での生態系
サービスの提供者

①②④のサービスは，原料，エネルギー，栄養および廃棄物処分サービスの

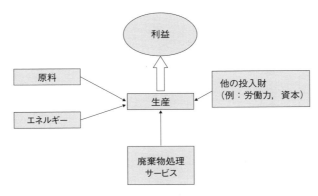

図4.3　間接環境価値

　生産工程への投入を提供するものとしてグループ化することができる。気候変動は，例えば農業における生産にも影響を与える可能性がある。図4.3は，これらの投入財を，労働力や資本といった他の投入財と組み合わせ，市場で販売する財やサービスを生産していることを示している。例えば，ボーキサイト鉱石，エネルギー，廃棄物同化能力の投入によって，アルミニウムの生産が可能になる。生産単位の1貨幣価値はその価格である。ある財の生産に対する環境および資源の投入水準の変化の価値は，このような環境サービスの流れもしくは投入の変化によって生じる利益の変化の価値を捉えることで概算できるかもしれない。上記①②④の役割における環境の価値は，環境投入の価値の変化に対する利益の価値の変化として部分的に定めることができる。ボーキサイト鉱石の投入が1トン減少した場合，関連する利益の減少の価値はいくらだろうか。廃棄物処理サービスについても，本質的に同じ質問が問われる可能性がある。排出量の原単位削減に伴う利益の損失はいくらだろうか。環境価値を決定するためのこの限界生産性アプローチは，労働や資本などの生産への他の投入物の価値を決定するために用いられるアプローチと何ら変わらない。このような環境価値は，生産プロセスにおける環境の役割を通じて間接的に得られるものであるため，「間接的便益」と呼ぶ。

　アメニティの価値については，環境がより直接的に効用に与える影響を考える必要がある。環境的な「よいもの（goods）」とは，個人が少ない状況よりも多い状況を好む環境的な投入物であるといえる（例えば，景観の質や大気環

境)。環境的な「悪いもの (bads)」とは，例えば騒音や水質汚染のように，増加するにつれて効用を減少させる環境的な投入物のことを指す。環境的なよいものと悪いものの中には，河川水質（よいもの）や河川水質汚濁（悪いもの）のように，互いに対を成しているものがある。環境財の経済的価値は，その環境への投入が一定量増加した場合の効用の増加，あるいは，そのものの量や質が減少した場合の効用の減少として考えることができる。同様に，環境的な悪いものついていえば，我々はその環境的な悪いものが減少した場合に，「平均的な人」にとっての効用がどれだけ増加するのかということに関心を有している。理想的なことをいえば，我々は環境財（よいもの，もしくは悪いもの）の変化に沿って限界効用を測定しようとしている。これは，財が 1 単位増加した場合の効用の変化であり，支払意思額もしくは受入補償額として表現されるものである。環境価値のこれらのタイプは，消費財・サービスの生産を通じた間接的な影響ではなく，直接的な効用への影響であることから，「直接的便益」と呼ぶことができるだろう。

　ここで注意すべき重要な点は，環境に観察可能な市場価格が存在していなかったとしても，環境は間接的価値と直接的価値，両方を含む経済的価値を有しているということである。景観やきれいな空気，野生動物といった多くの環境財には市場価格が存在していない（もしくはゼロ）かもしれないが，非市場価値があることは間違いない。これは重要な点である。経済的価値と市場価格は一般的に，特に環境に関する財やサービスについては，同じではない。

　環境財がすべての人に対して等しく価値があると考える理由は存在しない。経済学者はこれを選好の多様性と呼んでいる。我々は，財の限界効用（財自体のレベルがわずかに変化するときの効用の変化）は，ゼロから大きな値まで個々人によって異なると予想している。一部の人々は，ある環境資源からはまったく効用を得られないかもしれない。例えば，ジョーがバードウォッチングにまったく興味がない場合，彼の地元におけるシギの個体数の増加は彼にとって価値はない。彼の隣人であるジェーンが熱心な鳥類学者であるならば，同じ増加に対する彼女の限界効用は非常に高いであろう。このことは，鳥類個体数の同じ変化に対し，この 2 人は異なる支払意思額を有していること示している。

　図 1.1 に示すように，経済プロセスは，地球規模の気候調整，生命に適した

地球大気の維持，成層圏オゾン層，局地的な栄養循環や水循環など，自然環境によってもたらされる多くの生態系サービスから恩恵を受けている。これらのサービスの変更を防ぐことの価値を考えることは可能である。例えば，温暖化の促進によって引き起こされる地球規模の気候の変化を抑制することの価値は，温室効果ガス排出の変化から生じる費用（および便益）を調べることで測定することができる。第 12 章では，この点を詳細に検討する。

　2005 年のミレニアム生態系評価（MEA, p.6 参照）は，人々が生態系サービスの流れから便益を得ているという観点で，生態系を保全または強化することの価値という概念を普及させた。さらに近年では英国の国家生態系評価の取り組み＊3 が，（英国における）異なる生態系の状態と，これらの生態系から生み出されるサービスで生じる経済的価値の間に関係があることを示している（UK NEA 2011）。生態系は，価値あるサービスの流れ（経済財）を生み出す，資本財として考えられている（Barbier 2009; Fenichel and Bishop 2014）。生態系を保全することは，資本への投資と考えることができる。なぜなら，生態系サービスの流れとそれに付随する財を将来にわたって保護できるためである。生態系は，人々に有用なサービスを提供する能力が低下すると，価値が低下する。例えば，湿地に水がなくなったり，沿岸のマングローブがエビの養殖場に転換されたりすると，人々は湿地やマングローブが提供する水の濾過による恩恵を失う。

　ミレニアム生態系評価に基づき，生態系サービスは以下の 4 グループに分類される。

・食料生産などの供給サービス
・良好な水質の維持などの調整サービス
・哺乳類や鳥類の生息地の提供などの基盤サービス
・景観に関わる価値観などの文化的サービス

　表 4.1 は，英国の 1 つの生態系（湿地と原生地）の生態系サービスの流れの例示的な分類を，英国の国家生態系評価に基づいて示している。これらのサービスの流れのいずれかの実際の変化または予測される変化は，その限界的な経済価値と掛け合わせることによって，経済的費用または便益の観点から表現することができる。例えば，湿地の劣化が炭素の純損失につながる場合，隔離さ

＊3　www.uknea.unep-wcmc.org 参照。

表 4.1　英国の湿原と原生地から得られる生態系サービス

供給サービス	食料供給 - 家畜と作物
	・ヒツジと一部の肉用牛の畜産物
	食料供給 - シカと猟鳥
	・シカやライチョウの肉を含む野生の収穫物
	羊毛からの繊維
	ハチミツやウイスキーなどの伝統的な生活用品
	燃料用および園芸用の泥炭抽出
	家庭用および工業用淡水供給代替エネルギー供給
	・風力エネルギー計画の機会
	・淡水圏の生息地における水力エネルギーのための水の流れ発生
調整サービス	気候調整：
	炭素貯蔵：植物・土壌の炭素貯蔵の維持
	・炭素隔離の可能性
	自然・災害規制：
	・洪水リスク緩和の可能性
	・森林火災リスク軽減のための機会
	汚染緩和：
	・植物や土壌による大気汚染物質の遮断・貯留
	・粒子状物質と pH 緩衝の調節
	・下流域の汚染物質の高地からの水による希釈
	疾病制御：
	・ダニによる病気の伝播
	・水系細菌（例：クリプトスポリジウム）の疾病制御

れた炭素 1 トンの価値の 1 尺度を用いることで，この損失は欧州連合（EU）排出量取引制度の CO_2 排出権価格を用いて評価できる。湿地の損失が集水域の下流の水質の低下を意味する場合は，顧客に供給する水を浄化するための水道会社の追加費用を考慮することで評価することができる。湿地が森林に取って代わられた場合，失われたヒツジの生産量は，子ヒツジを販売することで得られる利益を使って評価することができる。

　生態系サービスを評価するというこの考え方は，環境便益をさらに分類するシステムと関連している。一例を挙げれば，湿地は鳥類にとって重要であるだけでなく，魚類や貝類の養殖場として，また自然の汚染をコントロールする機能も果たしている。この湿地の総合的な経済価値をどのように記述することができるだろうか（図 4. 4）。

　まず，私たちが直接的便益と呼んできたもの，すなわち効用の直接的な源について考えてみよう。例えば，湿地の恩恵を受けている人の中には，バードウォッチングやカモ狩りなど，湿地を自分たちにとって価値あるものにする活動に参加している人がいる。このような便益は，それを享受するために実際の

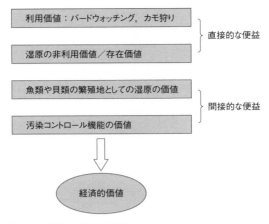

図 4.4　湿地の総経済価値

参加を必要とするため，しばしば利用価値として知られている。利用価値は，消費（狩猟）または，消費しないもの（バードウォッチング）を伴うかもしれない。しかし，実際に湿地を訪れる人以外にも，湿地が保全されていることを知っているだけで得られる効用という観点で，恩恵を受けている。このような便益は，非利用価値または存在価値として知られている。これらの人々は利己的な理由，もしくは同世代の他のメンバーや将来世代のためといった利他的な理由，いずれかによって動機を与えられているかもしれない。米国のグランドキャニオンやオーストラリアのカカドゥ国立公園など，他に類を見ないかけがえのない自然資産の存在価値は，特に高くなる。

　利用価値と存在価値の合計は，湿地を保全することの直接的な便益を足し合わせたものである。湿地が魚類や貝類の生息地として果たす役割は，湿地が魚類や貝類の個体群に与える影響の生物学的モデルを推定し，これらの種の経済的（商業的）価値を調べることで評価できる。これらの経済的価値の変化，つまりは湿地のある変化に紐づく消費者余剰および生産者の利益の増減によって計算することができる[*4]。最後に，湿地の汚染防止機能は，汚染被害を回避すること（例えば，サンゴ礁漁業により引き起こされた淀みや富栄養化を回避すること）の価値，もしくは湿地が現在担っている役割を代替するために必要となる汚染防止費用を用いて評価できる。回避された汚染または汚染制御費用と商

業的漁業価値の合計は，湿地を保存する間接的な便益を与える。湿地の直接的および間接的な便益を加えることで，湿地の総合的な経済的価値が得られる。

4.3　環境価値の評価方法

　この節では，上記で説明した価値の概念を用いて，環境変化の経済的価値を推定するための様々なアプローチを検討する。また，「便益移転」の問題についても検討する。この章で説明したすべての方法の詳細については，Hanley and Barbier（2009）を参照されたい。

4.3.1　評価方法の概要

　市場に現れない環境財の経済価値を実証的に推定するにはどうすればよいのだろうか。経済学におけるすべての環境価値は，直接的または間接的に，効用に対する効果にまで遡る。環境価値評価手法には多くの分類方法がある。1 つの有用な分類方法は，手法を以下の 3 グループに区分する。

　①表明選好法

　②顕示選好法

　③生産関数アプローチ

　表明選好法と顕示選好法は，環境の効用に対する直接的な影響に焦点を当てている。生産関数アプローチは投入としての環境に焦点を当てる。生態系サービスの流れの変化について評価する場合には，これらすべてのアプローチを用いることができる。

　表明選好アプローチには以下が含まれる。

　・仮想評価法（CVM）

　・選択型実験

　この 2 つの方法は，経済学者が一般の人々（国民の一部，例えば国立公園の利用者）に，環境の質の仮想的な変化に対する支払意思額（WTP）や受入補

　＊4　第 2 章で説明したように，消費者余剰は，何かに対して支払う意思のある最大金額と実際に支払う金額との差である。市場で取引される財では，需要曲線の下で均衡価格より上の領域である。

償額（WTA）について尋ねる調査であるという共通の特徴を持っている。Johnston et al.（2017）は，政策評価における表明選好法の応用に関する「最も実践的な」ガイドラインをまとめている。

4.3.2　仮想評価法（CVM）

　仮想評価法（CVM）は 1960 年代初期に考案され，1970 年代半ばに広く用いられるようになった。1989 年に Mitchell and Carson の著書『Using Surveys to Value Public Goods』が出版されたことは，この手法の開発における画期的な出来事であった。1995 年までに Richard Carson は 2000 件以上の CVM に関する刊行済み論文を確認している。Hanley and Czajkowski（2019）は，それ以来その利用がいかに増え続けているかを示している。それ以来，CVM は世界中の多くの場面で適用されており，公共政策設計の重要な疑問に答える一助となっている。原理的にはこの手法は単純である。多くの環境財の価格が存在しないのは市場が存在しないためであることを考えると，CVM はそのような市場が存在した場合にどのように行動するかを回答者に尋ねる。例えば，CVM 調査では次のように質問を行う。

　　「あなたの地元の川の水質を改善する唯一の方法は，住民が追加の税金を払うことに同意した場合だとします。あなたは年間 25 ポンドの追加払いを求められた場合，これらの水質改善を進めることに同意しますか」

　回答者は，理想的には関連する母集団の無作為サンプルにより選ばれる。それは状況によって，一般市民，地域住民，レクリエーション地域の訪問者などで構成される可能性がある。CVM に関する重要な点は，回答者は明確に特定された仮想的な環境の変化に対し，支払意思額（もしくは受入補償額）を示すよう求められることである。つまり，その回答は，この仮想的な市場の下で，価値のついていなかったものに価値をつけるという変化に対し，どのように支払うのかということである。

　CVM アンケートには，主な設計上の特徴がいくつか存在する。

・人々には，現在自分たちがお金を払っているとは考えていないことに対し，支払いを求めれるかもしれない理由を伝えなければならない。例え

ば，CVM の目的が河川環境の改善による便益推定であるならば，よりよい下水処理への投資に資金を提供するために，地方税の追加徴収が必要だと求められるかもしれない。また，それが政策決定の情報提供に使われるなど自分たちの回答が何らかの意味で重要であると考えなければならない。

・信頼性があり，議論の余地のない支払方法が使われなければならない。支払方法とは，回答者が仮想的な市場で支払う手段のことである（上記の例では地方税）。支払方法は，回答者が実際に適用できると感じているという意味で信頼できるものでなければならない。例えば，アクセスポイントの多い大規模な原生地の価値を考えた場合，支払方法として入域料を設定したとしても，人々がそれを強制することは不可能であると考えたり，それが導入されることを考えた場合，あまりにも政治的に不評であると思われるなら，支払方法として入域料を指定することには信憑性がないだろう。

・回答者は，十分な情報に基づいて判断を下すことができるように，環境便益とその仮想市場に関する十分で偏りのない情報が与えられるべきである。もちろん，どれだけの情報が「適切」なのかを特定するのは困難である。環境に配慮した様々な製品についてどれだけ知っているかは，その人次第である（LaRiviere et al. 2014）。

・支払意思額／受入補償額の質問をどのようにするか決める必要がある。これは，「自由回答形式」（あなたの最大支払意思額は？）。また，回答者が一連の金額を提示され，それらに対して最大支払意思額／最小受入補償額を回答する「支払いカード形式」として実施することもできる。加えて，二項選択形式として，入札価格として提示された金額に対し，支払意思もしくは受入意思があるかどうかを尋ねる方法がある。この入札価格は個人によって異なり，各人はそれぞれ異なる金額に対して，「はい」または「いいえ」の回答が求められる。二項選択アプローチの改善されたものは，最初に提示された金額に対して「いいえ」と答えた人々に，より低い価格を支払う意思があるかどうかを尋ね，最初に提示された金額に対して「はい」と答えた人々に，より高い金額を支払う意思があるかどうかを尋ねる形式である。これは二段階二項選択として知られている。これらの選択形

式には，長所と短所がある。

・「抵抗回答」を特定するべきである。支払意思額を尋ねると，回答者の一定割合はゼロと回答する可能性が高い。一部の人々にとっては，自分の効用に影響がないため，その財に価値を見出せないからである。もし筆者が関心のない野生動物の保護のために支払意思額を尋ねられたら，私はそれにゼロの価値をおき，支払意思額としてゼロを記載するだろう。あるいは，お金に余裕がないので，1 円も支払うつもりはないと言うかもしれない。どちらのタイプの回答も「真のゼロ」と呼ばれる。しかし，たとえ野生動物のことを気にしているとしても，このような質問をされることに抵抗を感じるから，あるいは，仮想的な市場が信頼できるとは思わないから，私はゼロを提示するかもしれない。通常，抵抗回答を提示した人は，分析を進める前に，真のゼロを提示した人からも正の支払意思額を有する人からも除外される。

・多くの調査には，回答者が質問をどれだけ理解していたか，回答者が何のために支払うもしくは補償を受けると思っていたのか，調査をどの程度信頼できると思っていたか，回答に対してどの程度確信を持っているか，を分析することを目的とした事後報告的な質問が含まれる。人々はしばしば，価値がある環境についてどれだけ馴染みがあるかを明らかにするためにデザインされた質問を受ける。例えば，どれくらいの頻度でビーチや森を訪れているかが尋ねられる。

　CVM に関する研究はフォーカス・グループ・セッションを実施することから始まる。ここでは調査を開始する前に，少人数のグループに分かれて，異なるシナリオ，支払方法，一連の情報，および質問形式について，研究者によってテストされる。調査は，インターネット，郵便，電話，または対面インタビューによって実施される。十分なサンプルが収集されると，個々の回答を使用して，サンプルから支払意思額／受入補償額の平均値または中央値が計算される（抵抗回答はいったん除外される）。この標本平均を母集団平均／中央値に集約することができる。回帰分析を用いて，教育，財に関する経験，収入など，支払意思額の回答に影響を与えると考えられる変数を考慮した付け値曲線分析を行うことができる。これを行う目的は，①サンプル全体の支払意思額の変動のうち，どの程度が説明できるか（そしてどの程度が説明できないか）を

確認し，②関心のある変数の符号が，我々が持っているような先験的な予想と一致しているかどうかを調べることである。例えば，所得は支払意思額と正の関係にあると予想され，高所得は概して，他のことが一定であるとすれば，より高い支払意思額を意味する（Jacobsen and Hanley 2009）。

　CVM がこれほど広く使われている事実は，それが方法としていくつかの利点を有していることを意味している。これらの中で主なものは以下の通りである。

①　地球規模の生物多様性の保全から，都市の大気環境の改善や地域の湿地保護に至るまで，非常に広い範囲で適応可能な一般化できる方法であるため。

②　利用価値と非利用価値の両方を測定することが可能であるため。多くの場合において，非利用価値（存在価値）が重要であることが分かっている。また，CVM のアンケート票は，例えば，人々がなぜ特定の環境財を評価するのか，環境財の供給を取り巻く不確実性が変化した場合にその評価がどのように変化するかについて，研究者が考察できるよう調査を設計することもできる。

4.3.3　仮想評価法に対する批判

　しかし，CVM には多くの批判もある。ここでは一般的なものの中から 3 つの問題に焦点を当てる。第 1 に，CVM は人々がすると言ったことを測定するが，それは人々が実際にすることとは異なるかもしれないということである。表明された支払意思額は，いくつかの理由により，実際の真の支払意思額よりも大きくなったり小さくなったりする可能性がある。回答者は，自分の回答が実際に請求される金額に影響すると考えて，自分の支払意思額を控えめに申告し，ただ乗りする可能性がある。あるいは，自分の回答は請求される金額と関係ないが，環境変化が起こる可能性と結びつくかもしれないと考えた場合，効用を高める環境変化に対し，支払意思額を実際よりも高く主張するかもしれない。

　このような仮想的な市場バイアスを検証することは，多くの環境財にとってやや困難である。なぜなら，経済学者がそもそも CVM を使おうとするのは，そのような財の市場（および市場価格）が存在しないからである。研究によれば，仮想的な支払意思額が実際の支払意思額よりも大きい，もしくは小さいと

いう程度は，CVM の設問におけるデザインに依存している。特に，支払いの質問がどのように行われるか，および回答がどのような「結果」を導くと人々が考えるかに依存している。最近の洞察の１つは，仮想評価法を「勧告的な国民投票」として形成するものである。つまり，回答者はその調査が意思決定の参考になると聞いているが，制度や政策の費用は現時点で不明であるといわれている（Vossler 2018）。別の研究者は，回答者が自身の支払意思額に対する表明がどれだけ確かなものであるか選別することで仮想的な市場の偏りを減らすのに役立つことを示した。

　CVM に対するもう１つの批判は，それが提示されている環境財の総量に影響されない支払意思額を推定していることである。これは「スコープ」問題と呼ばれる。オンタリオ州の１つの湖を外来種から守るために払うという金額が，オンタリオ州のすべての湖を守るために払う金額とほぼ同じであるという理由の１つは，支払意思額は実際には「温情効果（ワーム・グロー）」と呼ばれる幸せを感じる要因によって動機付けられた象徴的な数字であるということである。スコープ・テストの結果として注目されていることは，同じ財の量を変えた支払意思額を計測することである（Heberlein et al. 2005）。例えば，同じ母集団の異なるサブサンプルに対し，100ha，500ha，1000ha の森林を伐採から保護するための支払意思額を尋ね，支払意思額が保護される森林の面積によって異なるかどうかを調べるために統計的検定を実施する。

　第３に，CVM の結果は，回答者に提供する情報に依存しており，回答者に自分とは関わりのない作業を依頼しているという批判である。多くの場合，対象となる母集団は研究されている環境資源についてまったく知らされていないかもしれない。つまり，深海のようにほとんど知らない生態系の保全対策について，有益な支払意思額の値を示すことは期待できない。不明確な種の個体群を保護する政策が評価されると仮定しよう。我々は，人々がこの種にどのような価値をおいているのか知りたいと考えているが，多くの人々はこれまでにこの種のことを聞いたことがないと予想している。調査を成功させるために研究者は，回答者に，この種，それに対する脅威，そしてその脅威を回避するために何ができるかを伝える必要がある。しかし，これは調査を実施する過程で回答者の知識を変化させる。つまり，CVM 調査を実施することで，我々は評価したい選好を変えているのかもしれない。調査の一部として提供される情報の

様々な種類と量は，部分的に人々がすでに環境財について知っていることに依存しているが，表明された支払意思額に大きな影響を与えるかもしれない。

キーコンセプト　4.1

選択型実験における仮想バイアス

　本文で指摘したように，選択型実験手法における懸念は，この手法によって得られた支払意思額の推定値が，仮想的な市場によるバイアスの影響をどの程度受けるかである（Murphy et al. 2005）。Ready, Champ and Lawson（2010）はこの問題について仮想的な支払いと実際の支払いの両方を用いた選択型実験を行うことで調べている。彼らの応用は，人々がどのように環境財を評価しているかということに対する不確実性が，仮想的な市場におけるバイアスの程度を説明するのにどの程度役立つのかということに関係している。

　ペンシルベニア州立大学の学生を被験者とする選択型実験を実施した。評価された財は Centre Wildlife Care（CWC）と呼ばれる傷ついた野生動物の救助プログラムであった。支払手段は CWC への寄付である。CWC は全額寄付で賄われている。デザインの属性は以下の通りである。

　・救助が哺乳類，鳥類，カメに焦点を当てているか
　・救助の対象の動物が一般種か希少種か
　・救助した後，その動物を野生に戻すことができるか

　回答者が「寄付しない」オプションを選択した場合，動物のリハビリを受け入れる資金がないので，動物を追い返す必要があることを告げた。4 つの選択肢をそれぞれ選択した後，回答者にはそれぞれの選択肢についてどの程度確信を持っているか尋ねた。寄付が純粋に仮想的なものなのか，実際のものなのかに応じて，2 種類の実験が行われた（つまり，回答者はセッション終了時に寄付すると言った金額を渡さなければならなかった）。

　約 249 件の調査が完了した。仮想的な支払いに関する平均的な支払意思額は約 5 ドル，実際の支払いに関する平均的な支払意思額は約 1.70 ドルであった。しかし，結果はまた，実際の行動とは著しく異なる仮説的な回答をした回答者は，自分の選択に対する不確実性レベルが高いと述べる傾向にあることも示した。このことは，人々に選択についてどの程度確信があるかを尋ね，その後，あまり確信がない人々を除外することによって，選択型実験における仮想市場バイアスを減らすことができる可能性を示唆している。

　仮定的なシナリオで支払オプションを選択した個人を，指定した閾値よりも

高い不確実性レベルで再分類し，回答を較正すると，仮定的な支払いの場合の平均支払意思額と実際の支払いの場合の平均支払意思額との違いは取るに足らないという結果が示された（較正済みの仮想的な支払意思額：1.71ドル，実際の支払意思額：1.68ドル）。

4.3.4　選択型実験

　選択型実験（choice experiment：CE）[5]は，環境財に対する需要がどのようにすれば最もよく表現されるかについて，価値の特性理論として知られる特別な見方を採用している。これは，例えば，森林の価値はその森林の特性や属性によって最もよく説明できることを示している。森林が異なれば属性の「集合体」も異なっており，人々が価値を置くのはこの集合体なのである。さらに，特定の森林の価値は，その森林の各属性の価値に分解できる。この方法はランダム効用理論にも基づいている。このことは，人々の異なる商品間の選択は，2つの要素からなる効用関数に基づいて考えることができることを示している。第1は決定論的であり，人々が選択しているものの観察可能な属性の関数であり，選択している人の観察可能な特性を与えられる（例えば年齢）。効用関数の第2の部分は確率論的，またはランダムである。これは選択しようとしている側の不確実性（例えば，自分が何が一番好きかよく分からない），もしくは研究者側が人々の選択に与える要因のすべてを観察／測定できないものがあることを示している。

　属性の異なる集合体をめぐる人々の選択を観察することで，研究者は，①どの属性が彼らの選択に大きく影響するか，②価格や費用が属性の1つとして含まれていると仮定すると，彼らは他の属性の増加に対して何を支払う意思があるか，③複数の属性を同時に変更した政策に対し，何を支払う意思があるか，を推論できる。

　選択型実験は，環境価値を推定するツールとしてますます一般的になっている（Hoyos 2010; Hanley and Czajkowski 2019）。政策立案者は，選択型実験に大きな利点があると考えている。つまり，選択型実験は広範囲にわたる政策変

---

　[5]　選択モデリングまたは離散選択分析と呼ばれることもある。

表 4.2　オーストラリアの湿地を評価するための選択型実験

	管理案 A	管理案 B	管理案 C （現状維持／現状から変化なし）
湿地の保全	1000ha	800ha	700ha
鳥類の保全（種数）	40	30	25
保護される農業の仕事	15	16	20
次の 5 年間で各家庭あたりに 増える地方税負担	＄30／hsld	＄15／hsld	＄0hsld

　更の便益を測定することができる。Birol and Koundouri（2008）と Hanley et al.（2015）は，政策プロセスにおいて選択型実験がどのように利用されたかについて，いくつかの例を挙げている。選択型実験の有用な指針については，Hensher et al.（2005）を参照されたい。

　選択型実験では，研究者はまず，問題となっている環境便益を記述するのに適した主な属性を特定する。これは，フォーカス・グループを用いて，政策立案者，資源管理者，行政官から，環境便益のどの側面が管理の選択に関連しているかを聞き出すことによって行われる。河川の場合，属性としては河川内の生態学的品質，流量，および河岸の状態が考えられる。国立公園管理の問題では，ガイド付きの散策機会の提供，保護区の設定，交通管理，および農業地域の管理である。研究者が経済的価値（望ましい属性の変化に対する支払意思額，または望ましくない属性の増加に対する受入補償額）の測定に選択型実験を使用したい場合，価格や費用の属性も含まれている必要がある。河川の水質であれば地域の上下水道料金，国立公園であれば観光税や駐車料金が該当する。研究者は，選択した属性が，①調査対象となる母集団の選好に関連する可能性が高く，②環境管理者によって変更できる可能性が高いことを確認する必要がある。

　次に，実験計画法の原則に従って，これらの属性の異なる集合体を組み合わせる。集合体は多くの場合，選択肢の中でペアになって配置され，回答者はそれらと現状維持または基準となる選択肢から選択するように求められる。提示された選択カードの組み合わせは「選択セット・カード」として知られている。一般的に，各個人は 4〜8 枚の選択肢カードに答えることができる。例えば，Morrison et al.（2002）は，オーストラリアの湿地保護に便益を見出している。各回答者は，表 4.2 に示されている選択肢カードのような異なる湿地管

理オプションのペアの中から，最も望ましい代替案を選択するように求められた（これは原文から少し修正されている）。

　アンケート票は，前項で説明した仮想評価法と同様に，設計，事前調査，そして実施の順で行われる。仮想市場の記述についても同様の要件が存在する。

　アンケート調査が完了すると，研究者は個人がどの選択肢（オプション A，オプション B，現状）を選択したかというデータを得ることができ，各選択肢と各属性において選択したレベルを関連付けることができる。このようにして，選択は価格を含む属性レベルと統計的に関連付けることができる。このような選択をモデル化する 1 つの方法として条件付ロジットモデルを使用する。個人 i がこのように特定の選択肢 A を選択した確率は次のように書くことができる。

$$P_i(choose A) = \frac{\exp(\mu V_{iA})}{\sum_i \exp(\mu V_{ij})} \tag{4.1}$$

　ここで，V は効用の「観測可能な」部分，μ は選択モデルの誤差の分散を示す「スケール・パラメータ」，J は A の代わりに個人が選択できる他のすべての選択肢である。典型的な仮定は，V は財（および他の選択肢）の属性に関する線形関数である。

$$V = \alpha + \beta_1 X_1 + \beta_2 X_2 + \cdots\cdots \beta_n X_n + \beta_c C \tag{4.2}$$

　そして，各属性 X_1, X_2……について，モデルは各属性のレベル変化の効用に対する効果を示す β の値を推定する。β_1 は，属性 X_1 の変化の効用に与える影響を示す。モデルはまた，パラメータ β_c を推定し，これはオプションの価格または費用の変化（増加または減少）がそのオプションを選択する可能性に与える影響を示す。このような推定には STATA，R，NLOGIT などのソフトウェアパッケージを使用することができる。β の値を知ることは興味深い。属性が増加または減少したときに効用がどの程度増加または減少するのかを知ることができる（スケール・パラメータによって緩和されるが）。これらの値は，人々が各属性の増加を好むか，または減少を好むかを示すものである。これら

の属性が統計的に有意であるかどうかは，コンピュータ出力の *prob* またはt
統計値を見ることで確認できる。

　選択型実験の次のステップは，すでに論じた β の値に基づいて，支払意思額
の推定値を計算することである。β の値は属性の変化の効用への影響を示すが，
費用便益分析には支払意思額の測定が必要である。属性の限界的な変化に関
し，支払意思額は属性 X_1 に対して次のように与えられる。

$$IP_{x1} = \beta_{x1} / \beta_c \tag{4.3}$$

　（価格以外の！）任意の属性のこの値は潜在的な価格（式（4.3）の *IP* と呼
ばれる。例えば，表4.2の属性の1つは，保全されている鳥の種数であった。
この属性の β の値を税の増加を示す β の値で割ると，保全されている鳥の種数
を1種類増やすために，サンプルの中の人々の平均的な支払意思額が示され
る。しかし，多くの場合，属性の複数の変化に価値をつけたいと考える。例え
ば，湿地保全に関する新しい政策は，保全されている面積（ラベル A の下），
保全されている鳥類の種数（ラベル B），そしてラベル R で示されるレクリ
エーション用の歩道の提供を変えることができる。このための費用は属性 *c* と
して示される，地方税の増加として捉えられる。この一連の属性の変化に対す
る平均的な支払意思額は以下の式（4.4）（4.5）および（4.6）を使用して計算
することができる。

$$CS = -1 / \beta_c (V_1 - V_0) \tag{4.4}$$

$$V_0 = \alpha + \beta_A A_0 + \beta_B B_0 + \beta_R R_0 \tag{4.5}$$

$$V_1 = \alpha + \beta_A A_1 + \beta_B B_1 + \beta_R R_1 \tag{4.6}$$

　これは少し複雑に見えるかもしれないが，簡単なことで，（4.1）の選択モデ
ルから推定値が得られれば，表計算ソフトを使って計算することができる。式
（4.4）によれば，湿地保全の改善による補償余剰（*CS*），つまりこの一連の変

化に対する平均的な人々の支払意思額は，改善が行われる前の（測定可能な）効用 V_o と，変化後の測定可能な効用 V_1 との差によって与えられ，税金または価格属性 β_c の係数を使用して貨幣単位に換算されている。

　次に，「事前」「事後」の場合の効用は，各場合の属性レベルごとに設定され（つまり，事前の場合は A_0，B_0，R_0，事後の場合は A_1，B_1，R_1 で設定され），属性係数が乗じられ，α という項が含まれる。

　これは式（4.2）の定数であり，通常は固有定数項（ASC: Alternative Specific Constant）と呼ばれる。これは，属性によって取得される値とは無関係に人々が現状のままでいること，または現状から離れることのいずれかから得られる効用を示している（それが正か負かに依存する）。現状維持の効用を固定し，属性レベルを変化させることで，デザイン上，可能な限り多くの属性とレベルの組み合わせ，つまり広範囲の政策成果に対し，補償余剰を求めることができる。

4.3.5　選択型実験に対する批判

選好の多様性の考慮

　上記で述べた選択型実験の標準的なアプローチにはコメントを要する重要な特徴が1つある。条件付ロジットモデルを使用して，人々が行う選択を表す場合，サンプル内の各人がデザインで用いられたそれぞれの属性に対して，同じ価値を有するものと仮定している。これは，属性 X_1 が増加した場合のジョーにとっての限界効用 β_1 が，ジェーンの限界効用と同じであることを意味している。また，属性 X_2 が増加した場合のジョーの限界効用 β_2 はジェーンの限界効用と同じである。これは，式（4.2）で，β_1 の値と β_2 の値をそれぞれ1つずつしか推定してないからである。しかし，同じ属性に対して人々は異なる関心を有しているかもしれない。選択型実験を行う実務者たちは，そのような選好の不均一性をモデル化する代替的な方法を探してきた。これには，混合（またはランダム・パラメーター）ロジットモデルや潜在クラスモデルが含まれる。この問題を解決するための異なるアプローチの例については，Hynes et al.（2013）を参照されたい。また，我々は選択の変動を説明するスケールの変動（誤差分散）がどの程度のものであるかを調べることもできる。

実験デザインの課題

　選択型実験をデザインすることは，ほぼ芸術の域に達している。膨大な数の問題に対し，決断を下す必要がある。

① 　どの属性を含めるか

② 　これらを回答者にどう説明するか

③ 　各属性にどのようなレベルを使用するか

④ 　どのような価格もしくは費用を用いるか

⑤ 　選択セットにおいて，どのように属性とレベルを組み合わせるか

⑥ 　各回答者はいくつの選択肢カードを処理できるか

　人々の選択と価値を解明できるという選択型実験の全体的な成功は，上記のデザインに依存する。これらの問題を調査した多くの論文が存在するが，その大部分はこの方法の環境分野以外での応用事例である（例えば，交通，マーケティングそして健康）。そこで得られた知見は Hensher et al.（2005）のような選択型実験の教科書で見ることができる。実験計画に関して広く引用されているもう 1 つの資料は Scarpa and Rose（2008）である。

仮想市場バイアス

　選択型実験と仮想評価法のもう 1 つの類似点は，仮想的な市場における反応は，回答者が実際の市場でどのように行動するかについて，ほとんど教えてくれない可能性があるという点である。この問題は，①仮想の選択が実際の選択をどれだけ適切に予測するか，②仮想の選択から予測された支払意思額が実際の市場における支払意思額にどれだけ近いか，という点において，実際の応答と仮想的な応答を比較する試みが選択型実験の文献で扱われてきた。選択型実験の実務者が直面している問題は，CVM の分析者が直面している問題と同じである。ほとんどの環境財は，実際の市場価格を観測することができない。しかし，実際の選択と仮想的な選択を比較したいくつかの知見が存在する。List et al.（2006）によって提示された証拠は，2 つの選択型実験において，実際のシナリオと仮想のシナリオの比較に基づいている。彼らは，2 つのテストが興味を引くものであると主張している。仮想的な選択型実験は湿原保全に対し人々が実際に支払う金額よりも過剰に表明するのか，そして，実際の選択肢と仮想的な選択肢の間で使われた属性の限界的な値にどのような違いがあるのだ

ろうか。その研究は，仮想的な支払意思額と実際の支払意思額の間には統計的に有意な差が認められたが，属性の限界的な値には違いがないことを示した。Ready et al.（2010）もこの問題を検討しており，その結果はキーコンセプト 4.1 で議論した。Vossler et al.（2012）の最近の研究では，調査に参加した人々が，回答がどのような結果を導くと考えているかが重要であることと，回答者が他の回答者とは無関係に各選択肢カードを検討する必要性を示している（そうすれば，彼らの回答は特定の費用の下で，特定のオプションについての諮問投票における賛否の表明として再度捉えることができる）。

環境経済学の実践　4.1

海洋水質改善のための選択型実験

　過去 8 年間に，海洋環境の変化の価値を推定するための表明選好法による研究が増加している（概要については，Torres and Hanley（2017）を参照）。その 1 つを Tuhkanen et al.（2016）が報告している。彼らはエストニア沿岸の海洋環境における「複数のストレス要因」の削減による便益を評価するために選択型実験を行っている。複数のストレス要因という考え方は，生態系の質を低下させる多数の相互作用する環境負荷にさらされているバルト海の状況によく表れている（Solan and Whiteley 2015）。
これらの環境負荷には以下が含まれる。

　・富栄養化

　・有害物質

　・海上輸送

　・乱獲

　・外来種

　Tuhkanen らは，エストニアに居住する人々を無作為に抽出して選択型実験を実施した。この選択型実験では，4 つの環境負荷を属性として含むとともに，その環境負荷を緩和するための管理と政策の変更に関して市民が負担する費用を含んでいる。設計に使用される属性とレベルを次の表に示す。ここで，「GES」は良好な環境状態（Good Environmental Status）の略で，海洋戦略枠組み指令（Marine Strategy Framework Directive）の下で設定された目標である。

　使用した選択カードは次の 3 通り（選択肢 A, B, 追加アクションなし）である。

問題		選択肢 A	選択肢 B	追加アクション なし
石油や化学物質による大規模な汚染	海水の大規模な汚染事例	まれに	しばしば	非常に頻繁に
	汚染が海岸に達する確率	低い	非常に高い	非常に高い
富栄養化によるレクリエーションのための水質		貧しい	適度な	貧しい
新たな外来種の侵入		しばしば	例外的に	しばしば
世帯の年間費用（ユーロ）		10	20	0

・選択肢 A
・選択肢 B
・追加アクションなし

　このように，2つの属性は石油汚染に関係している。

表　バルト海研究の属性とレベル

属性	レベル	説明
FLS：大規模流出の頻度	まれに	300 年に 1 回
	ときどき	150 年に 1 回
	しばしば	10 年に 1 回
	頻繁に	2 年に 1 回以上
PRS：岸に達する確率	低い	25%
	平均	50%
	高い	75%
	とても高い	99%
WQ：水質	良い	水が濁っていることはまれ（平均的な）水の透明度は，ペルヌ湾 −2m 未満，タリン湾 −5m，フィンランド湾の開放部 −6m。大嵐の後，藻類は陸に上がる
	普通	2〜3 年おきに夏は水が濁っている（平均的な）水の透明度はペルヌ湾 −1.5m 未満，タリン湾 −4m，フィンランド湾の開放部 −5m。2〜3 年おきに夏は少量の藻類が陸に上がる
	悪い	毎年，夏は水が濁っている（平均的な）水の透明度はペルヌ湾 −1m 未満，タリン湾 −3m，フィンランド湾の開放部 −4m。毎夏，大量の藻類が陸に上がる
NIS：新しい非固有種	例外的に	50 年に 1 種類未満（平均的に）
	まれに	15〜20 年間で平均 1 種類
	しばしば	1.5 年間で平均 1 種類
回答者の家庭に対する追加費用	2, 5, 10, 20 ユーロ 0 ユーロ	

　　調査はインターネットパネルを用いて実施された。700 人の回答者のうち約 150 人は、海洋水質の改善を評価しないという以外の理由で、すべての選択肢で「追加措置なし」を選択した抵抗回答であった。下の表は、抵抗回答以外に基づいて得られた結果の一部を示したものである。

属性	改善に対する 平均支払意思額（ユーロ）	支払意思額の標準偏差 （ユーロ）
オイル汚染事故件数	3.29	4.47
オイル汚染が海岸に達する可能性	38.19	55.35
レクリエーション用水の「悪い」から「良い」への水質改善	14.77	16.26
外来種の侵入に関する「しばしば」から「まれに」への減少	8.9	13.01

　　標準偏差の数値は、ランダム・パラメータ（混合）ロジットモデルから来ており、支払意思額の値が平均値の周りにどのように分布しているかを示している。
　　エストニアに住む人々は、選択型実験で検討されているすべての改善から恩恵を受けることができ、特にバルト海沿岸にオイル流出が到達する機会の減少に対して高く評価している。このような便益の予測は、海の水質改善のための行動をどのように優先的に実施していくか、環境機関に指示するために使われる可能性がある。

人々はどのように選択するか？

　　本項の最後に、近年人々がどのように選択するかを分析する選択型実験に関心が集まっていることを述べる。特に、彼らが選択をする際にそれぞれの選択における属性のすべてを考え、完全に合理的に振る舞っているのかどうかに注目したい。なぜ人々はすべての属性を考慮しないのだろうか。おそらく、選択を単純化するため、あるいは、特定の属性を他の属性と交換する気がないことを示すためなのだろう。人々がどのように選択するかを知ることは、選択型実験から導き出すことのできる結論の重要な観点である（Erdem et al. 2015）。

4.3.6　顕示選好アプローチ

　　顕示選好（RP）アプローチでは、分析者は、関連する財の市場における行動を通じて、人々が環境財に置く価値を推論しようとする。顕示選好アプロー

チと表明選好アプローチの大きな違いは，顕示選好法では人々の意図ではなく実際の行動を利用している点である。このアプローチの意味するところは，顕示選好法は非利用価値の測定には使えないということである。我々は 2 つの主要な顕示選好アプローチについて議論する。それはヘドニック価格法とトラベルコスト法である。

4. 3. 7　ヘドニック価格法

　ヘドニック価格法（HPM）は選択型実験と同様に価値の特性理論に基づいている。人々は商品を属性の集合体として評価する。家であれば，寝室の数，家の築年数，庭の大きさ，車庫の有無が属性に含まれる。これらは，物件の敷地特性 Si を表す。また，買い手と売り手は，家がどこに位置しているか，すなわち，主要な雇用地域からどのくらい離れているか，地元の学校の質，およびその公共交通機関の選択肢を気にする。これらの近隣特性を Ni と呼ぶ。最後に，環境特性（Ei）も住宅価格に影響を与える。例えば，騒音レベル，大気環境，景観，緑地への近接性などが挙げられる（Daams et al. 2016）。

　ヘドニック価格法の基本的な前提は，人々の環境属性に対する評価は，住宅市場を通じてこれらの特性に支払う意思のある金額から推測できるということである。例えば，他の条件が同じなら，町の静かな場所にある家は，町の騒がしい場所にある同じような家よりも高く売れるかもしれない。もし私が安全と静けさを重視していた場合，このプレミアムを支払うだろう。売り手は自分の家を宣伝する際，安全と静けさが有益な特徴であることを知るだろう。買い手が任意の環境属性のために支払う最も高額なプレミアムは，買い手がその環境に置く最大の価値を示している。もしこれらのプレミアムが市場取引から特定されれば，住宅価格に関連する環境的属性（騒音など）の価値について何かを教えてくれるだろう。理想的には，研究者は家の買い手と売り手のやり取りを観察することによって，安全と静けさ，または大気環境に関する限界支払意思額関数を特定することができる。

　ヘドニック価格法は，Ei, Ni, Si のデータとともに，（通常はほとんどの場合）販売記録[6]から得られる住宅価格に関するデータを収集することによって実

＊6　物件の賃料に関する情報も使うことができる。

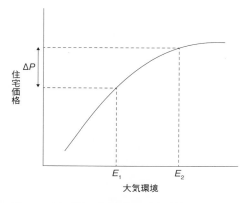

図 4.5　大気環境の改善に対する住宅市場の価値

施される。次に回帰分析を実施し，下記の方程式を推定する。

$$P_i = f(E_{i1} \cdots E_{im}, N_{i1} \cdots N_{in}, S_{i1} \cdots S_{iq}) \tag{4.7}$$

　ここで，m 個の環境属性，n 個の近隣属性，および q 個のサイト属性があり，Pi は i 番目の家の価格を示している。住宅価格に統計的に有意な効果があることが判明した属性については，「潜在価格（価格プレミアム）」を計算することができる。例えば，大気環境が 1 ％改善されると住宅価格が平均で 0.2 ％上昇することを示しているかもしれない。

　これを利用することで，住宅の買い手が大気環境の改善に対して，潜在的に有する支払意思額を算出することができる。住宅価格と連動した環境属性には，金銭的価値が設定されている。図 4.5 では，大気汚染のレベルが低下し，大気環境が改善すると，他の条件が同じであるにもかかわらず，住宅価格が上昇する。E_1 から E_2 への大気環境の改善を「買う」ためには，住宅の買い手は ΔP に相当する追加費用を支払わなければならない。例えば，Bayer et al.（2009）は，1990 年および 2000 年の米国の都市部 1 万世帯を対象に，住宅の立地選択と大気汚染の 1 つの指標である浮遊粒子状物質との関係を調査している。彼らは，平均して，大気汚染が 1 ％増加すると住宅価格が 0.63 ％下落することを発見し，所得の中央値と大気汚染レベルで評価した場合，家計は大気

環境を 1% 改善するために 1984 年に年間約 150 ドル（2016 年換算で約 340 ドル）を支払う意思があることを示した。

　ヘドニック価格法は，大気環境，騒音および廃棄物処分場の隣接性に関する潜在価格の変化を研究するために広く応用されてきた（Hanley and Barbier 2009）。

4.3.8　ヘドニック価格法に対する批判

- ・多くの環境財は住宅市場と連動していないため，ヘドニック価格法は機能しない。たとえ連動している財であっても，この方法は部分的な価値しか示さない。例えば，大気環境の改善は，都市への訪問者や通勤者，そこの住宅の所有者に便益をもたらすかもしれないが，この方法では住宅所有者の価値しか拾うことはできない。
- ・この方法は，住宅市場がかなり特殊な意味での均衡状態を仮定している。どの属性についても，住宅購入者は，それぞれの環境属性に関する限界価値を，これら属性の限界費用（潜在価格）と等しくすることができるような住宅を探すことができるということだ。さらに，引っ越しには費用がかかるため，分析者は世帯がどのように居住地を選択するか分析する際には，こうした費用も考慮に入れるべきである（Bayer et al. 2009）。
- ・経済学者は，すべての買い手と売り手が，調査対象地域全体で環境属性が空間的にどのように変化するかについて，十分に知識を有しているものと仮定している。
- ・住宅購入は投資であり，人々は比較的長い期間，資本利得が得られることを期待して購入することが多い。住宅に対する最大支払意思額は，現在の環境属性のレベルだけでなく，住宅を所有すると予想される期間中に環境属性のレベルが変化するかどうかにも左右される。
- ・不動産市場は，それぞれにヘドニック価格関数を持つサブ・マーケットに細分化されている可能性があり，この細分化がどのようなものであるかを見極めるのが研究者にとって難しい課題となっている。

　環境経済学の実践 4.2 は，騒音低減の評価にヘドニック価格法を適用した例を示している。

環境経済学の実践 4.2
騒音外部性のヘドニック価格測定

　都市部の騒音は，何百万人もの人々にとって永続的かつ増加している問題である。騒音を減らすための対策がとられているが，これらの対策は社会に負担をかけている。問題は，騒音低減戦略から得られる便益がその費用を正当化できるかどうかである。Day, Bateman and Lake et al.（2007）は，英国バーミンガムにおける都市騒音レベル削減から得られる便益をヘドニック価格法で推定した。

　この調査は，英国運輸省が交通システム投資のために行っている評価方法の情報提供に用いられた。データは，1997年の住宅販売1万848件と各販売住宅のサイト属性（延床面積など）が収集された。GISを使用して，異なるアメニティと非アメニティ（埋立地など），双方への歩行時間，そして地域の学校の質を測定する変数を構築した。

　その後，デジタル騒音マップを使用して，道路，鉄道，航空機の騒音に対する各不動産の曝露状況をまとめた。さらに，世帯の富，地域の民族性，年齢および子どものいる家庭の数を測定し，近隣変数を集めた。

　データの中では，所得，不動産規模，地区の民族性，子どもの数に基づいて，8つの異なる市場区分が特定された。

　これらのセグメントついて，個別のヘドニック価格モデルが推定された。道路騒音は全8セグメントの約半分で住宅価格に有意に影響していたが，航空機騒音は2セグメントでのみ有意に影響していた。

　基準となる56デシベル（db）を超える道路や鉄道の騒音が1db増加した場合，次の結果を示すことができる。

道路騒音の変化	年間便益（1997年ポンド）；およその平均値（95%信頼区間）
55 → 56db	31（24〜52）
60 → 61db	43（33〜75）
65 → 66db	55（41〜99）
70 → 71db	67（59〜123）

鉄道騒音の変化	年間便益（1997 年ポンド）；およその平均値（95％信頼区間）
55 → 56db	83（43～461）
60 → 61db	94（49～519）
65 → 66db	106（55～580）
70 → 71db	117（61～654）

　鉄道騒音の増加の費用は，同等の道路騒音の増加の費用よりも高いことに注意されたい。また，1db の増加の経済的費用は，基準値が大きいほど高くなる。本論文は，ヘドニック価格モデルがいかに複雑であるかを示す優れた例である。

4.3.9　トラベルコスト法

　トラベルコスト法は最も古い環境価値評価手法である。この手法は，国立公園や森林における野外レクリエーションの計画と管理の文脈において米国で誕生した。日常的な野外レクリエーションは多くの人々にとって有用なものであり，そのようなレクリエーションはしばしば政府によって管理または規制されている地域で実施される。山歩き，カヤック，釣り，クライミング，クロスカントリースキー，ロッククライミングなどの活動は，いずれも過去 50 年間で参加者数が増加しており，今後はピクニックや犬の散歩などの日常的なレクリエーションとともに，土地管理の重要性が増していくと考えられる。しかし，このような活動の経済的価値はどのように測定できるのだろうか。クライマーにとって 1 日のロッククライミングの「価値」とは何だろうか。

　CVM のような表明選好アプローチは野外レクリエーションの機会やそのような機会の変化に対する支払意思額の推定に集中的に使用されてきた（例えば，レクリエーション・フィッシングにおける水質改善など）。しかし，別のアプローチとして，トラベルコスト法を用いることがある。これは，このようなレクリエーション活動に参加するためには支出が必要であるという観察に基づいている。この支出には，レクリエーション・サイトへの移動に費やされた時間とお金が含まれている（時間を支出として語るのは奇妙に見えるかもしれないが，時間は誰にとっても希少であり，希少な時間を使い切ることには機会費用が

かかる）。個人は，旅行をすることで得られる効用の価値に見合った支出をしたいと考えるが，実際の支出は，その個人が支払おうとする最大金額よりも少ないだろう。

　例えば，スペイン北西部にあるピコス・デ・エウロパ国立公園を考えてみよう。ここは大西洋に近い山岳国立公園で，散策者や自然愛好家に人気がある。この地域における日常的なレクリエーションの価値を推定したいとしよう。訪問者が公園を訪れることで得られる効用よりも多くの費用を費やすことは，非合理的であり，どの個人にとっても，訪問にかかる総費用（時間＋距離）は，彼らが支払おうとする最大金額よりも小さくなる。この最大支払意思額が公園への訪問に対する価値と等しくなる。各個人は消費者余剰を享受しており，それは彼らが（1訪問当たりに）支払う最高額と実際に支払う額との差に等しい。訪問と旅行費用の関係を観察することで，レクリエーション愛好家が享受する価値（消費者余剰）を推測できる。

　基本的なトラベルコスト分析では，基本的な旅費の分析は以下のように行われる。国立公園の場合，訪問者を調査し，その訪問のためにどのくらいの距離を移動したか，過去12ヵ月間にどのくらいの頻度でその場所を訪れたかを尋ねる。また，この地域で他の類似した場所を何回訪れたか，収入，レクリエーションの経験，家族の人数などについて尋ねることもある。図4.6（a）では，個人の公園への訪問回数（V_i）と1回の訪問当たりの費用（C_i）の関係を示している。ここで，C_i は自宅から公園までの運転費用である。例えば，ビジター V_1 は1回の旅行につき25ユーロの費用をかけ，1年につき2回しか旅行しないが，ビジター V_2 は1回の旅行につき12ユーロの費用をかけ，6回旅行する。1000人の回答を集めることができれば，このような曲線を妥当な精度で推定することができるだろう。図4.6（a）の曲線は，そのサイトの需要曲線であり，どのような価格（旅費）において，どのくらいの頻度で旅行が行われるか示している。需要曲線の下の面積は総価値を示しているので，旅行費用曲線の下の面積から総価値，すなわち1回当たりの消費者余剰を測定することができる。

　図4.6（b）は，その方法を示している。サンプルから1人（ベゴーニャ）を選ぶとする。ベゴーニャは1回の旅行で18ユーロをかけ，V^* で示すように年に3回旅行する。彼女は1回の旅行から18ユーロ以上の価値を得ている。つまり，これは，彼女が消費者余剰を享受していることを意味する。

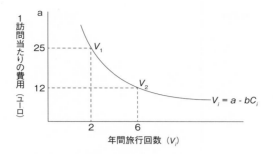

図 4.6（a）　訪問と旅費の関係

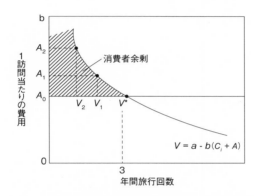

図 4.6（b）　訪問と費用の関係から導出される消費者余剰

　図 4.6（b）の訪問と旅費の平均的な関係を用いて，仮に公園に入場料が導入されたとして，ベゴーニャが負担する費用が増加した場合，彼女の旅行回数はどのようになるかを見ることができる。入場料が A_1 の場合，彼女の旅行回数は V_1 まで減り，A_2 の場合はさらに V_2 まで減る。この試行を繰り返すことで，V^* から始まり，(A_1, V_1) と (A_2, V_2) の点を通過する関数を導くことができる。この曲線の下の部分と A_0（彼女が実際に直面している現在の費用）を起点とする水平線の上の部分が，V^* ＝年間 3 回の旅行をすることで得られる消費者余剰である。

　実際には，図 4.6（b）のようなグラフから消費者余剰を求める必要はなく，実際の旅行と実際の訪問を関連付ける，次のような方程式からを用いて推定できるからである。それは次のように推定される。

$$\ln(V_i) = a - b\,C_i + \varepsilon \tag{4.8}$$

　ここで，$\ln(V_i)$ は，1人当たりの年間訪問回数の対数であり，ε は誤差項である。しかし，この基本的なトラベルコスト法にはいくつかの欠点があり，現在も検討が行われている。

代替サイト

　これまで議論してきた基本的なトラベルコスト法は，1つのサイトへの訪問を予測するという観点で提案されてきた。しかし，訪問者サンプルの少なくとも一部がアクセス可能な範囲に，数多くの類似サイトがあると仮定する。その場合，選択できる代替サイトが多ければ多いほど，我々がモデル化しているサイトを訪れる可能性は低くなる。さらに，いくつかの点で互いに異なる一連のサイト全体の需要を推定したいと思うかもしれない（例えば，予想される漁獲量や魚の種類，アクセスのしやすさなどが異なる漁業河川）。ここでは2つのアプローチが考えられる。1つ目のアプローチは，1つのサイトの需要をモデル化することに関心がある場合，他のサイトへの旅行費用をトラベルコスト法の式に含めることで，他のサイトの影響を考慮することである。ただしアプローチには限界がある。代替サイトは旅費以外の点で本来対象となるサイトとは異なるからである。

　よりよいアプローチは，ランダム効用モデルを用いて，より明示的にサイト選択をモデル化することである。これは確率論的アプローチを応用したもので，ある個人が代替サイトのリストの中から与えられたサイトを訪れる確率を，このサイトの属性と関係する代替サイトの属性の関数として予測するものである。アイルランドにあるすべてのサケ釣りの川のうち，どの川を訪れるかという一例が挙げられる。ランダム効用モデルは，このようなアイルランドにおける1年間のサケ釣りの河川など，一般的なタイプのすべてのサイトに対する訪問回数を推定するカウントモデルと統合することができる（Johnstone and Markandya 2006; Martinez-Espineira and Amoako-Tuffour 2008）。環境経済学の実践4.3では，渓谷カヤックに関し，ランダム効用モデルを用いたトラベルコスト法の例を示している。

環境経済学の実践　4.3
トラベルコスト法を活用した野外レクリエーションの評価

　渓谷カヤックは爽快なスポーツであり，川へのアクセスが無料であるため，一般的には料金がかからない。しかし，カヤック乗りはアクセスポイントまでの旅費を負担するため，これらの費用を用いることでトラベルコスト法を適用することができる。

　さらに，カヤック乗りは通常，自宅からの旅費が異なる河川を選択することができるため，ランダム効用サイト選択トラベルコスト法の適用が特に適切である。

　Stephen Hynes らはアイルランドのカヤック乗り 279 人に彼らのレクリエーション行動について質問した。各人について，11 の異なる河川への過去 12ヵ月の旅行を記録した。

　そして，各人がそれぞれの川についてカヤック体験を描写するいくつかの属性について評価した。これらの属性には，サイトの駐車場の平均的な質，平均的な混雑，アイルランドの渓谷ガイドブックで使用されている星評価システムで測定されたカヤックのサイトの質，水質，景観の質，家からの移動時間などが含まれている。

　各河川について，回答者ごとに旅費を求めた。

　各人のカヤック技術とレベルについて評価した。これは高度に熟練したカヤック乗りがスポーツを始めたばかりの人々とは異なるサイト属性に対する好みを持つかもしれないという理由で，異なる技術レベルに対する別々のトラベルコスト法を推定するために使用された。

　以下の表は，ランダム効用サイト選択トラベルコスト法の結果を示したものである。最も訪問者が多いサイトを除いたダミー変数が含まれている。

　これらの結果は，河川の属性が変化したり，特定の河川へのアクセスが制限されたりした場合に，旅行 1 回当たりの消費者余剰がどのように変化するかを計算するために使用された。

　この結果から，カヤック乗りの技術レベルによる好みの違いを考慮すると，予測された消費者余剰には違いがあることが示された。例えば，水力発電計画が提案されていた河川（ロフティ）へのアクセスが失われると，異なる技術レベルを考慮していないモデルでは，旅行 1 回ごとにカヤック乗り 1 人当たり 5.97 ユーロ，技術レベルのばらつきを考慮したモデルでは旅行 1 回当たり 7.72 ユーロの費用がかかる。この人気の高い川へのアクセスが失われると，利用可能な

選択の幅が狭まるため，カヤック乗りはこれらの効用を失うことになる。
　ランダム効用サイト選択モデルは一般的な（全観測）モデルと２つの技術ベースのモデルを比較している。

表　ランダム効用サイト選択モデルの推定結果

変数	全カヤック乗り	技術レベル1^	技術レベル2^	技術に関するダミー変数の交差項を組み込んだランダム効用モデル
旅費	−0.069	−0.099	−0.059	−0.092
	(17.98)**	(14.15)**	(11.74)**	(15.31)**
駐車場の質	−0.145	−0.089	−0.22	−0.063
	(2.04)*	−0.71	(2.16)*	−0.57
混雑	0.153	0.172	0.129	0.14
	(2.19)*	−1.51	−1.39	−1.34
急流の難易度	0.351	0.163	0.488	−0.214
	(2.82)**	−0.82	(2.86)**	−1.36
水質	0.142	−0.241	0.397	0.042
	−1.39	−1.45	(2.87)**	−0.32
景観の質	0.285	0.492	0.107	0.199
	(2.99)**	(3.22)**	−0.84	−1.55
水のレベルに関する利用可能な情報	−0.08	−0.311	0.178	−0.067
	−0.92	(2.19)*	−1.52	−0.57
上級者 * 旅費				0.028
				(4.22)**
上級者 * 駐車場の質				−0.198
				−1.47
上級者 * 混雑				0.046
				−0.35
上級者 * 渓谷の星の質				0.984
				(5.84)**
上級者 * 水質				0.137
				−0.95
上級者 * 景観の質				0.127
				−0.88
上級者 * 水のレベルに関する利用可能な情報				0.068
				−0.5

変数	全カヤック乗り	技術レベル1^	技術レベル2^	技術に関するダミー変数の交差項を組み込んだランダム効用モデル
クリフデン・プレイ・ホール	−0.905	0.304	−1.643	−0.737
	(2.47)*	−0.54	(3.18)**	(1.97)*
シャノンにおけるクラゴワー・ウェイブ	−1.413	−1.141	−1.586	−1.333
	(5.34)**	(2.89)**	(4.10)**	(4.94)**
ボイン	−1.772	−1.586	−1.864	−1.715
	(5.93)**	(3.51)**	(4.41)**	(5.63)**
ロフティ	−1.641	−1.707	−1.397	−1.432
	(4.10)**	(2.67)**	(2.51)*	(3.48)**
クレア・グレンズ	−3.387	−4.224	−2.734	−3.243
	(8.63)**	(6.72)**	(4.99)**	(8.08)**
アンナモエ	−2.076	−1.787	−2.105	−1.888
	(6.25)**	(3.58)**	(4.47)**	(5.59)**
バロー	−2.914	−2.408	−3.115	−2.806
	(9.27)**	(5.18)**	(7.07)**	(8.86)**
ダーグル	−5.011	−6.195	−4.303	−4.935
	(12.33)**	(8.96)**	(7.87)**	(11.90)**
インニー	−1.769	−0.892	−2.393	−1.684
	(6.04)**	(2.07)**	(5.70)**	(5.70)**
ボリッセ（スパイドル）	−2.344	−1.437	−2.899	−2.257
	(6.96)**	(2.81)**	(6.06)**	(6.57)**

注）括弧内は z 統計量の絶対値。*5％で有意，**1％で有意。モデル CL1，CL2，CL3 の対数尤度はそれぞれ − 913.95，− 358.22，− 447.78。
　^ 技術レベル 1 とは，カヤックの基本的・中級的な操作技術を持っているカヤック乗りのことを指す。技術レベル 2 とは，上級レベルのカヤック操作技術を持っている人を指す。

移動時間の価値

　ここまで，時間は有限であるため，レクリエーション地域への移動に時間を使うことには機会費用がかかると主張してきた。それでは，余暇の貨幣価値とは何だろうか。これは個々の状況によって異なる。釣りが好きな自営業の大工の場合を考えてみよう。彼が釣りに 1 時間費やすごとに，仕事に費やす時間が 1 時間減る。この場合，彼の余暇の価値は，彼の仕事の時間当たりの収入，より一般的には賃金率と同じである。余暇を追求するために働く機会を手放して

いる人にとって，賃金率は余暇の価値を測る指標である。しかし，多くの人にとって，これは実態をうまく表しているとはいえない。例えば，失業中の労働者や家にいる両親，定年した人は，余暇のために仕事を手放しているわけではない。同様に，これは固定時間契約になりがちな大多数の労働者にも当てはまる。例えば，フィオナが学校の教師であるならば，釣りに行くために休日に（ぎりぎりで）収入を諦めたりはしないだろう。人々が限界的な賃金と余暇の選択をしていない場合，余暇時間を評価する方法を知ることは難しい。

　この分野の大部分の研究では，人々がより速くて高価なルートと，より遅くて安価なルートのどちらかを選択する状況下での余暇時間の価値を推定するために，表明選好法もしくは顕示選好法のどちらかが使われてきた。これらの研究は，余暇時間の価値は全体として所得と正の相関を持つことを示しており，個人の賃金の一部は余暇時間の貨幣価値を合理的に推測することができる。しかし，余暇時間の評価は，まだ正確な科学とはいえないが，旅行費用を用いるタイプのモデルに付随する問題である。なぜなら，レクリエーションに対する消費者余剰の推定は，どの余暇時間価値を用いるかに依存するからである（Hynes et al. 2009）。

　最後に，トラベルコスト法は支出から価値を推測するので，そのような支出をしない人々は，その財に対する価値評価を有さないことは明らかである。すべての価値が利用価値である場合，このような問題にはならない。しかし，国立公園のような環境資源に関連した非利用価値がある場合，トラベルコスト法はそのような価値を捉えることができない。なぜなら，その価値はその場所を訪れない人々にももたらされる可能性があるからである。

4. 3. 10　生産関数アプローチ

　生産関数アプローチでは，環境は市場価値のある財やサービスの生産への投入物として評価される（例えば，Barbier（2007）を参照）。我々は，環境資源の質や量の変化が市場の財やサービスの出力や価格にどのような影響を与えるかを推定することによって，環境資源の質や量の変化の価値について評価する。通常これは消費者余剰の変化や生産者利益の変化を指す。このクラスの方法には，市場で評価される生産物に対する汚染の影響を反映した用量反応モデルが含まれる（例えば，気候変動が農作物に与える影響など）。

例えば，沿岸湿地が漁業に果たす役割を考えてみよう。湿地は，カニを含む魚類や貝類の重要な繁殖地となっている。Ellis and Fisher（1987）は，フロリダ湾沿岸沖の湿地を事例としたモデルを分析した。一般的に経済学者は，人の努力量（仕掛けの数）と湿地の面積の両方がワタリガニの生産量を決定していると評価している。この生産関数を明らかにした上で，著者らは，湿地面積のレベルが異なる場合の利益を最大化する努力レベルの推定を行った。これにより，湿地面積が減少した場合に，消費者と生産者の余剰の変化として測定した満足度がどのように変化するかを特定することができた。同様の分析は，Barbier and Strand（1998）によっても行われている。彼らは，メキシコのカンペチェ湾の沿岸地域におけるマングローブ林の保全とエビ漁の関連について研究した。マングローブはエビの苗床としての機能している。養殖やホテル開発への転換によってマングローブが失われると，エビの個体数動態が影響を受ける。彼らは漁業の経済モデルを用いて，失われたバイオマス生産による生産者の余剰の変化を推定した。Barbier and Strand は，エビ漁師への利益の損失という観点から，マングローブが 1km^2 失われた場合の経済コストを年間 8 万6345〜15 万 3300 ドルと計算している。もう 1 つの例は，Barbier（2007）である。彼は，1996〜2004 年のタイにおけるマングローブの損失から，消費者と漁師の費用を計算している。表 4.3 はマングローブの損失に関する経済的費用を示している。

表 4.3 は，年間平均損失率が 18km^2 の場合，この漁業の静的モデルから測定される年間コストは約 10 万ドルであることを示している。マングローブの損失に関するデータが存在する 9 年間において，その損失は 10% の割引率の下，現在価値で捉えると総額 57 万 167 ドルとなる。しかし，静的モデルでは，

表4.3　タイにおけるマングローブ林の損失のコスト（1996〜2004 年）

計算のための基準	マングローブ損失が漁業に与える影響の経済的費用（米ドル）
静的モデル：年間の福祉損失	99,004
静的モデル：全期間の現在総価値，割引率 10%	570,167
動的モデル：現在総価値，割引率 10%	1,980,128

出典）Barbier（2007）

マングローブの消失が魚の個体群動態にどのような影響を与えるのか，また漁業者が魚にどのように反応するかを説明することはできない。このような動的影響を考慮した場合，将来の魚の個体数が減少し，漁業者が他の仕事を見つける見込みが低くなるにつれて，損失はさらに大きく，200万ドル近くになることが分かる。

　沿岸湿地は自然の防波堤としても機能しており，暴風雨や洪水に対する防御のための投入物としての価値がある。現在，既存の沿岸湿地は，洪水や暴風雨から回避が期待される財産と人命のコストによって測定される価値を有している。暴風雨対策としてのマングローブなどの沿岸生態系の価値については Barbier et al.（2011）を参照されたい。

　経済学者は，このようなモデルを使って気候変動に関する費用の一部を推定している。気候は農作物生産にとっての「投入物」である。例えば，英国の Bateman et al.（2010）の研究では，小麦の生産量が成長期の気温や降水量を含む多くの気候変数と有意に関連していることを示唆している。彼らは統計モデルを用いて，平均気温が1度上昇すると小麦の生産と生産物の市場価値にどのように影響するかを予測した。このモデルによると，英国では，農業者がより収益性の高い活動に切り替えることで，小麦の収量が上昇する地域と低下する地域があり，その反応は英国全体で多様であることが示されている。図4.7は，この予測された生産量の空間的な変動を示しており，投入物と生産物の市場価格を用いてどのように評価されるかを示している（ただし，農業生産には関連する外部性があるため，これは社会的総便益の変化を反映しているわけではない）。

　これらの例は，投入物としての環境をどのように評価するかということが，生態系サービスを評価するという考え方と密接に関連していることを示している。これらの生態系サービスが市場によって評価される生産物をもたらす場合，そのようなサービスの変化を評価するためには生産関数の方法が適切である。しかし，ここでは表明選好法や顕示選好法も重要な役割を果たしている。表4.4は，経済学者が湿原保全のための生態系サービスを評価するために使用する可能性のある手法の範囲をまとめたものである。他には，受粉という生態系サービスの評価を対象とした研究があり，その詳細は，Hanley et al.（2015）を参照されたい。

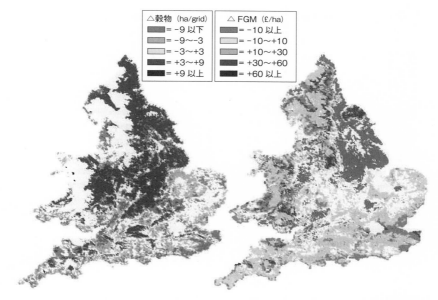

図 4.7　イングランドとウェールズにおける平均気温が 1 度上昇した場合の農業生産高と市場価値の予測変化
出典）Bateman et al.（2010）

4.4　便益移転

　環境評価の実施は，時間的にも費用的にもコストがかかる。このことは，環境評価が政策立案や環境管理のために定期的に用いられるようになるためには，研究者が独自に環境価値評価の研究を行うことなく，市場に現れない便益を推定するための方法が必要であることを示している。例えば，英国の環境庁は 2003 年に，6500km の河川，120km^2 の湖沼，2100km^2 の沿岸水域の水質を改善するための民間企業による投資の可能性を評価しなければならなかった。このような投資の可能性のあるすべての投資候補に対し，独自の環境価値評価を実施することは，あまりにも長い時間と膨大な費用を要する。欧州と米国の政策コミュニティでは環境価値評価の必要性が高まっている。欧州では，EU 全体の水質改善の便益費用分析を要求する「水枠組指令（Water Framework

表 4.4　湿原における生態系サービスの流れの評価

生態系サービス	このサービスで可能な変化	適切な評価方法
炭素貯留	土地管理の変化による炭素フラックスの純変化	CO_2 フレーム市場の市場価格
日常的なレクリエーション：バードウォッチング	森林による湿原の喪失による増減	トラベルコスト法
景観の質	ライチョウ狩猟のための湿地燃焼程度の変化による景観変化；風力発電建設による景観の損失	表明選好アプローチ（CVM, 選択型実験）
水質	泥炭損失による水質の低下	生産機能アプローチ：企業が集水域を狭めることで生じる水供給の追加コスト
貯水	植えつけによる水供給の低下	生産機能アプローチ：別の供給源から供給を増加させるために取る手段の費用

Directive）」と「海洋戦略枠組指令（Marine Strategy Framework Directive）」が導入されたことや，環境政策の設計に費用便益の原則を適用することがより重視されたことが，その一因となっている。学術的にも政策的にも，便益移転の考え方に注目が集まっている。

　Johnston and Rosenberger（2010）が指摘するように，「現実の政策プロセスにおける費用便益分析では，便益移転に頼らざるを得ない点で広く意見が一致している」。現在のところ，どのように便益移転を行うのが最善かという点について，学術的なコンセンサスは形成され始めているものの，まだ得られていない。便益移転（Benefit Transfer: BT）とは，財またはサービスの非市場価値に関する既存の情報を外挿する試みである。可能な場合には，価値を移転するサイト（「政策サイト」と呼ばれる）の環境特性と，元のデータが収集されたサイト（「調査サイト」と呼ばれる）の環境特性の差異について調整が行われる。また，調査サイトと政策サイトの間で，影響を受ける人口の社会経済的特徴の違いも通常は考慮される。便益移転技術の目的は，費用対効果が高く，適切なタイミングで，環境の財とサービスの貨幣的価値を意思決定者に提供することである。

　これまでの研究では，主に2つのアプローチが踏襲されている（Johnston 2007）。1つ目は単位移転であり，これは調整されていない平均値や中央値を調査サイトから政策サイトに移転するか，あるいは移転を行う際にこれらの値

を調整するために何らかの作業を行うものである。このような調整は，政策サイトの環境特性の違いや，影響を受ける人口の社会経済特性に関する両サイト間の違いを考慮しようとするものである。便益移転の 2 つ目のアプローチは便益移転関数であり，それは研究サイトで推定された需要関数（もしくは選択型実験における選択式）を政策サイトに移転する。政策サイトにおける値は，家計所得などの独立変数，政策サイトでの二次データから収集された環境特性の範囲，および調査サイトから推定されたパラメータの値を用いて予測される。

　複数の調査サイトのデータセットが利用可能な場合，メタ回帰分析を用いることも 1 つの方法である。メタ解析とは，発表された一連の研究から得られたアウトカム（ここでは，支払意思額の値）のパターンを統計的に探索する手法である。ここで，分析者は方法論的な要因と調査サイト特有の要因が支払意思額に与える影響を理解することに関心を持っている。データを複数の調査サイト間で統合し，政策サイトの値を予測するための便益移転関数を作成することができる。例えば，沿岸湿地保護のための支払意思額に関する 50 件の研究からデータを収集し，1ha 当たりの平均支払意思額を所得などの社会経済変数や湿地の種類や潜在的な利用，そして 50 件の研究から抽出された環境変数に対して回帰する（例えば，Brander et al. (2013) を参照されたい）。

　先行研究においては，便益移転関数は調整された単位価値移転よりも優れているというコンセンサスが存在する。一方，その逆の結果が得られている研究も数多くあるが，そのような研究においては調査サイトと政策サイトが比較的類似していることが多い。加えて，移転関数がどのような形をとるべきかについても議論がある。実証研究は移転による幅広い誤差があることを示している (Colombo and Hanley 2008)。その誤差の背後にある主な要因が何であるかを予測するのは往々にして難しい。誤差は，元の研究が何を測定しようとしていたのか，政策サイトで何が変化しているか，メタ分析の方法を含む便益移転のプロセスに組み込む要因などの違いによって生じる。誤差はベースとなる研究の質の変化によっても生じる。

　Johnston and Rosenberger (2010) が指摘しているように，「便益移転は費用便益分析を構成するものとして，最も一般的に使用されている方法である一方，最も論争の的となっている方法でもある。この分野は研究が著しく進んでいる分野であるが，政府の政策分析に適用される手法が学術研究で提案されて

いるものにしばしば及ばない分野でもある」。

　生態系サービス評価が注目されるようになったことで，便益移転の利用が増えていることを意味していることにも注目すべきである。それは研究者が広範囲なサイト／場所において，世界スケールも含め，生態系サービスの価値を推定したいと考えることが多いからである（De Groot et al. 2012）。費用便益分析の考え方が政策分析に定着するにつれて，便益移転の利用はさらに増加し，適用される便益移転のための手続きや手順の改善の必要性が増大すると考えられる。また，これらの移転のベースとなる質の高い，十分に記述された一次研究の必要性が高まるとともに，政府機関によるいっそう洗練された移転方法の活用を強化する必要性も高まっている。

4.5　まとめ

　環境資源の量や質の変化は，それが効用に影響を与える場合に，経済的価値を有している。これらの価値の測定は，①人々がいくらかの（望ましい）変化を得るために喜んで支払う最大額（支払意思額），または②それを放棄するために受け入れる最小額（受入補償額）のどちらかに基づいている。望ましくない変化に対しては，それを防ぐために人々が支払う意思が最も高い金額か，またそれを我慢するために受け入れる最も低い補償金額を用いる。環境の質の変化や生態系サービスの流れを金銭的に評価するために，様々な経済的手法を利用することができる。これらには，表明選好，顕示選好，および生産関数アプローチが含まれる。また，一次情報を利用できない場所や文脈における価値を予測するために，便益移転法がどのように使用できるかについても議論を行った。しかし，そのような便益移転を行うための最善の方法はまだ検討の最中である。

ディスカッションのための質問

4.1 経済的価値に基づいて保護を主張することは，実際により多くの保護を達成する最良の方法である。賛成だろうか。

4.2 生態系の質と生物多様性に損害を与える外来種の費用に，どのようにして経済的価値を置くことができるだろうか。

練習問題

4.1 ニュージーランドで絶滅危惧種の鳥類を保全することの便益を考える時，それらの便益はどのように分類されるべきか。また，それらの便益を測定する上で最も適した方法は何か。

4.2 環境評価において表明選好法と顕示選好法の主な違いは何か。

4.3 屋外レクリエーションの機会拡大による便益を推定する上で，トラベルコスト法をどのように使用できるか。

4.4 アフリカや東南アジアの多くの都市部では，粒子状物質による大気汚染のレベルが高い。このような汚染を大幅に削減する政策の経済的便益を推定するために，どのような方法が使用できるか。

4.5 便益移転とは何か。なぜ政策分析者や環境管理者にとって有用なのか。

参考文献

Barbier, E. B. (2007) Valuing Ecosystem Services as Productive Inputs. *Economic Policy* 22 (49) : 177-229.

Barbier, E. B. (2009) Ecosystems as Natural Assets. *Foundations and Trends in Microeconomics* 4 (8) : 611-81.

Barbier, E. and Strand, I. (1998) Valuing Mangrove-Fishery Linkages: A Case Study of Campeche, Mexico. *Environment and Resource Economics* 12 (2) : 151-66.

Barbier, E. B., Hacker, S. D., Kennedy, C., Koch, E. W., Stier, A. C. and Silliman, B. R. (2011) The Value of Estuarine and Coastal Ecosystem Services. *Ecological Monographs* 81(2): 169-93.

Bateman, I. J., Mace, G. M., Fezzi, C., Atkinson, G. and Turner, R. K. (2010). Economic Analysis for Ecosystem Service Assessments, CSERGE Working Paper EDM 10-10, .

Bayer, P., Keohane, N. and Timmins, C. (2009). Migration and Hedonic Valuation: the Case of Air Quality. *Journal of Environmental Economics and Management* 58（1）: 1-14.

Birol, E. and Koundouri, P.（2008）*Choice Experiments informing environmental policy.* Cheltenham: Edward Elgar.

Brander, L., Brouwer, R. and Wagtendonk, A.（2013）. Economic Valuation of Regulating Services Provided by Wetlands in Agricultural Landscapes: A Meta-Analysis. *Ecological Engineering* 56: 89-90.

Colombo, S. and Hanley, N.（2008）. How Can We Reduce the Errors from Benefits Transfer? An investigation using the Choice Experiment method. *Land Economics* 84 （1）: 128-47.

Daams, M. N., Sijtsma, F. J. and van der Vlist, A. J.（2016）. The Effect of Natural Space on Nearby Property Prices: Accounting for Perceived Attractiveness. *Land Economics* 92（3）: 389-410.

Day, B., Bateman, I. and Lake, I.（2007）. Beyond Implicit Prices: Recovering Theoretically Consistent and Transferable Values for Noise Avoidance from a Hedonic Price Model. *Environmental and Resource Economics* 37（1）: 211-32.

De Groot, D. et al.（2012）. Global Estimates of the Value of Ecosystems and Their Services in Monetary Units', *Ecosystem Services* 1（1）: 50-61.

Ellis, G. and Fisher, A.（1987）. Valuing the Environment As Input. *Journal of Environmental Management* 25: 149-56.

Erdem, S., Campbell, D. and Hole, A. R.（2015）. Accounting for Attribute-Level Non-Attendance in a Health Choice Experiment: Does It Matter? *Health Economics* 24（7）: 773-89.

Fenichel, E. and Bishop, J.（2014）. Natural Capital: From Metaphor to Measurement. *Journal of the Association of Environmental and Resource Economists* 1（1）: 1-27.

Hanemann, M.（1991）. Willingness to Pay and Willingness to Accept: How Much Can They Differ? *The American Economic Review* 81（3）: 635-47.

Hanley, N. and Barbier, E. B.（2009）*Pricing Nature: Cost-Benefit Analysis and Environmental Policy Appraisal.* Cheltenham: Edward Elgar.

Hanley, N., Breeze, T., Ellis, C. and Goulson, D.（2015）. Measuring the Economic Value of Pollination Services: Principles, Evidence and Knowledge Gaps. *Ecosystem Services* 14: 124-32.

Hanley, N., Hynes, S., Jobstvogt, N. and Paterson, D.（2015）. Economic Valuation of Marine and Coastal Ecosystems: Is It Currently Fit for Purpose? *Journal of Ocean and Coastal Economics* 2（1）.

Hanley, N. and Czajkowski, M.（2019）. The Role of Stated Preference Valuation Methods in Understanding Choices and Informing Policy. *Review of Environmental Economics and Policy* 13（2）: 248-66.

Hartley, C. and Phelps, E.（2012）. Anxiety and Decision-Making *Biological Psychiatry* 72（2）: 113-18.

Heberlein, T. A., Wilson, M. A., Bishop, R. C. and Schaeffer, N. C. (2005). Rethinking the Scope test As a Criterion for validity in contingent valuation. *Journal of Environmental Economics and Management* 50 (1) : 1-22

Hensher, D., Rose, J. and Greene, W. (2005) *Applied Choice Analysis: A Primer.* Cambridge: Cambridge University Press.

Hoyos, D. (2010). The State of the Art of Environmental Valuation with Discrete Choice Experiments. *Ecological Economics* 69 (8) : 1595-603.

Hynes, S., Hanley, N. and O'Donoghue, C. (2009). Alternative Treatments of the Cost of Time in Recreational Demand Models: An Application to Whitewater Kayaking in Ireland. *Journal of Environmental Management* 90 (2) : 1014-21.

Hynes, S., Hanley, N. and Tinch, D. (2013). Valuing Improvements to Coastal Waters Using Choice Experiments: An Application to Revisions of the EU Bathing Waters Directive. *Marine Policy* 40 (1) : 137-44.

Jacobsen, J. B. and Hanley, N. (2009). Are There Income Effects on Global Willingness to Pay for Biodiversity Conservation? *Environmental and Resource Economics* 43: 137-60.

Johnston, R. (2007). Choice Experiments, Site Similarity and Benefits Transfer. *Environmental and Resource Economics* 38 (3) : 331-51.

Johnston, R. and Rosenberger, R. (2010). Methods, Trends and Controversies in Contemporary Benefits Transfer. *Journal of Economic Surveys* 24 (3) : 479-510.

Johnston, R., Boyle, K., Adamowicz, W., Bennett, J., Brouwer, R., Cameron, T., Hanemann, M., Hanley, N., Ryan, M., Scarpa, R., Tourangeau, R. and Vossler, C. (2017). Contemporary Guidance for Stated Preference Studies. *Journal of the Association of Environmental and Resource Economists* 4 (2) : 319-405.

Johnstone, C. and Markandya, A. (2006). Valuing River Characteristics Using Combined Site Choice and Participation Models. *Journal of Environmental Management* 80 (3) : 237-47.

LaRiviere, J., Czajkowski, M., Hanley, N., et al. (2014). The Value of Familiarity: Effects of Knowledge and Objective Signals on Willingness to Pay for a Public Good'Journal of Environmental Economics and Management. 68 (2) : 376-89.

List, J., Sinha, P. and Taylor, M. (2006). Using Choice Experiments to Value Non-Market Goods and Services: Evidence from Field Experiments. *Advances in Economic Analysis and Policy* 6 (2) : 1-37.

Loomes, G., Starmer, C. and Sudgen, R. (2003). Do Anomalies Disappear in Repeated Markets? *Economic Journal* 113 (486) : C153-66.

Martinez-Espineira, R. and Amoako-Tuffour, J. (2008). Recreation Demand Analysis under Truncation, Overdispersion, and Endogenous Stratification: An Application to Gros Morne National Park. *Journal of Environmental Management* 88 (4) : 1320-1332.

Mitchell, R. C. and Carson, R. T. (1989) *Using Surveys to Value Public Goods: the Contingent Valuation Method.* Washington, D. C.: Resources for the Future.

Morrison, M., Bennett, J., Blamey, R. and Louviere, R. (2002). Choice Modelling and Tests of Benefits Transfer. *American Journal of Agricultural Economics* 84 (1) : 161-70.

Murphy, J., Allen, P., Stevens, T. and Weatherhead, D. (2005). A Meta-Analysis of Hypothetical Bias in Sstated Preference Valuation. *Environmental and Resource Economics* 30 (3) : 313-25.

Novemsky, N. and Kahnemann, D. (2005). The Boundaries of Loss Aversion. *Journal of Marketing Research* 42 (2) : 119-28.

Ready, R., Champ, P. and Lawton, J. (2010). Hypothetical Bias in a Stated Choice Experiment. *Land Economics* 86 (2) : 363-82.

Scarpa, R. and Rose, J. M. (2008). Design Efficiency for Non-Market Valuation with Choice Modelling: How to Measure It, What to Report and Why. *Australian Journal of Agricultural and Resource Economics* 52 (3) : 253-82.

Solan, M. and Whiteley, N. (2015) *Stressors in the Marine Environment*. Oxford: Oxford University Press.

Torres, C. and Hanley, N. (2017). Communicating Research on the Economic Valuation of Coastal and Marine Ecosystem Services. *Marine Policy* 75: 99-107.

Tuhkanen, H., Piirsalu, E., Nõmmann, T., Karlõševa, A., Nõmmann, S., Czajkowski, M. and Hanley, N. (2016). Valuing the Benefits of Improved Marine Environmental Quality Under Multiple Stressors. *Science of the Total Environment* 551-552: 367-75.

UK National Ecosystem Assessment (2011) *The UK National Ecosystem Assessment: Synthesis of the Key Findings*. Cambridge: UNEP-WCMC.

Vossler, C. A., Doyon, M. and Rondeau, D. (2012). Truth in Consequentiality: Theory and Field Evidence on Discrete Choice Experiments. *American Economic Journal: Microeconomics* 4 (4) : 145-71.

Vossler, C. A. and Holladay, J. S. (2018). Alternative Value Elicitation Formats in Contingent Valuation: Mechanism Design and Convergent Validity. *Journal of Public Economics* 165: 133-145.

Willig, R. (1976). Consumers Surplus Without Apology'. American Economic Review 66 (4) : 589-97.

第5章 費用便益分析と環境政策

5.1 はじめに

　経済学的に推定された環境の質の変化の金銭的価値は，多くの点で有用である[1]。例えば，河川の水質改善の便益と，これらの便益を生み出す方法として下水処理の改善に投資する費用を比較することができる。もう１つの例として，新たな公有林を創出するための様々な政策オプションの主な便益と費用を特定できれば，その結果を比較し，政策オプションをランク付けすることができる。また別の例として，家庭のリサイクル率を高める新しい政策の便益と費用を比較することで，この新しい政策を進める価値があったかどうかを見ることができる。経済的便益と費用は，意思決定について重要なことをすべて教えてくれるわけではないが，多くの場合，有益な洞察を与えてくれる。

　本章では，プロジェクトや政策の社会的望ましさや経済的効率性に関する情報を提供する手段として，世界的に広く利用されている費用便益分析（CBA：米国では Benefit-Cost Analysis として知られている）の利用について概観する。また本章では，CBA の主な利点とこの手法を環境変化に適用する方法について説明する。さらに，CBA で最も論争を呼ぶテーマである，将来発生する費用と便益に適応する割引率について，詳細に説明する。なお，CBAの詳細については，Hanley and Barbier（2009）を参照されたい。

---

　[1] この章に貢献してくれたベン・グルームに感謝する。

5.2　なぜ費用便益分析を行うのか

　経済学者は長い間，ある政策が他の政策よりも優れているかどうかを社会的な観点からどう判断するかという問題に興味を持ってきた。理想的には，①一貫した結果を与え，②ある意味で民主的であり，③実用的であり，④経済理論と一致する意思決定のルールを見つけたい。厚生経済学は，このような方法を探求する中で，1920年代から1930年代にかけて発展した。費用便益分析（CBA）は，厚生経済学の原理を実用化したものである。CBAは社会厚生への純貢献度に基づく，異なる政策オプションまたはプロジェクト間の意思決定ルールを提供する。CBAは，プロジェクトまたは政策の関連する影響を特定し，社会厚生への影響を通じてこれらの影響を評価し，次いで，よい影響（便益）と悪い影響（費用）を比較することからなる。費用と便益は，比較できるように金額として表される。

　CBAと厚生経済学との主な関係は以下の点にある。

・便益と費用の測定方法（例えば，支払意思額と機会費用の概念を用いること）。
・便益と費用が人々の間でどのように集計されるか。
・便益と費用の差が，根底にある純社会厚生の変化の尺度としてどのように考えられるかを理解すること。

　社会厚生の変化を理解するためのアプローチは，カルドア・ヒックス基準と呼ばれる。カルドア・ヒックス基準は，次のように問いかけている。利得者（プロジェクトの恩恵を受ける人々）は，損失者を補償しても，なお利得があるだろうか。あるいは別の言い方をすれば，「勝者が勝つ」程度が「敗者が負ける」程度よりも大きいだろうか。もしそうであれば，その政策は経済的根拠に基づいて支持される。この原理を社会的厚生への貢献を評価する基準として受け入れるためには，①すべての関連する便益と費用は同じ単位で表現することができ，②便益と費用は互いに比較することができ，あらゆる費用（損失）は常に何らかの相殺便益（利得）によって補償されるという考え方を受け入れる必要がある。ただし，すべての人々や政策立案者がこのような記述や原理に同意するわけではない（例えば，Aldred（2006）を参照）。

　CBA の実践は，ある意味で非常に重要な，次の基本的な経済問題を扱っている。すなわち，社会は，無限で競争的な需要に直面し，希少な資源をどのように配分すべきかという問題である。資源に対する需要の合計が利用可能量を超えているため，資源が希少となる。そのため，限られた資源をあるものに配分すると，社会全体に機会費用を課し，同じ資源を他の目的に使うことはできなくなる。例えば，ニュージーランドのカンタベリー平原で灌漑農業を拡大しようという提案では，酪農家に灌水用の水を供給するため，2 つの川の水を新たに建設された貯水池へ分岐させるかもしれない。しかし，このような貯水池を作るために土地が利用されると，同じ土地を牧羊に使うことはできない。また，酪農場を灌漑するために川から水を貯水池に分岐させると，河川内の生態系の質の維持やカヤックなどの水を利用したレクリエーションのために，同じ川の水を利用することはできなくなる。社会は，このような計画に資金を提供または認可を与えるかを決定する際に，灌漑された酪農業の経済的便益が貯水池建設の費用，ヒツジの生産量の損失，河川の生態学的品質の損失，カヤックの機会の損失よりも大きいか小さいかを知ることが有益であると考えるかもしれない。

　CBA は，意思決定者にこの種の情報を伝え要約できる意思決定支援ツールである。CBA は，特定の行動の便益と費用の比較を可能にするだけでなく，政府の意思決定に一般の人々の選好を含めることを可能にする。CBA の経済的価値は，人々が何を好むか（選好），自分の望むものをもっと手に入れるためにどれだけ諦めようとしているのか（支払意思額），お金を払う余裕があるのか（予算制約）などに依存する。すべての人々は経済投票権があり，支払意思額や最低補償額を通じて個人の意思を表明することができるため，CBA は，経済的民主主義の実践である。また，CBA はプロジェクトや政策の長期的な影響を明らかにする正式な方法でもあり，問題に関する議論を整理し，誰が便益を享受し，誰が損失を被っているかを特定する方法でもある。

　さらに，CBA は，Arrow et al.（1998）が指摘したように，公共部門の意思決定における一貫性と透明性を確保するための優れた方法でもある。一方，CBA の透明性や，それがいかに民主的であるかについて疑問視する声もある（Hockley 2014）。政策の恩恵に喜んでお金を払うかどうかは，収入と貯蓄にかかっていることは明らかであり，ある意味では，CBA は富裕な人々のほうが

経済的な投票の可能性が高くなる。

　CBA は，「政策評価」プロセスの一環として役立たせることができる。世界的に見て，環境評価研究のための資金の多くは，環境政策の設計と実施に責任を持つ政府省庁（例えば英国では環境庁，米国では環境保護庁）または，環境に影響を与える政策（例えば道路政策）に責任を持つ政府省庁から提供されている。CBA は，欧州連合（EU）内では，EU 水政策枠組指令，EU 海洋戦略枠組指令，化学物質登録に関する REACH 指令を実施する上で重要な役割を果たした。CBA は，英国と米国では，新たな政府規制が経済にもたらす影響を定期的に評価するプロセスの一部でもある。例えば，家庭廃棄物のリサイクルにより厳しい目標を設定した際の費用がある（Atkinson et al. 2018）。

　これとは対照的に，CBA の初期の研究の多くは「プロジェクト評価」の文脈で実施された。初期研究のよい例は，米国における水力発電計画の導入を評価する際の利用である（Krutilla and Fisher 1985）。CBA は，英国の公有林当局が代替的森林管理制度の純便益を評価する際に用いられている一方で，新規鉄道などの主要な輸送プロジェクトの評価にも用いられている。世界銀行もプロジェクト審査に CBA を利用してきた長い歴史がある。世界中の多くの政府は，公共セクターによるプロジェクトの評価に，CBA を適用する方法について，公式なガイドラインを定めている（例えば，http://www.hm-treasury.gov.uk/data_greenbook_index.htm は英国で実施されている政策評価とプロジェクト評価の手順を説明している）。

5.3　費用便益分析の手順

　CBA は，明確に定義された，6 つのステップを経ることによって行われる。

5.3.1　ステップ 1──プロジェクト・政策の定義

　ここでは，正確に何が分析されているのか，誰の厚生が考慮され，どれくらいの期間にわたって分析されているのかを設定する。「誰の厚生」という点では，「関連する人口」の定義が難しい場合もあるが，一般的には国民の厚生に着目する。

　例えば，もしインドネシアに新しいダムが建設され，国際的にも希少な生息

キーコンセプト　　5.1

政策決定において CBA はどのような役割を果たすべきか？

．．．

　政策の評価における費用便益分析（CBA）の最も初期の使用法の 1 つは，米国における新しいダムや治水投資などの水資源プロジェクトの評価であった。米国の 1936 年の水防法では，連邦政府は，洪水対策への公的投資による便益が費用を上回る場合，投資を実行すべきであると規定している。Banzhaf（2009）が説明するように，このことは，政策評価プロセスにおける CBA の適切な役割について，米国の経済学者の間で激しい議論を巻き起こした。この議論は，CBA の哲学的および理論的構造が，CBA の結果が特定のプロジェクトを進めるべきかどうかを実際に決定するものと見なされるのに十分に堅固であると見ていた人々（このグループは，米国未来資源研究所（RFF）と呼ばれるシンクタンクに属していた）と個人間の効用をドル単位で比較するという原則に不安を抱いていたため，CBA は意思決定プロセスに情報を提供すべきだと考えていた人々の間で行われた。

　後者のグループは，ほとんどがハーバード大学のウォーター・プログラムに属しており，政治的判断または専門家の判断が常に決定的であるべきであり，CBA アナリストの役割は，プロジェクトを進めるかどうかを決定する際のトレードオフを明確にすることにすぎないと考えていた。さらに，ハーバード大学の研究チームは，公共政策の複数の目的とは対照的に，CBA はあまりにも経済効率性という単一の目的に焦点を当てすぎていると考えていた。

　以降，公共政策の決定プロセスにおける CBA が果たす役割や他の政策評価方法と比較して CBA の利点・欠点について議論されてきた。しかし，CBA は非常に頑健的な手法として認められてきた。CBA では，プロジェクトが生み出すすべての社会的便益とプロジェクトを実施するための費用を比較するため，単純である。これは，多くの経済学者や政策アナリストに説得力を与える考え方である。

地が脅かされるようなことがあれば，外国の自然保護活動家の費用も計算に入れるべきだろうか。もしカナダで水力発電所を建設することがアラスカの漁師に影響を与えるとしたら，その影響は重要だろうか。

　この問題は CBA における「立場」の問題として知られており，その解決はしばしば政策評価に関する国家ガイドラインによって指示される。気候変動に

関連してとられる措置では，立場の問題が特に重要である。それは，温室効果ガスの排出を削減するために国家レベルでとられた措置の利益が世界中に利益をもたらす可能性が高いためである。このような地球規模の便益は，排出量を削減する政策の国内的な CBA に算入されるべきだろうか。このような分析に用いられる潜在的炭素価値は，通常，便益が地球レベルで計算されると仮定している（Gayer and Viscusi 2016）。

　ステップ 1 では，プロジェクトの範囲を決定する。例えば，北部地域から南部地域に新たな高圧送電線を設置し，再生可能エネルギーを供給する計画を評価する場合，再生可能エネルギー投資の費用と便益も含めるのか，それとも送電線に関連するものだけを含めるのかが問題となる。また電線の陸路に代わる海底ルートも検討すべきだろうか。

5.3.2　ステップ 2──プロジェクト・政策の物理的な影響の特定

　どのようなプロジェクト・政策も資源配分に影響を及ぼす。例えば，新しい水力発電ダムへの連絡道路の建設に用いられる労働力，ダム建設による追加発電，貯水池と連絡道路の建設で使われた土地，早期閉鎖が可能となった石炭火力発電所による大気汚染の減少が挙げられる。CBA の次の段階は，これらの結果を物理的な大きさで評価することである。これらの資源配分の変化は，必ずしも分からない。例えば何トンの汚染物質が削減されるか。ダムが設計上のピーク出力レベルで運転される時間はどれくらいか。物理的影響が特定され，定量化されたならば，そのうちのどれが CBA に適切かを問う必要がある。他の需要を満たすために利用可能な資源の量や質，あるいはこれらの資源の価格に影響を与えるものであれば，これらの影響を追跡して，関連する家計の効用や企業の利潤に結びつけることができれば，適切であろう。一般家計への影響については，効用への影響という観点から特定しているため，非市場価値の変化（大気環境の改善など）が人々の効用に影響を与えるのであれば，市場価値の影響へ限定する必要はない。

5.3.3　ステップ 3──影響の評価

　CBA の重要な特徴の 1 つは，関連するすべての影響が貨幣価値で表されているため，それらの影響を合計または「集計」できることである。CBA にお

ける貨幣価値評価の一般原則は，影響を社会的限界費用または社会的限界便益の観点から評価することである。ここで「社会的」とは，「経済全体に対して評価される」という意味である。しかし，これらの社会的限界便益と費用はどこから得られるのだろうか。第2章で説明したように，一定の条件下では，この情報は市場価格に含まれる。市場価格は，供給される特定の製品（例えば電気）の消費者に対する価値と，それを供給する生産者に対する費用の両方に関する情報を含む。市場賃金率は，使用者にとっての労働の価値と労働者にとっての余暇の価値の両方を示す。プロジェクトの影響がこれらの価格を実際に変化させるほど大きくないと仮定すると，市場価格は便益と費用の限界値への良好な第一近似である。しかし，第2章が示すように，市場は「失敗」する可能性がある。さらに，生物多様性や河川の水質といった一部の環境財については，価格を得ることができる市場がまったく存在しない。この場合，経済学者は，第4章で述べた方法を用いて，非市場財の経済価値を推定する。

5.3.4 ステップ4——費用と便益のフローの割引

　貨幣で表すことができるすべての費用と便益のフローがいったん定まったら，それらをすべて「現在価値（PV）」に換算する必要がある。この必要性は貨幣の時間価値，すなわち時間選好から生じる。例えば，ある個人が今日1000ポンドを受け取るか，一年後に1000ポンドを受け取るかの選択を求められたとする。我慢できなくて，即金が好まれるかもしれない（今，お金を使いたい）。あるいは，そのお金を一年間使わないかもしれないが，もし今それを持っているなら，それを例えば5%の金利で銀行に投資して，一年後1050ポンド［£1000 × (1 + i) = £1000 × (1 + 0.05) = £1050］を手に入れることができる。なお，ここでiは利子率を指す。現時点から見ると，便益は早期に受け取るほど高く評価される。同様に，支払う金額，あるいはどんな種類の費用も，遠い将来になるほど負担する金額が減少ように思われる。有害廃棄物の再包装にかかる100万ポンドの費用は，10年間ではなく100年間にわたって支払わなければならないのであれば，望ましいと思われる。これはインフレとは関係がなく，将来はもっとよくなるだろうという期待と，人々がせっかちであるという事実とより関係がある。

　この貨幣の時間価値はどのように考慮され，費用と便益のフローはいつ発生

するかにかかわらず，どのようにして比較可能にされるだろうか。答えは，す
べての費用と便益のフローは，ここでは利子率であると仮定した割引率 i を用
いて「割り引かれる」ということである。t 期に発生した費用または便益（X）
の割引現在価値（PV）は，次のように計算される。

$$PV(X_t) = X_t \left[(1+i)^{-t} \right] \tag{5.1}$$

　（5.1）式の角括弧内の式は，「割引係数」として知られている。割引係数に
は，常に 0 から 1 の間にあるという性質がある。費用または便益が発生する時
間が先であるほど（t の値が大きいほど），割引係数は低くなる。割引係数は，
所与の t に対して，割引率 i が高ければ高いほど低くなる。これは割引率が高
ければ，将来よりも現在のものに対する選好が大きくなるからである。「環境
経済学の実践 5.1」では，便益と費用の割引の例を紹介している。

5.3.5　ステップ 5——純現在価値基準の適用

　CBA の主な目的は，限られた資源を経済的に有効活用できるプロジェクト
や政策の選定を支援することである。また，CBA は，代替的な政策やプロジェ
クトのランク付けに使用することもできる。例えば，4 つの代替案の中から，
新しい高圧電力線のためにどのルートを選択すべきだろうか。ここで適用され
る基準は，「純現在価値（NPV）」基準であり，カルドア・ヒックス補償原理が
実際にどのように実装されるかを表している。
　この基準では，割引かれた便益の合計が割引かれた費用の合計を超えている
かどうかを確認している。もし割引かれた便益が割引かれた費用を超えた場
合，そのプロジェクトは，CBA で使用されるデータでは，資源配分の効率的
な変化を表しているといえる。あるプロジェクトの NPV は次の式によって計
算される。

$$NPV = \sum B_t(1+i)^{-t} - \sum C_t(1+i)^{-t} \tag{5.2}$$

　ここで，期間の合計 $\sum$ は $t = 0$（プロジェクトの初年度）から $t = T$（プロジェ
クトの最終年度）までとなる。0 年より前に発生した費用または便益は含まれ

ないことに注意されたい。プロジェクト受入の基準は，NPV が正の場合である。NPV 基準に合格したプロジェクトは，全体として，割引された便益の合計が割引された費用の合計を超えるため，社会厚生の改善と見なされる。競合するプロジェクト（例えば，新しい送電線の代替ルートなど）は，NPV を用いることで順位付けすることができる。すなわち，より高い値の NPV を持つプロジェクトは，NPV 値が低いプロジェクトより上位にランク付けされる。NPV がマイナスのプロジェクトは，CBA 基準において，承認・資金提供が推奨されない。

環境経済学の実践　5.1

CBA の数値例
....

　新しい再生可能エネルギー源の建設を支援するプロジェクトを検討する。

　風致地区に小規模風力発電所を建設する計画を提案したとする。施設の初期建設費用は，75 万ポンドと見積もられている。運転開始後，発電所の維持費として年間 5000 ポンドが発電所の寿命である 15 年間に渡って発生すると見込まれている。15 年後，風力発電所を解体し，3 万 5000 ポンドの費用をかけて用地を復旧する必要がある。建設初年度以降，毎年 15 万ポンドの市場価値で発電する予定である。ここでは，実質的に一定のフローであると仮定する（インフレの影響は無視する）。風車の視覚的影響について反対派が抗議しているため，政府は地域住民を対象とした調査を実施した。

　調査の結果，地元住民が要求する平均年間補償額は 25 ポンド／世帯であった。影響を受けると考えられる 2000 世帯（この平均は，プロジェクトに反対する人と賛成する人の合計によって計算されている）が存在している。

　このプロジェクトの基本的な CBA を設定するのは簡単である。初期建設費用（0 年目）は，プロジェクトの開始時に発生するため，割引されない。メンテナンス費用は，関連する割引係数を使用して，毎年 6%（プロジェクトの期間がかなり短いことを考えると，割引率は低下しない）の割引率で割引かれる。

　また，景観悪化の補償費用（£25 × 2000）は，プロジェクト期間の 15 年間において割引かれる。プロジェクト開始 15 年目には，景観悪化の補償費用が終了する代わりに，原状回復費用として，3 万 5000 ポンドが発生し，この原状回復費用も割引かれる必要がある。年間 15 万ポンドの便益も毎年割引かれる。この

固定額の現在価値が，毎年どのように減少していくかが分かる。下表には，すべての作業の結果を示す。

表　便益と費用の現在価値

年	割引係数6% 割引率$(1.06)^{-t}$	便益 （£）	便益の現在価値 （£）	費用 （£）	費用の現在価値 （£）
0	1		0	750,000	750,000
1	0.9434	150,000	141,495	55,000	51,881
2	0.8900	150,000	133,485	55,000	48,944
3	0.8396	150,000	125,940	55,000	46,178
4	0.7921	150,000	118,815	55,000	43,565
5	0.7473	150,000	112,080	55,000	41,096
6	0.7050	150,000	105,735	55,000	38,769
7	0.6651	150,000	99,750	55,000	36,575
8	0.6274	150,000	94,110	55,000	34,507
9	0.5919	150,000	88,770	55,000	32,549
10	0.5584	150,000	83,745	55,000	30,706
11	0.5268	150,000	79,005	55,000	28,968
12	0.4970	150,000	74,535	55,000	27,329
13	0.4688	150,000	70,320	55,000	25,784
14	0.4423	150,000	66,345	55,000	24,326
15	0.4173			35,000	14,602
便益／費用の割引現在価値の合計			1,394,130		1,275,779
純現在価値＝ 1,394,130 − 1,275,779 = 118,351					

　この表から分かるように，費用の現在価値の合計は127万5779ポンドであるのに対して，便益の現在価値の合計は139万4130ポンドである。これは，プロジェクトの純現在価値が6%の割引率を用いた場合，プラス11万8351ポンドであり，CBA基準に適合していることを意味する。3万5000ポンドの原状回復費用は，現在価値で計算すると，将来価値の半分以下になることに注目されたい。

5.3.6　ステップ6——感度分析

　前述のNPV基準の値は，入力されたデータをもとに計算され，特定のプロジェクトの相対的な効率を示す。このデータが変化すると，NPV基準の値も変化する。しかし，なぜデータが変化するのだろうか。主な理由は，不確実性

環境経済学の実践　5.2
水力発電規制の費用便益分析の例

　Kotchen et al. (2006) は，ミシガン州にある 2 つの水力発電用ダムの再認可に関する CBA を実施した。政策の背景には，河川の管理方法を変えることによって，水力発電事業の環境負荷を削減しようとする動きがあった。Kotchen らは，ダムや貯水池からの放流方法を最大電力需要に合わせた方法から自然な水位変動に対応した放流方法に切り替えた場合を分析した。この政策による費用は，水力発電事業者がピーク時に失う電力発電量を他のエネルギー源によって埋めるのに発生する費用，ここでは高価な化石燃料を用いた発電である。ここでの便益は環境的なものであり，このケースでは，マニスティー川からミシガン湖へ移動するサケの数は年間約 27 万匹増加すると想定された。ピーク時の電力需要は，汚染度の高い石炭火力発電ではなく，より汚染度の少ない天然ガス火力発電によって満たされるため，大気汚染物質の減少からの環境便益を得られる。

　生産者の操業変更による費用は，水力発電と化石燃料由来電力の kWh 当たりの限界費用の差で求められる。これは，2 つのダムの年間費用が合計で約 31 万ドル上昇することを意味する。同研究では，大気汚染物質については，NO_x，CO_2，SO_2 を含む，5 つの汚染物質を考慮している。次に，河川の管理方法の変更による大気汚染物質の変化を，各大気汚染物質の限界損害費用を計算した先行研究の推定値を用いて貨幣換算した。最後に，サケの回遊数の変化を遊漁者の予測漁獲量の変化に変換し，遊漁価値のトラベルコスト法による推定値を用いて評価する（第 4 章参照）。

　この研究の結論は，水力発電のための河川システムの管理方法を変える計画の便益が費用を上回ることである。発電量の年間損失は，21 万 9132 ドルから 40 万 2094 ドルの範囲の費用を示しており，最善の推定値は 31 万 612 ドルである。排出削減による年間の便益は，67 万 756 ドルから 24 万 6680 ドルの範囲であり，一方，レクリエーション漁業の利益は 30 万 1900 ドルから 106 万 8600 ドルにのぼり，最も可能性の高い推定値は 73 万 8400 ドルである。レクリエーション漁業の便益の最良推定値が生産者の費用の上限を超えているため，切り替えの費用を上回る便益がある」と結論付けた。この場合，環境への悪影響を軽減するために水資源の管理方法を変更することで，費用便益基準に合格すると思われる。

に関するものである。CBA を使用して分析するほとんどの場合，将来の物理的なフロー（例えば年間発電量）と将来の相対価格（例えば電力の卸価格）を予測しなければならない。これらの値は，どれも完璧に予測することは不可能である。この不確実性は，環境への影響が含まれる場合，さらに広がる可能性がある。例えば，地球規模の温室効果ガスの排出削減を行う政策が計画されている場合，温暖化による損失回避の予測額は，幅広い値になる可能性がある。したがって，CBA で不可欠な最終段階は，感度分析を行うことである。

　つまり，便益，費用，割引率に関する主要なパラメータの値が変更された場合の NPV を再計算するのである。

　CBA の 6 つのステップを紹介したので，次節では，これらのうちの 1 つについてさらに詳しく説明する。

5.4　割引と割引率

　上で見たように，割引とは，遠い将来に発生する便益と費用の価値を低くすることを意味する。なぜこれが意味をなすのか。すでに述べたように，これはインフレとは無関係である。インフレは，すべての財とサービスの価格を，ある率（例えば年間 2%）で上昇させる。この価格の上昇を調整する方法として，「名目値」を「実質値」に変換する実質化がある。しかし，新しい風力発電所の予測される将来の利益を実質化しても，割引したいと思うだろう。割引の主な理由は 2 つある。これらは次の点を中心に展開される。

・資本の機会費用
・時間選好

5.4.1　資本の機会費用

　経済は，様々な理由から時間とともに成長するが，重要なのは，資本ストックを蓄積することによって，潜在的な生産量を増やしていることである。新しい工場への投資は，生産された製品からの年間利益の観点から，資本の所有者へ長期間にわたってリターンを生み出すことが期待される。投資された資本は，経済全体では，正の収益率を生み出す。つまり，ある経済の資源をすべて t 年に投資した場合，$t+1$ 年に生産される消費財の価値は，t 年に生産される

消費財の最大価値よりも大きくなる。しかし，資本は稀少である。新しい工場に 1000 万ポンドを投資すると，その 1000 万ポンドを新しい自転車専用道路に投資できないことを意味する。特定のスキームに投資することを選択すると，機会費用が生じる。機会費用とは，他の利用（最も収益性の高い選択肢）から失われた資本に対する収益である。経済全体を通して，投資プロジェクトを収益率でランク付けすることができる。これらの収益率は，資源を消費するのではなく，投資することによる純利益を示している。これは，限界的に評価すると，資本の機会費用として知られている。移転支払いが除外され，外部性が内部化される場合，これは資本の「社会的」機会費用 r に等しい。これは，公共セクター政策とプロジェクト評価のための割引率を用いる理由である（Lind 1982）。

5.4.2　時間選好

　割引を行うもう 1 つの動機は，「純粋な時間選好」すなわち，利益を早期に得たいという欲求が，人間の基本的な特徴と考えられることである。純粋な時間選好については，以下のように様々な動機が提示されている。

- ・せっかち
- ・死の恐怖（遠い将来に発生する利益を得ることができない可能性）
- ・将来の利益は現在の利益よりもリスクが大きい
- ・将来はより豊かになると予想されるため，将来の追加的な利益は，現在よりも価値が低くなると考えられる

　公平性への関心は，経済が拡大する中で，時間選好の動機付けにもなる（キーコンセプト 5.2 を参照）。

　重要な違いは，個人の厚生に適用される割引率と集団の厚生に適用される割引率の違いである。前者は個人の時間選好を反映し，後者は社会的時間選好を反映している。また，将来の効用と消費の割引を区別することも重要である。最終的に，人々の行動から推測される時間選好率（実証的割引）と分析者が「正しい」時間選好率（規範的割引）とするものを区別することができる。

　まず，個人の時間選好の概念から説明する。人は，将来よりも現在の利益を享受したいという動機がいくつかある。ロブは，12 カ月後よりも，今月中に新型バイクに乗って，キャドウェル・パークを無料で試乗したいと思ってい

る。なぜだろうか。それは，ロブがせっかちだから，あるいは 12 カ月後には無料で試乗できなくなるリスクがあると考えているから，あるいは，試乗する前に現在のバイクを生け垣に衝突させたなら，身体的にバイクに乗ることができなくなっているかもしれない。経済学者は，一般的に，人々の行動や表明された選択を観察することで，純粋時間選好率を推測できると考えている。個人の純粋時間選好率は，人々が将来得られる効用に対してどの程度，割り引いているかを示す。この時間選好率は，現在の効用と将来の効用の無差別曲線の傾きで表される。

　そこで問題となるのは，政府が政策やプロジェクトの決定を，個人の純粋時間的選好に基づく割引率に基づいて行うべきかどうである。Marglin (1963) は，個人の純粋時間的選好率を用いるべきではないと主張した。その理由は，貯蓄すなわち投資によって公共財が供給され，利益が生み出されるため，個人の時間選好率に基づいて政策・プロジェクトが決定された場合，公共財が過小供給されるからである。さらに，個人は消費者の立場と市民としての立場において，異なる時間的選好を有すると考えられる。このことは，社会的時間選好率は，必ずしも個人の時間選好率と同じである必要はないことを示唆している (Sugden and Williams 1978)。

　さらに厄介なことに，CBA によって計算されたある政策やプロジェクトの便益と費用は，効用の変化という観点ではなく，貨幣価値という観点から測定されている。これは，効用で定義された割引率ではなく，消費で定義された割引率が必要であることを意味する。効用が消費のみに依存する効用関数，$U = U(C)$ を考える。消費の時間選好に影響を与えるものは何か（例：C_t, C_{t+1}, C_{t+2}）。答えは，選択される効用関数 $U(C)$ の関数型にある。人々が豊かになればなるほど，1 ポンドの消費から得られる追加的な効用は減少すると予想される。すなわち，消費の限界効用は，所得の増加とともに減少する。これは，消費の選好に基づく割引率を特定するためには，（1 人当たり平均）消費または所得の長期的な成長率と，限界効用がこの増加にどのように反応するかについて知る必要があることを示唆している。前者を g，後者 η とする。η は，消費の限界効用の弾力性として知られており，$U(\cdot)$ の形状を表す。これで，「消費の利子率[*2]」i を次のように定義できる。

$$i = \rho + \eta g \tag{5.3}$$

　パラメータ ρ は，先に議論した純粋時間選好率である。平均してドイツ国民の純粋時間選好率が 2%（0.02），ドイツ経済の長期成長率が 3%，消費の弾性値が 1.5 という計算結果が得られたとしよう。ドイツ政府が政策決定の CBA を行う際に使用する消費の利子率は，（0.02 ＋（1.5 × 0.03））すなわち 0.065 であり $i = 6.5$% になる。Arrow et al.（2004）は，（5.3）式の構成要素を分析し，米国経済の i の推定値を 3% から 6% とした。

　公共政策とプロジェクト評価において，「社会的割引率」の役割を果たす候補は 2 つある。1 つは，消費の利子率で測られた社会的時間選好率 i である。もう 1 つは，資本の社会的機会費用 r である。最適な経済では，この 2 つは等しい。消費パターンと投資支出は，市場の力によって次のように調整されている。

$$r = i = \rho + \eta g \tag{5.4}$$

　この（5.4）式は，経済学者フランク・ラムゼイの名を取って「ラムゼイ条件」と呼ばれる。ラムゼイは，経済の最適な異時点間行動を初めて公式化した人物である。2 つの社会的割引率の候補は，現実には，異なるものになると予想される。そのため，政府内の政策立案者は，最も適切な，あるいは最良の割引率を選択する必要がある。このため，割引率の選択は，経済的な判断であると同時に，政治的あるいは哲学的な判断である（Drupp et al. 2018）。割引率をゼロまたは低い割引率だと主張することは，高い割引率を主張することと同じくらい正当化されるべき価値判断である。上の例では，便益や費用を割引の際は，常に同じ割引率を使用することを示唆している。これは，意思決定の一貫性に不可欠であると主張されてきた（Arrow et al. 1998）。気候変動政策を例に用いた，別の視点については，Hoel and Sterner（2007）を参照されたい。また，プロジェクトリスクが経済成長とどのように相関しているかに応じて，異なる割引率を用いてプロジェクトを割引することも可能である。

＊2　Dasgupta（1982）はこの用語を使用した。一方，Arrow et al.（2004）は，代わりに，「消費の社会的利子率」を用いている。

キーコンセプト　5.2

社会的割引率と所得格差

　上記の社会的割引率の選択についての議論では，フランク・ラムゼイが導き出した「ラムゼイ条件」に言及した（Ramsey 1928）。

$$r = i = \rho + \eta\, g \tag{5.4}$$

この式は，社会的割引率 i が，場合によっては資本の機会費用 r と同じであり，3 つのパラメータの相互作用によって決定されることを示している。

　ρ は，純粋時間選好率である。

　g は，一般に，経済における 1 人当たり平均所得の成長率として解釈される。

　η は，人々の所得（消費）が上がるにつれて効用がどのように変化するかを示している。

　η の 1 つの解釈は，所得格差に対する回避度を反映しているということである。η が正ならば，豊かな社会に対する 1 ポンドの価値が，貧しい社会に対する 1 ポンドの価値よりも小さいことを意味する。もし 1 人当たりの所得の成長率が正であれば（$g > 0$），将来の社会は 1 人当たりではより豊かになる。したがって，将来発生する純便益が生み出す追加的な厚生は，貧しい現在の社会よりも少なくなるため，将来の純便益を割引きたいと思うかもしれない。この割引の側面は，所得の変化率（成長率 g）と限界効用の変化率（$\eta > 0$ の場合）の比率を示すことから，資産効果と考えることができる。実際，将来の社会がより貧しくなれば，不平等への回避度が割引率を下げるための論拠となる。

　この不平等回避の概念は，異時点間の格差と関連している。異時点間の格差は，異時点での平均所得を比較して定義される。しかし，1 人当たりの所得が時間とともに増加しても，社会のすべての人が経済成長から恩恵を受けるわけではない。所得の成長が早い人々もいれば，平均的な世帯よりも成長が遅い人々もいて，その結果，所得の分配が時間とともに変化する。例えば，米国と英国では，1970 年代から 2013 年の間に所得格差が拡大したが，ノルウェーとオランダでは縮小した。所得格差の拡大について考えてみると，所得分布の中位層の世帯は，分布の上位層ほど急激には増えていない。Emmerling et al.（2017）は，経済成長によって格差が拡大し，社会が格差に対して回避的な場合には，割引率を引き下げることで適切に成長率を割り引くことを示している。逆に，経済

成長が所得格差を縮小する場合，社会は 2 つの側面で豊かになり（所得の増加，格差の縮小），それを反映して割引率も高くなるはずである。例えば，典型的な所得分布では，$\eta = 1$ であれば，適切な成長率は平均ではなく中央値の世帯の成長率である。米国と英国では，$\eta = 1$ とすると，社会的割引率は 0.25％低下する。これは大きな違いに見えないかもしれないが，将来の便益と費用の政策評価にとっては大きな問題になるかもしれない（例えば，気候変動政策の設定）。ノルウェーやオランダのように，所得の中央値の伸びが平均所得の伸びを上回っている国では，「不平等回避調整後の社会的割引率」は引き下げるのではなく，むしろ引き上げるべきであろう。

5.4.3　逓減的時間割引率

気候変動や気候変動政策に関連したような，はるか遠く離れた未来に生じる便益や費用について考えると，事態はますます複雑になる。この場合，経済学者が一定の割引率を求めるときに使う仮定の多くは成立しないかもしれない。経済的ショックと環境災害は，今日と比較して，市場と非市場の状況を変えるかもしれない。

英国やフランスなどの一部の国では，公共セクターの政策評価のために，いわゆる「逓減的時間割引率（DDR）スケジュール」を採用している。逓減的時間割引率を用いて割引する方法は，固定された時間割引率を使用する方法とあまり変わらない。すべての便益と費用は，どの年度においても，固定された時間割引率によって割引かれる。逓減的時間割引率と固定された時間割引率の違いは，長期的な期間では，この一定の割引率が時間の経過とともに低下することである（Arrow et al. 2014）。

逓減的割引率が使用される理由はいくつかある。その理由の 1 つは，将来の割引率の不確実性である。この不確実性は，将来の利子率に影響を与える予期せぬ出来事，例えば経済不況や自然災害などの悪い出来事，あるいは技術変化などよい出来事から生じる。将来の利子率が分からない場合は，どのような割引率を使えばいいだろうか。過去の平均値だろうか。中央値だろうか。利子率が不確実な場合の適切な割引率は，短期のものより長期のものの方が低い。なぜなら，想定されるすべての利子率について，将来の純便益の現在価値を計算

し，それらの平均値（期待純現在価値，ENPV）を求めると，平均現在価値は，低い利子率の方が高い利子率よりも大きな影響を受けるからである。高い利子率は，先に示したように，低い現在価値につながるため，想定されるすべての利子率の平均値にほとんど影響しない。この枠組みでは，長い時間軸において，可能な限り低い利子率が適切な割引率である。

　消費の成長率に関する不確実性は，逓減的時間割引率を用いる根拠とされてきた。割引は，「今日受け取った 1 ドルを明日受け取った 1 ドルとは異なる扱いをする」という考えを説明するために使用される。現在の消費量を諦め，将来のある時点での消費量を増やす比率は，1 対 1 ではなく，人々は現在より多く消費することを好む。しかし，割引率が一定と仮定した従来の計算方法では，消費の増加率を完全には予測できない（Arrow et al. 2014）。消費の成長率が不確実な場合，将来の社会がどれだけ豊かになるか，そして将来の幸福度をどれだけ割引いて考えればよいのかが定まらない。このような状況では，低成長の見通しの影響を強く受ける。この傾向は，期間を長期化すると強くなり，評価期間が長期化すれば，割引率は低下する。これにより，将来発生する費用と便益の ENPV が変化する。これを確認するには，以下の例を見てみたい。

　将来の費用および便益のフローを割り引くには，次の式を使用する。

$$PV(X_t) = X_t [(1+i)^{-t}]$$

　逓減的時間割引率（DDR）を使用する場合，i は t 期間において一定ではなく，時間とともに減少する。これは，将来の費用と便益のフローが，一定の割引率を用いるよりも重み付けを大きくしていることを意味する（割引率が 0 の場合，将来の便益と費用は，現在の便益と費用と同じ比重になっている）。

　上記のことを確認できるよい例は，CO_2 を 1 トン排出することによって生じる損害の現在価値である，炭素の社会的費用（SCC）である（Arrow et al. 2013）。一定の割引率 4％を用いた場合，SCC は CO_2 1 トン当たり 10.7 ドルと推定される。しかし，DDR を使用した場合，SCC は 26.1 ドルにまで上昇する。これは，一定の割引率で求められた場合の 2 倍以上の値である。また，これら 2 つの SCC 推定値の間の差は，石炭火力発電所の新設や高速道路への延伸のような，将来にわたって著しい炭素排出を伴うプロジェクトに関する費用便益分析の結果を変える可能性が高い。

　DDR を使用する際に考えられる問題の 1 つは，いわゆる「時間的に一貫性のない意思決定」である。これは，時間とともに割引率が変化するため，合理的な意思決定者は時間の経過とともに意思決定を変えることを意味する。例えば，ソーシャルプランナーが，将来費用を発生させる政策の決定を現在（$t =$ 0）行う。政策が決定されるとき，$t = 0$ では，t と $t + 1$ の間に発生する費用と便益を割引く際に使用される割引率は，低く長期的な利子率である。しかし，時間 t が実際に到来すると，「個人は期間 $t + 1$ に短期的（高い）割引率を適用する」（Arrow et al. 2014: 159）。これは以下の問題を提起している。ソーシャル・プランナーが t 期に $t + 1$ 期の消費量を決定すると，$t = 0$ 期に決定した $t + 1$ 期の消費量よりも多くなる。これら 2 つの意思決定が矛盾してしまう理由は，ソーシャルプランナーの好みが変わったからではなく，2 つの意思決定の間に時間が経過したためである。現実的には，多くの政府プロジェクトにはコミットメントの要素があり，昨日行われた投資決定（高速鉄道の建設など）は，明日プロジェクトが開始された後に，簡単に覆すことができないため，実際には問題にならないと思われる。

　英国財務省の公共政策とプロジェクトに関する CBA の公式ガイダンスである，グリーンブックでは，DDR の使用を推奨している。具体的な割引率は，0〜30 年は 3.5％，31〜75 年は 3％，76〜125 年は 2.5％になっている。この制度の効果は，従来の一定割引率と比較して，長期的な便益と費用の現在価値を高めることにある。

環境経済学の実践　　**5.3**
割引率の決定

　Groom and Hepburn（2017）は，英国，ノルウェー，フランスなどのいくつかの政府が公共セクターのプロジェクト評価に逓減的時間割引率のガイドラインを採用するようになった要因について，興味深い説明をしている。彼らは，3 つの要因が重なったと主張している。その第 1 の要因は，Gollier（2002）や Weitzman（1998）のような一連の学術論文の出現であり，それが理論的な論拠を確立した。具体的には，長期的な利益や損失を短期的な利益や損失よりも低い率で割り引く必要があることを示した（本文参照）。第 2 に，固定された割引

率に関する当時のガイドラインは，気候変動政策や原子力発電など，非常に長期的な影響をもたらす政策やプロジェクトの検討に問題を生じさせていため，政府内で懸念が高まっていたことである。第3は，「政策起業家」の役割である。例えば，デイビッド・ピアースのような学者は，学術研究と政策の間のギャップを埋め，政策立案者に手続きの変更の必要性を説いた。

　この結果，英国政府は2003年に，財務省の「グリーンブック」規則の対象となるすべての公共セクターのプロジェクトや政策の分析に逓減的時間割引率（DDR）を採用した。スケジュールは次のとおりである。

表　プロジェクトの期間と使用される割引率

便益の期間（年）	割引率（%）
30	3.0
75	2.5
125	2.0
200	1.5
300	1.0

さらに，グリーンブックのルールが高い評価を受けた結果，2005年のフランスや2012年のノルウェーを含む各国政府がDDRを採用したという。フランスでは，プロジェクトをリスクの高さによって分類し，どのDDRを使用すべきかを決定した。一方，興味深いことに，オランダと米国の政府は，DDRの採用を検討したものの，採用していない。

5.5　環境管理・政策分析における CBA の活用

　本節では，環境管理・政策分析におけるCBAの活用例を紹介する。具体的には，水質目標におけるCBAを取り扱う。特定の目標を達成するための費用，例えば，EU水政策枠組指令（WFD）の下での「良好な生態系」への改善，またはEU海洋戦略枠組指令における「良好な環境の達成」は，この目標がどのように達成されるかに依存する。特に，排出削減を達成する際の柔軟性が重要となる。規制当局は，WFDの下では，目標達成の費用が高いものではなく，費用対効果の高い削減方法を特定し，導入計画を策定することが求められる。また規制当局は，生産者と消費者の間，および産業間（例えば，電力産業と食

品・飲料産業との間）の費用負担がどのように分担されているかにも関心を持っている。次に，この問題に対するCBAの適用について説明したい。

　費用推定のための最初のステップは，水質問題の原因を特定することである。これには，工場や下水処理場からの直接的な汚染流入，農場からの非特定流出水，汚染物質の希釈を低下させる様々な利用者による水の取水，および「形態的」変化，すなわち，魚の移動を制限する堰の建設など，水域の物理的形状および操業への変化が含まれる。

　次に，水質目標を達成するために取ることができる手段を特定する必要がある。特定の水域であっても，規制する目標に応じて幅広い手段が含まれている可能性がある。例えば，スコットランドのレーベン湖の良好な生態系を達成するためのプログラムは，現在高栄養物質の流入によって藻類の大量発生の問題を抱えているが，以下のような手段が考えられる。

　・リンの流出を減らすために農法を変える
　・下水処理場の養分除去能力を高める設備投資
　・夏季の取水量削減
　・新築住宅の開発を抑制し，将来の下水流入量を削減

　特定の対策パッケージの費用は，その費用効率性に依存する。費用効率性とは，規制当局が汚染削減の限界費用を，すべての経済主体間で均等化する政策を導入することを意味する。経済主体間とは，産業間（例えば，農家と工場の間）だけでなく，産業内（例えば，すべての農家で）を指す。研究事例として，Hasler et al.（2014）を参照されたい。同研究では，様々な経済主体の参加によって，バルト海の汚染削減費用を削減できることを明らかにしている。

　次の課題は，目標達成による便益を推定することである。水質改善の便益の一部は，商業漁業や養殖業への影響として市場で評価されるかもしれないが，ほとんどは評価されない。水質改善の非市場便益には，以下のようなものがある。

　・釣り，水遊び，カヤックに対する消費者余剰の増加
　・川のそばを歩く人など，川の間接的な利用者への便益
　・河川内の生態系，鳥類の生息数，河岸植生の改善
　・住宅価格に影響を与えるきれいな川の快適性

　これらの便益の測定には，様々な評価方法が適切であろう。例えば，トラベ

ルコスト法は，釣り人の消費者余剰の変化を推定するのに使われるかもしれない。選択型実験は，川の間接的な利用や河川内の生態系を評価するために利用できる。ヘドニック分析は，住宅価格に影響を与えるアメニティ改善の側面を評価するのに利用できる。多くの便益は，利用価値と非利用価値の混合で得られる。特定の汚染物質（例えば，家畜排泄物から川，湖，海に流出する病原体）については，健康上の便益も重要となる。ヨーロッパの淡水において良好な生態系を達成した際の便益を推定するために，多くの選択実験が行われてきた（第 10 章参照）。Czajkowski et al.（2015）は，バルト海の良好な環境による便益と前述の費用を分析した研究を結び付けている。この論文は，9 ヵ国を対象とし，トラベルコスト法を用いた分析である。最後に，バルト海の改善による便益と費用を推定した研究，Hyytiäinen et al.（2015）を参照されたい。

　独自の評価研究を行うためには費用と時間を必要とするため，便益の移転を行い，水質改善の便益を評価することに関心が高まっている。便益の移転とは，第 4 章で見たように，1 つまたは複数の研究で得られた WTP の推定値を，何らかの方法で調整し，それを新たな状況に適用することを意味する。例えば，汚染の減少による，ある川の釣りの便益を測定する必要がある場合，他の川の研究から得られた WTP 値を用いてこの値を推定できる。①当初の調査が行われた 1 つまたは複数の場所と比較して，環境特性の違いを調整できる。さらに，②元の調査場所と新たに評価する場所における受益者の社会経済的特性の違いをふまえた調整も可能である。

　最後に，CBA は意思決定者に対して，水質改善計画の便益と費用が人々の間で，また関連する住民の間で分配されるかを示すために使用することができる。誰が環境変化から利益を得るのか。そして，誰がこの変化によって損をするのか。誰が水質改善のために取られた措置の費用を支払い，誰が便益を受けるのか。場合によっては，異なる集団に発生する便益と費用を，重み付けしたいこともある。例えば，便益と費用の重み付けを貧しい世帯と豊かな世帯とで変えるなどが考えられる。このような重み付け方法の議論については，Hanley and Barbier（2009）を参照されたい。

5.6　まとめ

　費用便益分析（CBA）は，政策立案者が政策やプロジェクトの経済効率を
評価するのを助ける経済的手法である。これを実現するために，CBA は，プ
ロジェクト・政策の時間とともに発生するすべての便益と費用を，特定の「関
係者」について定量化し，それらを合計して比較している。CBA の重要な側
面の 1 つは，将来の便益と費用を現在の価値に「変換」するための割引率の選
択である。しかし，多くの要因が関係しているため，これは単純な選択ではな
い。

　CBA は，希少な資源と希少な公的資金の代替的な利用法を比較することを
可能にする。例えば，5000 万ポンドの公的資金に対して最大の純便益をもた
らすプロジェクト・政策は何だろうか。新たな公有林の設置または国内のすべ
ての海岸の清掃だろうか。海岸の清掃または交通事故防止キャンペーンへの投
資だろうか。この最後の例は，CBA を使用する際に直面せざるをえない道徳
的または倫理的な問題を提起する。すなわち，すべての便益は「社会的厚生」
という点で，比較可能または取って代えることができるだろうかという問題で
ある。

ディスカッションのための質問

5.1　新しい洋上風力発電所や太陽光発電所のようなものの費用便益分析を行う
主な理由は何だろうか。私たちはそのような分析から何を知ることができ
るか。

5.2　将来世代の観点からすると，将来の費用と便益を割引くことはよくない考
えのように思われる。これは，気候変動政策の問題を検討するために
CBA を用いることに対する正当な批判だろうか。

練習問題

5.1 「カルドア・ヒックス基準に合格した」プロジェクトとは，具体的に何を示唆しているのだろうか。

5.2 CBA はプロジェクト分析の文脈で開発された。それは政策の代案について何を教えてくれるのだろうか（例えば，リサイクル促進のための代替政策）。

5.3 経済学者が，将来の費用と便益を CBA プロセスの一部として割り引くべきだと考える理由を説明せよ。

5.4 割引率の選択は，便益と費用が将来にわたって発生するプロジェクトにとって，より直接的な影響を及ぼすプロジェクトと比べて，どのような意味で重要なのだろうか。

5.5 気候変動政策の様々なオプションが所得配分に与える影響について，CBA は何を教えてくれるだろうか。

参考文献

Aldred, J. (2006). Incommensurability and Monetary Valuation. *Land Economics* 82 (2): 141-61.

Arrow, K., Cropper, M., Eads, G., Hahn, R., Lave, L., Noll, R., Portney, P., Russell, M., Schmalensee, R., Smith, V. K. and Stavins, R. (1998). Is There a Role for Benefit-Cost Analysis in Environmental, Health and Safety Regulation? *Environment and Development Economics* 2 (5259): 196-201.

Arrow, K. J., Dasgupta, P., Goulder, L., Daily, G., Ehrlich, P., Heal, G., Levin, S., Maler, K-G., Schneider, S., Starrett, S. and Walker, B. (2004). Are We Consuming Too Much? *Journal of Economic Perspectives* 18 (3): 147-72.

Arrow, K. J., et al. (2013). Determining Benefits and Costs to Future Generations. *Science* 341 (6144): 349-50.

Arrow, K. J., et al. (2014). Should Governments Use a Declining Discount Rate in Project Analysis? *Review of Environmental Economics and Policy* 8 (2): 145-63.

Atkinson, G., Groom, B., Hanley, N. and Mourato, S. (2018). Environmental Valuation and Benefit-Cost Analysis in U. K. Policy. *Journal of Benefit-Cost Analysis* 9 (1): 97-119.

Banzhaf, H. S. (2009). Objective or Multi-Objective? Two Historically Competing Visions for Benefit-Cost Analysis. *Land Economics* 85 (1): 3-23.

Czajkowski, M., Hanley, N., et al. (2015). Valuing the Commons: An International Study on the Recreational Benefits of the Baltic Sea. *Journal of Environmental Management* 156: 209-17.

Dasgupta, P. (1982). Resource Depletion, Research and Development and the Social Rate of Discount. In R. C. Lind (ed.), *Discounting for Time and Risk in Energy Policy*. Baltimore: Johns Hopkins Press.

Drupp, M. A., Freeman, M. C., Groom, B. and Nesje, F. (2018). Discounting Disentangled. *American Economic Journal: Economic Policy* 10 (4) : 109-34.

Emmerling, J., Groom, B. and Wettingfeld, T. (2017). Discounting and the Representative Median Agent. *Economics Letters* 161: 78-81.

Gayer, T. and Viscusi, K. (2016). Determining the Proper Scope of Climate Change Policy Benefits in U. S. Regulatory Analysis. *Review of Environmental Economics and Policy* 10 (2) : 245-263.

Gollier, C. (2002). Discounting an Uncertain Future, Journal of Public Economics 85: 149-66.

Groom, B. and Hepburn, C. (2017). Reflections: Looking Back at Social Discounting Policy. *Review of Environmental Economics and Policy* 11 (2) : 336-56.

Hanley, N. and Barbier, E. B. (2009) *Pricing Nature: Cost-Benefit Analysis and Environmental Policy Appraisal*. Cheltenham: Edward Elgar.

Hasler, B., Smart, J. C. R., Fonnesbech-Wulff, A., Andersen, H. E., Thodsen, H., Mathiesen, G. B., Smedberg, E., Göke, C., Czajkowski, M., Was, A., Elofsson, K., Humborg, C., Wolfsberg, A. and Wulff, F. (2014). Hydro-Economic Modelling of Cost-Effective Transboundary Water Quality Management in the Baltic Sea. *Water Resources and Economics* 5: 1-23.

Hockley, N. (2014). Cost-Benefit Analysis: A Decision Support Tool or a Venue for Contesting Ecosystem Knowledge? *Environment and Planning C* 32 (2) : 283-300.

Hoel, M. and Sterner, T. (2007). Discounting and Relative Prices. *Climatic Change* 84 (3-4) : 265-80.

Hyytiäinen, K., Ahlvik, L., Ahtiainen, H., Artell, J., Huhtala, A. and Dahlbo, K. (2015). Policy Goals for Improved Water Quality in the Baltic Sea: When do the Benefits Outweigh the Costs? *Environmental and Resource Economics* 61 (2) : 217-41.

Kotchen, M., Moore, M., Lupi, F. and Rutherford, E. (2006). Environmental Constraints on Hydropower: An Ex Post Benefit-Cost Analysis of Dam Relicensing in Michigan. *Land Economics* 82 (3) : 384-403.

Krutilla, J. V. and Fisher, A. C. (1985) *The Economics of Natural Environments*. Baltimore: Johns Hopkins University Press.

Lind, R. C. (ed.) (1982) *Discounting for Time and Risk in Energy policy*. Baltimore: Johns Hopkins University Press.

Marglin, S. (1963). The Social Rate of Discount and the Optimal Rate of Investment. *Quarterly Journal of Economics* 77 (1) : 95-111.

Ramsey, F. P. (1928). A Mathematical Theory of Saving. *Economic Journal* 38: 543-59.

Sugden, R. and Williams, A. (1978) *The Principles of Practical Cost-Benefit Analysis.* Oxford: Oxford University Press.

Weitzman, M. (1998). Why the Far-Distant Future Should be Discounted at Its Lowest Possible Rate. *Journal of Environmental Economics and Management* 36 (3) : 201-8.

第6章 環境リスクと行動

6.1 はじめに

　環境保護はリスクの高いくじといえる。先進国も途上国も，人間の活動や自然現象によってもたらされるリスクを低減するために，多大な資源を費やしているが，絶対的に安全なゼロリスクの社会を保証することはできない。むしろ，これらの投資は，より安全で繁栄した結果が悪い結果よりも実現される可能性が高いという新たなくじを作り出しているのである。社会は環境政策を利用してリスクを低減し，リスクの確率が低い，つまり健康とクリーンな環境の確率が高い新たなくじを好む。環境政策および経済学を考えるとき，リスクと不確実性の下で，政策立案者が理論的・実践的にどのように意思決定を行うのか，また，そうした意思決定が繁栄と貧困にどのように影響するのかを理解するために時間を費やすことは理にかなっている。

　理論的には，くじとしての政策が示唆することは，例えばワンヘルス（ワンヘルス・イニシアチブとエボラ基金の経済的ケースに関しては環境経済学の実践6.1を参照）の取り組みのように，人間，動物，環境の健康に対するリスクを定義する確率と結果の両方について，人々は同時に考えるべきであるということである。環境リスクは，人間から自然への影響と，自然から人間への影響が同時に決定される。このような同時決定は，自然および人間の一連の行動と反応を生み出す。経済システムの乱れは生態系に影響を与え，その影響は乱れの発生源である経済システムにフィードバックされる。絶滅危惧種へのリスクの

問題はその好例である。生物保全学者は，種の危機の閾値は，生物学的な問題
であり，種の個体群の現状，個体数の増減傾向と空間的な分布，および生息地
との関係の組み合わせから決まると議論するだろう。本章と本書全体では，こ
の見方は狭すぎると論じている。経済的環境は，生息地の質に影響を与える。
すなわち，住宅価格は人間がどこに住宅を建て，庭や畑で何を作付け・収穫
し，そして何を保全するかに影響を与える。重要とされる経済環境には，代替
的な場所からの人間の利用者への相対的な収益，特定の場所における代替的な
利用からの相対的な収益，および人間の厚生が含まれる。「最高かつ最良」の
利用で相対的収益率が低い場所は，そのまま放置される可能性が高い。さら
に，裕福な人々は良質な住環境を確保する余裕がある。このことはすべて，絶
滅危惧種へのリスクが生物学的状況と経済的状況の両方によって決定されるこ
とを意味している。

環境経済学の実践　6.1

人間と自然による環境リスクの同時決定
——ワンヘルスとエボラ基金

　　人間，動物，植物は生態系を共有している。私たちの行動は自然に影響を与
え，自然の変化は人間に影響を与える。エボラ出血熱，SARS，狂牛病，西ナイ
ルウイルス，鳥インフルエンザの流行は，人間と動物の健康がいかに密接に結
びついているかを示している。例えば，エボラウイルスは野生動物から人に感
染し，人から人への感染を通して人の集団に広がっている。この健康リスクは
人間と環境とで相互同時に決定され，人，動物および環境は関連しており，科
学者と政策立案者はそれぞれ過去 10 年間，地域，世界のレベルで活動すること
ができる共同の学際的な取り組みにおいて，これらのリスクに対処するための統
一的なアプローチを要請し始めた。

　　ワンヘルスは，この考え方を取り入れた現在も継続中のグローバルな取り組
みである。人間の健康は動物の健康と環境水準に密接に関連しており，私たち
全員が従来の規律の境界（Lebov et al. 2017）を越えて考える必要がある。ワン
ヘルスは，最もコスト・パフォーマンスに優れたリスク評価と管理には，分野
や組織間のコミュニケーションの向上と協力の強化が必要であるという，従来
の考え方に対する新たなコミットメントを反映している。自然科学者，生命科

学者，社会科学者，あらゆる分野の政策立案者は，より良いコミュニケーショ
ンをとり，協力しなければならない。ワンヘルスは現在，その範囲を拡大し，
公衆衛生政策を食料安全保障，貧困，ジェンダー問題とどのように関連させる
かということまで含んでいる。

　エボラ出血熱のリスクの例を考えてみよう。経済性を利用してワンヘルスの
アイデアをより費用効率的，すなわちより低い費用でより多くのリスクを低減
できるようにする方法を考えてみよう。1970 年に最初に記録されたエボラ出血
熱の流行以来，中央アフリカでは繰り返し発生し，高い死亡率を伴う出血熱を
引き起こしている。2013 年 12 月，西アフリカのギニアでエボラ出血熱が発生し，
9 ヵ国（ギニア，リベリア，マリ，シエラレオネ，ナイジェリア，セネガル，スペ
イン，英国，米国）で 2 万 4000 人以上の患者が発生した。この未曾有の規模と
インパクトを伴った突発的な感染拡大の結果，1 万人近くが死亡したと報告され
ている。オバマ大統領は退任前に，エボラ出血熱の流行を抑制し，再発を防ぐ
ために 60 億ドル以上の緊急資金を要請した。この共同決定では，これらの資金
をどのように配分するのが最善か，経済学と疫学の両方を用いて指針を示す必
要があるとしている。

　Berry et al.（2018）は生物経済モデルを用いて，都市部へのエボラ出血熱の
広がりがこそが感染拡大防止が困難であることの主な原因であると仮定して，
将来のエボラ出血熱の流行を抑制し，予防するための資金の最適な配分方法を
評価した。この結果は，約 10 億ドルの固定資本ストックを創出すれば，100 億
ドルの節約が期待できることを示唆している。資本ストックを構築するには多
額の初期投資が必要であり，その後，長期にわたって資本ストックを維持およ
び拡大するには，一連の小規模な投資が必要である。

　彼らの結果はさらに，完全に利己的な先進国政府（例えば米国やヨーロッパ諸
国）であっても，予防資本（エボラ出血熱対策の「常備軍」）への投資は行われる
べきであることを示唆している。これは，米国や EU のような先進国が，エボ
ラ出血熱やその他の新興感染症の脅威を，国際的な開発問題であると同時に緊
急医療対応問題として対処し続けるべきであるという見解を支持するものであ
る。病原体に特化した新たな制御手段よりも疾患予防のための対応能力の拡大
の方が効果的であるという考えは直感に反する。しかし，予防資本への投資は，
ワクチンのような疾患特異的な制御手段よりも効果的であることを考慮すると，
これらのワクチンが費用対効果に優れない限り，同様の結果は起こりうる。
Berry et al.（2018）の分析によると，予防資本は，新興感染症の継続的な脅威
に対する先進国の保険政策と考えることができる。パンデミックリスクの場合，

最も効果的な保険政策は，途上国におけるパンデミック防止プログラムを創設できる予防資本の強化であり，これは，長期的な資金援助と国際的な援助としての技術支援を通じて行動する先進国によって支援されるもべきのである。

　人々は，日常生活にリスクが存在することを知っていて，健康と厚生に対するリスクを低減するために，どのように資源を投資するかを考えている（例えば，浄水器，シートベルト，日焼け止めなどの購入）。我々は，市場の失敗を「修復」する方法を提案することにより，健康へのリスクを低減する費用効率の高い環境政策について考える。新しい市場や市場に似たインセンティブを創出する政策に関する助言は，理論的モデルに基づいて行われる。理論的なモデルにおいては，新しいインセンティブに直面している人々が目的に沿って行動し，自らの選択の結果を考慮して整合的な選択を行うことを前提とする。過去1世紀にわたり，経済学者は「合理的選択理論」と呼ばれる選択のモデルを用いて研究に従事してきた。合理的選択理論において人々は，市場取引の文脈の中で，自分の最大の便益のために整合的な意思決定を行うと仮定される。

　人々がリスクについて考えるときに一貫して体系的な選択または行動をするならば，合理的選択理論を用いて環境政策を導くことには意味がある。しかし，実際には，人々はリスクの下での意思決定に苦慮している。代わりに，単純化されたルール（ヒューリスティック：経験則）を用いて選択を行う。ある状況下では，人々が環境リスクにどのように反応するかを理解する上で，標準的な合理的選択理論が有用でないことを，過去半世紀にわたり多くの実証研究が示してきた（Kahneman 2011）。人々は体系的な一貫性のない選択を行う。例えばリスク回避型の人々は損失を避けるためにギャンブルをし，変化に抵抗し，小さなリスクを過大評価し，個別のバンドルで考え，現在の価値を未来よりも高く評価するが，我々は一貫性がなく，市場の状況下でさえ他人のことを気にし，善意は金銭によって汚される可能性がある。また，選択の文脈が重要であることもわかっている。すなわち，誰が情報を与えてくれるのか，社会的・文化的規範，デフォルトの選択と現状の基準点，何が私たちの注意を引くのか（独自性，アクセス，単純性），どのように私たちが無意識のうちにある選択をするよう仕向けられているか，商品や情報に対する感情的な反応，制限された意思の力を克服するためのコミットメントの程度，自我／自己イメージ

(Metcalfe and Dolan 2012) などである。

　古典的な合理的選択や文脈依存的選択の観点からすると「異常な行動」は，多くの私的および公的な意思決定において生じる。このような行動は，古典的に定義された合理的な環境経済学や環境政策の基礎を揺るがすものである (Shogren and Taylor 2008)。行動経済学は，人が取り得る行動の合理的選択からの系統的な逸脱を説明しようとする研究分野である。行動経済学者は，観察された行動という「事実」を意思決定の新しい理論をもって説明することを目的として経済原理を再構築するが，そのための補助として，心理学的な洞察を用いる。「再構築」とは，合理的選択理論に人間性を加えることを意味する。最終目標は，インセンティブを実際に観察される行動によりフィットしたものにすることによって，環境政策をより効率的なものにすることである（行動環境経済学の先駆的な研究 Knetsch（2000）を参照されたい）。

　エネルギー効率は「異常な行動」が環境保護にどのように影響するかを説明する。「エネルギー・パラドックス」は，例えば炭素税などを所与としたときの現在価値計算で予測されるよりも，省エネルギーに対して少なく支払う場合に現れると言われている。この結果を説明しうる行動上の異常には，将来の価値を過度に割引いて考える人，燃料節約の期待値を計算するのに苦労している人，現状を過度に重視している人，あるいは純便益を最適化するのではなく，ヒューリスティックな意思決定戦略に頼る人々などによる行動が含まれる。これらは，仮に省エネルギーの選択を支配している効果があるとしたときに，どの効果がそれにあたり，それがなぜ重要なのかを政策立案者が判別できないような概念の集合である (Gillingham et al. 2009)。このような場合の政策上の選択肢は，より多くの教育，情報，および標準設定に限られている。人々が価格の変更に合理的に対応しなければ，環境税は，効率性の点でも，負担の配分の点でも，意図した結果をもたらさない (Brekke and Johansson-Stenman 2008)。

　本章では，環境リスクと環境行動について，理論と実践の両面から検討する。私たちは，人間と環境の健康に対する現在のリスクレベルに対応して人々がどのように行動するか，また，リスクの変化にどう対応するかを，私的にも公的にも考察する。リスクとは，次の2つの要素の組み合わせを意味する。すなわち，悪いイベントが発生する「機会」と，悪いイベントが発生した場合に実現される「結果」である。私たちの生活を改善するために行動するとき，他

人や私たち自身にリスクをもたらすことを意図しない。しかし，そのような行動が汚染や事故を引き起こしうることは確かである。車は大気を汚染し，石油は漏出し，科学技術は失敗を犯す。こうしたことがいつどのように起こるかが，現代の経済で私たちが直面するくじを定義している。私たちの行動は，新薬，新しい交通手段，新しいコミュニケーションシステムといった見返りを生む。しかし同時に，例えばチェルノヴイリ原発事故や福島第 1 原発事故のような新たなリスクも生み出す。今日，多くの研究者は，私たちの選択が，生物多様性の損失と気候変動を通じて人間をより大きなリスクにさらしているのではないかと恐れている。貧困層が環境リスクの影響を過度のに受けるかどうかについては，キーコンセプト 6.1 を参照するとよいだろう。

　ゼロリスク社会を実現することは不可能なため，リスクと見返りのバランスをとりつつトレードオフの関係を作り出さなければならない。例えば輸送におけるリスクをゼロに低減させるためには，必要な支払いを行う個人もわずかだが存在する。すべての一般道路と高速道路の制限速度を時速 16km に設定することもできる。こうすれば交通事故による死亡者はいなくなる。しかし，そのようなルールが制定されるのを目にすることはないだろう。低速度で運転することによって生命を守ることは費用が高くつきすぎるため，人々は高いリスクと高い制限速度をトレードオフしている。私たちは，仕事においても，レクリエーションにおいても，ライフスタイルにおいてもリスクと見返りの間の同様のトレードオフを経験している。健康，安全，環境リスクの性質，リスクに直面した人の行動，さらにリスク管理のための効果的な戦略を理解することは，環境に対するよりよい公共政策のために必要不可欠である。

6.2　リスク下での行動

　まず，リスク下における意思決定の合理的選択モデルを定義することから始めよう。リスクの評価は，直面しているリスクに対する人々の対応に依存する。ルネッサンスから今に至るまで，経済学者を含めた人々はリスクと人の行動について体系的な理論を構築してきた。交易をもって価値を増やす術を理解するにつれて，人々は財力と健康の両方に関連するリスクをいかにして管理するか取り組み始めた。より多くの交易はより多くの富とより多くのリスクを意

キーコンセプト　6.1

環境リスクと貧困

　2018 年に発行された *Journal of Environmental and Development Economics* では，環境リスクと貧困がどのように関連しているかに焦点が当てられた。一連の論文は次のような疑問を扱っていた。より大きなリスクはより多くの貧困を意味するのか，あるいはより多くの貧困はより大きなリスクにさらされていることを意味するのか，あるいはその両方なのか。貧しい人々は，人間活動や自然災害によるリスクにさらされやすいか。彼らはまた，大災害の実際の結果に対して，より脆弱であるのか。このようなリスクと貧困に関する疑問に経験的に答えることは，リスク，時間，空間，規模の違いにより，複雑化する可能性がある。特別号の論文の 1 つは，ベトナムにおける 8 つの異なるリスクに関する詳細な空間的・時間的データの収集に焦点を当てていた。Narloch and Bangalore（2018）は，リスクの種類や空間的な大きさに関係なく，貧困とリスクが関係しているかどうかを調べようとしていた。彼らは，世帯／地区の所得水準と 8 つの環境リスク，すなわち，人間の健康の代理変数としての大気汚染，生態系の健康の代理変数としての樹木被覆の喪失，土地生産性の低下の代理変数としての土地劣化，浸食／地滑りの代理変数として土地傾斜を採用し，気象変動，洪水ハザード，干ばつを捕捉するための降雨と気温変動の分布を利用した。包括的に見ると，リスクの高い地域ほど貧困が多く，貧困世帯はリスクの発生源にかかわらず，より大きな環境リスクに直面していることが示唆される。場所を一定に保ちつつ，リスクの様々な側面から問題を検討することにより，彼らの知見は単一のリスクに焦点を当てた研究よりも説得力がある。全体的に見て，ベトナムの貧困層は過度のリスクにさらされている。

　この特別号の別の論文では，洪水や干ばつにさらされている貧困層の方がより豊かかどうかという問題を掘り下げている。Winsemius et al.（2018）の研究は，これまでの研究よりもさらに世界規模で行われており，対象は 52 ヵ国である。彼らは，貧困と自然災害の関係が普遍的かどうかを理解することに関心を持っていた。全体的に見て，これらの調査結果は，貧しい人々は干ばつや洪水にみまわれているが，そのパターンは普遍的ではなかった。洪水については，52 ヵ国中 34 ヵ国が有意な関係を示し，干ばつについては 30 ヵ国が有意な関係を示した。都市部の貧困層は農村部よりも大きな被害を受けていた。都市部の相対的な地価が高いことを考えると，貧困層はよりリスクの高い低家賃地域に住んでいるのである。

味した。海洋によって互いに隔てられながら交易をしていた者たちには，リスクを管理し制御する方法を理解するインセンティブがあった。貿易ルートが世界大戦や世界的な株式・債券のスワップへと変化するにつれて，実用的な技術としてのリスク評価やリスク管理からの便益は増加した。リスクの行動的基礎を理解している人は，リスクが存在するいかなる局面でも事を有利に運ぶ可能性が高い。これは環境リスクにも当てはまる。

　人々がリスクの下でどのように行動するかを理解してきた学術的な流れをたどるために，以下の３つのギャンブルを考えてみよう。

・ギャンブルＸは確実に30ドルが支払われる―確実にもうかる賭けである。
・ギャンブルＹはコイン投げで，表で100ドルを獲得し，裏で100ドルを失う。
・ギャンブルＺはサイコロで，1が出ると2000ドル，2で1000ドル，3で500ドルを獲得し，4で0ドル，5で1000ドル，6で2000ドルを失う。

　あなたならば，どのギャンブルを選ぶだろうか。リスクの下で人々がどのように選択を行うかについて最初に推測した初期の理論家たちは，人々は結果の期待値（ギャンブルで起こりうるすべての結果に結果の発生確率で重みをつけた荷重平均）が最も高いギャンブルを好むと議論した。

期待値＝（結果1の確率）×（結果1の金銭価値）
　　　　　＋（結果2の確率）×（結果2の金銭価値）
　　　　　＋（結果3の確率）×（結果3の金銭価値）

この例に応用すると
・ギャンブルＸ：100％の確率で得る＄30＝期待値は＄30
・ギャンブルＹ：
　　（50％の確率で得る＄100）＋（50％の確率で得る－＄100）
　　＝期待値は＄0
・ギャンブルＺ：
　　（[1／6]の確率で得る＄2000）＋（[1／6]の確率で得る＄1000）
　　＋（[1／6]の確率で得る＄500）＋（[1／6]の確率で得る＄0）
　　＋（[1／6]の確率で得る－＄1000）＋（[1／6]の確率で得る－＄2000）
　　＝期待値は＄83. 33

　ギャンブル Z は最も高い期待値を持つ。しかし，実際には，多くの人々がギャンブル Z ではなく，ギャンブル X を選ぶことが観察される。「茂みの中では手の中の一羽の鳥は二羽の値打ちがある」という古い格言は，確実なものを得るための慎重な戦略を反映している。

　しかし，期待値の低いギャンブルが，なぜこれほど多くの人を引き付けるのだろうか。18 世紀にニコラス・ベルヌーイは，その理由を示すためにサンクトペテルブルクのパラドックスを示した。次のような命題が与えられたとしよう。表と裏が同じ確率で現れるコインを投げて賭け事を行うことができる。最初のフリップで表が出たら，2 ドルを獲得する。2 回のフリップで表が出れば，4 ドルを得る。3 回で 8 ドル。4 回で 16 ドル。5 回で 32 ドル。6 回で 64 ドル。8 回で 128 ドル……と続く。このギャンブルに参加するためにいくらまでなら払ってもいいと，あなたは考えるだろうか。

　誰でも無限よりは低い金額で答える。しかし，無限こそがこのギャンブルの期待値である。

$$期待値＝[1／2]の確率で得る \$2＋[1／4]の確率で得る \$4$$
$$＋[1／8]の確率で得る \$8＋……$$
$$＝\$1＋\$1＋\$1＋\$1＋\$1＋……$$
$$＝無限$$

　ではこの個人は，もっと支払ってもよかったのだろうか。そうではない。なぜだろうか。1 つの理由は，ギャンブルの分散も無限だからである。分散はリスクと同義に扱われる。というのも，分散は結果の潜在的な変動を反映するからである。分散は，期待値の周囲の分布を反映する。分散が大きければ大きいほど，より多くの悪い状態，すなわち低い利得が実現する可能性が高い。

　ニコラスのいとこ，ダニエル・ベルヌーイは，無限の分散を伴うギャンブルに人々が無限以下の金額を払う理由を述べた——2000 ドルの利得は 1000 ドルの利得の 2 倍の価値はない。人々は富の限界収益を減らしている。このことは，より多くのお金をより少ないお金にあらかじめ振り向けるとしても，あなたが稼いだ最後の 1 ドルは，最初に稼いだ 1 ドルよりも満足度が低いことを意味する。彼の重要な洞察は，追加的な富の増加から生じる追加的なの満足度の

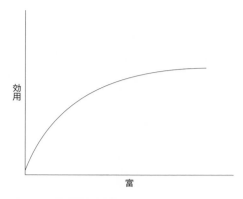

図 6.1　限界効用の逓減

大きさは，現在の富に反比例するというものである。

　図6.1は限界効用の逓減を説明している。富の追加的な増加は効用の総和を増加させるが，富の総量の増加とともにその増加率は減少する。このため，効用関数は曲線を描く。分散が大きいギャンブルは魅力的ではない。富に加えられた余分な金銭から得られる利得は，失われた余分なドルから得られる損失よりも小さいのである。このプロパティを使用した便利な効用関数の例を次に示す。富の量を w で表すとする。

$$u(w) = \sqrt{w}$$

　例えば，1万ドルの富は100の水準の効用を生み出し，100万ドルの効用は1000の水準の効用を生み出す。つまり，ここでは100倍の富が10倍の水準の効用を生み出している。個人がこのような効用のありようを示すとき，この個人は「リスク回避的」であるという。リスク回避的な個人は，フェア・ベット（それぞれ50％の確率で1000ドルを獲得するあるいは喪失するような，獲得報酬の期待値がゼロであるギャンブル）よりも確実に得られる報酬を好む。これとは異なり，ある個人がギャンブル（得られる報酬は期待値で算出される）をフェア・ベットよりも好むときに，その個人は「リスク愛好的」であるという。さらに，ある個人がギャンブルとフェア・ベットの間で無差別であるとき，その個人は「リスク中立的」であるという。

　ベルヌーイの洞察は，期待効用理論（EU）と呼ばれる合理的選択フレーム

ワークに形式化された。数学者のジョン・フォン・ノイマンと経済学者のオス
カー・モルゲンシュテルンが 1940 年に導入して以来，期待効用理論は人々が
リスクの下でどのように意思決定を行うかについての最も長期にわたる標準的
なモデルとなっている。期待効用の形式的理論は，人はリスクについての選択
を，よい事象と悪い事象が実現される確率，よい事象と悪い事象の結果，そし
て人が実現された結果から得られる効用や満足についての信念に基づいて行う
という考えを再考する。

　期待効用の観点から以下の 3 つのギャンブルの選択を考えてみよう。例えば，
ある個人の最初の資産が 2001 ドルで，効用関数 $u(w) = \sqrt{w}$ を持っていると
する。

- ギャンブル X：100 ％の確率で効用 $\sqrt{\$\,2031}$ が発生するため，期待効用は
  45.1
- ギャンブル Y：50 ％の確率で効用 $\sqrt{\$\,2101}$ ＋ 50 ％の確率で効用 $\sqrt{\$\,1901}$ が
  発生するため，期待効用は 44.7
- ギャンブル Z：[1／6] の確率で $\sqrt{\$\,4001}$ ＋ [1／6] の確率で $\sqrt{\$\,3001}$ ＋
  [1／6] の確率で $\sqrt{\$\,2501}$ ＋ [1／6] の確率で $\sqrt{\$\,2001}$ ＋ [1／6] の確率で
  $\sqrt{\$\,1,001}$ が発生，期待効用は 40.9

　期待効用理論に基づくと，45.1 ＞ 44.7 ＞ 40.9 であるため，この個人はギャ
ンブル X を Y または Z よりも好むことが分かる。これは期待効用理論の洞察
であり，結果の期待値と期待効用はギャンブルを同じようにランク付けするわ
けではない。

　環境リスクの例を考えてみよう。トラビスは，大気汚染レベルが高いラスベ
ガスに住んで働いている大工である。彼は年に 5 万ドル稼ぐ。しかし，オゾン
や粒子状物質にさらされていることを考えると，健康でいられるかどうかは分
からない。彼が自然の 2 つの状態のうちの 1 つが実現されると信じているとし
よう。2 つの状態とは，良好な状態と悪い状態である。良好な状態では，彼は
健康で 5 万ドル稼ぐ。悪い状態では，彼は病気になり，3 万 5000 ドル（＝ 5
万ドル－医療費と仕事の損失による 1 万 5000 ドル）を稼ぐ。π と（$1-\pi$）は，
良好な状態と悪い状態のいずれかが実現されるという彼の信念を表すものとし

て，彼が健康でいられる確率は 70 対 30 と考えたとしよう。すなわち，$\pi = 0.7$ であり，$(1 - \pi) = 0.3$ である。トラビスは，大気汚染が少なく賃金も安いワイオミング州ダッチクリークへの移転を検討している。ダッチクリークに移住すれば，よい状態では年間 4 万ドルの所得を得られ，悪い状態でも 3 万 8000 ドルの所得を得られる。彼は，健康でいる確率は 90 対 10 で，大気汚染のために病気にならないと信じている（すなわち π' と $(1 - \pi')$）。

　ここで，ラスベガスとダッチクリークのそれぞれに住むときのトラビスの期待効用を，自然の 2 つの潜在的状態の確率加重和として記述することができる。

$$
\begin{aligned}
\text{EU（ラスベガス）} \quad &= \pi\, u(w) + (1 - \pi)\, u(w - D) \\
&= (0.7)\, u(\$50{,}000) + (0.3)\, u(\$35{,}000) \\
&= 0.7\, \sqrt{\$50{,}000} + 0.3\, \sqrt{\$35{,}000} \\
&= 213
\end{aligned}
$$

$$
\begin{aligned}
\text{EU（ダッチクリーク）} &= \pi'\, u(w) + (1 - \pi')\, u(w - D) \\
&= (0.9)\, u(\$40{,}000) + (0.1)\, u(\$40{,}000) \\
&= 0.9\, \sqrt{\$40{,}000} + 0.1\, \sqrt{\$40{,}000} \\
&= 200
\end{aligned}
$$

　こうした確率と所得の下では，病気になる確率はラスベガスでの方が高いものの，トラビスの期待効用は 213 > 200 のようにラスベガスでの方が高い。トラビスは，より高い所得のためにより高い健康リスクをトレードオフしている。これは，労働者がより多くの賃金を得るためにより大きなリスクを負う多くの仕事で一般的である。
　ここで，その他のことを一定とした上で彼がラスベガスで健康でいられる確率が，例えば 50 対 50 まで下がったとする。その場合，ラスベガス滞在での彼の期待効用は 205 に下がる。それでも期待効用は 205 > 200 であるため，ダッチクリークよりラスベガスの方が好まれる。もし確率が 30 対 70 になると，その時点で期待効用は 198 に下がっているため，トラビスはラスベガスを離れる

ことを考える。このとき，200 ＞ 198 でダッチクリークの方が魅力的な選択肢
である。さらに，給料に加えてどこに住むかという決断や，学校の質，犯罪，
レクリエーションの機会，病気になる可能性など，様々な要素が影響するのは
確実である。これらの要因も考慮するためには，期待効用の枠組みを調整する
必要がある。これはより複雑だが，実行可能である。

　期待効用モデルにおける合理的な選択を理解するための次のステップは，個
人が個人的にまたは集団的に，リスク削減のための他の投資を通じて直面する
リスクを低減する能力を説明することである。トラビスはモデルが示唆するほ
どリスクに対して無力ではない。彼はダッチクリークに引っ越す以外にも多く
の選択肢を持っているのである。例えば，トラビスは病気に対する保険に加入
することもできる。また，彼は様々なリスク低減戦略に投資して，大気汚染に
よって病気にかかる確率を変えることもできる。自宅用に空気清浄機を買うこ
ともできるし，食生活の改善や運動量を増やすこともできる。彼の行動は，悪
い状態が発生する確率を低下させるか，または実現した場合でも不良状態の深
刻度を減らすか，あるいはその両方を行うことができる。我々は，疾病の可能
性を減少させる行動を自己防衛あるいは緩和と呼ぶ。また，実現した結果の深
刻さを減少させる行動を自己保険あるいは適応と呼ぶ。

　トラビスの問題はさらに複雑になった。彼は，病気の確率を低くし，重症度
を軽減することで得られる余剰と，自分自身を保護し保険をかける費用とのバ
ランスを取る，自己防衛と自己保険のレベルを選択する。すなわち，

$$\text{EU（ラスベガス|リスク低減）}$$
$$= \pi'(z)u(w-z-x) + (1-\pi'(z))u(w-\mathrm{D}(x)-z-x)$$

　ここで，$\pi(z)$ は良い状態の確率であり，これは自己保護のレベル z に依存
する。$\mathrm{D}(x)$ は疾患の重症度であり，自己保険のレベル x に依存する。環境リ
スクの選択を理解するためには，リスクアセスメントとリスクマネジメントを
リンクさせた上で，リスク低減のための私的能力を含めることが有用である。
リスクを正確に測定し，効果的に管理するためには，これらの行動を考慮しな
ければならない（Ehrlich and Becker 1972；Shogren and Crocker 1999）。

　リスクアセスメントは人間と自然への潜在的脅威を推定する有用な記録を蓄積しているが，1つの問題がリスク評価の文献に浸透している。リスク評価の文献では，人々が直面しているリスクや，人々が作り出したリスクにどのように適応するかという点が強調されていない。過去10年間にわたり，科学者は環境リスクに内生性があることを認めてきた。人は直面するリスクの多くに影響を与えることができる。そのような例は多い。大気汚染に耐えられなくなると，人は移動したり身体活動を減らしたりする。飲料水が汚染されているのではないかと恐れてボトル入りの水を購入し，紫外線から皮膚を守るために日焼け止めを塗る。人は浄水器に投資したり，移動したり，ヘルスクラブの会員になったり，ジョギングをしたり，低脂肪で食物繊維の多い食品を食べたりすることができ，それぞれが健康と厚生に対するリスクを変化させる。人によいことが起こり，悪いことが起こらない可能性を高めるためにどのように資源を投資するかは，その人のリスクに対する態度とそのリスクを減らす能力の両方に依存するわけではない。

　旧ソ連のチェルノブイリ原発事故のように，人々が自分を守るために行動する時間がほとんどないケースもある。リスクが人間の行動と無関係になるように問題を再定義することは可能であるが，このアプローチは自滅的である。地下水の細菌汚染が家庭の飲料水を脅かす状況を考えてみよう。家計がお湯を沸かすと病気になる確率が変わる。分析者は，地下水汚染に焦点を当てることによって，状況を家計の行動から独立したものと定義することができる。地下水汚染については，おそらく家計にはコントロールできない。しかし，この定義は，地下水汚染のリスクに対する家計の対応に関わる問題であれば，経済学的に意味がない。家族は病気の可能性と深刻さを自覚することで，それらの事象をある程度コントロールすることができる。家計のリスクは内生的なものである。なぜなら，その貴重な資源を消費することによって，確率と結果の深刻さに影響を与えるからである。

　人々は集団で公的に提供される安全プログラムの代わりに，私的な行動を取っている。例えば竜巻，暴風雨，および地震による被害を減らすために，より強力な建築材料を使用し，干ばつの可能性に対応してより徹底した除草と作物の貯蔵を行い，洪水を見越して砂防や避難を行い，健康上の脅威に対処するための栄養および運動療法の改善を行うなどがある。政策レベルでは，これら

の私的なリスク低減の選択は，安全を促進する集団的規制の成功に影響を与える可能性がある。シートベルトの着用は，負傷の可能性とその重さの両方を軽減するが，その装着の義務化は，乗客が着用することを保証するものではない。高速道路の速度制限も，ドライバーがそれを見たときに死者を減らす効果がある。職場では，個人用保護具（例えばヘルメット）の装備を促進する規則は，着用する労働者を保護するという同じ問題に悩まされる。いずれの場合も，個人の決定がリスクの確率と大きさの両方に影響を及ぼす。

　内生的リスクは，観察されたリスクが自然科学のパラメータと個々人の自己防衛決定との両方の関数であることを意味する。代替的な自己防衛努力の限界的有効性を相対的に考えると，これらの努力をを費やす引き金となる自然現象はすべての人に等しく降りかかるにもかかわらず，人々がリスクに関する意思決定を行う方法は，個人や状況により異なる。自然科学のパラメータのみに従ってリスクを評価することは，誤解を招くおそれがある。相対価格，所得，および個人の自己防衛決定に影響を及ぼすその他の経済的・社会的パラメータもリスクに影響を及ぼす。優れた公共政策ベースの経済学が選択の基礎となる物理的・自然的現象に対する理解を必要とするのと同様に，優れた公共政策ベースの自然科学はリスクに影響する経済現象に対する理解を必要とする。さらに，私的な意思決定を分析に含めることで，リスク評価の精度を高めることができる。環境リスクに対する私的個人の選択の影響の大きさを認識しないと，環境保護が低下し，それに必要な費用もより大きくなる。

6.3　行動経済学とリスク

　次に，合理的選択モデルが実際の行動とどのように適合するかを考える。このこと説明するにあたって，有害物質が，消毒された貯蔵施設あるいは放置された有毒廃棄物投棄場のイメージを，どのように思い起こさせるかということを考えてみよう。この2つのイメージは，人々に公衆衛生に対するリスクについて，異なる認識を持たせる。もちろん，人々の間にはそのようなリスク認識の幅が存在する。環境リスクを規制する必要があるかどうかの判断は，人々がリスクを生み出す活動から生じる便益のためにリスクをどのようにトレードオフしようとするかに依存する。人々がリスク低減のために便益を放棄する意思

は，リスク低減における価値を表している。リスク低減のためにこの値を推定することは，環境リスクに関する政策立案に用いられるリスク便益分析の重要な要素である。

　このリスク低減の価値は，人間の行動，すなわち人々がリスクをどのように認識し，リスクをどのように選好するかに依存する。リスクを警戒する人々は，リスクを取るために生きる人々よりもリスク低減を重視する傾向がある。この主張は非常に簡明であり，その背後にある論理は，環境リスクに取り組むほとんどの経済学者に受け入れられている。リスクが最も高い人，リスクを最も恐れる人，または収入が最も高い人も，リスク低減を最も重視すべきである。

　リスクに関する研究に従事する経済学者は，期待効用の枠組みを利用する。これまで見てきたように，人々はリスクに対して明確な選好を持ち，市場の状況の中でリスクに対して合理的な認識を形成できると仮定している。この扱いやすい前提が意味することは，人は自分の選択を推進する確固たる基盤を持っているということである。つまり，新しいリスクに直面した場合でも古いリスクに直面した場合でも，確率と結果を体系的かつ整合的な方法で評価できるということである。リスク低減について個人が表明する価値は，政策決定の包括的な経済効率性を判断するために用いられる選択の論理的基礎に基づいている。十分な根拠に基づく選好や認識がなければ，経済学者の費用便益分析が依拠する合理的選択理論の基礎には亀裂が存在することになる（Hanley and Shogren 2005）。市場からの距離を所与とした個人の行動についてはキーコンセプト 6.2 を参照するとよい。

　実際そのような亀裂は存在する。心理学者や一部の経済学者は，選択の合理的理論という考えには多くの例外があることを証明している（Daniel Kahneman 2011; Thinking, Fast and Slow を参照）。こうした行動学の研究者たちは，人々がリスクに関する推論を単純化するためにヒューリスティックス（経験則）をどのように利用しているかを示している。これらのルールを用いることで，人々は期待効用理論から予測されるよりも広いパターンでリスクに反応する。このことは，リスクと便益の決定を導くために用いられる標準モデルが「薄っぺらい」ことを示唆しており，多くの状況で観察されるようなリスク下での行動の系統的側面を予測していない（Kahneman and Tversky 2000;

キーコンセプト　6.2

市場統合と経済的行動

　市場においては多くの人が個別に非整合的な選択をしているように見えるかもしれない。市場における個人間の相互作用は，全体として整合的な行動が観察できるように意思決定をまとめることができる。市場は参加者にフィードバックを与え，どのような行動が合理的なものへと変じるかを決めていく。市場が行動を形成する程度は，市場の取引費用の削減や非整合的な決定の機会費用を可視化する能力に依存する。興味深い問題は，市場との相互作用が，人々が利己主義と無私無欲に対する選好のバランスをとる際に，それぞれの行動にどのように影響するかということである。

　例えば，Tracer（2004）は，パプアニューギニアの農村地域における市場統合，相互主義，公平性の問題を検証している。彼は最後通牒ゲームを用いて，市場との統合が進んだ人々が合理的選択理論の予測どおりに行動するかどうかを調べた。最後通牒ゲームは，ある人（提案者）が他の人（応答者）と資源を分割するという実験である。応答者が承諾した場合，両方が提案どおり分け前を受け，応答者が申し出を断った場合，両方とも何も受け取らない。合理的選択理論では，受け手は肯定的な提案をすべて受け入れると予測する。しかし，実験から得られた結果は理論にはあまり適合しておらず，応答者は通常，提案者の方がほとんどお金を受け取るような低額の（侮辱的な）提案を拒否してしまう。実際，ほとんどの場合，提案者と応答者の分け前は，60 対 40 に近くなる。

　Tracer は，パプアニューギニアの 2 つの農村（アングガヌークとボガシップ）で最後通牒ゲームを実施した。アングガヌークとボガシップは，換金作物の栽培，教育，文化変容を通じた市場統合に大きな格差があることによって区別される。彼の結果は，市場により密接に生活する人々は，他のプレーヤーに対してより多くのお金を提案したことを示唆した。アングガヌークの人々は，市場へのアクセスが多いため，標準的な経済理論が予測する合理的選択理論とは異なる行動をとった。彼らは最後通牒ゲームでもっと寛大な提案をした。これとは対照的に，隔絶された村であるボガシップの人々は低額の提案をしており，これは合理的選択理論が予測していたものにより近い。市場に詳しくない被験者は，標準的な経済学の予測に近い行動をとる。興味のある読者は，世界中の 15 の小規模社会における同様の趣旨の行動を調査しているこの大規模プロジェクトの他の研究も読むべきである。

Baron 2008)。このエビデンスが示すところによれば，リスク選好とリスク認知は選択の状況に影響されるようである（アレのパラドックスについてはキーコンセプト 6.3 を参照）。

キーコンセプト　6.3

アレのパラドックス

　経済学者や心理学者は，期待効用理論の頑健性を検証するために，長年にわたって多くの検証方法を開発してきた。最も一般的な方法は，人々に選択を求め，その答えが期待効用理論の予測と一致しているのか，矛盾しているのかをはっきりと確認することである。

　ここで，古典的な例としてアレのパラドックスを考えてみよう。Allais（1953）は被験者に次の 2 つの選択についての回答を求めた。あなたはくじ A とくじ B のどちらを好むだろうか。

A： 100％の確率で 100 万ドル	vs.	B： 10％の確率で 500 万ドル 89％の確率で 100 万ドル 1％の確率で 0 ドル

くじ C とくじ D の場合はどうだろうか。

C： 10％の確率で 50 万ドル 90％の確率で 0 ドル	vs.	D： 11％の確率で 100 万ドル 89％の確率で 0 ドル

　あなたの答えは何だろうか。A または B だろうか。C または D だろうか。

　期待効用においては，（A, D）の組み合わせ，または（B, C）の組み合わせのいずれかが選択されている。なぜだろうか。期待効用は，リスク選好がくじそのものとは無関係であることを前提としている。つまり，選択肢に関係なく（A, D）を選んだのであればリスク回避的であり，（B, C）であればまたはリスク愛好的であるとされる。もしかするとどちらでもなく，（A, C）と答えただろうか。その場合，そう答えたのはあなただけではない。実際にはほとんどの人がそう答えるのである。アレをはじめとする研究者たちは，この選択に様々なバリエーションがあることを調査し，ほとんどの人が（A, C）を好むことを明らかにした（Machina（1987）を参照）。しかし，この答えは期待効用理論と矛盾する。なぜなら，この答えに従えば，個人がくじごとに異なるリスク選好を

持っていることになるからである。あなたの答えは，リスク回避的であると同時に，くじの選択次第でリスク愛好的であるといえる。100 万ドルが保証されている場合には安全な賭け（A）をするが，500 万ドルの賭けでは 10％の確率でリスクの高い賭け（C）をする（100 万ドル未満の確率は 1％である）。

　　しかし期待効用は，個人のリスク選好は一定であることを仮定しており，すべてのくじにリスク回避的であるか，リスク愛好的であるかのいずれかであり続ける。もしあなたが直面しているくじに応じてリスク選好を変えるならば，期待効用理論は，人々がリスクの下で実際にどのように選択を行うかを捉えることができないことを示唆している。もし人々が，リスク回避的であるかリスク愛好的であるかのどちらかであり，両方ではないと仮定する理論では捉えられないような体系的選択をしているのであれば，より広い行動理論が必要である。

　リスクについて判断を下す人々はヒューリスティックスを用いるが，これは多くの理論家に用いられる期待効用理論の枠組みで説明できない。認知研究者によって明らかにされた行動における異常やパラドックスが数多くある。判断におけるバイアスの 1 つに，人々が低確率のリスクを過大評価し高確率のリスクを過小評価するということがある。図 6.2 はそのバイアスについて説明している。45 度線は，一般的な公衆の主観的リスクが，専門家の意見で定義される客観的リスクに等しい場合を表す。より角度の浅い破線は，人々が様々なリスクによってもたらされる脅威をどのようにランク付けしているかについての様々な実験やアンケートによる調査の成果を反映して描かれている。人々は，自分ではほとんどコントロールできないような低いリスクをより大きく評価し（例えば原子力発電），ある程度コントロールできるような高いリスクをより小さく評価する（例えば，職場への運転）。またそのような傾向を持つ人々は，リスクの大きさよりも，どこでどのようにリスクが発生するかを気にする傾向がある。例えば，合成発がん物質と天然発がん物質を考えてみよう。専門家の客観的な意見と一般の人々の認識との間のこの不一致は，例えば，国のエネルギーポートフォリオに原子力を含めるかどうかといった選択の制約につながる可能性がある。

　一部のリスクは，他のリスクよりも人々に許容されやすい。喫煙やシートベルトをせずに運転するリスクを受け入れる人でも，危険物の近くでの処理，保

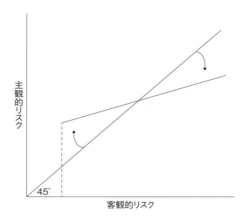

図 6.2　客観的リスク認知と主観的リスク認知

　管，廃棄に伴うリスクを受け入れない可能性がある。人々が自分でコントロールできると考える自発的リスクは，自分ではコントロールできないと考える非自発的なリスクよりも受け入れやすい。このようなリスクが「自発的」であるという認識を阻害する技術，例えば原子力は受け入れがたい。

　リスク認知のギャップは規制のための潜在的なジレンマの原因となる。専門家が，ある製品のリスクは許容できないものであると主張しているが，一方で多くの人がその逆を認識しているとしよう。このようなとき，政策立案者はその製品を禁止するだろうか，それとも人々が独自の判断で使用することを許可するだろうか。狂牛病（牛海綿状脳症，BSE）発生後，1997 年の英国における牛の骨付き肉の取り扱い禁止は政府がリスクに関する意志決定を個人に委ねなかったよい例である。政策立案者のジレンマは，個人の自由な選択権を維持することと公共の安全を維持することの間のトレードオフのバランスをとるところにある。政策立案者は，彼らが社会の最善の利益と考えるものに介入し，リスクを規制しようとする誘惑にかられるかもしれない。しかし，このような温情主義的な行動は，消費者主権の原則，つまり，人は何が最も自分自身の利益になるかを最もよく判断できるという前提に立つしている社会と矛盾する。

　リスク認知は，リスクの高い技術に対する公衆の認識と相対的な受容度の決定要因を説明する。リスク受容研究の大部分は，例えば原子力のような確率は低いが結果が重大な技術に対する公衆の認識の分野で行われてきた。ハザード

が制御不能であると考えられる場合，専門家の意見にかかわらず，公衆はリスクを受け入れない。例えば，1980 年代には，専門家は原子力発電を家庭事故を下回る 20 位と評価していたが，市民は原子力発電を公共の安全に対する最大のリスクと考えていた。専門家の意見にもかかわらず，1970 年後半から 1980 年にかけて，スウェーデンの市民は原子力発電のリスクを容認できないと考え，当時の政策立案者は原子力産業全体を段階的に廃止する計画を立てた。現在，日本国民は，津波と福島原発事故を受けて，原子力発電の将来を再考している。

　もう 1 つのリスク認識の効果は，直面した他のリスクと比較して，人々がリスクをよく知っているかどうかで判断することである。人々は，自分が知っていることがどれだけ新しい出来事を表しているかに基づいて判断する。先入観にしがみつくこの傾向は，人々に新しい特性を持つリスクを軽視させる原因となる。ラドンは無臭で無色の気体であるため，ある人はラドンのリスクを過小評価するが，同じ理由で別の人はリスクに過剰反応する。よい情報と悪い情報の両方を持っていても，悪い出来事をまず思い出すことから，最悪の事態を恐れてしまうことがある。健康や環境に対するリスクについて情報がいきわたっている場合も，人々は非常に警戒的な反応を示すことがある。

　人々は大きな機会よりも小さな損失に重きを置く。私たちは同等の利益よりも損失を嫌う傾向がある。この「損失回避」の考え方は，人々が知覚される利益と損失を別々に扱うことを示唆している。ギャンブルが損失を伴うとき，私たちはリスクを探し出す。しかし，利益を伴う同等のギャンブルのリスクは避けている。この事実は，人々が全体的な富について考えるのではなく現状という基準点から得られる利益と損失の価値を判断しているように見えることを示唆している。人々は自分が経験したことと，それが現状にどのように影響するかによってリスクを判断する。この場合では，自らの経験が現状と同じ意味を持つ現状である。リスク低減に個人が置く価値は，基準点とくじの利得と損失の性質に依存する（Tversky and Kahneman 1981）。

　さらに，リスクがどのように「フレーム」されるかが，期待効用理論では予測できない方法で選択に影響を及ぼす。人が明確な選好と価値観を持っている場合，2 つの選択肢の間での選択は，それらの表現のされ方や記述のされ方からは独立しているべきである。しかしここでも，心理学者たちは，同じ問題を

構成する様々な方法によって，選択と価値観がいかにして系統的に影響されうるかを示している。

　フレーミング効果の重要性は，有名な例を用いて説明することができる。次の3つの質問に答えてみよう。

　Q.1：　次の選択肢のうちどれを選択しますか。
　　　　　A. 100％の確率で30ドルを手に入れる
　　　　　B. 80％の確率で45ドルを手に入れる

　Q.2：　これは2段階のゲームです。第1段階では，試合が無賞で終わる確率が75％で，第2段階に進む確率が25％です。第2段階に到達すると，次のいずれかを選択できます。あなたはゲーム開始前に選択しなくてはなりません。より好ましい選択肢はどちらですか。
　　　　　C. 100％の確率で30ドルを手に入れる
　　　　　D. 80％の確率で45ドルを手に入れる

　Q.3：　次のオプションのうちどちらがお好みですか。
　　　　　E. 25％の確率で30ドルを手に入れる
　　　　　F. 20％の確率で45ドルを手に入れる

　Q.2とQ.3は確率も報酬も同一であるため，これらを提示された人は，同じ選択をするはずである。しかし実際はそうではなく，Q.1とQ.2が同様に扱われ，Q.2とQ.3は同様には扱われない。Q.2ではCが，Q.1ではAが好まれるが，Q.3ではEが好まれる。これはいわゆる「確実性効果」であり，確かなものとしてフレームされた選択肢は，ある一定の選択肢と同じくらい魅力的に見える。これは，リスク政策の枠組み作りが重要であることを示唆している。規制当局は，自分たちがどのように情報提供しているかについて，どのような情報提供しているかと同様に注意を払うべきである。また，環境リスクに関する情報についても，情報源によって信頼度は異なる。

　環境に関連するリスクの多くは計測が困難であり，正確な確率と結果はあいまいである。例えば，そうしたリスクは気候変動リスクや生物多様性の予想さ

れる損失など，様々な可能性を含んでいる。ほとんどの人はこのようなリスクのあいまいさを嫌う。あいまいさは，不良な事象の確率が不確実であることを意味する。悪い場合の確率は 0.1％から 10％の範囲にある。例えば，投資，健康管理，運動および食料のような，人々が下さなければならない大多数の意思決定はあいまいなリスクを伴う。期待効用理論では，人々はリスクの源泉にとらわれず，リスクについて整合的な選択ができると仮定している。しかし，70年近く前，ダニエル・エルスバーグは次のような例を用いて，この見解に異議を唱えた。

　あなたがある壺を与えられたとする。壺には，30 個の赤のボールと，黒のボールと黄色のボールが混ざった 60 個の他のボールが入っている。黒や黄色のボールがそれぞれいくつずつ入っているかは不明だが，全部で 60 個ある。次に，2 つの選択を行う。まず，ギャンブル I と II がある。

・ギャンブル I ：赤のボールを引くと 100 ドル手に入る
・ギャンブル II ：黒のボールを引くと 100 ドル手に入る
・あなたは I と II のどちらのギャンブルを選ぶだろうか。

　次に，同じ壺を持っているとして，ギャンブル III とギャンブル IV のどちらかを選ぶことができる。

・ギャンブル III ：赤や黄色のボールを引くと 100 ドルになる
・ギャンブル IV ：黒か黄色のボールを引けば，100 ドルを得る
・あなたは III と IV のどちらのギャンブルを選ぶだろうか。

　ほとんどの人が I と IV を選ぶ。なぜだろうか。どちらのギャンブルにもあいまいさがないのである。あなたは壺の中にいくつのボールがあるかを知っている。ギャンブル I では 30 個の赤のボールがあることを知っている。ギャンブル IV では 60 個の黒と黄色のボールがあることを知っている。
　しかし，もし上記のような選択をしたなら，あなたはエルスバーグのパラドックスに陥ったことになる。なぜだろうか。ギャンブル II ではなくギャンブ

ルⅠを選択した場合，あなたの選択は，あなたが黒のボールが30個未満であると信じていて，30個の赤のボールのほうが魅力的と考えていることを示唆する。しかし，もしあなたがそのように信じているならば，あなたは30個以上の黄色のボールがあると考えていることになる（60＝黒のボールの数＋黄色のボールの数，例えば60＝〜20＋〜40）。さて，そうであるならば，あなたはギャンブルⅣではなく，ギャンブルⅢを選ぶべきであった。なぜだろうか。なぜならば，ギャンブルⅢの赤のボールの数＋黄色のボールの数（30＋〜40）がギャンブルⅣの黒のボールの数＋黄色のボールの数（60）よりも多いことに気付くべきだったからである。ほとんどの人がこのことを理解していないという事実は，我々が本質的にあいまいなリスクを回避することを示唆している。多くの経済的経験から，人々があいまいさを回避することが明らかにされている。人々はエルスバーグの疑問に答えようと専門家（経済学者，保険計理人，企業幹部，生命保険会社幹部など）に尋ねさえし，毎日リスクを扱ってさえいるにもかかわらず，あいまいなリスクを回避する。

　あいまいさ回避が環境経済学に関係している主な理由の1つは，ほとんどの環境リスクがあいまいであり，ほとんどの人がこのあいまいさを嫌うことである。気候変動が世界経済にどのような影響を及ぼすのか，私たちは確かな確率では分からない。長期にわたって低用量の毒素にさらされることが，平均寿命にどのような影響を及ぼすかも，確かな確率では分からない。結果が悪い可能性が高いことは分かっているが，その影響がどの程度のもので，いつ発生するかは分からない。ほとんどの人は，このあいまいさから逃げ出すか，完全に無視しようとする。環境経済学があいまいさに対処しないことは，政策立案者がリスク低減の純便益を過小評価する可能性が高いことを意味する（例えば，あいまいさが気候変動政策の便益の推定にどのように影響するかについて，Millner et al.（2013）を参照）。

　最後に，人々がリスクの高い状況を考えるときに，リスクに対する自分の選好を金銭価値に変換することは困難である。我々はしばしば「好みを反転させる」。つまり，我々はギャンブルAをBよりも高くランク付けしているが，ギャンブルBの方にAよりも高い金銭価値があると表明する。その結果，彼らはギャンブルAをBよりも好むが，Aよりも高い販売価格をBに割り当てる。よりよく理解するために，次の質問に答えてみよう。

Q. 3：ギャンブル A とギャンブル B のどちらが好ましいか。

　　　ギャンブル A：35／36 の確率で 4 ドルを手に入れる

　　　　　　　　　1／36 の確率で 1 ドルを失う

　　　ギャンブル B：11／36 の確率で 16 ドルを手に入れる

　　　　　　　　　25／36 の確率で 1.5 ドルを失う

Q. 4：あなたは両方のギャンブルの参加権を有しているとする。それぞれ
　　　のギャンブルに付ける販売価格を述べよ。

　　　ギャンブル A：＿＿＿＿＿＿ドル

　　　ギャンブル B：＿＿＿＿＿＿ドル

　期待効用に基づく意思決定理論は，意思決定者に整合性を要請する。選択す
るギャンブル（A または B のいずれか）は，最も高い販売価格を設定するギャ
ンブルでもあるはずである。しかし，多くの人は B よりも A を好み，A より
も高い金額を B に割り当てる。もしあなたがそういう選択をしたならば，あ
なたは「選好を反転させた」人の長いリストに名を連ねることになる。

　論理的な非整合性は次の通りである。あなたが A を B よりも好み，A の価
格を 2 ドル，B の価格を 8 ドルとしたとする。もしあなたの発言があなたの好
みの本当の指標であるなら，我々は 3 つの簡単なステップであなたを「マネー
ポンプ」に変えることができる。(1) あなたに B を 8 ドルで売る (2) 結局の
ところあなたは A を B より好むので，B を A に変えるように頼む，そして (3)
あなたから A を 2 ドルで買い戻す。ギャンブルがあるわけでも，ポケットに
6 ドル分の穴があるわけでもない（－$6 ＝ $2 － $8）。もしあなたがより多い
金銭を好むのであれば，これはよくない。選択は整合的でなければならない。
これが期待効用理論である。しかし，選好の反転現象は，ラスベガスの本物の
ギャンブラーや心理学者の仕事を再検証する経済学者など，多くの場面で再現
されてきた。時間的非整合性（双曲割引）について説明しているキーコンセプ
ト 6.4 も参照されたい。

　結論として，リスクに対する個人の行動は環境政策にとって重要である。な
ぜならば，リスク低減について人々が表明した価値が彼らの選好と矛盾するな
らば，社会は環境政策同士の相対的な純便益を判断するために使用できる情報

キーコンセプト　6.4
双曲割引

　人々は，どの商品を購入するか，いつ購入するか，現在の消費にどれだけの
お金を配分するか，将来の消費のためにどれだけ節約するかについて，毎日経
済的な意思決定を行っている。これらの通時的な選択を行う場合，人々は潜在
的な将来の出来事を暗黙のうちに割引し，現在の便益と比較する。標準的な経
済モデルでは，この暗黙の割引に基づく動的に整合的な行動が，将来の便益の
流れの現在価値を決定する際に，人々が一定の限界時間選好率，すなわち割引
率を持っていることを仮定していることを示唆している。費用便益分析で使用
する割引率の適切な大きさについては，文献で長く論じられてきた。そこには
社会的割引率対生産者・消費者率，社会的割引率対時間選好率，税による歪み，
異時点間の投資決定，不完全な市場などの問題が含まれるが，これらの各シナ
リオの下で，割引率の形は費用便益分析のために一定と仮定されている。費用
便益分析では，定数割引を用いた現在価値が決定される。

　しかし，現在では，将来に影響を与える行動を取るときに，人々は一定の割
引率を用いないことが実証的に示されている。人々が短期的には忍耐力が低い
ことを示唆する証拠は，遠い将来の行動に用いる割引率に比べて割引率が高い
ことを示唆している。遠い将来については，割引率が低くても我慢できる人が
多いようである。このような行動は，通常，双曲割引と呼ばれる。双曲割引と
は，人々が時間の経過とともに不規則な選択や計画を行うことを意味する。例
えば「水道管を修理します……明日」というような具合である。後に何をする
にしても，今やっていることほど重要ではないと信じている（Thaler and
Benartzi 2004）。このような時間的に整合性のない計画は，自制心，依存症，低
貯蓄率，先延ばしといった行動の規則性を説明するのに役立つ。

　この研究成果は，経済分析における双曲割引の役割について多くの新しい研
究と議論をもたらした。双曲割引に関する研究の大部分は，割引率または割引
モデルの妥当性を検証するものや，双曲割引の枠組みを支持または否定する根
拠を探すものである。双曲割引が環境・資源政策の結果にどのように影響する
かを評価する試みは比較的少ない。例外は Settle and Shogren（2004）と
Hepburn et al.（2010）である。セトルとショグレンは，双曲割引が，ワイオミ
ング州イエローストーン国立公園のイエローストーン湖の漁業の生物経済モデル
における行動にどのように影響するかを検証している。彼らは，同じ初期割

引率を用いて一定の割引を行う場合と比較して，双曲割引が政策の純便益を増大させることを発見した。さらに，双曲割引と定数割引では同じ効果が得られるが，その結果，政策のタイム・フレームが異なると推定している。Hepburn et al.（2010）は，双曲割引を適用した漁業モデルを調査している。彼らは，ソーシャルプランナーが時間整合的な政策にコミットするか，将来的に政策を再評価することを可能にするシナリオをモデル化している。プランナーの自己制御性の欠如は，将来の方針変更を引き起こし，資源ストックの崩壊につながる。

　つまり，ほとんどの人は遠い将来よりも高い率で短期の割引を行っているのである。この双曲割引は，先延ばしや自制心の欠如など，様々な形態の非定常的な動的選択につながる。時間的非整合的な選択は，現在の貯蓄に過度に消極的になることや，天然資源や生態系サービスのストックに対する関心が過度に低下することにもつながる。

が少なくなるからである。もし価値が政策に合わせて変更される状況依存的であれば，費用便益分析を利用して 2 つの政策を比較することはできない。これは，オレンジとりんごを比べるようなものである。価値が常に状況に依存する場合，経済学者は政策提言をする上で，標準的なリスク便益分析または費用便益分析に疑問を呈する必要がある。なぜなら，私たちがどれだけリスクの削減を望んでいるかという私たち自身の主張に基づいて，環境政策の整合的な順位付けを定義するために，厚生経済学の基盤に頼ることはできないからである。

6.4　生命と健康に対するリスクの評価

　ここでは，個人的戦略と集合的戦略の両方について，人間と環境それぞれの健全さに対するリスクの低減を人々がどのように評価するかを検討する。前述した行動に関わる諸問題から生じる警告を認識しつつ，合理的なリスク低減に焦点を当てよう。予算の制約と財政上の説明責任の増大は，政策立案者がすべての個人に関するすべてのリスクを低減することを妨げる。どのリスクをどの程度削減するかを決定するためには，各規制を新規に立案あるいは改定する際に評価が必要である。経済のすべての部門にわたって価値が比較可能になるためには，政策立案者が共通の単位に基づいて規制の代替案をランク付けする必

要がある。評価は金銭的価値で行うのが，おそらく最も一般的である。合理的
なリスク評価では，リスク低減の金銭的価値（費用と便益の両方）を推定する
ことにより，各規制を体系的に評価する。

　リスク低減の費用と便益の評価は困難である。リスクを管理する費用の測定
は比較的容易である。便益を測定することは，生命や健康に対するより低いリ
スクに対して金銭価値を付与することを意味する。生命は通常，競売で売買さ
れることはないため，死傷者数が少ないことによる便益を測定するのは難し
い。これらの商品は間接的に市場に参入するのである。

　リスクの低減を評価するには，死と病気に対して価値を付与する必要があ
る。これに労力を費やしたことにより，「統計的生命の価値」(Value of
Statistical Life: VSL) という用語が生まれた。「統計的生命の価値」とは，生命
に金銭的価値を付与したものであるが，より正確に表現するならば死亡リスク
低減の価値のことを指す。倫理的あるいは道徳的な信念から，この概念に抵抗
を覚える人もいる。しかし私たちが暗黙のうちに行っている日常的な選択や,
トレードオフが生命の価値を生み出しているのであって，私たちが「統計的生
命の価値」を明示的に定量化しているかどうかは別問題である。政策変更が行
われたり現状が維持されたりするたびに，生命は暗黙のうちに評価される。経
済学者は，突然の死亡や負傷のリスクを低減するために，人々がどのように財
やサービスをトレードオフするかを計測することによって，次のステップへと
進む。

　経済学者はリスクの合理的な低減を次のように評価する。

　小さなリスク削減の経済的価値
　　　＝［リスクの小さな変化に対するWTP]／[リスクの小さな変化］

　ある個人がリスク低減に対して置く価値は，その個人が同様のリスクを低減
するために取っていた以前の行動を所与としたときに，健康でいられる機会を
増大するために支払ってもよいと考える最大額（WTP）に等しい。例えば,
ある人が死亡リスクを100万人中4人から100万人中1人に減らすために6
ドルを支払う意思があるとするならば，100万人当たり3人のリスク低減とな
る。したがって，生命の価値は200万ドル（＝6／（3／1,000,000））となる。も

しその人が 0.6 ドルを支払う意思があったとすれば，暗黙の生命の価値は 20 万ドルとなる。

この WTP は「オプション価格」と呼ばれる。オプション価格とは，個人があるギャンブルと次善のギャンブルを無差別にするために，支払う意思がある額の中の最高額を指す。トラビスがダッチクリークに移動した話をもう一度考えてみよう。規制当局が，大気汚染を改善してラスベガスの健康状態が良好である確率を 90 対 10 に高める政策を検討しているとしよう。トラビスがこのリスク低減のために支払う最大オプション価格（OP）は，現状維持と，ダッチクリークのためにラスベガスに滞在することと，そこから離れることとを無差別にする金額である。

$$(0.9)u(\$50{,}000 - OP) + (0.1)u(\$35{,}000 - OP)$$
$$= (0.7)u(\$50{,}000) + (0.3)u(\$35{,}000)$$
$$0.9\sqrt{(\$50{,}000 - OP)} + 0.1\sqrt{(\$35{,}000 - OP)}$$
$$= 0.7\sqrt{\$50{,}000} + 0.3\sqrt{\$35{,}000} = 213$$
$$OP = \$3000$$

このケースでは，トラビスはラスベガスで病気に罹るリスクを減らすために，最大 3,000 ドルを支払う意思がある。あるいは，可能性のあるリスク削減を断念するために，彼が最低限の代償（WTA）を受け入れる意思があることを明らかにするよう求めることもできる。

$$(0.7)u(\$50{,}000 + C) + (0.3)u(\$35{,}000 + C)$$
$$= (0.9)u(\$50{,}000) + (0.1)u(\$35{,}000)$$
$$0.7\sqrt{(\$50{,}000 + C)} + 0.3\sqrt{(\$35{,}000 + C)}$$
$$= 0.9\sqrt{\$50{,}000} + 0.1\sqrt{\$35{,}000} = 220$$
$$C = \$3{,}100$$

トラビスは提案されているリスク削減のための方策を放棄するために，最低でも 3100 ドルを必要とする。

経済学者はどのようにしてリスク削減の価値を推定するのだろうか。リスク

評価に関する文献では，リスク低減の経済的便益を測定するために，人的資本アプローチと WTP アプローチの 2 つの一般的アプローチが開発されている。

人的資本アプローチ

　これは，個人の生涯所得と活動を精査することによってリスク削減を評価するものである。リスク削減の価値は，将来の所得と消費を割り引いた利益である。生命を救う価値は，その人が将来の所得と消費の将来の純現在価値を通じて社会に貢献する価値として計算される。人的資本アプローチには，保険数理的であるという利点がある。リスク削減を評価するために年齢別のフルアカウンティングを使用する。このアプローチの最大の欠点は，伝統的な経済理論に基づく妥当性が欠如していることである。私たちは好みと福祉より価格，数量を測定している。

WTP アプローチ

　ほとんどの経済学者は，リスクと報酬の取引に対する個人の基本的な選好を把握していると仮定して，リスク低減の価値を測定することを好む。WTP アプローチは伝統的な経済理論に基づいている。ここで人は，より高い満足につながるならば，リスクの低減を評価する。厚生の変化は，彼がリスクを軽減するために支払う意思のある最大額，または彼がリスクの増大のために受け入れる意思のある最小額によって測定される。経済学者は生命や健康が持つ暗黙的な価値を推測するために支払意思，あるいは受け入れ意思を用いる。リスク低減のための WTP を決定するために次の 4 つの経験的アプローチが用いられる。すなわち，①顕示選好，②表明選好，③実験的オークションおよび④回避行動がそれにあたる。これらは，第 4 章で述べた評価方法と比較可能である。

①　顕示選好法／賃金とリスクのトレードオフ

　賃金とリスクのトレードオフはヘドニック価格の理論に基づいている。ヘドニック価格理論は，個人の賃金率がスキル，教育，職業，立地，労働環境，職業の安全性やリスクに依存するという考えを捉えている。労働者は，より高い労働リスクに対して，より高い賃金を受け入れる。リスクが高ければ高いほど賃金も高くなる。リスク低減の価値は，作業安全のための増分 WTP である。

次に労働者は，リスクと賃金のトレードオフを，市場がリスクを賃金と交換しようとする率と比較する。次に，労働者と使用者の間の市場の均衡がリスク・プレミアム，すなわちリスクのある仕事に対する追加報酬を決定する。賃金－リスクのトレードオフが決定され，他の職務属性は一定に保たれる。賃金リスク研究の最近の報告では，米国における統計的な生命の平均的価値は約 700 万ドル（2015 年基準）と設定されている。これらの価値は異論を唱えられてきた。批判的な人々は，労働者は仕事におけるすべてのリスクを知っており，費用なしで仕事を変えることができるという仮定に疑問を投げかけている。また，労働安全と環境危険の間の弱い相関を指摘している。彼らはまた，ヘドニックモデルが人口の限られた部分—仕事を持つ人々を考慮していることを強調する。つまり，子どもや高齢者の割合が低いという意味である。

②　表明選好法

　第 4 章で見たように，表明選好法（例えば条件付き評価）は，調査やインタビューを通じて，リスクを軽減するためにいくら支払う意思があるかを人々に直接尋ねる。このアプローチは，個人が安全を売買する仮想市場を構築する。この方法では，リスクを軽減するために個人の WTP を明らかにしようとする。課題は，これらの仮想市場を現実的で，人々にとって適切なものにすることである。

③　実験的オークション

　実験的オークション市場は，リスクの低減を直接評価する最近のアプローチである。実験的なオークションは実験室を使い，そこではデザインされた特定の環境の中で，現実の人に現実の財を売る。実験室での実験は，異なる市場設定が複製と反復の設定においてどのように値に影響するかを分離し，制御することができる。市場での経験を繰り返し実験することで，明確なインセンティブ構造が得られ，自分の真の選好を正直に明らかにすることが自分の最善の戦略であることを知ることができる。需要を顕示化するオークション（第 2 価格入札方式）は，参加者は入札のプロセスでオークションの結果を認識し学習することができる。マーケットでの経験を繰り返す非仮説的なオークションは，リスク評価の精度を向上させるのに役立つ。例えば，実験市場での研究は，よ

り安全な食品のための事前 WTP を誘発した。これらの実験では，本物のお金，本物の食べ物，オークション市場に参加する機会を何度も繰り返すこと，そして，その結果として起こる病気の確率と食物由来の病原体から生じる病気の重症度に関する完全な情報を使った。実験室での入札行動によって示された統計的生命の値は，他の評価方法で推定された 200 万ドルから 7000 万ドルの範囲をひと桁超えている（実験室での食品媒介病原体によるリスク低下の評価については，環境経済学の実践 6.2 を参照）。

④　回避行動法

　回避行動法では，人々が家族と自分自身を守るために支払う金額に基づいてリスク回避のための WTP を推定する。人々は，煙探知機，感知器，シートベルト，薬，ミネラルウォーター，浄水器などの自己防衛のための財の市場における選好を通じて，より低いリスクへの選好を明らかにする。人々は自らリスクを減らすためにこれらの私的財市場を利用する。こうした自己防衛は生命と健康の価値において重要な問題を提起する。生命または健康の価値は，すべての人で一様な死亡または損傷の確率によって加重された，未確認の単一の死亡または損傷のコストとして定義される。WTP の手法は，リスク低減に対する観察されていない選好を明らかにすることによって，この費用を捉える。しかし問題はここにある。これらの推定値には，単純に観察されない選好だけでなく，リスクを個人的に低減するという観察されない能力を条件として，リスク低減に対する選好も含まれる。

　例を考えてみよう。人々が，汚染された飲料水に対するリスク低減については同じ選好を持っているが，リスク低減を阻害する私的財市場へのアクセスする能力は異なっていると仮定する。ここで，リスクを低減するための集合的なプログラムの価値を明らかにするよう個人に求めたとしよう。この集合的なリスク低減に対する各人の価値は，彼らの私的な行動に左右される。生命の価値を評価するための標準的な手順に従えば，集団的リスク低減の価値が低い人々は，より大きなリスクを進んで許容すると考えるかもしれない。しかし，彼らは効果的な私的財市場を通じたリスク低減策を利用できるようになり，すでに自らリスクを低減しているのかもしれない。そのような人々の公的なリスク削

環境経済学の実践　　6.2

ラボ実験における食中毒のリスク低減の評価

　世界保健機関（WHO）の推定によると，世界では毎年 3 人に 1 人が食中毒にかかっている。食中毒からのリスクを低減することの経済的価値はどのようなものだろうか。20 年以上前，Hayes et al.（1995）はこの問題を探求するために，一連の実験的オークションを企画した。彼らの研究では，5 種類の食中毒について，オプション価格と価値の補償措置の両方を引き出すための実験的オークションを構築した。さらに，サルモネラ菌という特定の細菌について，被験者が疾患リスクの変化に対してどのように反応するかを評価し，細菌ごとの食中毒リスク低減の価値が一般的な食品安全嗜好の代替指標として機能するかどうかを探るために，追加の処理を行った。すべての実験は，本物の金銭，本物の食物，オークション市場に参加する機会の繰り返し，食中毒の確率と重症度に関する完全な情報を使用した。デザインは典型的な第 2 価格オークションを使用した。このオークションは「誘因両立的」であり，リスク軽減のため，選好に対して正直に入札することは弱支配戦略である。

　彼らの実験から 4 つの結果が出た。第 1 に，人々は食中毒の客観的リスクを過小評価していた。第 2 に，細菌ごとの食中毒リスク低減の価値は相対的確率と重症度の変化に対して頑健ではなく，人々は病気の確率に関する新しい情報よりも，自分自身の事前の認識に重きを置くことを示唆していた。第 3 に，オプション価格に対する限界支払意思額は，リスクが増大するにつれて低下した。これもまた，人々が事前の信念を新しい情報よりも重視していることを示唆していた。第 4 に，細菌ごとの食中毒リスク低減の価値が一般的な食品安全性に対する選好の代替として作用するかもしれないという理論を支持する結果が得られた。

　総じて，この結果から，我々の実験環境における平均的な被験者は，より安全な食品のために食事当たり約 0.7 ドルを支払う意思があることが示された。リスクレベルを変えてサルモネラ菌を投与すると，食品媒介性病原体のリスクを 10 分の 1 に減らすために，平均的な人は食事当たり約 0.3 ドルを支払うことになる。これらの情報を米国の人口に読み替えると，食品の安全性の価値は，入手可能な最大の推定値の少なくとも 3 倍となったであろう。

減プログラムへの支払意思額は「低い」だろうが，それはリスク削減を評価していないからではない。

　なぜこのことが問題となるのだろうか。このことが重要なのは，これらの私的なリスク低減措置に対処しなければ，費用便益分析に用いられる統計的生命の価値が上方に偏ってしまうからである。このことを理解するために，米国環境保護庁（EPA）が採用している生命の価値について考えてみよう。現在，米国環境保護庁は統計的生命の価値（VSL）の値として 1 人当たり約 740 万ドルを使用している。この値は，様々な評価演習の中間評価から生成される。顕著な例としては，米国環境保護庁が 2000 年のディーゼル硫黄規制を正当化するために VSL を適用したことがある。ここでは，大気環境の改善による年間総便益の推定値のほぼ 90％すなわち 704 億ドルのうち 626 億ドルが VSL によるものであった。（例えば Viscusi（2009））。

　政策決定に使用されるべき VSL の「最良の」推定をどのように行うかは未解決の課題であるが，VSL 推定値は世界中で使用されている。例えば，米国では 1 人当たりの貯蓄額が 740 万ドル，英国では洪水と輸送にそれぞれ 210 万ドルと 2.7 ドル（2015 年の値），オーストラリアでは 350 万ドル（米ドル）となっている。VSL を推定する約 1000 の実証研究のデータを用いた研究では，Viscusi and Masterman（2017）は，異なる状況について，各国の平均 VSL を所得別に計算している。富裕国はより多くの収入を得ているため，より大きな VSL を持つことになる。富裕国も貧困国も同じように生活を評価しているかもしれないが，富裕国はその富を考えると安全のために支払う能力が高い。彼らは，低所得国の平均 VSL は 10 万 7000 ドル，低中所得国は 42 万ドル，高中所得国は 120 万ドル，高所得国は 640 万ドルであるとしている。VSL による推計の範囲は，189ヵ国すべてで 4 万 5000 ドルから 1830 万ドルである（入手可能な世界銀行の所得データによる）。

　上述のように，VSL の推定値は，リスクを低減する公衆の能力に部分的に依存している。固定 VSL を他のリスク低減政策に適用するためには，他の状況にある人々が同じ私的リスク低減の機会を持つことを前提とする。この仮定がすべての市場に当てはまるかどうかは明白ではない。水質汚濁のリスクを民間が軽減するための市場が，有害大気リスクの市場と同じであるのはなぜか。集団的リスク低減に焦点を当てることにより，統計的生命アプローチの価値は

リスク低減の価値を偏らせ，非効率なレベルの環境劣化につながる可能性がある。リスクを個人的に軽減するのか集団で軽減するのか，あるいはその両方を行うのかを明らかにすることによって，リスク軽減の価値をより正確に測定することができる。

　リスク低下の価値は，WTPとリスクの変化に左右される。リスクを低減させるような私的財市場へのアクセス能力の差に起因する，異なるベースラインに立つ個人を考慮しない場合，リスク低減の価値にはバイアスがかかる。ふたりの親族ライリーとオールを考えてみよう。ふたりは観察できないスキルか，私的財へのアクセス能力に差がある以外においては完全に同質である。このとき彼らが，ギャンブルの確率分布について，世界の良好な状況が発生する確率が50対50から100%になるように増加するような，集合的な政策へのWTPを尋ねられたとする。

　ライリーはリスクの変化には何も払わないと表明し，オールは100ドル払うと表明している。このリスク低減の価値の従来の推定値は以下の通りである。

　　個人の行動を考慮しない場合の集合的リスク低減の価値
$$= 1／2（\$0／0.5）+ 1／2（\$100／0.5）= \$100$$

　しかし，これはライリーとオールが，観察されていないスキルや市場へのアクセスが異なっていても，同じベースラインと同じリスク変化，50対50に直面していると仮定している。ライリーが高い技術やアクセス能力を持っていれば，集団的政策の前に90対10の確率でよい結果が得られる。つまり，ライリーは $0.1 = 1.0 - 0.9$ の確率でリスクの実質的変化に対応できる。一方，オールの技術やアクセス能力は低く，実際の確率分布は10対90である。オールは $0.9（= 1 - 0.1）$ のリスク変化に100ドルを支払う。このとき，私的リスク削減を条件とするリスク削減の価値は以下の通りである。

　　個人の行動を考慮に入れた集合的リスク削減の価値
$$= 1／2（\$0／0.1）+ 1／2（\$100／0.9）= \$56$$

　ベースライン・リスクを変化させる個人の行動を考慮する場合，リスク削減

の価値は従来の尺度よりも低くなる。ライリーは 100 ドルを支払いオールは何も支払わない，というように WTP が反転すると，リスク低減の価値は以下のように，1 つ前に示した額よりも大きくなる。

個人の行動を考慮に入れたときの集合的リスク削減の価値

$$= 1 \diagup 2 (\$ 100 \diagup 0.1) + 1 \diagup 2 (\$ 0 \diagup 0.9) = \$ 500$$

このような例は，実際にはほとんど観察されない。しかし，私的財の調達技術の低さとリスク回避度の低さは相関していることが多い。個人の行動はベースライン・リスクに影響を与え，平均的な個人にとってのリスク低減の価値を変えるのである。

6.5　リスクの規制

社会におけるリスクの管理と規制のためには，規制当局はリスク評価，心理学，経済学，政治的要素を統合する必要がある。リスク管理政策は，科学的な複雑さと不確実性，特別利益団体からの政治的および経済的圧力，処分場を浄化する財政的能力，管轄権の争い，未返済の債務，地方，州，および連邦といった異なる政策目標の要因によって複雑化している。リスク管理の戦略を成功させるためには，現在および将来のどのリスクに直面するか，それらのリスクをどのように費用効率的な方法で制御するか，誰がどのリスクに直面しているかのバランスをどのようにとるか，といった問題に取り組む必要がある。

直面するリスクを選択する方法をいくつか考えてみよう。リスクに対する一般的な最初の対応は，社会に対してリスクゼロを目標とすることである。加工食品中の食品添加物として知られている発がん性物質の存在を禁止する，米国食品医薬品化粧品法のデラニー条項のような規制は，ゼロリスクを目標とする規制である。発がんの可能性がある微量の化学物質の測定が科学的に可能になるにつれ，ゼロリスクのアプローチが要求する制限は強くなる。もしほとんどすべてのものが，発がんあるいはなんらかの病気を引き起こすとすると，何を排除できるだろうか。ゼロリスクの目標を達成するための費用は法外なものとなり，重要な便益をもたらす行動や活動の一部は排除されることになる。

　社会がとりうる次の選択肢は，現在のあるいは新しい技術を用いることで，受容できるリスクの到達可能な目標値を社会が設定することである。技術標準は，一元的なプロセスを通じて食品の汚染の許容レベルや建築基準を定めるなどして，最大許容リスクの目標レベルを成文化している。これらの基準を無視した個人や企業は，民事・刑事裁判で処罰される。曝露リスクを管理するための基準に関連する例としては，1日当たりの総排出量の統一的な制限，生産過程で使用される投入量1トン当たりの排出量，利用可能な最良の最低リスク管理技術の使用に対する制限などがある。技術標準の提唱者たちが主張していることの1つは，技術に基づいた技術的な決定によって，許容可能なリスクの閾値が統一されるということである。しかし，第2章と第3章で見たように，統一された基準は非効率的である。

　第3の選択肢は，費用と便益のバランスを重視するのではなく，費用効率的なリスク削減の考え方を推進することである。費用効率性とは，規制当局がリスクの目標レベルを設定し，その目標を達成するための最も対費用効果の高い方法を人々が見つけられるようにすることである。これは，国民のリスクに対する選好と認識を考慮したものである。費用効率性を重視したリスク低減は，目標を達成するために最も費用のかからない方法を見つけようとする。費用効率的リスク低減の利点の1つは，目標達成の便益を計測する必要がないことである。この方法では，値に関する仮定がモデルに組み込まれている固定予算の場合に，保護される生命を最大化する。

　リスク管理に伴うトレードオフを検討する際に，それに伴う費用や便益を計測していない場合，規制当局はリスクとリスクのトレードオフ，またはリスクの比較分析に取り組むことができる。リスク─リスク分析では，あるリスクと別のリスクをトレードオフする方法を比較する。例えば，より多くの原子力とより少ない石炭発電に切り替えるエネルギー政策は，リスクの性質を気候変動から放射線被曝へとシフトさせる。また，より多くの水力発電への移行は，河川や湖の生態系の質へのリスクをシフトさせる。この枠組みでは，消費者の健康リスクと直接的な健康上の利益をもたらす物質との間のトレードオフを推定する必要がある。例えば，薬物，運動，食事の健康上の利点は，この枠組みに合致する。リスク─リスクの枠組みの利点は，規制当局が健康上のアウトカムを死亡リスク相当額に変換できることであり，これによりリスク─ドルのト

レードオフよりも意味のある比較が可能になる。第5章で見たように，政策立案者は費用便益分析を用いることができる。ここでは，コストと便益の両方の貨幣的尺度，およびリスクと貨幣価値便益の間のトレードオフの直接的な比較を求める。経済学者は，リスク低減の価値を決定するのにかなりの努力を払ってきた。費用便益分析は，規制の経済効率性を測定するためのツールとして用いることができる。費用便益分析は，リスク規制とそれに続くリスク低減による厚生に関連する費用を測定しようとするものである。次に，異なる政策選択肢のコストを，リスクが低減されるかどうか，またどの程度まで低減されるかという抑止効果と比較する。費用対効果分析の目標は，リスク管理の上での経済効率性の向上である。

　しかし，第5章で述べたように，費用便益分析には多くの議論の余地がある。生命に対するリスクの価値は，政策の文脈の中で扱われなければならない。適切な割引率については疑問が残る。指数割引率は将来にあまり重きを置かない。私たちはまた，誰のリスクが削減され誰が支払うのかという，資本ストックと分配の問題にも取り組まなければならない。公平性は，何らかの主観的な基準に基づいてリスクの費用と便益を分散し，誰がどの価格で何を手に入れるかを計ることができる。リスクは集団間で均等に分散できるし，富などに基づいて漸進的あるいは逆比例的に分配することもできる。

　子どもたちへの環境リスクは，私たちがどのようなリスクを減らすべきかという問いの重要な例である。エビデンスが示唆するところによれば，子どもたちは環境ハザードによって不相応な健康リスクに直面している。これらのアンバランスなリスクは，小児と成人の生理や活動におけるいくつかの基本的な違いに起因する。子どもが成長するにつれて，消化器系，神経系，免疫系は有毒な汚染物質やその他の環境上の危険にさらされやすくなる。子どもは成人よりも体重に対してより多くの飲食や呼吸をし，より多くの汚染や汚染にさらされる。また，生涯を通じたハザードへの曝露可能性にも直面する。また，子どもは自分自身を認識して保護する能力も低い。このことは，子どもたちが環境リスクに対処する際には特別な注意が必要であることを示唆している。

　このような議論に基づいて，多くの政治家が子どもを環境リスクから守ることを明確に目的とした政策を推進している。例えば，米国では，連邦政府はより政策やよりよい研究の調整，あるいは制度に関する分析を通じて，環境上の

脅威から子どもたちを守る役割を担っている。すべての米国連邦政府機関は，子どもへの法的責任を果たし包括的な使命を果たす上で，子どもの保護を最優先事項としている。子どもたちに不均等な影響を与える可能性のある大規模な規制を公布している政府機関は，規制が子どもたちのリスクにどのように影響するかを評価し，計画された規制が，より費用が大きくリスクが少ない代替措置よりも望ましい理由を説明しなければならない。

このことは，規制のコストと規制による負担の増加に対応して，当局に規制基準の引き上げを強制する。子どもたちへの影響を分析することは，費用のかかる決定につながると主張する業界やその他の団体から，基準を全面的に引き上げるよう圧力をかけることは批判を招く可能性がある。

規制当局と公衆は，リスクは変容したり他に移転されることによって規制され得ることを認識しなければならない。移転可能なリスクとは，人々がリスクを別の空間，または時間を通じて別の世代に移転することによって自らを守ることを意味する。ほとんどの環境プログラムは，使用される物質の量を減らしたり，経済に蓄積させたりすることによって環境リスクを削減するものではない。人々は，紛争を引き起こし，戦略的行動を誘発するリスクを移転する技術を選択する。いくつかの国や州では，高い煙突を建設することで大気汚染を減らし，風がその排気ガスを風下に運ぶようにしている。地方公共団体の中には，毒素の貯蔵や有害物質の再利用を禁止しているところもあり，問題は他に移っている。効果的なリスク管理は，移転可能性の問題に取り組むべきである。

6.5.1 政策ツール

規制当局は，リスク管理に対するこれらのアプローチのいずれかを実施する際に，リスクを低減するための多くのツールを自由に利用できる。規制当局は，義務，責任規則，汚染税，補助金を課し，新しい市場を創出し，リスクコミュニケーションを通じてインフォームド・コンセントを利用することができる。私たちは以前に税金と市場について議論した。まず，リスクコミュニケーション戦略を考慮しよう。リスクコミュニケーションとインフォームド・コンセントの主な利点は，人々が一様な政府の禁止や規制ではなく，各々のリスクに対する選好に基づいてインフォームド・チョイスを行えることである。リスク管理者は，消費者がリスクに関してより正確な個人的判断ができるように，

持っている情報を確実に把握しなければならない。しかし，危険警告の文言は，消費者に情報を提供し，消費者がよりよい決定を下すことを可能にするという第一の目的を推進するというよりも，むしろ政治的利益を最大化するように思われる。リスクの下での意思決定に関するファンダメンタルな経済的および心理的概念を無視することによって，警告は，消費者がリスクおよび予防策に関して健全な選択をするために必要な情報を伝達しない。戦略的無知が環境保護にどのように影響するかについては，環境経済の実践 6.3 を参照されたい。

環境経済学の実践　　6.3
戦略的無知とカーボンフットプリント

　経済学的な研究によると，人々は入手に費用がかからない情報に対して無知であることを戦略的に選択していること，すなわち，自分の行動が他人にどのような影響を与えるかを無視することで，罪悪感や自責感をもって自分自身の利益を追求していることが分かっている（例えば，Dana et al.（2007））。戦略的無知は，自分が「すべきだ」と感じることと「したい」と思っていることとの間の葛藤のために生じるようである。無知でいることによって人々はこの葛藤を避け，自分が「したいこと」をできるようになる。しかし，人々は自らの活動が環境にもたらす負の外部性を戦略的に無視しているのだろうか。

　Thunström et al.（2014）はこの問題を議論している。彼らは，人々が炭素排出の外部性に関する費用のかからない情報を避けているかどうか，また，人々が環境問題に関する自分の無知を環境保護行動をとらない口実として利用しているかどうかを研究している。彼らは，無料の情報を無視するという人の意思決定を予測する行動経済学的枠組みを開発している。この枠組みは，①環境に害をもたらすことに対する内的圧力（罪悪感）（例えば，二酸化炭素の排出）と，②環境保護行動の社会規範に従うことへの外部圧力（例えば，隣人のように炭素排出を相殺すること）の両方に依存する。このモデルでは，人々は自分が環境に与えている害に関する情報を避け，同時に無知を口実にして環境保護にあまり熱心でない行動をとることで便益を得るようになるかもしれないことを予測している。この理論はまた，人々が情報から社会規範について学習ができれば，個人の戦略的無知の費用が増加すると予測している。

　Thunström et al. では，デンバーからロンドンまでの航空サービスを利用する仮想的な状況と，航空サービスのカーボンフットプリントのオフセットを購入

する選択肢を含む，表明選考法のサーベイと組み合わせた実験を用いて，予測を実証的に検証した。彼らの実験は次の 4 段階のプロセスを経て行われた。

- 第 1 段階：被験者は，環境問題のために日常生活をどのように調節したか，自分にとって環境がどれほど重要か，人間による二酸化炭素（CO_2）排出は気候変動の一因になっているという主張に同意するかどうかなど，背景の質問に答えた。

- 第 2 段階：2 つの対照群と 2 つの処置群にそれぞれ異なる情報が提供された。対照群 1 には，カーボンフットプリントの情報が提供された。内容は以下のとおりである。「あなたの旅行からのカーボンフットプリント（旅客 1 人当たり）は 1.73m トンの CO_2 に相当し，これは平均的なアメリカ人の年間カーボンフットプリントの約 10％に相当する」。対照群 2 には，カーボンフットプリントの情報と社会的圧力の情報が提供された。内容は以下のとおりである。「飛行旅行者の約 3％から 4％がカーボンオフセットを購入する」。処置群 1 は 2 つの封をした封筒（白と黄色）が渡され，カーボンフットプリント情報への加入または脱退を求められた。あなたには以下を含む情報が提供される。①この旅行でのカーボンフットプリントと②デンバー・ロンドン間の旅行でのカーボンフットプリントが，年間を通しての平均的アメリカ人のカーボンフットプリントとどのように比較されているか。①と②の情報が必要な場合は，白い封筒（情報シート）を開きなさい。この情報が不要な場合は，黄色の封筒（白紙）を開きなさい。処置群 2 は，通常航空サービスの利用者がカーボンオフセットを購入する割合という社会的規範に関する情報を受け取ることを指示された点を除いて，グループ 1 と同一であった。

- 第 3 段階：次のような情報と質問がすべてのグループに与えられた。あなたが航空券を購入する際に，航空会社がカーボンオフセットを販売するとしよう。カーボンオフセットのために支払いたいと思う最大金額はいくらか。金額を記入しなさい。

　　　　$ _____

- 第 4 段階：最後に，両方の処置群に以下のコントロール・クエスチョンを行った。白または黄色の封筒を開封したかどうか，以下に記載すること。

　　　●はい，［……］に関する情報が欲しく，白い封筒を開いた。
　　　●いいえ，［……］に関する情報は必要なく，黄色の封筒を開けた。

> 　結果は示唆に富んだものであった。彼らは，人々が二酸化炭素排出量に関する費用のかからない情報を無視しており，その情報が社会規範を論じているときには，無知でいることが著しく減少するという強力な証拠を見出した。被験者の半数以上（53％）が，オフセット購入を決定する前に，カーボンフットプリントに関する情報を無視することを選択した。人々は無知を言い訳にして，環境に配慮した行動をとらないでいる。無知はカーボンオフセットを購入する確率を著しく減少させる。しかし，カーボンオフセットを購入する他の航空旅行者の数についても情報が伝えられていた場合，無知は29％にまで大幅に減少することも分かった。

　ここでは，行動経済学が，環境リスクに対処するための政策の設計にどのように影響するかを検討する。先に述べたように，合理性と意思力が制限されていると，人々は必ずしも予想通りに反応しない。この知見を利用した行動政策の選択肢の1つが「ナッジ」と呼ばれている微調整である。「ナッジ」とは，金銭的または物質的な外部インセンティブ（Thaler and Snsterin 2008; Allcott and Mullainathan 2010）を与えることなく，人の選択を変更することを目標とする。例えば警告はナッジであるが，補助金はナッジではない。リマインダーはナッジであるが，税金はナッジではない。ナッジは，わずかな手で状況を操作して，自分自身を助ける（省エネでお金を節約する温情主義的なナッジ）か，社会を助ける（市場の失敗によって生じるリスクを修正する非温情主義者）か，あるいはその両方を助ける選択をするようにする。つまり，その人は以前と違った考え方をすることなく，よりよい選択肢を選ぶようになる。これらのナッジは，選択の自由を奪うことなく，予測可能な人間の弱点を説明することで，人々が自分自身や社会を救おうとしている。今日，経済学者と政策立案者からなる「グリーンナッジ」コミュニティは，こうした非温情主義的な行動ナッジが，より費用効率性が高くリスクの少ない環境政策（Schubert 2017，リサイクルについては第11章も参照）に貢献できるかどうかを模索している。

　ナッジの典型的な例は，デフォルト・オプションの選択である。例えば，カーボン・オフセットプログラムにおけるオプトイン対オプトアウトの選択がそれにあたる。もし政策立案者が，ほとんどの人々が航空旅行のためにカーボン・オフセットを購入する場合，リスクを減らすことで社会全体が改善される

と考えているならば，デフォルトのルールを変更することができる。オフセットの購入をオプトインするかどうかを決定する代わりに，規制当局は，各人がカーボン・オフセットの購入をオプトアウトするかどうかを選択しなければならないように，デフォルトを逆転させることができる。このナッジは，現状を維持しようとする人間の傾向，つまり社会規範と個人的な惰性あるいは先延ばしによって，人々はすでに参加しているプログラムにとどまる可能性の方が，離れて新しいプログラムに参加する可能性よりもはるかに高いことに依存している。もしデフォルトの選択肢のナッジがうまく作用すれば，私たちはオプトインよりオプトアウトする可能性が低いので，人々はこれらのカーボン・オフセットをより頻繁に購入するだろう。デフォルトでは，選択の自由（Sunstein and Reisch 2014）を維持しながら，炭素排出量に対処するようになっている。

　自制心の問題や誘惑に対処するための，最先端のインセンティブのもう1つのアイディアは，環境保護のための行動メニューを大きくするのではなく，小さくすることである。米国とカナダの喫煙者は，たばこ税が高い方が幸せであるかのように振る舞っている。環境経済学の文献には，行動経済学をインセンティブ設計に適用した例はほとんどない。もしある人が他の人に対して利他的であるなら，利他主義の存在自体は，より低いピグー税を生み出すには不十分である。しかし，もし人々が環境に悪影響を与えるよいものに「中毒」しているかのように振る舞えば，最適な環境税は標準的なピグーを上回るはずである。

　環境問題の場合には，行動経済学からのインプットを取り入れ，市場ベースの政策目標の改善に役立てる余地もある。環境経済学者と生態経済学者は，環境政策に関する分析に行動の代替モデルを用いてきた。Kallbeken et al.（2011）は，実験室で行動経済学とピグー税を検証している。彼らは，税金を払うことに対する人々の基本的な嫌悪感が，典型的なピグー税の構築と機能にどのように影響するかを考え，2つの結果を得ている。第1に，人々はピグー税の性質について理解している。彼らはこれらの税金がどのように機能するのか，そしてなぜ社会がそれを必要とするのかを理解している。第2に，税金を「料金」に見立て直すことは，特に所得が環境問題に割り当てられている場合に，支持を増やした。富の分配における不平等を減少させる対象を絞ったリベートも被験者に好まれ，「不平等回避」という行動経済学的概念を支持した。

　もう 1 つの例は，Banerjee and Shogren（2012）の，社会的選好の存在を前提とした環境保護モデルである。彼らは，企業が環境を保護する非金銭的な理由を持っている場合に，インセンティブをどのように設計するかを検討している。理論の妥当性を考えるのに役立つ具体的な現実を考えてみよう。個人的には費用がかかるにもかかわらず，人々は手助けに対して社会的な選好を持っている。例えば，たとえ地代を減らしても，自分の土地で絶滅危惧種を保護する土地所有者。金銭を払わずに環境を守ることに，社会的な選好を持つ人もいる。自然を守るために彼らにお金を払うのは逆効果かもしれない。金銭は彼らの善行をしようとする意思を「締め出す（クラウディング・アウト）」。行動経済学者は，金銭的報酬は内発的動機付けを弱めると主張してきた。報酬の隠れた費用，過剰な正当化効果，汚職効果など，用語は派手である。ここでは，金銭的報酬は利他的感情にふける能力を低下させる。他人に，善行をなすための真の動機を疑うよう仕向けるのである。クラウディング・アウト効果が維持されれば，金銭的報酬が労力を減少させる可能性がある。これは，標準的な経済学の予測とは正反対である。例えば，フィンランドの森林生息地保護の事例では，環境保護に積極的な態度を示す私有財産所有者は，実際には金銭的移転額が少ないことが明らかになっている（Mantymaa et al. 2009）。モラルライセンスと環境保護のための善行のクラウディング・アウトについては，キーコンセプト 6.5 を参照されたい。

キーコンセプト　6.5

モラルライセンシングと環境保護行動

　人々が「善行」をする能力に，生来の限界があるのだろうか。例えば，子どもたちの健康のための慈善事業に貢献することは，環境に悪いこと（例えば，ジムへのドライブ），あるいは少なくともあまりよくないことをしてもいいというモラルライセンスを私たちに与えるだろうか。1 つの善行を行うことで，もう 1 つの善行を行うことができなくなるのだろうか。モラルライセンシングの行動的な考えによると，3 つの質問すべてに対して答えが「イエス」であることを示唆している。研究によると，ある人が善行をした場合，その人の将来の意思決定において，社会に配慮した行動をとる意思に影響を与える可能性があるとい

う。Clot et al.（2016）は，無償である場合と有償である場合で，善行が環境保護のための将来の社会貢献の意思決定にどのように影響するかを確認するための実験を計画した。彼らの研究における重要な仮定は，環境保護を学ぶ学生はビジネスを学ぶ学生よりも内的に環境に対してより道徳的に振舞う動機があると仮定したことである。

　3つの処置群が考慮された。すべての処置群において，各学生は典型的な独裁者ゲームをして，向社会的決定を測定した。もし30ユーロを与えられたら，学生は環境保護プログラムにどのくらいのお金を提供するだろうか。合理的選択理論は，利己的な独裁者は何も寄付しないだろうと予測する。しかし，もし独裁者が正の金額を与えるなら，それは彼または彼女が向社会的な選択をしたことを示唆する。つまり，彼または彼女は見知らぬ人を含む他の人々またはグループを助けることから満足を得ているのである。対照群では，学生は独裁者ゲームのみを行った。第1処置群では，独裁者ゲームをする前に各被験者は環境に優しい行為（すなわち，環境に配慮したプログラムで，週1時間，1カ月間働くこと）に自発的にコミットする選択肢を与えられた。第2処置群では，環境作業は必須であった。

　彼らの実験の結果は，モラルライセンシングが存在することを示唆しているが，それは状況によって異なる。高潔な環境保護活動が義務化された場合，環境保護を学ぶ学生（より根本的に動機付けられている）の寄付は，ビジネスを学ぶ学生（より根本的に動機付けられていない）よりも大幅に少なかった。しかし，寄付という高潔な行動が自発的なものであったときには，逆が成立することが分かった。環境保護を学ぶ学生は，ビジネスを学ぶ学生よりも多額の寄付をしたのである。残された課題は，これらの異なる状況下でライセンス効果が生じる理由を予測し，説明できる枠組みを開発することである。Clot et al.（2017）の関連研究も参照するとよい。彼らはマダガスカルの市民を対象とした実験で社会的ジレンマにおけるモラルライセンシングの証拠を見つけている。

　もちろん，環境に対する強い社会的選好を持っていない人々もいる。彼らは公共の利益を守るために金銭を受け取ることを嫌う。しかし，人々の行動を観察することによって，彼らがなぜ社会的プロジェクトに貢献しているのか，すなわちそれが内発的動機付けによるものか社会性によるものかを特定することは難しい。人々は評判にも関心があるからだ。こういった人々は，よい評判を「買う」ために環境を保護したいと思うかもしれない。評判が高ければ，新規

顧客の獲得，資本市場や信用市場へのアクセスの改善に役立つかもしれない。寛大ではなく「欲張り」と見られることを避けたいと考えている人々には，金銭的な報酬を与えることは逆効果になる可能性がある。

　規制当局のジレンマは，誰が社会的な選好にしたがって支払う人であり，誰が評判の買い手なのか分からないことにある。両方のタイプが存在することは知っているが，誰がどのような好みを持っているのかを規制当局が正確には知らないということを考えると，当局はどのようにして環境リスクを低減するメカニズムを設計するのだろうか。当局は，正しいことをしようとする人のインセンティブを締め出すことで，社会的選好を持つ人を追い払いたくない。他の場所で使える余分なお金を払って，評判を求めている人に報酬を与えたいとも思わない。残された問題は，両方のタイプの人々から最適のものを得るための金銭的な労力の移転のメニューを規定するメカニズムを，当局が設計できるかどうかである。第 1 に，社会的企業が受け取る移転は最適なものよりも少なくなり，その結果，努力に対する投資が不足する（完全情報の場合に該当する）。これとは対照的に，評判主導型企業に対しては最適な水準の金銭的報酬と最適な水準の努力を費やす。第 2 に，社会的サービス企業は情報レントを得ていない。しかし，この企業は評判を重視するため，マイナスの情報レントを得ている。評判主導の企業は，金銭を支払う。すなわち，環境保全の評価を「買う」のである。

6.6　まとめ

　本章では，環境リスクは人と自然によって同時に決定されると主張してきた。すなわち，人間は自然に影響を与え，自然は人間に影響を与える。経済学は，人間と自然が相互に作用して健康に対するリスクを生み出すという現実，すなわち人間，動物，環境の問題に取り組まなければならない。私たちはまた，人々が危険の下でどのように行動するかを理解する必要がある。それらは一貫した反応という意味で合理的なのだろうか。リスクについての考え方には系統的なバイアスがあるのだろうか。健康上のリスクと財政的な見返り，つまり職場でのリスクが高いことと賃金が高いこととをどのようにトレードオフするのか。また，政策立案者はどのようにして，人々が人間，動物，環境の健康

に対するリスクを減らすように誘導するために，グリーン価格と非金銭的な圧力の両方のインセンティブに署名することができるだろうか。ここでは，リスク下での経済的行動をよりよく理解する方法について，また，この情報が，より多くの人や自然のリスクを軽減し，リスクをより費用対効果の高い形でコントロールするための民間および公共の意思決定を支援する方法について，多くのアイディアを議論した。リスクを正確に評価する方法，人々がリスクの高い選択をするのが理性的なのか偶然なのか，リスクを軽減するために人々が支払う意思のあるものは何か，リスクをコントロールするためにどのような選択肢があるのかを知ることは，より少ないコストで命を救い自然を保護するためのよりよい決定を下すのに役立つだろう。

ディスカッションのための質問

6. 1　環境政策について議論するとき，人は合理的な選択をしていると仮定すべきか。

6. 2　人間の健康リスクを低減するための政策を決定する際に，経済学は生命に対するリスクの評価において生命科学とともに役割を果たすべきか。

6. 3　統計的生命の価値（VSL）を環境政策の指針として用いるべきか。

6. 4　持続可能性を促進するために，価格の変化よりもナッジが好まれるか。

練習問題

6.1 ゼロ・リスク社会は可能だと，環境保護主義者たちは信じているか。

6.2 人と環境の健康に関するリスクをどのように管理するかを考えるために，合理的選択理論を用いることの是非を説明せよ。

6.3 民間の自己保護および自己保険は，政府による生命および健康に関するリスク低減の要請にどのように影響するか。

6.4 期待効用は期待値とどのように異なるのか。なぜこの違いが政策にとって重要なのか。

6.5 もし人々がリスクの高い出来事への好みを変えるなら，政府は公共政策を策定する際に，彼らの行動を評価すべきなのか，それとも無視すべきなのか。

6.6 経済学者が統計的生命の価値（VSL）を測定する方法を説明せよ。

6.7 ナッジとは何か，またそれはグリーン補助金や税金と比べてどう異なるか。

参考文献

Allais, M. (1953). Le Comportement de L'homme Rationnel Devant le Risque: Critique des Postulats Etaxiomes de L'ecole Americaine. *Econometrica* 21: 503-46.

Alcott, H. and Mullainathan, S. (2010). Behaviour and Energy Policy. *Science* 329: 1204-5.

Banerjee, P. and Shogren, J. (2012). Material Interests, Moral Reputation, and Crowding Out Species Protection on Private Land. *Journal of Environmental Economics and Management* 63: 137-49.

Baron, R. (2008) *Thinking and Deciding.* Cambridge: Cambridge University Press.

Berry, K., Alen, T., Horan, R., Shogren, J., Finnoff, D. and Daszak, P. (2018). The Economic Case for a Pandemic Fund. *EcoHealth* 15 (2) : 244-58.

Brekke, K. and Johansson-Stenman, 0. (2008). The Behavioural Economics of Climate Change', *Oxford Review of Economic Policy* 24 (2) : 280-97.

Clot, S., Grolleau, G. and Ibanez, L. (2016). Do Good Deeds Make Bad People? *European Journal of Law and Economics* 42: 491-513.

Clot, S., Grolleau, G. and Ibanez, L. (2017). Moral Self-Licencing and Social Dilemmas: An Experimental Analysis from a Taking Game in Madagascar. *Applied Economics* 50 (27) : 2980-91.

Dana, J., Kuang, J. and Weber, R. (2007). Exploiting Moral Wriggle Room: Experiments

Demonstrating an Illusory Preference for Fairness. *Economic Theory* 33: 67-80.

Ehrlich, I. and Becker, G. S. (1972). Market Insurance, Self-Insurance and Self-Protection. *Journal of Political Economy* 80 (4) : 623-48.

Gillingham, K., Newell, R. and Palmer, K. (2009). Energy Efficiency Economics and Policy. *Annual Review of Resource Economics* 1 (1) : 597-619.

Hanley, N. and Shogren, J. (2005). Is Cost-Benefit Analysis Anomaly-Proof? *Environmental and Resource Economics* 32 (1) : 13-34.

Hayes, D., Shogren, J., Shin, S. and Kliebenstein, J. (1995). Valuing Food Safety in Experimental Auction Markets. *American Journal of Agricultural Economics* 77 (1) : 40-53.

Hepburn, C., Duncan, S. and Papachristodoulou, A. (2010). Behavioural Economics, Hyperbolic Discounting, and Environmental Policy. *Environmental and Resource Economics* 46 (2) : 189-206.

Kahneman, D. (2011) *Thinking, Fast and Slow*. New York: Farrar, Straus, and Giroux.

Kahneman, D. and Tversky, A. (eds.) (2000) *Choices, Values, and Frames*. Cambridge: Cambridge University Press.

Kallbekken, S., Kroll, S. and Cherry, T. (2011). Do You Not Like Pigou, or Do You Not Understand Him? Tax Aversion and Revenue Recycling in the Lab. *Journal of Environmental Economics and Management* 62 (1) : 53-64.

Knetsch, J. (2000). Environmental Valuations and Standard Theory: Behavioural Findings, Context Dependence, and Implications'. In T. Tietenberg and H. Folmer (eds.), *International Yearbook of Environmental and Resource Economics 2000/2001*. Cheltenham: Edward Elgar.

Lebov, J., Grieger, K., Womack, D., Zaccaro, D., Whitehead, N., Kowalcyk, B., MacDonald, P. D. M. (2017). A Framework for One Health Research. *One Health* 3: 44-50.

Machina, M. (1987). Choice Under Uncertainty: Problems Solved and Unsolved. *Journal of Economic Perspectives* 1 (1) : 121-54.

Mantymaa, E., Juutinen, A., Monkkonen, M. and Svento, R. (2009). Participation and Compensation Claims in Voluntary Forest Conservation: A Case of Privately Owned Forests in Finland. *Forest Policy and Economics* 11 (7) : 498-507.

Metcalfe, R. and Dolan, P. (2012). Behavioural Economics and Its Implications for Transport. *Journal of Transport Geography* 24: 503-11.

Millner, A., Dietz, S. and Heal, G. (2013). Scientific Ambiguity and Climate Policy. *Environmental and Resource Economics* 55: 21-46.

Narloch, U. and Bangalore, M. (2018). The Multifaceted Relationship between Environmental Risks and Poverty: New Insights from Vietnam. *Environment and Development Economics* 23: 298-327.

Schubert, C. (2017). Green Nudges: Do they Work? Are they Ethical? *Eological Economics* 132: 329-42.

Settle, C. and Shogren, J. (2004). Hyperbolic Discounting and Time Inconsistency in a Native-Exotic Species Conflict. *Resource and Energy Economics* 26 (2) : 255-74.

Shogren, J. and Crocker, T. (1999). Risk and Its Consequences. *Journal of Environmental Economics and Management* 37: 44-51.

Shogren, J. and Taylor, L. (2008). On Behavioural-Environmental Economics. *Review of Environmental Economics and Policy* 2 (1) : 26-44.

Sunstein, C. and Reisch, L. (2014). Automatically Green: Behavioural Economics and Environmental Protection. *Harvard Environmental Law Review* 38 (1) : 127-158.

Thaler, R. and Benartzi, S. (2004). Save More Tomorrow™: Using Behavioural Economics to Increase Employee Savings. *Journal of Political Economy* 112: S164-87.

Thaler, R. and Sunstein, C. (2008) *Nudge: Improving Decisions About Health, Wealth, and Happiness*. New Haven: Yale University Press.

Thunström, L., van't Veld, K., Shogren, J. and Nordström, J. (2014). On Strategic Ignorance of Environmental Harm and Social Norms. *Revue d'Économie Politique* 124 (2) : 195-214.

Tracer, D. (2004). Market Integration, Reciprocity, and Fairness in Rural Papua New Guinea: Results from a Two-Village Ultimatum Game Experiment'. In J. Henrich et al. (eds.), *Foundations of Human Sociality: Economic Experiments and Ethnographic Evidence from Fifteen Small-Scale Societies* 232-59. Oxford: Oxford University Press.

Tversky, A. and Kahneman, D. (1981). The Framing of Decisions and the Psychology of Choice. *Science* 211: 453-8.

Viscusi, W. K. (2009). The Devaluation of Life. *Regulation & Governance* 3 (2) : 103-27.

Viscusi, W. K. and Masterman, C. (2017). Income Elasticities and Global Values of a Statistical Life. *Journal of Benefit-Cost Analysis* 8 (2) : 226-50. doi: 10. 1017/bca. 2017. 12

Winsemius, H., Jongman, B., Veldkamp, T. Hallegatte, S., Bangalore, M. and Ward, P. (2018). Disaster Risk, Climate Change, and Poverty: Assessing the Global Exposure of Poor People to Floods and Droughts. *Environment and Development Economics* 23: 328-48.

<table>
<tr><td>第 7 章</td><td>経済成長，環境，
持続可能な開発</td></tr>
</table>

7.1 はじめに

　本章では，経済成長の概念，成長と自然環境の関係，さらに持続可能な開発の経済学について論じていく。7.2節では，成長とは何を意味するのか，そしてどうして経済が成長するのかについて一般的な見解を説明する。このことは，持続可能な開発を理解する上で非常に重要であると理解できるだろう。7.3節では，成長と環境との関係についての経済学説の歴史を振り返る。7.4節では，主要な論点である，環境問題を避けて経済成長が達成できるかどうかについて，「環境クズネッツ曲線」を例に説明する。経済成長と環境との関係に関する議論のほとんどは，現在「持続可能な開発」の文脈で行われている。7.5節では，経済学者がこの概念をどのように捉えているかを説明するとともに，持続可能性に関する様々な経済指標を検討する。

7.2 経済成長と開発

　世界各国の政府は，その国のパフォーマンスを測る尺度として，経済成長に関心を向けている。それは絶対的な意味と（どれくらいのスピードで成長しているか），相対的な意味の（近隣諸国よりも速く成長しているか，国の成長率は10年前より遅くなっているか），両方の面からである。経済成長は一般的に，平均的な生活水準が長期的に増加していることを反映していると理解されている。我々が求めているのは，自分たちの社会がどれだけうまくやれているか，

表 7.1　1 人当たり GDP と成長率

	1 人当たり GDP （PPP 国際ドル, 2017 年）	GDP 成長率 （%）	1 人当たりの GDP 成長率（%）
アフガニスタン	2,068	+ 1.45	− 1.62
アンゴラ	8,036	+ 0.94	− 2.47
アルバニア	11,878	+ 2.22	+ 2.52
ベルギー	49,455	+ 2.04	+ 1.45
ブルキナファソ	1,925	+ 3.92	+ 0.91
カナダ	47,472	+ 0.66	− 0.09
チリ	24,440	+ 2.30	+ 1.11
中国	12,692	+ 7.04	+ 6.50

出典）World Bank「World Development Indicators」（https://databank.worldbank.
org/source/world-development-indicators#）から作成（2021 年 5 月 31 日参照）。

つまり福祉水準が時間とともに増大しているかを示す指標である。ノーベル賞を受賞した国民総生産（Gross National Product: GNP）という概念は経済学者によって開発された。GNP は一国において，一定期間で生産された総市場価値を金銭換算したものであり，経済活動に関わるすべての生産要素（土地，労働，資本）および総支出（消費＋総投資）要素に対する国民所得の尺度でもある。GNP は，人口増減の影響を考慮し，しばしば 1 人当たりで表現される。1 人当たり実質 GNP（つまりインフレ率を調整した価格）が増加していれば，経済は成長していることになる。ある国の経済成長は一般的に，1 人当たり実質 GNP の変化で定義される。

　表 7.1 は，ある国の 2015 年の 1 人当たり国内総生産（Gross Domestic Product: GDP，GNP と密接な関係を持つ）と 2015 年の経済成長率を示したものである。平均的な 1 人当たり実質 GNP が時間に伴い増加していれば，経済成長が起こっているといえる。

　GNP は，いわば一国の住民の間で分配される「経済のパイ」の大きさ，つまり，総所得がどれだけ国民に分配されるかを測るという意味で，生活水準の尺度となっている。表 7.1 にあるアフガニスタンやブルキナファソのような最貧国と，チリのような中所得国，ベルギーやカナダといった富裕国との間の生活水準の差は歴然としている。ただしこれらの国々の長期的な見通しは，現在の GDP の水準だけではなく，1 年当たりの成長率にも左右される。この表に

見られる通り，絶対的に貧しい国において，非常に高い経済成長率を経験している傾向がある。例えば，ベルギーのGDPは年率2%の成長にとどまるが，ブルキナファソのGDPは年率3.9%で成長している。注目すべきは，中国の非常に高い経済成長率である。もちろん，ある国の人口が長期的に増加している場合には，GDPの絶対水準が増加していても，1人当たりの生活水準に与える影響は限定的となる。表7.1の最後の列は，人口増加率を考慮した場合の1人当たりGDPの現在の成長率を示している。人口増加率を考慮に入れた結果，アフガニスタンは1人当たりの生活水準の低下に苦しんでいる（つまりマイナス成長に陥っている）。中国は人口増加率が低いため，1人当たりの経済成長率は大きく低下していない。

　1人当たりGNPが増加したからといって，必ずしもすべての人の生活が改善しているとは限らない。なぜなら，平均以上の所得を得ている人もいれば，逆に低下する人や，停滞する人もいるからである。GNPでは所得分配の変化について説明することはできない。ただし，実質GNPが上昇しているということは，平均的には人々の生活が時間の経過とともに改善しているということ，ないしは，勝者が敗者に比べより多くの成長の利益を得ていることを意味している。高いGNP成長率は，時間の経過とともに実質GNPの絶対水準が非常に大きくなることを意味するため，経済成長率が低いことは，時間の経過により大きな機会費用が生じていることになる。年10%の成長率であれば，7年間でGNPが2倍となる。経済成長率の水準を維持できない国は，他国との競争に後れを取る結果となる。

　GNPは国民の福祉指標としては不十分との批判が多い。例えば，絶対的な所得増加と，主観的生活満足度や福祉との関係は複雑である（Clark et al. 2008）。GNPは，大気汚染の悪化や通勤時の混雑悪化など，福祉に影響を与える生活の多くの側面を除外している。一方で，各国は依然として，1人当たりの実質GNPの増加を，長期的な経済パフォーマンスの評価指標としている。しかし，GNPはどのようにして時間経過とともに増加するのだろうか。経済成長の背景にある理論とは何だろうか。

キーコンセプト　7.1

GNP は福祉水準を測るのにふさわしい指標か？

　第二次世界大戦後，世界各国は，国民経済計算に示されたガイドラインに従って，国民総生産（GNP）を用いて福祉水準を測定し，比較してきた。これは，GNP が国の所得だけでなく生産物の価値を測定していることから，理にかなっていると思われる。人口が変動している場合，または異なる国との間でGNP を比較する場合には，GNP を人口で割ることで，1 人当たり GNP が算出される。これは，その国の 1 人当たりの平均所得を示す。GNP は，国民の福祉や厚生の指標としても注目されている。国民経済計算システムを使った経済パフォーマンスのもう 1 つの指標は，国民純生産（Net National Product: NNP）である。NNP は，GNP から，その年の生産に供される資本財の減価償却分（固定資産減耗分）を差し引いたものとして定義される。

ただし，GNP は福祉水準の尺度としては広く批判されてきた。主な批判は以下の通りである。

・経済が環境に及ぼす影響は，GNP では十分に測定されていない。例えば，ある国で大規模な原油流出事故が発生し，それを除去するために多大な費用がかかった場合，たとえ国民の生活が悪化したとしても，汚染除去に携わる産業の生産量が増加するため，GNP は増加する可能性がある。

・上述と密接に関連している指摘としては，天然資源量の変化は GNP に現れないことである。例えば，農業により大規模な土壌浸食が発生し，土壌の生産ストックが枯渇した場合であっても，将来の食料生産能力の喪失はGNP に現れない。

・GNP は経済全体（パイ）の大きさを測定しているが，どれだけ公平に分配されているのかは説明していない。1 人当たりの GNP は増加するかもしれないが，所得格差は悪化する可能性がある。

・環境質や野生生物保護といった非市場価値を持つ財と，人々の福祉水準との間には重要な関係があるものの，GNP は非市場価値を十分に測定するものではない。

7.2.1　なぜ経済は成長するのか

　長期的な経済成長は，短期的な変動ではなく，潜在的な生産量の増加によるものである。どのようにしたら潜在的な生産量を増やすことができるのだろうか。重要なのは，生産に割くことのできる資源の増加と，資源の生産性の変化である。

資源の増加

　ある国の資源の基盤が増大すれば，GNPは増加する。この資源の基盤には，資本，労働力，土地，エネルギー，物質資源が含まれる。労働供給は，人口増加，労働参加または移住に伴って増加する。土地資源は，国が海外領土を開拓したり（英国，オランダ，フランスが18世紀と19世紀に行ったように），辺境地をより有益な用途に転換することで，増大する。石油やガス鉱床の新たな発見によって，エネルギーや資源が増加する可能性がある。また，技術進歩は天然資源の開発コストを引き下げ，開発可能な物理的資源量を増やすことにつながる。このことは，資源の経済的に利用可能な資源量の増加につながる。資本ストックは時間とともに増加する。古典派経済学者とカール・マルクスが提唱したように，資本蓄積は経済成長を説明するという，最も初期の頃の説明である。資本は，投資を通じて時間の経過とともに蓄積される。積極的な純投資（つまり，総投資額から減価償却費を差し引いた額）は，資本ストックを増加させる。

　人的資本の増加もまた，経済成長を促進する上で重要である。人的資本は，人の中に組み込まれた技能，知識，能力，学習の量を示す尺度である。教育と職業訓練に時間と資源を投資することで，人的資本の増加につながる。長期的に見れば，人的資本のストックの増加は経済成長の重要な要素である（World Bank 2011; McLaughlin et al. 2014）。社会関係資本は，国の総資本の中の重要な構成要素でもある。社会関係資本は，国内の制度の質と，協力の度合いを示した尺度である。なぜある国が他国より急速に成長するのかを説明する際に，制度が重要な要因であるとの議論がなされてきた[*1]（North 1990）。最後に，国にはエネルギーや物質資源といった自然資本がある。本章の後半で，持続可能な開発について論じる際に，自然資本について再考する。

生産性の向上

　生産性とは，投入物から得られる生産物の価値を指す。例えば，2017年スペインにおいて，労働者1人当たりの平均生産額はいくらだろうか。2018年のインドにおいて，1ha当たりの米の平均収量はどのくらいだろうか。これを1980年の平均収量と比較したらどうだろうか。経済学者は，生産性を高めるいくつかの主要な要因を特定してきた。技術進歩は1つの重要な要因である。時間の経過につれ，そして研究開発により多くを投資するにつれ，より効率的な生産方法が可能になる。例えば，風力発電や耕作地から小麦を生産，といったものである。経済学者は，「時間経過」や経験がもたらす外生的な技術進歩と，企業や国家がよりよい技術開発のために投資を行うという内生的な技術進歩とを区別している。技術開発は，増大する人口を養うための農場からの食料生産の大幅増加，より深い炭鉱から効率的かつ収益性のある採掘のための蒸気機関の開発を可能にするといった，英国の産業革命の重要な推進力を担った（Allen 2011）。試行錯誤を通じて学ぶことによって，人間自身の生産性を高めることもできる。

　第2の要因は教育である。人々が学校や大学での教育や，研修を通じてより多くを学ぶにつれて，生産性が生涯にわたって向上し，生涯所得の増加にもつながる（Chuang and Lai 2010）。さらに教育への投資は，長期的な経済発展という意味でも様々な追加的便益を見込むことができる。これらの便益としては，健康状態の改善，犯罪の減少，投票率の向上，新技術の迅速な伝播といったものが含まれる（Dickson and Harmon 2011）。

成長対開発

　1人当たりGNPの増加で計測される成長は，「開発」と同義ではない。これは，開発はより幅広い解釈がなされているためである（例えば，国連の人間開発報告書を参照）。経済成長とは異なって，開発を経験するためには，時間の経過とともに，一連の開発指標が改善されるのを期待すべきである。例えば次

＊1　「制度とは，社会におけるゲームのルールであり，より正式には，人間の相互作用を形成するために人為的に考案された制約である。その結果，政治的・社会的・経済的なものであれ，人的交流におけるインセンティブを構造化しているのである。制度変化は，時間とともに社会が進展していく方法を形成するものであり，それゆえに歴史的変化を理解するための鍵となる」（North 1990）。

のようなものが挙げられる。

　・1 人当たり GNP：これは未だ重要である

　・所得格差の縮小

　・成人識字率の改善

　・成人の罹病率および死亡率の低下

　・各種環境指標の向上

　これらの指標は，福祉に関わる貨幣的指標と非貨幣的指標の双方を反映している。国連は 1990 年に導入した人間開発指数（Human Development Index: HDI）（UNDP 1990）を毎年公表している。HDI は，国の発展段階を示すための指標として，GDP，教育水準，出生時平均余命の 3 つが選ばれた。表 7.2 には，UNDP（2018）による人間開発指数の上位 5 ヵ国と下位 5 ヵ国（189 ヵ国中）を示した。

　所得は HDI に含まれている他の福祉指標の主要な決定要因であり，1 人当たり GDP が高い国は HDI も高い傾向にある（HDI の順位と，1 人当たり所得の順位を比較することで分かる）。しかし，HDI と GNP の両指標は，環境悪化の影響を直接的に勘案していない。経済開発の歴史に関する長期的展望については，de la Escosura（2015）を参照されたい。

表 7.2　人間開発指数のランキング上位 5 ヵ国および下位 5 ヵ国

上位 5 ヵ国	2014 年の順位	一人当たり国民総所得（2011 ドル PPP）	下位 5 ヵ国	2014 年の順位	一人当たり国民総所得（2011 ドル PPP）
ノルウェー	1	68,012	ブルンジ	185	702
スイス	2	57,625	チャド	186	1,750
オーストラリア	3	43,560	南スーダン	187	963
アイルランド	4	53,754	中央アフリカ共和国	188	663
ドイツ	5	46,136	ニジェール	189	906

出典）UNDP（2018）「人間開発報告書」から作成。
　注）更新された人間開発指標（HDI）は，2010 年に国連で導入され，毎年報告書が発行されている（http://hdr.undp.org/en/humandev/）。

7.3　過去からの予測

　継続的な経済成長は健康への警告を伴うべきだろうか。「成長の限界」は存在するのだろうか。これらの疑問は，経済学史上，最大の知的論争を引き起こした。古典派として知られる初期の経済学者たちは，経済と自然環境の相互作用，とりわけ土地や鉱物といった自然環境が，経済成長の限界を示唆することを懸念していた。トマス・マルサス（1766-1834）は，人口が指数関数的に増加することと，農業からの食料生産が直線的に増加することに触れ，人々の生活水準への影響を定式化することに着手した（Malthus 1798）。マルサスによると，生活水準の向上は出生率の上昇をもたらす。最終的に，食料需要が食料供給を上回り，戦争，疾病，飢饉が発生する。そして人口は急激に減少し，1人当たりの食料生産量が回復すると，やがて人口は指数関数的に増加する。この状況を踏まえると，経済学が陰気な科学として知られるようになったのは驚くべきことではない。というのも，唯一の均衡状態が最低生活水準の賃金であったからである。ただし，マルサスのモデルは，技術進歩といった現在我々が把握している重要な要因の多くを無視していたため，非常に単純化されていた。彼の予測は現実化しなかったが，ダーウィンやケインズを含む多くの思想家に大きな影響を与えた。

　デヴィッド・リカード（1772-1823）の研究は，マルサスと同様，長期的で悲観的な予測を導いたものの，それは別の理由にあった。リカードは限界収入逓減の概念を用いて，賃金が生活最低水準を上回り，人口が増加すると，食料需要増加に伴い，農業は生産性の低い土地へと拡大していく，と説明した（Ricardo 1817）食料価格は，肥沃でない土地での生産費用増加を賄うために上昇しなければならないため，最も肥沃な土地で栽培している農民は，価格と生産費用の差としての利潤，すなわちレントを得ることになる。食料価格が上昇するにつれて，労働者はますます貧しくなり，地主はますます高いレントを稼いでいた。リカードとマルサスは，希少性の増加に関して異なる説明を提示した。マルサスにとっての問題は，天然資源（土地）が一定量であるにもかかわらず，それに対する需要が増加していることであった。リカードにとって最も重要な事実は，食料需要が高まるにつれて，土地の平均生産性が低下し，食料

生産費用が増加することであった。リカードの分析で鍵となるのは土地の質の変化であるが，マルサスにおいては土地の固定量が問題である。これら 2 つの見解は，資源の絶対的希少性に着目したマルサス的見解と，相対的希少性に着目するリカード的見解，として知られている。

　リカードの研究は，例えば途上国の森林減少率や，気候変動が農業に及ぼす影響を理解するため，現在もなお重要である（Seo et al. 2009）。しかし，生産性向上，19 世紀の世界的な貿易の増加，英国やドイツといったヨーロッパ諸国での豊かな土地の大幅な増加をもたらした植民地主義が進んだことによって，リカードの悲観的な予測は実現していない。化石燃料消費量の増加と技術進歩は，輸送がより速く，より安価になることを意味し，結果として，世界貿易の大きな拡大につながった（Common 1988）。

　他にも，ジョン・スチュアート・ミル（1806-73）とウィリアム・スタンレー・ジェヴォンズ（1835-82）という初期の経済学者が，環境と天然資源についての考え方を形成してきた。1857 年に出版されたミルの『経済学原理』（*Principles of Political Economy*）は，今や古典派経済学の最高傑作と見なされている。ミルは，経済成長は，限界収入逓減と技術進歩との間の競争であることを明らかにしている。つまり，リカード的稀少性の増大が生産コストを押し上げる（例えば，炭坑をより深く掘り下げる必要がある）のに対して，技術進歩は生産費用を引き下げるとした。資本蓄積を通じた経済成長はより高い生活水準をもたらす。ミルは天然資源が生産性を有す（食料生産のための土地や炭鉱）とともに，それ自体が直接的な効用の源泉であると考えていた。彼はまた，経済は最終的に定常状態まで成長し，その後成長は止まることを示唆した。この定常状態において，ミルは経済成長を追求するために環境を完全に破壊しないことが重要であると考えていた。

　　　今，自然のあるがままの状態に置かれたことがない世界を想像してみても，これはあまり満足できるようなものではない。すべての土地が耕作されている世界，花咲く荒地が掘り起こされている世界。もし地球が，より多くの人口を支えるために，その快適さの大部分を失わなければならないならば，必要に迫られて定常状態に達する前に，早く自ら停止することに満足することを願っている（Mill 1857, Common 1988 から引用）。

　ジェヴォンズは，経済学で体系的かつ厳密な分析を可能にした限界分析の導入に貢献した点で，最初の新古典派経済学者とされている。この分析により，市場の仕組みや，アダム・スミスの「見えざる手」の作用を定式化することにつながった。一方で，ジェヴォンズは，限られた非再生資源の投入が経済成長に与える影響についても懸念していた。18世紀初頭以降の英国の産業革命の原動力として，石炭は最も重要な天然資源であった（Warde 2007）。より多くの石炭が採掘されるにつれ，炭鉱はより深く掘り下げねばならず，結果として1トン当たりの労働コストが上昇するため，より多くの採掘費用がかかることをジェヴォンズとミルは懸念した。これは資源の埋蔵量に対する収穫逓減の法則の事例であり，リカード的希少性の概念の一例である。ジェヴォンズは，著書の『石炭問題』（*The Coal Question*）（Jevons 1865）で示したように，限られた資源量が英国の発展の脅威になると考えていた（ジェヴォンズは，英国の地中にどれほどの石炭埋蔵量があるか推定するよう依頼を受けた。McLaughlin et al. (2014) 参照のこと）。

　永続的な経済成長は不可避でも望ましいものでもないという考えは，1857年にミルが初めて経済学に持ち込んだものである。「成長の限界」という視点は，1970年代にミシャンやデイリーのような作家，特に後者の著書『定常経済』（*Steady State Economics*）によって経済学の中で再活性化された。この見解は，ホーリング，エールリッヒ，オダムなどの生態学者の見解とともに，1980年代後半と1990年代のエコロジー経済学のパラダイムの発展に影響を与えた。経済成長と環境とのつながりや持続可能な開発の概念は，このパラダイムの重要な部分を占めてきた。この点については 7.4 節で再び取り上げる。

7.4　成長と環境──環境クズネッツ曲線

　環境問題を逃れて経済成長できるだろうか。環境クズネッツ曲線（EKC）は，経済学者がこの問題に取り組む際に用いた重要な概念である。この曲線はサイモン・クズネッツにちなんで名付けられた。クズネッツは 1955 年に，格差はまず拡大するが，国が豊かになるにつれて縮小するという仮説を立てた。多くの経済学者は，所得水準と環境質の間に同様の関係があるのではないかと考えた。実証研究では，Grossman and Krueger (1995) によって，この U 字

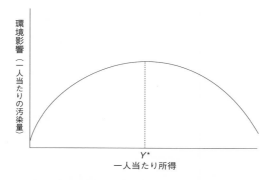

図 7.1　環境クズネッツ曲線

　の関係が明らかにされた。EKC の論文では通常，経済成長は 1 人当たりの所得（国民総生産）の変化として測定される。環境質は一般に，汚染物質の排出量，大気質，水質によって測定される。多くの実証研究では，1 つの汚染物質，例えば SO_2 について推計している。EKC 仮説では，1 人当たりの所得が増加すると，環境への悪影響は増加するものの，最大に達した後に減少に転じる。これは，図 7.1 に示されるように，「逆 U 字型」の形をしている。

　Y^* の転換点の前後で，曲線は 2 つに分けられる。Y^* までは汚染は増加するため，環境質は悪化する。この原因は何だろうか。経済成長は，下記の理由で汚染悪化をもたらすとされている。

・経済成長は資源利用量を増加させるため，熱力学の第一法則により，廃棄物の増加をもたらす。これが規模の効果である。

・農耕経済の初期の発展段階からスタートすれば，農業から製造業が経済活動の主体となり，工業化によって汚染排出量が増加が増加する。経済成長は，より多くの汚染をもたらす産業構造の変化と関連している。これが構造変化による効果である。

　では，Y^* を超えると，排出量が減少するのはなぜだろうか。

・所得が増加するにつれて，環境質への需要が高まる可能性がある。これは，有権者がよりよい環境を要求，つまり環境に配慮した消費者意識が高まるにつれて，政府による環境保護を求めるようになる。これが所得効果である。

- ・時間の経過とともに技術的に進歩し，単位当たりの生産量はより環境によいものになる（技術効果）同時に，汚染削減に対する規模の効果も進む（Andreoni and Levinson 2001）。
- ・製造業からサービス業や先端技術産業への移行といった，産業構造のさらなる変化が起こる。
- ・「環境質」の希少性が高まることで，その相対的な価格が上昇し，消費が少なくなり，保全が増えることを意味する。ただし多くの環境財は非市場的な性質を有するため，市場からの圧力は適切に作用しない。もう 1 つの考え方としては，汚染増加に伴い，限界損害費用が上昇するため，社会が汚染を削減するために行動を起こすインセンティブが高まるというものである（McConnell 1997）。

　EKC 仮説を支持する根拠は何だろうか。EKC の実証研究は主に地方および地域内の汚染物質に関する研究で見られる。これらには，SO_2，都市からの粒子状物質，および有害廃棄物の処分場が含まれる。転換点（図 7.1 の Y^*）に到達するときの 1 人当たりの所得水準は，研究によって異なっている。例えば，Grossman and Krueger（1995）は世界中の大気質データをもとに，SO_2 と粒子状物質の転換点は，1 人当たり GNP4000 ドル／年から 6000 ドル／年の水準と推定している。Markandya et al.（2006）は，ヨーロッパ 12ヵ国の 1870 年からの SO_2 と成長に関するデータを分析した結果，多くの国（12ヵ国中 8ヵ国）で転換点を発見した。また Markandya et al.（2006）は，EKC は時間の経過とともに移動しており，多くの場合で転換点が下方に移動していることを示した。Halkos（2013）は 1950 年から 2003 年の 97ヵ国の SO_2 の EKC を分析し，EU 諸国での転換点を（1 人当たり GNP が）平均 8000 ユーロ／年／人としている。最近では，Sephton and Mann（2016）が 1830〜2003 年の英国の SO_2 および CO_2 排出量のデータを用いている。また，SO_2 と CO_2 の U 字型の関係があることを示している。また彼らは，大規模な大気質規制の導入による SO_2 への影響を示すとともに，排出量は経済低迷時には全体として減少するが，その後の経済回復期には汚染増加幅が低い傾向にあると述べている。

　しかし，EKC 仮説に反する実証的証拠を見出す研究者もいる。これは，CO_2 やエネルギー利用，固形廃棄物の場合によく見られる。例えば，Cole et al.（1997）は交通，硝酸塩，メタンにおいて EKC の関係を見出さなかった。

Vincent（1997）はマレーシアにおける長期的な汚染レベルについて EKC の証拠を見出すことができなかった。他の研究者は，現在の平均所得と比較して，転換点が非常に高いことを示した。Richmond and Kaufmann（2006）は，非 OECD 諸国では CO_2 の転換点はないと示し，Dijkgraff and Vollerbergh（2005）は OECD 諸国でも GDP の増加が CO_2 排出量の減少につながる可能性に疑問を投げかけた。キーコンセプト 7.2 では，CO_2 に関するさらなる実証研究を示している。

　これらの実証結果に違いがあるのはなぜか。3 つの要因が重要であるようだ。第 1 に，研究対象となった汚染物質の性質である。SO_2 と粒子状物質汚染の影響は，主にそれらが排出される国で生じるため，EKC はこれら地域的な汚染物質に存在する可能性が高い。反面，CO_2 のような地球規模の汚染物質には，EKC は見られない可能性が高い。第 2 に，他にも多くの要因が汚染排出量に影響していることである。例えば，貿易（保護の程度），政治的自由（自由権の指標で測定される），技術変化の影響といったものが含まれる。政治的腐敗や超過利潤の追及は，EKC が転換点に到達する際の汚染水準と所得水準の双方に影響する（Lopez and Mitra 2000）。第 3 に，所得増加に伴うより高い環境質への需要増加の程度は，所得効果によって EKC を移動させる程度と比較すると，より小さい可能性がある。多くの研究は，この「支払意思額の所得弾力性」は実際には 1 以下，つまり環境改善への需要は平均所得よりも，急速に増加しないことを示唆している（Jacobsen and Hanley 2009；Barbier et al. 2016）。

　経済成長が生じていることと，時間経過によって汚染低減技術が進歩していることという，2 つの要因が同時に生じているため，EKC 仮説ではこれら 2 つの要因を分離するのに苦労していることが想像できる。Carson（2010）は，この同時に影響する 2 つの要因と，他の要因に関して，優れた議論と証拠を示している。

　結論として，EKC 仮説はいくつかの汚染物質について観察することができる興味深い実証的な現象であるが，汚染水準の変化を引き起こした可能性のある他の要因と，所得増加による影響とを分離することは困難である。筆者らは，成長による環境への影響を扱うための指針として，政策立案者は EKC に依存すべきではないと主張する。環境問題を独力で解決するために経済成長に依存することも賢明ではない。なぜなら，環境問題を解決するためには，所有

権の見直しや価格シグナルの修正が求められる。経済成長自体は市場の失敗を
是正するものではないのである。

キーコンセプト　7.2

環境クズネッツ曲線の検証

　なぜEKCが存在するかについての標準的な見解は，初期段階では所得増加に
よって汚染が増加するが，継続的な所得増加に伴う要因（例えば，環境質に対す
る需要増加や経済構造の変化）は，その後の高い所得水準における汚染減少に寄
与するからである。この関係は，通常は「パネルデータ」，つまり，異なる国・
時間軸において汚染と所得の双方の変化を用いて実証研究を行う。しかし，時
間自体が汚染水準と関係している場合もある。例えば，時間経過に伴って技術
水準が向上した結果，環境負荷低減技術が進む可能性がある。データに含まれ
る要因をどのように確認できるだろうか。

　Vollerbergh et al.（2009）は，CO_2とSO_2の双方でこの課題を検討している。
彼らは「汚染と所得の相関関係を，汚染と時間の相関関係から分離するのは困
難である。なぜなら，所得も時間と相関しているからだ」と議論している。著
者らは，1960〜2000年のOECD諸国の汚染と所得に関するデータを利用してい
る。データの「従来の」分析を実行し，時間経過による影響と，観測されてい
ない国別影響を調整した結果，1人当たりの所得と1人当たりのSO_2排出量と
の間には強いU字型の関係が認められ，サンプルの平均所得付近が転換期で
あった。CO_2に関しても同様の結果が得られた。

　しかし，この結果はモデルの想定によって非常に脆弱であり，満足のいくも
のでは無かった。彼らのモデルに最も弱い制約を加えることによって，所得増
加は常にSO_2とCO_2の双方の排出量を増加させる効果を持つことを示した。所
得増加によると思われる汚染削減は，実際には時間による影響である可能性が
高く，さらに時間の影響はCO_2よりSO_2の方が強いことが分かった。このよう
な時間的影響は，技術進歩やOECD諸国の経済構造の変化，例えば，製鉄業の
衰退よるものと考えられた。

7.5　持続可能な開発の経済学

7.5.1　持続可能な開発とは何か？

　「持続可能な開発（Sustainable Development）」という言葉がよく使われる。しかし，それは正確には何を意味するのだろうか。持続可能な開発は，人によって意味が異なるため，答えにくい質問である。例えば，貧困削減と環境管理とを比較して貧困削減を重視する，といったように，人はそれぞれ持続可能な開発の様々な面に重きを置くためである。最もよく知られているのは，1987年に国連のブルントラント委員会によって定義されたもので，「将来世代が自らの欲求を満たす能力を損なうことなく，現在世代の欲求を満たす開発」というものである。持続可能な開発に関する数多くの定義に共通する特徴は，いずれも時間経過に伴う公平性の概念に関心を持つということである。しかし，Atkinson et al.（2007）が指摘しているように，持続可能な開発は，非常に広範囲な意味を含有している。つまり，持続可能な開発の名のもとには，相互に矛盾する可能性のある多くの目的が含まれていることを意味する。

　経済の持続可能な開発の道筋を構成するものについての，経済学者の見解は，結果アプローチと機会アプローチの2つに特徴付けられる。前者の結果アプローチは，経済プロセスが福祉にどう直接的に影響しているかに関するものである。この定義は，将来の人々が少なくとも現在と同程度に，豊かになることを意味している。例えば，1人当たりの効用が低下していないこと，1人当たりの消費が減少していないこと，といったものである。新古典派の成長モデルでは，現在から将来にわたって持続可能な時間経過が存在するかを，調べることが可能である。典型的な知見は，①最適な経済成長は，時間割引により，将来のある時点で消費水準が低下することを意味にする，②最適なものと長期的な持続可能性との間には，トレードオフが存在する，③持続可能な開発の道筋は多様であり，1つの道筋はより高い持続可能な消費をもたらすというものである（Pezzey and Withagen 1998）。

　これとは対照的に，機会アプローチでは，福利や消費を生み出すために社会が利用できる手段，すなわち総資本ストックを考慮する。次の4種類の資本を

分けて議論する。

　生産資本（Kp）：経済学を学ぶほとんど学生が慣れ親しんでいる「資本」である。Kp には機械，道路，橋，電話網，衛星などが含まれ，消費財やサービスの生産に供される。減価償却分は新たな投資で埋め合わせる必要があり，そうでなければ Kp のストック量は減少する。生産された資本ストックを長期的に積み上げることは，伝統的に経済成長を促進するために最も重要な手段と考えられてきた。ただし上記で見てきたように，あらゆるタイプの資本を蓄積することが経済成長に貢献する。

　人的資本（Kh）：人々が有する技能・経験・知識の経済的価値の尺度である。Kh のストック量は低下することがありうるが（例えば失業によってスキルを喪失），訓練や教育によって増やすことができる。

　ソーシャルキャピタル（Ks）：ソーシャルキャピタル（社会関係資本）は，相互に有益な集団行動を促進する社会的ネットワークとして定義されている（Sanginga et al. 2007）。例えば，共有アクセスが可能な資源の管理に協力的なグループは，相互の長期的利益のためにそのような資源（放牧地や沿岸漁業）を利用するための規制実施に同意することができる。ソーシャルキャピタルはまた，ある国の制度の質の尺度，例えば汚職の程度，政治的な開放性，司法の質を含むと考えることもできる。環境経済学の実践 7.1 では，社会関係資本の測定方法と，社会関係資本の変化が環境質の変化とどう関係しているか議論している。

　自然資本（Kn）：自然資本は自然から得られるすべてのものから成り立っている。つまり再生可能および非再生可能なエネルギー，物質資源，きれいな空気と水，養分および炭素循環，生物多様性を含む。自然資本が減耗するのは，例えば，石油のような非再生資源が枯渇した場合，種が絶滅した場合，あるいは大気中の炭素量が蓄積した場合である。自然資本への投資としては，森林の再植林，温室効果ガスの排出削減，湿地の再生，漁場の再資源化が含まれる。持続可能な開発に関わる経済学分野の研究では，通常，自然資本ストックを金銭換算して集計できるという想定で進められる。このようにして，森林資源を農地のドル換算の価値，さらには石油資源のドル換算の価値として，加えることになる。このような換算は生物多様性や炭素吸収源としての金銭価値を考慮するとより難しくなる。ただし概念的には，あらゆる形態の自然資本に存在す

環境経済学の実践　**7.1**

ソーシャルキャピタルと環境クズネッツ曲線

··

　我々は，ソーシャルキャピタルを「人々が協調的かつ共同で対応するのに助けとなる，共有された規範，信頼，そして社会的ネットワーク」と定義する。経済学における長年の議論は，他の条件が同様であれば，高い水準のソーシャルキャピタルはよりよい福祉につながるというものである。なぜならソーシャルキャピタルは人々がショックによりよく対応することができるようにするからであり，また，制度の質（腐敗が存在しないこと）は規制の回避，犯罪，超過利潤の追求によって消耗するという，無駄な努力を費やすことと関連しているためである（Knack and Keefer 1997）。またソーシャルキャピタルの水準が高いコミュニティは，低い地域よりも環境資源（特に共有資源）の管理が優れているとともに，暴風雨や干ばつといった外的ショックにも頑強でありうるとの主張もある。

　Paudel and Schafer（2009）は，米国ルイジアナ州の教会区におけるソーシャルキャピタルの指標を作成し，水質の水準と関連付けた。彼らの仮説は，空間的および時間的な水質の変動はソーシャルキャピタルの変動と関連するというものである。ソーシャルキャピタルの指標は，1988〜1997 年の人口 1 万人当たりの市民団体の構成員に関するデータから構築されている。パネルデータを使ったモデルを用いて水質（硝酸塩，リン酸塩，溶存酸素），ソーシャルキャピタル，および人口密度の 3 つの尺度について関係性を調べた。著者らは，（測定された）ソーシャルキャピタルと，リン酸塩濃度または溶存酸素濃度との間には，有意な関係を見出さなかった。しかしながら，ソーシャルキャピタルと硝酸塩汚染との間に有意な関係性を見出した。興味深いことに，高い汚染水準は，低い水準のソーシャルキャピタルと関連しているだけではなく，最も高い水準のソーシャルキャピタルとも関連していることが示された。汚染水準は，ソーシャルキャピタルが中程度，つまり高くも低くもない状況で最も低かった。したがって，この研究に基づくと，ソーシャルキャピタルと汚染との間の環境クズネッツ曲線の形は，所得と汚染との関係で見られる環境クズネッツ曲線の形とは正反対となる。

る「影の（潜在）」価格を考えることができ，その価格を使って異なる要素の自然資本ストックを合算することができる。（Arrow et al. 2012）。

　ある一国，一時点における生産資本，人的資本およびソーシャルキャピタ

表7.3　総資本に占める各資本の割合（2005年）

	総資本 （10億米ドル）	人的資本とソーシャ ルキャピタル（%）	生産資本 （%）	自然資本 （%）
低所得国	3,597	57	13	30
中所得国	47,183	69	16	15
高所得国	551,964	81	17	2
世　　界	673,593	77	18	5

出典）World Bank（2011）
　　注）人的資本とソーシャルキャピタルの合計は，世界銀行の報告書では「無形資本」
　　　　と呼ばれている。

ル，自然資本を合計したものは，文献では総資本ストック，また総合的・包括的富として知られている（UNEP 2014）。持続可能な開発を定義する機会アプローチでは，時間の経過とともにこの総資本ストックが減少しない（1人当たり総資本が減少しない）ことを意味している。

　表7.3には，世界銀行（World Bank）が，各国の総資本を生産資本，自然資本，無形資本（上記で定義した人的資本とソーシャルキャピタルの双方を含む）に分類し，それぞれの資本の相対的重要性を推定したものを示した。見て取れるように，低所得国では総資産に占める自然資本の割合が相対的に高い。生産資本の割合は，低所得国，中所得国，高所得国でほぼ同じである。このことは，経済成長の過程で，自然資本から人的資本・ソーシャルキャピタルに変容していくことを示唆する。

　ある国の総資本ストックを考える際，機会アプローチには2つの持続可能性の考え方が存在する。第1は，弱い持続可能性として知られるようになったものであり，資本ストックの総量 K（$K = Kn + Kh + Kp + Ks$）が減少しないことが求められる。これは資源資本が減少しても（例えば石油資源の採掘によって），人的資本，生産資本，ソーシャルキャピタルが減少分を相殺するほど十分増加するのであれば，許容できるというものである。この考え方は，異なる資本ストックは同じ単位で集計することができ，それらが互いに代替可能であることを前提にしている（Markandya and Pedroso-Galinato 2007）。ハートウィック・ルール（7.5.2参照）とジェニュイン・セイビング（Genuine Savings，7.5.3参照）では，持続可能な開発はこの考え方に依拠している。

　もう1つの考え方には，持続可能な開発のためには自然資本のストックが一

定である，ないしは減少しないことが求められるというものである。これには
金銭的，また物理的な意味の双方を含む（Neumayer 2009）。この考え方は
「強い持続可能性」と呼ばれる。強い持続可能性の元では，主に自然資本
（Kn）の減少分は，他の資本の増加では代替できないという考え方に由来する
（van den Bergh 2007）。重要な自然資本のみに焦点を当てる人々は，やや異
なった立場をとっていることに留意が必要である。重要な自然資本とは，Kn
の一部であり，①人間の生存にとって不可欠である，②他の形の資本の増加で
は代替できない，というもののうちいずれかの性質を有す。例としては，生物
多様性と生活環がある。持続可能性に関する現代の研究は，自然資本の福祉へ
の直接的な貢献と，財とサービスの生産を支援する役割といった観点から，自
然資本を他の資本に代替することの容易さを議論してきた（Neumayer 2009）。
ただし経済学者は，この「代替の容易さ」が何であるかを実証することが非常
に困難であると考えてきた。

　持続可能な開発には，2つの異なる経済的な意味がある。結果アプローチで
は，消費や効用が時間の経過とともに減少しないことを意味する。機会アプ
ローチでは，私たちが将来の世代に，少なくとも私たちが持っているのと同じ
だけの資本を将来世代に引き継ぐことによって，ある福祉水準を得るための機
会を，少なくとも私たちと同じかそれ以上有することを意味する。ただし，こ
の2つのアプローチは表裏一体である。資本は富として解釈することができ，
それは将来の消費や効用の現在価値として定義することができる。将来の福祉
を維持するためには，資本を維持することが鍵となる。

7.5.2　持続可能性のルール

　自由市場は経済学における誤った通念である。ほとんどの市場は，政府によ
る何らかの規則の下で運営されているという点で「自由」ではない。これらの
規則は，環境保護，生産者の所得支援，消費者価格の継続的引き下げなど，
様々な理由で導入されているだろう。では持続可能性の場合，政府によるどの
ような介入が有益だろうか。

　すでに述べたように，消費の最適な時間軸は，将来の消費が最終的には減少
するため，持続可能ではない。この結果は，将来の消費の現在価値（時間の経
過に伴う割引価値の合計）を最大化することで示される。自然資本ストックに

基づく SD の定義に関しては，市場システムがどのように環境資源の過剰利用につながるかについて示した（第2章）。

　このことは，Kn が物理的資源量の点で時間経過とともに減少することを意味するが，多くの環境資源と環境サービスの経済価値が不足しているということは（つまり考慮されていないということは），効率的な市場下であっても，自然資源の希少性増大が無視されることにつながる。市場の力を通じて，Kn が時間に伴い低下していれば，他の資本形態への投資によって満たすことにつながるかもしれない。そうすればたとえ強い持続可能性が達成されなくても，弱い持続可能性が達成されるかもしれない。しかし，持続可能な発展の形を確認するためには，政府はどのようなルールを市場に課すことができるだろうか。強い持続可能性か弱い持続可能性か，どちらの観点を選択するかによって，2つの可能性がある。それは，ハートウィック・ルール（Hartwick rule）と強い持続可能性（Strong Sustainability）である。

ハートウィック・ルール

　歴史的に先行する概念であるハートウィック・ルールは，弱い持続可能性の概念と密接に関連している。カナダの経済学者ジョン・ハートウィックは，生産資源を非再生資源に依存している経済では，非再生資源から得られるすべての超過利潤（レント：価格と限界費用の差）を生産資源に再投資にするという原則に従うことで，長期間一定の（つまり非減退的な）消費水準を維持できることを示した。この「純投資ゼロ」のルールによって，一定の状況下，長期的に消費を減少させないことにつながる（Hartwick 1977；Hamilton and Withagen 2007）。実際ハートウィック・ルールは，持続可能に関するジェニュイン・セイビングの手法の基礎になっている（次節で議論）。より幅広く資本という概念を捉えれば，これら超過利潤は人的資本，ソーシャルキャピタル，あるいは自然資本にも投資されるだろう。

　ハートウィック・ルールには2つの課題がある。第1にハートウィック・ルールでは，効用は消費のみに依存し，環境は生産要素としてのみ重要であると想定している。仮に環境質を直接評価する場合でも，消費水準が一定であれば，ハートウィック・ルールに基づく効用水準は一定になるということである（ただし環境質の直接評価を許容できるようにルールを修正することは可能であ

る）（d'Autume and Schubert 2008）。第 2 に，このルールは，様々な資本を互いに十分に代替可能な場合にのみ機能する。筆者はすでに，これが弱い持続可能性の基本的な前提条件であって，様々な理由でこれが成立しない可能性があることを示唆した。しかし，それにもかかわらず，このルールは，天然資源の開発で得られた超過利潤を十分に再投資していない国は，将来の福祉を犠牲にしている可能性があることを警告している。環境経済学の実践 7.2 ではこのことがオーストラリアでどのように機能したかを示している。

環境経済学の実践　7.2

ハートウィック・ルールに従わないことのコスト

　ハートウィック・ルールは，非再生資源から得られるすべての超過利潤（価格と限界費用の差を用いて評価された年間生産量の総量として計算される）を他の資本に再投資していれば，長期間非減少的な消費水準を維持できることを示した。このことは，将来の福祉を生み出す能力に関して，資本ストックの総価値を維持できることを意味する。

　世界銀行のレポート「国富はどこにあるか（*Where is the Wealth of Nations?*）」では，仮に 1970 年から 2000 年までの間にハートウィック・ルールに従っていたとしたら，2000 年時点で様々な国がどれだけ豊かになっていたかを報告している。つまり，2000 年に測定された資本ストックと，各国がハートウィック・ルールに従っていたと仮定した場合の資本ストックを比較することを意味している。

　ハートウィック・ルールのシナリオでは，すべての資源から得られた超過利潤は生産資本に再投資されたと仮定されている。つまり 1970 年から 2000 年までの間，各年の投資額は，超過利潤の金額に等しいということである。ボリビア，アルジェリア，ナイジェリアのような資源依存型の国では，2000 年の資本ストックは，これらの国がハートウィック・ルールに従っていたと想定した場合に得られた可能性のある水準を，はるかに下回っていた。超過利潤が GDP の 15％ を上回る国でハートウィック・ルールに従っている国は無く，そのすべての国がハートウィック・ルールに従っていた場合と比べて貧しい状態に陥っていた。

　特定の国の証拠を見ることも可能である。1870 年のオーストラリアの 1 人当たり消費量は，米国に比べて 35％ も多く，また石炭や鉄鉱石などの天然資源も

豊富で，広大な土地は放牧地に転換可能であった。しかし，20世紀末までに1人当たり消費量は米国を含む多くの国に追い抜かれた。Greasley et al.(2017) は，オーストラリアの相対的な生活水準が長期的に低下しているのは，オーストラリアが天然資源から得られる超過利潤を十分に再投資していないためではないかと分析している。彼らは1860年以降のジェニュイン・セイビング（GS）の時系列データを構築し，平均値はプラス5.3%であるが，いくつかの期間でマイナスになっていることを指摘している。比較対象となった3ヵ国のGSは1946〜2000年に9.9%と，オーストラリアよりも高い水準に達していた。

　彼らは，英国，米国，ドイツが同じ期間（1861〜2011年）に達成したジェニュイン・セイビングの平均値と人口増加幅を考慮し，仮にオーストラリアが同じ水準のジェニュイン・セイビングを達成していれば，どれほど豊かになれていたかを検討した。その結果は驚くべきものであった。仮にジェニュイン・セイビングが比較対象国と同じであったら，オーストラリアの1人当たり消費量は，2010年時点で28%程度高かった，というものであった。このことは，オーストラリアが1860年時点に有していたヨーロッパ主要国をしのぐ消費水準は維持されていくはずであったものの，総資本資源に対する投資が比較的低かったために，その機会が失われたということを意味している。

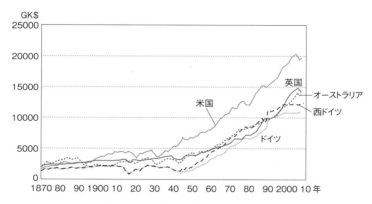

図　オーストラリアと他の先進国3ヵ国の1人当たり消費量の比較（1870〜2010年）
訳注）単位は1990年国際ドル（ゲアリー＝ケイミス・ドル）

強い持続可能性を重視したルール

　「強い持続可能性」の考え方は，持続可能であるためには自然資本ストック
が減少しないことを要求するというものである。これは国家にとって非常に制
限的なルールになるかもしれない。もし Kn の異なる要素（湿地や森林など）
間のトレードオフが許容されなければ，経済的利益がどれだけ大きくても，要
素のストックを枯渇させるような経済活動を行うことは許されないことを意味
する。このような高い便益の喪失を回避するために提示されたのが，シャ
ドー・プロジェクトという考え方である（Pearce, Makandya and Barbier
1990）。例えば，ストックを減少させる行為（例えば，湿地の減少）は，代替的
な物理的事業（新しい湿地の創造）によって相殺することが必要になる。この
ような代替事業の費用は，費用対効果分析の不可欠な要素である。

　強い持続可能性に対するもう 1 つのアプローチは，最低安全基準（Safe
Minimum Standard: SMS）である。SMS は通常，野生生物やその生息地を脅
かす可能性のある変化を評価するための方法として位置付けられている。例え
ば個体群を存続可能にするために最低限必要な個体数や生息地，最低限必要と
なる他の自然資産の最小必要資源量，あるいは生態系サービスの最低限必要な
循環といったものである。次に，この最低限必要なものを保護するための管理
代替案を策定し，これらの措置に対する費用を積算する。提案された事業が
SMS を脅かすのであれば，意思決定者は，開発案反対による社会的機会費用
が高すぎない限り，反対することが想定される。社会的機会費用の中には，将
来開発によって得られるはずの逸失利益も含めるべきである。

　SMS は自然資本ストックの重要な要素を保護するメカニズムとして魅力的
である。また，SMS は生態系や生物多様性が，例えば海洋酸性化（CO_2 濃度
の上昇に伴う海水の pH 低下）のような，社会にとって不可逆的費用をもたら
す水準（閾値）を超えるのを防ぐための手段としても提唱されている。SMS
の原則の最も明らかな課題は，SMS を保護するコストが「高すぎる」のかど
うか，社会がどのように判断すべきかを，特定することの難しさである。SMS
に係わる他の課題は，Kn に関して，野生生物の個体群とその生息地以外の他
の要素を含めるかどうか，そして時間とともに変動する「安全」な水準の最小
個体群・生息地の大きさを特定することの難しさである。SMS に基づくアプ
ローチでは，開発事例における通常の立証責任が逆転している，つまり立証責

任は自然保護論者ではなく開発者に委ねられていることが含まれており，例えばマダガスカルでの新鉱区開発事業ではSMSの制約が侵害されていないこと，ないしは開発を進めないことによる機会費用が高すぎて事業放棄を正当化できないこと，を立証することが求められる（Randall 2007）。SMSは，持続可能性の名の下に経済活動に課される自然資本のストックの量的制約である。ただし，我々が注意すべきなのは，自然資本の価値なのか，それとも物理的な量なのかという難問には対処していないし，将来世代の福祉に対してSMSを課すことの意味についても言及していないことである。

　Rockström et al.（2009）は，この考え方を拡張して，プラネタリー・バウンダリー（地球の境界）という考え方を提唱し，重要な生態系プロセスの中を，境界の水準内に止めておかなければならないとしている（表7.4参照）。彼らは，境界値と関連する重要な制御変数（CO_2など）を示している。彼らが「プラネタリー・バウンダリー」と呼ぶのは，各閾値から「安全な距離」である各制御変数の水準である。このような境界は制約と考えるべきであり，例えば，

表7.4　プラネタリー・バウンダリーにおける境界値

地球システムでのプロセス	指標（制御値）	提唱された境界値	現状	産業革命前
気候変動	(i) 大気中の二酸化炭素濃度（ppm）	350	387	280
	(ii) 放射強制力の変化（W／m²）	1	1.5	0
生物多様性の損失率	絶滅率（年間100万種当たりの種数）	10	>100	0.1 − 1
窒素循環	人為的に大気中から除去された窒素の量（年100万トン）	35	121	0
リン循環	海洋へのリンの流入量（年100万トン）	11	8.5 − 9.5	− 1
成層圏のオゾン層破壊	オゾン濃度（ドブソン単位）	276	283	290
海洋酸性化	表層海水中のアラゴライト（アラレ石）の全球平均飽和度	2.75	2.90	3.44
世界の淡水利用	人類による淡水消費量（km³／年）	4000	2600	415
土地利用変化	農地に転換された地表面の割合	15	11.7	低い
大気エアロゾル粒子	大気中の全粒子状物質濃度（地域別）	今後決定見込み		
化学物質による汚染	例えば残留性有機汚染物質，合成樹脂，内分泌攪乱物質，重金属および核廃棄物の排量および濃度，または生態系およびその地球システムへの影響	今後決定見込み		

出典）Rockström et al.（2009）

温室効果ガスの最大許容排出レベルや，生息地の最大許容損失率など，経済活動に関連するものである。これは，上述した最低安全基準（SMS）と類似した考え方のように思われるが，興味深いのは，著者らは，これらの境界内に留まることのコストを考慮することが適切と示唆していないことである。世界経済のためには地球が安全な水準内になければならないという考え方は，1970 年代に流行した「成長の限界」という概念を連想させる。

7.5.3　「持続可能性」の測定

　1992 年にリオデジャネイロで開催された地球サミットでは，世界各国が自国の経済の持続可能性に関する統計を毎年作成することに合意した。この結果，国連などで持続可能な開発の指標に関して非常に数多くの提案がなされた。持続可能な開発は非常に広範な概念であることを踏まえると，1 つの指標で経済・環境システムの持続可能性についてすべてのことが理解できるとは考えにくい。また，経済・環境システムの複雑さと相互作用に潜む不確実性を勘案すると，システムの厳密な測定値ではなく，パフォーマンス指標を考えるのが望ましいだろう。持続可能性の指標は，経済学，生態学，政治学，社会学を含む様々な学問的視点から提案されてきた。ここでは，経済学者が提唱している 2 つの視点，グリーン NNP（グリーン国民純生産：Green Net National Product）と，ジェニュイン・セイビング（Genuine Savings）について議論を行う。

グリーン NNP

　国民経済計算システムが，よりよい福祉指標と持続可能性の指標の双方を生み出すようにどのように転換するかについて，数多くの研究がなされてきた。GNP は伝統的に福祉指標，さらには国民所得の指標と考えられてきた。これを，ジョン・ヒックス（Sir John Hicks）が 1930 年に提唱した「所得」の考えと関連付けることによって，持続可能性の指標を作成しようとした人もいる。ヒックスは，所得のことを，ある年に自分の資産を減らすことなく消費できる生産物の価値であると示した（つまり，所得は将来消費の可能性である）。このヒックスの考え方は，持続可能な開発に関するいくつかの指標と共鳴した。この調整済国民所得の数値は，どの年でも持続可能な消費の最大水準を示してお

り，資本ストック全体を維持するのに十分な残余を投資に回すことができる。調整済 GNP が増加していれば，経済はより高い持続可能な消費水準を達成できるだろう。「グリーン」GNP の増加は持続可能性指標の1つになりうるだろう。

　しかし，どうして既存の国民経済計算を調整する必要があるのだろうか。これは，経済活動に投入される環境に関わる財の多くが，市場によって価格付けされていないために除外されていることが一因である。また，人工資本の場合は減価償却が認められているにもかかわらず（国民総生産から国民純生産への変換のように），自然資本が枯渇した場合では国民経済計算上からは無視される。グリーン NNP を算出する際には，これらの漏れを補正する必要があり，汚染状態の変化のような，人間の福祉に影響を与える，環境質の変化を補正することも含まれる。グリーン NNP を計算することの主要な意図は，①従来の NNP が生産資本の変化を許容するのと同様，自然資本の減価償却を含めること，②人々の効用に直接影響を与える環境質の変化の価値を含めることである。国民経済計算の「グリーン化」には以下のような調整を含む。

・非再生可能資源については，年間生産額と，価格と限界費用の差を乗じた額を掛け合わせ，NNP から控除する。

・再生可能資源については，年間成長量から年間生産量（収穫量）を差し引く。この量と，価格と限界費用の差を乗じた額を掛け合わせ，NNP から控除する。

・汚染については，各汚染物質の排出量の変化に，その限界損害費用を掛け合わせた額を控除する。

・生物多様性や景観の質の変化については，人々の効用に直接影響するため，これらの変化に対する人々の支払意思額を計算し，NNP から調整する。

　最後の点の調整は，経済全体の非市場便益に関して実施することが困難であるため捨象すると，グリーン NNP は次の式で示すことができる。

$$グリーン NNP = NNP - (p1 - mc1) \Delta NR - (p2 - mc2) \Delta R - v(S) \tag{7.1}$$

　ここで $p1$ と $mc1$ は非再生可能資源の価格と限界費用であり，ΔNR は非再生可能資源量の変化である。$p2$ と $mc2$ は再生可能資源の価格と限界費用であり，ΔR は再生可能資源量の変化である。そして v は汚染排出（S）によって

もたらされる限界損害費用を示す。実際には，多様な種類の非再生可能資源お
よび再生可能資源，そして多くの汚染物質を統合しなければならない。

　仮にグリーン NNP が継続的に増加している場合，この指標の下では開発は
持続可能であると判断される（Pezzey 2004）。しかし，グリーン NNP を作成
するために，こうした調整をどのように行うべきかについて，経済学者の間で
は意見が分かれている。例えば，価格は競争的かつ動的最適利用から生じたも
のでなければならないとの主張や，持続可能な道筋を維持するものでなければ
ならないとの主張がある。グリーン NNP が持続可能性の指標として利用でき
るかについては，経済学者の間でも意見が分かれている（Pezzey et al.（2006）
参照のこと）。

ジェニュイン・セイビング（Genuine Savings: GS）

　SD に関わるもう 1 つの経済指標は，ピアスとアトキンソンが 1993 年に提
唱したジェニュイン・セイビングという概念である（Pearce and Atkinson
1993）。ジェニュイン・セイビング（GS）は，経済におけるあらゆる形態の資
本の減価償却と再投資とを比較したものであり，調整純資産（Adjusted Net
Savings），包括的投資（Comprehensive Investment），または包括的富
（Inclusive Wealth）の変化，とも呼ばれる。GS では，1 年間の経済におけるあ
らゆる形態の資本の純粋な変動額を測定する。資本を自然資本，人的資本，生
産資本に限定すると，GS は次のようになる。

$$GS = \Delta p + \Delta h - \Delta n \tag{7.2}$$

　ここで，GS はジェニュイン・セイビング，Δp は今年と前年とを比較した
生産資本の純粋な変動，Δh は人的資本への投資（例えば教育への支出），Δn
は自然資本の劣化である。この自然資本の劣化は，（7.1）式と同様，再生可能
資源と非再生可能資源に関して，NNP に対する環境調整と同様の計算が行わ
れる。つまり，資源要素の減耗（例えば石油埋蔵量の減少）は埋蔵量の変動と
超過利潤とを乗じることで計算される。自然資本の変化には，農地資源の変化
も含まれる。図 7.2 に示されたように，世界銀行では GS を計算する際に，一
部の汚染被害の変化を含めている（World Bank 2006）。ただし一部の経済学者

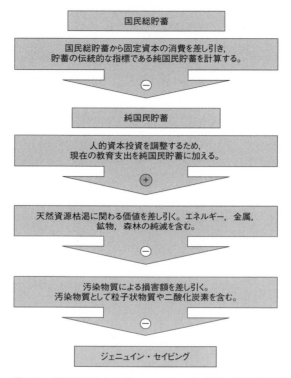

図7.2 世界銀行によるジェニュイン・セイビングの計測方法
出典）World Bank（2006：37）

は，汚染による効用への直接的影響はグリーンNNPが想定している福祉指標に影響を与えるのに対し，GSは総資本ストックの変化を表現しているため，汚染被害による費用はGSではなくグリーンNNPで評価されるべきだと主張している。世界銀行はまた，図7.3に示すように，総貯蓄額を生産資本への総投資額の指標として利用し，そこから各資本ストックの減価償却費を控除している。McLaughlin et al.（2014）は，ボトムアップの方法に基づいて，長期のGSを計算する手法を提示している。

　ジェニュイン・セイビングは弱い持続可能性を評価するもので，すべての資本形態が完全に代替可能であるとの仮定の下で評価を行っている。ある国のGSがマイナスであるということは，総資本が減少していることを意味してい

表 7.5　各国のジェニュイン・セイビングの値（2013 年）

国	国民総所得に占めるジェニュイン・セイビング（GS）の割合
アンゴラ	− 20.1%
オーストラリア	+ 9.3%
ベルギー	+ 7.0%
ボツワナ	+ 29.0%
カナダ	+ 6.0%
チリ	+ 4.2%
中国	+ 29.5%
コンゴ民主共和国	− 28.1%
エクアドル	+ 9.4%

出典）World Bank（2015）*World Development Indicators.*
　注）調整純所得として報告。

るため（おそらく将来世代の消費を犠牲にして現在世代の消費を行っているため），発展が持続不可能であることを示唆している。このことはまた，ある国が平均してハートウィック・ルールに従っているかどうかの実証研究でもある。環境経済学の実践 7.3 には過去 250 年間で英国の GS がどのように変化してきたかを計算した結果を示しており，これは GS がどの程度長期的な福祉水準を予測してきたか，検証するものである。

　表 7.5 に各国のジェニュイン・セイビングの値を示した。コンゴ民主共和国やアンゴラといった一部の国では，天然資源の大きな劣化と，再投資に向けた貯蓄水準が不足していることを示している。他の国々，例えば中国では，高い貯蓄率が GS の水準を維持している。

　GS の計測にあたっては，国家間，また時間経過に伴い，多くの概念的，実証的課題がある。炭素排出に伴う費用を計算するためにどのような値を用いるか，技術進歩が国の富に与える影響をどのように測定するかといったものである。しかし，実証研究によると，GS が正の値であれば，1 人当たり消費量で計測される将来の福祉水準は高くなることが分かっている。つまり，何が福祉（ここでは消費水準）を決定するのかと，計算上の背景（ここでは異なる資本要素間では代替可能である）といった前提条件を受け入れるのであれば，GS は持続可能な開発の指標になりうる。

　GSとグリーンNNPは同じ理論的背景に基づいているため，互いに密接に関連している。GSは環境変化が効用に与える直接的影響を省略しているため，計測しやすい指標である。GSはグリーンNNPよりも人気のある指標になってきたようであるが，これはおそらく，GSがその国の資産変化と直接関連していることが，持続可能性の指標としてより直感的に魅力的だからであろう。このため，資産を基盤とした持続可能性の評価を，国連環境計画（United Nations Development Programme: UNEP）や世界銀行などの様々な国際機関が実施するようになった（UNEP 2014；World Bank 2011）。

その他の持続可能性指標

　上述のように，持続可能な開発の指標は，生態学を含む多様な分野で開発されてきた。これには，エコロジカルフットプリント（Ecological Footprint），人間が有している純一次生産力（Human Appropriation of Net Primary Productivity），持続可能な経済福祉（Index of Sustainable Economic Welfare）といったものが含まれる。詳細はBöhringer and Jochem（2007）およびErb et al.（2009）を参照のこと。

環境経済学の実践　7.3

超長期のジェニュイン・セイビング

　ジェニュイン・セイビング（GS）は，将来の福祉指標として，どの程度成果を挙げてきたのだろうか。デイヴィッド・グリースレイらは，最長の経済史データ，すなわち1750年から2000年までの250年間にわたる英国経済のデータに基づき，この課題の検証を開始した。この間英国は，世界で初めて工業化を果たした国として，人口，所得，生産の面で多大な変化を経験した。グリースレイらは，生産資本ストック，福祉水準（実質賃金と消費支出），人口，それぞれの変化に関するデータベースを構築した。

　さらに彼らは，この期間英国にとっては石炭が支配的であったが，主要な天然資源の枯渇に関するデータも収集した。すなわち森林面積の変化，農地の価値の変化，人的資本への投資（教育に対する公的支出），といった指標である。これらの指標を統合し，彼らは以下に示すようなジェニュイン・セイビング（GS）に関する過去最長のデータベースを構築した。

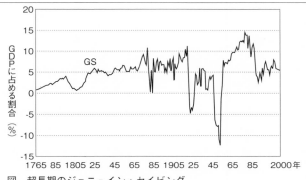

図　超長期のジェニュイン・セイビング

図　技術進歩を考慮した超長期のジェニュイン・セイビング
訳注）GSTFP は GS に技術進歩による変化を加えたものを意味する。

　見て分かるように，GS は第一次世界大戦および第二次世界大戦に対応する 2
つの期間でのみ，負の値であった。GDP 比での GS の値も上昇している。技術
進歩の観点，つまり経済における消費水準を高める可能性のある要因を考慮し
た場合（GSTFP），GS が負になったことが一度もないことが分かる。人口増加
を加味した場合，値は低くなるものの，GS は正の値で増加してきた。

　次にグリースレイらは，Ferreira, Hamilton and Vincent（2008）の理論的枠
組みに基づき，GS と将来消費との統計的関係を分析した。彼らは①技術進歩の
価値を含めると，GS の正の値は，将来より高い水準の福祉水準（消費水準で計
測した値）を予測可能，②GS と将来の消費水準との関係は「共和分」の関係，
つまり両者の間には長期的に安定的な関係があるという 2 つの興味深い結論に
達した。ただしこの結果は，どの程度先の将来を考慮しているか，どのような
割引率を用いて計測したかによって左右される。

7.6　まとめ

　本章では，経済成長が環境とどのように関連しているか，そして経済成長
が，人々の福祉を低下させうる望ましくない影響をもたらす可能性がどの程度
あるのかを検討した。これらの課題は，過去 200 年以上にわたって経済学者の
関心を集めてきた。今日では，経済成長，環境質，生活の質との間の関係性を
めぐる議論は，持続可能な開発という方向性の下で行なわれてきた。本章で
は，経済学者がこの漠然とした概念をどのように解釈してきたのか，またどの
ように弱い持続可能性に関わる経済指標を計測してきたかを示した。持続可能
性の経済学的な解釈は，多くの持続可能性の解釈の中の一例にすぎないが，少
なくとも厳密的なものである（つまり内的には一貫性がある）。また，持続可能
な開発を維持していくためには，自然環境を保護し，社会関係資本や生産資産
に投資するとともに，人的資本に反映された人間の能力が重要であると認識し
ている。

ディスカッションのための質問

7.1　中国の GDP が現在の水準で増加し続けるならば，10 年後には，中国から
の多くの大気汚染物質と CO_2 の年間排出量は減少すると見込まれる。そ
のような主張を裏付けることはできるだろうか。

7.2　持続可能な開発は，その国が他の資本形態に収益を十分再投資している限
り，自然資本ストックが減少している国でも完全に両立することができ
る。この意見に賛成するか。

練習問題

7.1 人的資本への投資は，どのようにして国の成長を促すか。そもそも「人的資本」は何から構成されているか。

7.2 環境クズネッツ曲線の背景にあるプロセスに関して，所得増加はどのような役割を果たすか。

7.3 ミルやマルサスのような初期の経済学者は，どのような成長の限界を懸念していたのだろうか。

7.4 弱い持続可能性と強い持続可能性の違いは何か。

7.5 ジェニュイン・セイビングが正の値（0より大きい）にもかかわらず，過去10年間で減少している国があったとしたら，その国の将来の福祉水準について，どのようなことを示しているだろうか。

参考文献

Allen, R. C. (2011). Why the Industrial Revolution was British: Commerce, Induced Invention, and the Scientific Revolution. *Economic History Review* 64 (2) : 357-84.

Andreoni, J. and Levinson, A. (2001). The Simple Analytics of the Environmental Kuznets Curve. *Journal of Public Economics* 80 (2) : 269-86.

Arrow, K. J., Dasgupta, P., Goulder, L. H., Mumford, J. J. and Oleson, K. (2012). Sustainability and the Measurement of Wealth. *Environment and Development Economics* 17 (3) : 317-53.

Atkinson G., Dietz, S. and Neumayer, E. (2007). *Handbook of Sustainable Development*. Cheltenham: Edward Elgar.

Barbier, E. B., Hanley, N. and Czajkowski, M. (2016). Is the Income Elasticity of the Willingness to Pay for Pollution Control Constant? *Environmental and Resource Economics* 68 (3) : 663-82.

Böhringer, C. and Jochem, P. (2007). Measuring the Immeasurable: A Survey of Sustainability Indices. *Ecological Economics* 63 (1) : 1-8.

Carson, R. (2010). The Environmental Kuznets Curve: Seeking Empirical Regularity and Theoretical Structure. *Review of Environmental Economics and Policy* 4 (1) : 3-23.

Chuang, Y. and Lai, W. (2010). Heterogeneity, Comparative Advantage, and Return to Education: The Case of Taiwan. *Economics of Education Review* 29 (5) : 804-812.

Clark, A. E., Frijters, P. and Shields, M. A., (2008). Relative Income, Happiness and Utility: An Explanation for the Easterlin Paradox and Other Puzzles. *Journal of Economic Literature* 46 (1) : 95-144.

Cole, M., Rayner, A. and Bates, J. (1997). The Environmental Kuznets Curve: An Empirical Analysis. *Environment and Development Economics* 2 (4) : 401-16.

Common, M. S. (1988). *Environmental and Resource Economics: An Introduction*. London: Longman.

D'Autume, A. and Schubert, K. (2008). Hartwick's Rule and the Maximin Paths when the Exhaustible Resource has an Amenity Value. *Journal of Environmental Economics and Management* 56 (3) : 260-74.

De La Escosura, L. P. (2015). World Human Development: 1870-2007. *The Review of Income and Wealth* 61 (2) : 220-47.

Dickson, M. and Harmon, C. (2011). Economic Returns to Education: What We Know, What We Don't Know, and Where We Are Going. *Economics of Educalton Review* 30 (6) : 1118-22.

Dijkgraff, E. and Vollerbergh, H. R. (2005). A Test for Parameter Homogeneity in CO_2 Panel EKC Estimations. *Environmental and Resource Economics* 32 (2) : 229-39.

Erb, K-H., Krausmann, F., Gaube, V., Gingrich, S., Bondeau, A., Fischer-Kowalski, M. and Haberl, H. (2009). Analysing the Global Human Appropriation of Net Primary Production. *Ecological Economics* 69: 250-9.

Ferreira, S., Hamilton, K. and Vincent, J. R. (2008). Comprehensive Wealth and Future Consumption: Accounting for Population Growth. *The World Bank Economic Review* 22 (2) : 233-248.

Greasley, D., Hanley, N., Kunnas, J., McLaughlin, E., Oxley, L., Warde, P. (2014). Testing Genuine Savings as a Forward-Looking Indicator of Future Well-Being over the (very) Long-Run. *Journal of Environmental Economics and Management* 67 (2) : 171-88.

Greasley, D., McLaughlin, E., Hanley, N. and Oxley, L. (2017). Australia: A Land of Missed Opportunities? *Environment and Development Economics* 22: 674-698.

Grossman, G. and Krueger, A. (1995). Economic Growth and the Environment. *Quarterly Journal of Economics* 110 (2) : 353-77.

Halkos, G. (2013). Exploring the Economy-Environment Relationship in the Case of Sulphur Emissions. *Journal of Environmental Planning and Management* 56 (2) : 159-177.

Hamilton, K. and Withagen, C. (2007). Savings Growth and the Path of Utility. *Canadian Journal of Economics* 40 (2) : 703-13.

Hartwick, J. M. (1977). Intergenerational Equity and the Investing of Rents from Exhaustible Resources. *American Economic Review* 67 (5) : 972-4.

Jacobsen, J. D. and Hanley, N. (2009). Are There Income Effects on Global Willingness to Pay for Biodiversity Conservation? *Environmental and Resource Economics* 43 (2) : 137-60.

Jevons, W. S. (1865). *The Coal Question*. Reprinted (1965). New York: A. M. Kelly.

Knack, S. and Keefer, P. (1997). Does Social Capital Have an Economic Payoff? *Quarterly Journal of Economics* 112 (4) : 1251-88.

Lopez, R. and Mitra, S. (2000). Corruption, Pollution and the Kuznets Environmental Curve. *Journal of Environmental Economics and Management* 40 (2) : 137-50.

Malthus, T. (1798). *An Essay on the Principles of Population.* Reprinted (1970). Harmondsworth: Penguin.

Markandya, A., Golub, A. and Pedrosa-Gallinato, S. (2006). Empirical Analysis of National Income and S02 Emissions in Selected European Countries. *Environmental and Resource Economics* 35: 221-57.

Markandya, A. and Pedroso-Galinato, S. (2007). How Substituteable is Natural Capital? *Environmental and Resource Economics* 37 (1) : 297-312.

McConnell, K. E. (1997). Income and the Demand for Environmental Quality. *Environment and Development Economics* 2 (4) : 383-399.

McLaughlin, E., Hanley, N., Greasley, D., Kunnas, J., Oxley, L. and Warde, P. (2014). Historical Wealth Accounts for Britain: Progress and Puzzles in Measuring the Sustainability of Economic Growth. *Oxford Review of Economic Policy* 30 (1) : 44-69.

Mill, J. S. (1857). *Principles of Political Economy.* London: J. W. Parker.

Neumayer, E. (2009). *Weak Versus Strong Sustainability.* Cheltenham: Edward Elgar.

North, D. C. (1990). *Institutions, Institutional Change and Economic Performance.* Cambridge: Cambridge University Press.

Paudel, K. and Schafer, M. (2009). The Environmental Kuznets Curve Under a New Framework: The Role of Social Capital in Water Pollution. *Environmental and Resource Economics* 42 (2) : 265-78.

Pearce, D. and Atkinson, G. (1993). Capital Theory and the Measurement of Sustainable Development: An Indicator of Weak Sustainability. *Ecological Economics* 8 (2) : 103-8.

Pearce, D. W., Makandya, A. and Barbier, E. (1990) *Sustainable Development.* Cheltenham: Edward Elgar.

Pezzey, J. and Withagen, Cees, A. (1998). The Rise, Fall and Sustainability of Capital-Resource Economies. *Scandinavian Journal of Economics* 100 (2) : 513-27.

Pezzey, J. (2004). One-Sided Sustainability Tests with Amenities, and Changes in Technology, Trade and Population. *Journal of Environmental Economics and Management* 48 (1) : 613-631.

Pezzey, J., Hanley, N., Turner, K. and Tinch, D. (2006). Augmented Sustainability Tests for Scotland. *Ecological Economics* 57 (1) : 60-74.

Randall, A. (2007). Benefit-Cost Analysis and a Safe Minimum Standard. In G. Atkinson, S. Dietz, E. Neumayer (eds.), *Handbook of Sustainable Development.* Cheltenham: Edward Elgar.

Ricardo, D. (1817). The Principles of Political Economy and Taxation. Reprint (1926). London: Everyman.

Richmond, A. and Kaufmann, R. (2006). Is There a Turning Point in the Relationship Between Income and Energy Use and/or Carbon Emissions? *Ecological Economics* 56

(2)：176-89.

Rockström, J., Steffen, W., Noone, K., Persson, A., Chapin, F. S. III, Lambin, E. F., Lenton, T. M., Scheffer, M., Folke, C., Schellnhuber, H. J., Nykvist, B., de Wit, C. A., Hughes, T., van der Leeuw, S., Rodhe, H., Sorlin, S., Snyder, P. K., Costanza, R., Svedin, U., Falkenmark, M., Karlberg, L., Corell, R. W., Fabry, V. J., Hansen, J., Walker, B., Liverman, D., Richardson, K., Crutzen, P. and Foley, J. A. (2009). A Safe Operating Space for Humanity. *Nature* 461 (7263)：472-5.

Sanginga, P., Kamugisha, R. and Martin, A. (2007). The Dynamics of Social Capital and Conflict Management in Multiple Resource Regimes. *Ecology and Society* 12 (1).

Seo, S. N., Mendelsohn, R., Dinar, A., Hassan, R. and Krurkulasuriya, P. (2009). A Ricardian Analysis of the Distribution of Climate Change Impacts on Agriculture across Agro-Ecological Zones in Africa. *Environmental and Resource Economics* 43: 313-32.

Sephton, P. and Mann, J., (2016). Compelling Evidence of an Environmental Kuznets Curve in the United Kingdom. *Environmental and Resource Economics* 64: 301-315.

UNDP (1990). *World Development Report.* Oxford: Oxford University Press.

UNDP (2018). *Human Development Report.* Oxford: Oxford University Press.

UNEP (2014). *Inclusive Wealth Report 2014. Measuring Progress toward Sustainability.* Cambridge: Cambridge University Press.

Van den Berg, J. (2007). Sustainable Development in Ecological Economics. In S. Dietz and E. Neumayer (eds.), *Handbook of Sustainable Development.* Cheltenham: Edward Elgar.

Vincent, J. R. (1997). Testing for Environmental Kuznets Curves within a Developing Country. *Environment and Development Economics* 2 (4)：417-31.

Vollerbergh, H., Melenberg, B. and Dijkgraaf, E. (2009). Identifying Reduced-Form Relations with Panel Data: The Case of Pollution and Income. *Journal of Environmental Economics and Management* 58 (1)：27-42.

Warde, P. (2007). *Energy Consumption in England and Wales, 1560-2000.* Napoli: Consiglio Nazionale delle Ricerche.

World Bank (2006). *Where is the Wealth of Nations?* Washington, D. C.: World Bank.

World Bank (2011). *The Changing Wealth of Nations.* Washington, D. C.: World Bank.

World Bank (2015). *World Development Indicators.* Washington, D. C.: World Bank.

応用編

| 第8章 | 貿易と環境 |

8.1　はじめに

　1970 年以降，貿易自由化は貿易量の急速な増加をもたらし，経済成長と繁栄を牽引してきた。同時に，貿易によるグローバル化の進展は，特に発展途上国において，広範な環境悪化の原因となっている。本章では，経済学者がこれらの問題をどのように分析してきたのかを示す。

　・貿易理論を概観し，経済学者がしばしば自由貿易を推進する理由を明らかにする
　・貿易が環境に及ぼしうる影響を含めるために，単純な貿易分析を拡張する
　・貿易政策が環境に与える効果について実証的証拠を検討する
　・国際貿易政策およびその環境政策としての役割を議論する

　国境を超える財の交換である国際貿易は，一国の生産，消費，そして経済厚生を大きく変える可能性がある。必然的に，生産と消費の空間分布のいかなる変化も，地域的，全国的，そして世界的に環境に影響を与える。

　1776 年のアダム・スミスと 1817 年のデイヴィッド・リカード以来，多くの経済学者（Krugman and Obstfeld 2009）は，各国は全体としてより自由な貿易から経済厚生の増加という恩恵を受けるが，貿易が数量割当や関税のような政策によって制限されるときは，経済厚生の低下に苦しむと信じてきた。例えば，Ahn et al. (2016) は，貿易自由化による大幅な生産性の向上を関税引き下げという形で推定している。自由貿易がすべての人に利益をもたらすわけで

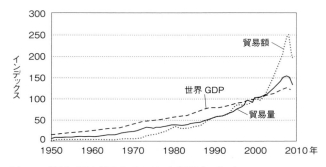

図 8.1　世界の国内総生産（GDP）と貿易量の伸び
出典）World Trade Organization (2017).
　注）2000 年を 100 としている。

はない。貿易可能な財やサービスの生産に従事する一部の人々は，貿易自由化の結果，所得の減少に苦しむかもしれない。貿易によって，各国は最も機会費用の低い財の生産に特化することが可能となる。これは，各国が貿易なしで達成できるよりも，高い水準の消費を達成できることを意味する。これらの原則は，関税および貿易に関する一般協定（GATT）と，マラケシュ協定をもって 1995 年に設立された GATT の後継である世界貿易機関（WTO）の下での世界の貿易交渉を支えてきた。近い将来，世界の貿易量は継続的に拡大し，世界の生産と消費が増加していくと予想される（図 8.1 参照）。貿易と世界の GDP の関係は単純ではない。しかし，貿易が各国の特化を促し，これらの国々の生産額を増加させるという事実は，1 人当たり実質 GDP の変化率で測定される経済成長につながる（Frankel and Rose 2005）。そして，GDP が成長すると，輸入財の需要も増加する。

　経済成長自体は，貿易に誘発されるか否かにかかわらず，環境を汚染する生産と天然資源の使用の空間分布を変化させることによって，環境に影響を与える。しかし，第 7 章で学んだように，それが有益か有害かを判断するのは難しい。負の側面として，熱力学の第 1 法則は，より多くの生産が原材料の使用量を増やすことによって，地球規模の汚染を増大させると予測する。国家間の財の輸送を伴う貿易の進展自体も，環境を汚染している。貿易自由化は環境規制の緩い国へと生産を再配置させるかもしれない。これはいわゆる汚染逃避地仮説である（Eskeland and Harrison 2003；Copeland and Taylor 2004；Taylor 2004）。

貿易の増加による環境上の便益として，貿易は環境への副次的影響によりうまく対処できる国へと生産を再配置させるかもしれない。さらに，所得の増加がより高い環境基準を要求する方向へと消費者を導く可能性もある。貿易はまた，生産と消費の再配置をもたらすことで，環境を汚染する活動の立地を輸入国から輸出国へと空間的に移動させる（Kander and Lindmark 2006）。

　第3章によれば，ある国が汚染を制限しようとする場合，規制，排出税，取引可能な排出許可制度などの政策手段を排出物に直接適用すべきであるという明確な勧告が存在する。生産投入物や生産物を制限することはセカンド・ベストな政策である。なぜならば，これらの変数は排出水準や環境損害と直接的に関係しない可能性があるからである。貿易政策は，関税やある国で販売される財の数量や質の制限によって，生産投入物と生産物を規制しようとする。したがって，投入物や生産物の貿易を制限することは，環境政策に対する次善のアプローチである。時として環境保護を理由に貿易政策が正当化されるという事実は，疑いを持って見るべきである。環境保護を理由とする貿易制限は，国内生産者を保護するための偽装手段にすぎないかもしれない。環境と消費者を保護するための貿易措置の例としては，1996年のWTO協定に含まれる衛生植物検疫措置の適用に関する協定に基づく，欧州連合の肥育ホルモン牛肉の輸入禁止が挙げられる（Petersmann and Pollack 2003）。この禁輸は2008年にWTO上級委員会によって不当と見なされた。米国がイルカの死を回避する方法で漁獲されていないメキシコ産マグロの輸入を禁止した，米国とメキシコのマグロ・イルカ紛争に関する1991年のGATT裁定も同様のケースである（Esty 1994）。ウミガメを保護する技術を採用していない国からのエビの輸入を禁止した米国に対する1998年のWTO裁定はさらなる例であり，各国が国内生産者に利益をもたらすような方法で，環境保護に動機付けされた貿易制限を使用することを防止するものである（WTO 2006）。

　理想的には，国内の環境はその国の環境政策によって保護され，地球環境は国の政策を通じて履行される国際環境協定によって保護されるべきである。そして，国内およびグローバルな政策は，どちらも消費財や生産投入物ではなく排出物を対象とすべきである。しかしながら，場合によっては，国際的な環境問題を引き起こす国に対する唯一の利用可能な制裁措置として，貿易制限が正当化されるかもしれない。例えば，1973年に採択された絶滅のおそれのある

種の国際取引に関する条約（CITES）は，生きている動物や畜産物の需要を減少させることによって，種を保護することを目的としている。しかしながら，この条約は，農業生産や木材生産のための土地の機会費用に起因する，絶滅危惧種の生息地の喪失という問題の根源に対処していない。また，貿易禁止は，密猟の脅威にさらされ続けているクロサイやトラのように，極めて絶滅の危機に瀕している種を保護することにも成功していない。

　有害廃棄物の国境を越える移動に関するバーゼル条約（1992 年に批准された）は，発展途上国が有害廃棄物の処分場にならないよう保護することを目的としている。貿易に基づくこの条約は，他国からやってきた有害廃棄物を処分する際，国によっては環境保護に失敗する可能性があることを認めている。

　本章の残りの部分では，これらの問題をいくつかの観点から分析する。8.2 では，単純な一般均衡モデルを用いて，なぜ貿易から利益が得られるのかを説明する。次に，このモデルに国内の環境政策を導入し，結果が変わるかもしれないことを明らかにする。8.3 では，より洗練された一般均衡モデルからの予測を紹介し，貿易と環境の結びつきに関する実証的証拠について検討する。8.4 では多角的貿易協定と環境について議論する。

8.2　なぜ国々は貿易から利益を得るのか

　本節では，単純な一般均衡（または経済全体を表す）モデルを導入し，環境政策と貿易が経済に与える影響を分析する。貿易自由化は経済全体に影響を与えるため，一般均衡アプローチが必要である。分析は絶対優位の概念から始まり，次に，国の特化と貿易の「推進力」として比較優位を導入する。

　1776 年にアダム・スミスはこう書いている。

　　民間のどの家庭にとっても賢明な行動が，大国にとって愚かな行動であることはごくまれである。我々自身が生産するよりも安い価格で，外国がある商品を我々に供給できるのであれば，我々自身がいくらか優位にある産業に従事し，この産業の生産物の一部を使って外国からその商品を買う方がよい。国全体の労働は常にそれを雇用する資本に比例するので，国の産業全体がこれによって縮小することはないだろう……労働が最も有利に雇用される

表 8.1　貿易と絶対優位

生産 1 単位当たりの労働投入量	英国	米国
食料	5（布 5／2）	3（布 3／6）
布	2（食料 2／5）	6（食料 6／3）

注）各括弧内には，生産 1 単位当たりの機会費用が与えられている。

ことのできる産業を見出すだけである。(Adam Smith, 1776: book Ⅳ, ch. 2)

　ここで，スミスは「絶対優位」の概念を導入する。つまり最も低い費用で生産できる財に特化する国である。表 8.1 の例を考えてみよう。この例では，2 つの国が，唯一の生産要素である労働を用いて，2 つの財，食料と布を生産している。輸送コストはゼロであり，労働は食料と布の生産に自由に配分できると仮定する。

　もし各国に 120 単位の労働が与えられており，両国とも「自給自足」（貿易なし）の下で，消費者の需要に基づいて，60 単位の労働を各部門に配分するのであれば，英国は 12 単位の食料と 30 単位の布（12，30）を生産し，米国は 20 単位の食料と 10 単位の布（20，10）を生産することになる。

　ここで両国の間で貿易が始まり，英国はすべての労働を布の生産に配分することによって特化し，米国はすべての労働を食料の生産に配分することによって特化するならば，世界全体の生産は 32（食料），40（布）から 40（食料，米国），60（布，英国）に増加する。両国の間の食料と布の交換比率が，苦手な財を国内で生産するときの機会費用よりも低い限り，貿易利益が存在する。機会費用とは，布をもう 1 単位生産するために犠牲にしなければならない食料の量であり（これを食料で測った布 1 単位の機会費用という），その逆もまた同様である。したがって，英国と米国の間の貿易が，食料 1 単位当たり布 0.5 単位（米国における布で測った食料 1 単位の機会費用）と食料 1 単位当たり布 2.5 単位（英国における布で測った食料 1 単位の機会費用）の間の交換比率（交易条件）で開始されれば，貿易は相互に利益をもたらすであろう。

　絶対優位よりも重要な概念は，1817 年頃にリカードが導入した「比較優位」である（Sraffa 1951-73: vol. Ⅰ）。これは，財を生産するための機会費用が潜在的な貿易相手国との間で異なる限り，その相手国に対して絶対的な費用優位も

表8.2　貿易と比較優位

生産1単位当たりの労働投入量	英国	米国
食料	5（布5／2）	6（布6／12）
布	2（食料2／5）	12（食料12／6）

注）各括弧内には，生産1単位当たりの機会費用が与えられている。

持たないときでも，各国は貿易から利益が得られることを述べたものである。表8.2を考えてみよう。英国は現在，両分野において絶対的な費用優位を有している。しかし，英国が労働を食料から布に移動し，米国が労働を布から食料に移動すれば，総生産量を増やすことができる。その結果を図8.2に示す。

　図8.2には，英国（PPF_{UK}）と米国（PPF_{USA}）の生産可能性フロンティアが示してある。英国（CPF_{UK}）と米国（CPF_{USA}）の消費可能性フロンティアは，両国間で起こりうる交換比率を表している。また，世界の生産可能性フロンティアも描かれている。貿易がない場合（自給自足），生産可能性フロンティアはその国が消費可能な範囲をも決定する。英国の図を考えよう。英国の生産可能性フロンティアは，生産可能な布と食料の最大の組み合わせを与える。また，生産可能性フロンティアの傾きは，英国が食料をもう1単位生産しようとすると，どの程度の布をあきらめなければならないかを示している。これは布で測った食料1単位の機会費用であるが，どのように計算されるだろうか。食料1単位の生産は5単位の労働を必要とし，布1単位は2単位の労働を必要とする。したがって，もう1単位の食料の生産は，英国が2.5（5／2）単位の布をあきらめなければならないことを意味する。

　図8.2はまた，ある国が自由貿易において有する消費機会を示している。世界の生産可能性フロンティア（PPF）は，英国のPPF_{UK}と米国のPPF_{USA}を合計したものである。最大の布の生産量は70単位で，これは英国からの60と米国からの10を含む。一方，最大の食料の生産量は44単位であり，これは英国からの24と米国からの20を含む。しかし，どちらの国が食料の生産に，そしてどちらが布の生産に特化すべきなのか。両国の機会費用を比較するのはこのときである。米国における食料1単位の機会費用は布0.5単位であり，英国では布2.5単位である。したがって，米国は食料の生産に，英国は布の生産に特化する。図8.2における世界のPPF上の点bにおいて，米国は食料に完全特

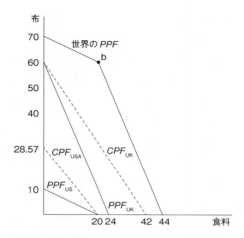

図 8.2 比較優位

化し，英国は布に完全特化している。

　両国の間で貿易が始まるとき，そこには，食料 1 単位と何単位の布が交換されるかを表す，ある水準の布の交換比率が存在する。両国は生産の機会費用を下回るどのような交換比率でも貿易を行うだろう。例えば，英国は食料 1 単位当たり布 2.5 単位を下回る交換比率を受け入れ，米国は食料 1 単位当たり布 0.5 単位を上回る交換比率を受け入れる[※1]。

　両国間の貿易が，布 1 単位当たり食料 0.7 単位という交換比率で始まったと仮定としよう。これは，食料 1 単位当たり 1.43 単位の布と交換されることを意味する。この交換比率は，消費可能性フロンティア（CPF_{UK}, CPF_{USA}）で表される。これらの線の傾きは，食料 1 単位当たりの布の交換比率を与える。貿易利益は，それぞれの国について PPF と CPF の間の垂直距離で測定される。すなわち，ある所与の食料消費の水準に対して，生産可能性フロンティアを上回って消費可能な布の量である。

───────────

※1　訳注：このことは布に比較優位を持つ英国にとって，布 1 単位当たりの食料の交換比率が，食料で測った布の単位の機会費用，すなわち布 1 単位当たり食料 2／5 単位を上回ることを意味する。そのため，食料と布の交換比率が両国にとって容認できるものであるとき，比較優位にある財を輸出し，もう一方の財を輸入することで，自給自足のときよりもお互いにより多くの財を消費できるようになる。

　本節では，ある財に比較優位を持つ国は，その財の生産に特化し，他国と貿
易することで利益が得られることを証明した。この利益は，世界全体での生産
量の増加と，その結果としての消費量の増加によって起こる。次に，1つまた
は複数の財が，その生産に伴って汚染などの外部費用を発生させるとき，この
結果がどのように変化するかを考える。

8.2.1　環境を含むよう貿易の基本モデルを拡張する

　このモデルに環境損害を導入すると何が起こるだろうか。これはモデルをか
なり複雑にする可能性がある。そのため，英国で生産される布のみが外部費用
を負わせて，その影響は英国に限定されると仮定しよう。その他はすべて不変
である。布の生産は，次式にしたがって大気汚染を発生させる。

$$e_{UK} = 5Cloth_{UK}$$

　そのため，規制なしで貿易が行われる場合，英国は布に特化して，布60単
位を生産し，その結果として300単位の汚染物質を排出することになる。
　英国の環境規制当局は，布の生産からの200単位の排出が許容しうる基準で
あると規定しており，指令と統制政策，排出税，または取引可能な排出許可制
度を通じて排出基準を課している。
　図8.3から，英国の環境規制当局が布の生産を40単位に制限すると，これ
には2つの効果がある。第1に，資源が汚染を排出する「ダーティー」な財
（布）から排出しない「クリーン」な財（食料）へと切り替えられるので，英
国の食料生産は増加する。第2に，英国の生産可能性フロンティアPPF_{UK}と
規制の下での消費可能性フロンティアCPF_{UK}（reg）の間隔は，英国の食料消
費の各水準について，CPF_{UK}と比べて狭くなっている。そのため，英国の貿
易利益は減少する。米国は，もし布の交易条件が一定ならば，影響を受けな
い。しかし，英国による布の生産の減少が布の交易条件の上昇（布1単位に対
してより多くの食料が要求される）を意味するならば，CPF_{USA}は原点に向かっ
て反時計回りに回転し，どのような食料生産の水準においても，米国の布の消
費は減少するだろう。
　図8.3に示した分析から，汚染物質の規制が経済厚生を低下させると結論付

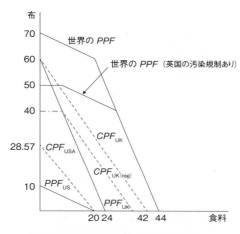

図 8.3　国内環境政策が貿易に与える影響

けることはできない。これは，貿易利益の減少よりも汚染の減少の方が，英国の国民に対してより大きな厚生上の便益をもたらす可能性があるからである。また，例えば発電に使用される石炭のように，汚染が貿易財の生産よりもむしろ消費に関連しているならば，我々の結論も変わるかもしれない。この場合，貿易財の輸入は，環境を保護するために制限されることがある。

8.2.2　貿易と環境

　我々はこれまでに比較優位の基本概念を定着させて，国内の環境政策が貿易に及ぼす1つの起こりうる影響を分析してきた。Copeland and Taylor（2003）は，小国開放（貿易について開かれている）経済の一般均衡（経済全体を表す）モデルを用いて，貿易，成長，環境の相互作用を研究している。そして，この理論を基礎として，貿易パターンの実証分析の枠組みを開発している。彼らのモデルの完全版は非常に複雑である。そのため，ここでは簡略化したモデルを提示する。

　「生産可能性フロンティア」すなわち PPF は，ある国において，その国の資源（資本と労働）と技術を所与として，最大限に生産可能な財の組み合わせを与える。図8.4には，図8.2の線形の PPF よりも典型的な PPF が示してある。すでに知っているように，PPF の傾きは，Y 財で測った X 財の機会費用である。

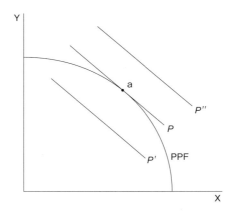

図8.4 生産可能性フロンティアと国民所得

しかし，図 8.4 において，PPF は原点に対して凹の形をしており，資源が一方の財から他方の財へと移動するにつれて，さらに後者を生産するための機会費用が増加することを示唆している。これは，資源が Y 財の生産から X 財の生産に切り替えられていくとき，次第に X 財の生産には適さなくなるからである。

　各国は PPF 上のどの場所で生産することを選ぶのか。これについては価格シグナルが X 財と Y 財の組み合わせを左右するだろう。そして，自由貿易の場合，これらの価格は世界市場で決定されることになる。ここで我々は，ある国が以下で与えられる総収入，または国民所得の最大化を目指すと仮定する。

$$G = p_x X + p_y Y$$

　図 8.4 において，国民所得は p と記された直線で表され，あらゆる水準の国民所得に対して，この直線は (p_x / p_y) の傾きを持つ。したがって，実現可能な最大の国民所得は，直線 p がちょうど PPF と接するところにある。つまり，X 財に対する Y 財の交換比率を与える価格比率は，X 財をもう 1 単位生産するために犠牲にしなければならない Y 財の生産量，すなわち Y 財で測った X 財 1 単位の機会費用にちょうど等しい。PPF の傾きは限界変形率と呼ばれる。図 8.4 において，均衡は点 a になる。その他の解，例えば p' 線上の生産量の組み合わせは，フロンティア方向へと移動することで国民所得を増加させるこ

とができるので，次善の解となる。一方，p'' 線上の生産量の組み合わせは実行不可能である。

　このモデルに環境を導入するため，Y 財の生産はクリーンであるが，X 財の生産から汚染 Z が排出されると仮定する。したがって，例えば「貿易自由化」の結果として X 財の生産量を増加させるような成長は，この経済における他のすべてが同じに保たれるならば，汚染を増加させるだろう。Grossman and Krueger（1993）に続いて，Copeland and Taylor（2003）は，成長がこの経済と環境に与えるいくつかの効果を区別している「規模効果」または均整成長効果は，労働と資本の等しく比例的な増加と全体の生産量の増加を伴う。「構成効果」または資本蓄積は，資本の増加を伴い，資本集約的な汚染排出産業の生産を増加させる傾向にある。また，構成効果は，より一般的に貿易による国内経済の構造の変化とそれがもたらす汚染への影響を指すこともある。例えば，輸出産業の拡大が相対的に汚染の排出につながる場合，あるいは貿易が汚染を排出する生産物の輸入をもたらす一方，その国内生産を減少させる場合などである（Runge 1995）。「技術効果」は，企業に汚染集約的ではない生産技術への転換を促す政策変更を伴う。このような政策変更は，消費者の所得増加によって引き起こされ，政治家に汚染を減らすよう圧力をかけることになるかもしれない。これは，貿易がどのようにして環境クズネッツ曲線（EKC）を誘発するかの例である（第 7 章参照）。図を用いてこれらの効果を順番に検討する。

　経済の規模は，一定の世界価格における X 財と Y 財の総価値額として測定される。「規模効果」は図 8.5 ①で説明される。資本と労働の増加は PPF を外側に押し広げるが，これは両財の生産量の増加と汚染の増加をもたらす。後者は図の下部パネルで示される。均衡は a から b にシフトし，汚染は（下部パネルにおいて右下がりに）Z_a から Z_b に増加する。汚染を排出する X 財の価格は，排出税の支払いを費用に含める形で調整されていることに留意されたい。

　「構成効果」は資本蓄積を伴い，クリーンな Y 財から資本集約的で汚染を排出する X 財へと経済全体の生産比率の転換を引き起こす。図 8.5 ②より，均衡は a から b にシフトし，汚染は Z_a から Z_b に増加する。

　「技術効果」は，排出税を引き上げることで（仮定），生産量 1 単位当たりの排出量を抑制する技術を採用するよう，企業を誘導する政策変更によってもた

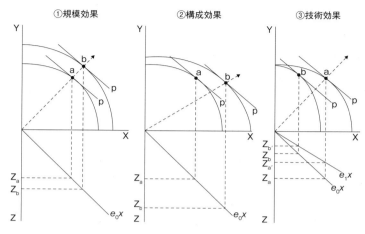

図8.5　規模，構成，および技術効果

らされる。このような技術の変化が下部パネルに描かれている。図8.5③において，生産量一定のままで技術が変化すると，排出量は Z_a から $Z_{a'}$ に削減される。しかし，X財の生産活動ではなく排出削減活動に資源が投入されることで，PPFはX軸に沿って原点方向へと回転する。これは，新しい均衡 b と，新しい技術に基づくより低い汚染の最終的な水準 Z_b をもたらす。

　これら3つの効果は，経済が成長（規模効果と構成効果）と政策（技術効果）に応じて，どのように変化するかを計測する。技術の変化は政策以外の他の要因から生じることもある（外生的な技術変化や消費者の選好の変化など）。Copeland and Taylor（2003）によって開発されたモデルは，最適な汚染水準を決定するための基礎となる。彼らのモデルでは，汚染はX財の生産への投入物と見なされる。同じように，結合生産物として扱うこともできるが，ここではそれを投入物として扱うことにしよう。他のすべての投入物と同様に，投入物としての汚染の需要量はその価格に依存する。汚染の排出価格は，排出税（または排出権取引市場の価格）である。生産者は，汚染排出の限界便益が排出価格に等しくなるまで汚染を進める。より具体的に言うと，限界便益は汚染をもう1単位排出することによる国民所得 G（p, K, L, Z）の増加であり，汚染を投入物として扱う場合，G_Z で表される。均衡での汚染の需要は図8.6で説明される[2]。

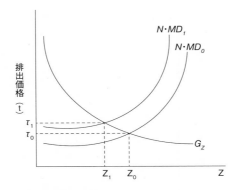

図 8.6　最適な汚染水準

　このように我々は汚染の需要曲線を証明したが，均衡については，汚染の限
界費用，すなわち汚染の供給も考慮する必要がある。代表的（典型的）な消費
者の限界損害 MD は，この消費者が排出量を 1 単位削減するために支払って
も良いと考える金額，すなわち支払意思額（WTP）によって与えられる。所
得が増えれば，支払意思額も増加すると予想される。汚染の増加が生産を活発
にすることで，所得そして効用を増加させる一方，さらなる環境汚染により消
費者の効用は減少する。そのため，消費者はトレードオフに直面している。支
払意思額の合計を $N \cdot MD$ と定義しよう。ここで，N はこの国の人口である。
従来のミクロ経済学では，企業の供給曲線は（平均可変費用より上方の）限界
費用であるが，ここでの汚染供給の費用は汚染による社会の限界損害（費用）
である。したがって，汚染を許容することに対する社会の支払意思額は，汚染
の限界費用によって決まる。

※2　訳注：国民所得 $G(p, L, K)$ は収入関数，あるいは GDP 関数と呼ばれる。この関数は，
　財の価格，資本と労働の賦存量，生産技術を所与として，国民所得の最大化を実現す
　る生産量 X と Y を求めることで得られる。そして，環境政策が導入されると，生産者
　は汚染排出のコストを負担する。取引可能な排出許可制度の場合，総排出量の枠（上
　限）が決まるため，資本と労働の賦存量だけでなく，総排出枠も生産活動の制約とな
　る。そのため，国民所得は $G(p, L, K, Z)$ と表されることになる。ただし排出税の
　場合，総排出量ではなく，排出税の水準 τ が制約となる。そのため厳密には，国民所
　得は $G(p, \tau, L, K)$ と書かれる。なお，排出税と取引可能な排出許可制度のどちら
　の場合も，最適な汚染水準とそのときの排出価格（排出税または排出権価格）は，図 8.6
　のように汚染に対する需給関係から決定される。

　第7章で見たように，EKCは所得と汚染の関係を分析する。一般的な想定は，成長が起こり所得が増加すると，当初は汚染が増大するが，所得がある水準を超えて増加すると，社会は汚染の削減を好むようになり，排出量が減少するというものである。図8.6から，1人当たり所得の増加は，WTPそして限界損害を増加させるため，汚染の供給曲線を上方にシフトさせる。図8.6において，新しい均衡は (τ_1, Z_1) として表される。このことは，開放経済におけるEKCの理論的実現性を証明している。複雑なのは，成長が G_z と $N \cdot MD$ の両方を同時にシフトさせて，結果として汚染を増加させる可能性があることである。この分析はCopeland and Taylor（2003: ch. 3）で与えられる。

8.3　環境規制の貿易効果に関する実証的証拠

　貿易と環境の関連性については，これまで多くの研究が行われてきた（概説についてはCopeland and Taylor（2003）; Sheldon（2006））。Frankel and Rose（2002）による図8.7は，それらのつながりと予想される因果関係を要約したものであり，貿易と環境の関連性についての一連の仮説を提示している。

1.　貿易の開放度と1人当たり実質所得の関係は，比較優位に基づき厳密に正であると予想される。
2.　GDPの増加が生産量の増加を意味するとき，規模効果によって，汚染は正の影響（環境の質に対する有害な影響）を受けると予想される。
3.　ある国が高水準の1人当たり実質所得を実現するならば，環境の質に対する国民の需要は高まる。そして，この国の政治制度（「政治形態」）が有効であれば，環境規制は強化される。それと同時に，生産量1単位当たりの汚染は，（クリーンな財の生産比率が高まる）構成効果によって軽減され，技術効果によっても減少する可能性がある。低所得の段階では，成長は環境に負の影響を与えると予想される。しかし，高所得になると環境に与える正の影響が支配的になる。
4.　1人当たりGDPのある所与の水準において，さらなる経済の開放は，環境にとって良いのか，それとも悪いのか。これは主に貿易の効果であり，グローバル化の影響の検証と考えられる。1つの仮説はいわゆる「規制の萎縮」

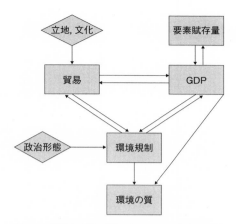

図 8.7　貿易と環境の間に考えられる因果関係

であり，政府は，国内産業の競争力を低下させるおそれのある新たな環境規制の導入に対して消極的になる。これは，各国が自国の環境規制を漸進的に緩和し，国内投資を獲得しようとする「底辺への競争」仮説にも当てはまるかもしれない。もう一方の対立仮説は「貿易利益」仮説である（Frankel and Rose 2005）。ここで各国は，自国企業が環境に与える有害な影響を軽減し，厳しい環境基準を満たす財を市場から調達するために，開放的な貿易を利用する（カリフォルニア効果として知られるこの対立仮説については，キーコンセプト 8.1 を参照）。

5. 「汚染逃避地仮説」は，貿易の開放により，多国籍企業が環境規制の緩い発展途上国での生産に切り替えると予測する。これは，必然的に環境規制の厳しい国から緩い国への資本移動を伴う。

6. 「ポーター仮説」は，環境基準の厳格化が企業の効率性を高め，技術進歩とイノベーションを促すと予測する（Porter 1990）（キーコンセプト 8.2 を参照）。

キーコンセプト　8.1
カリフォルニア効果

　政治学者のデイヴィッド・ヴォーゲル（1995）は，貿易を行う国々からなるグループの環境基準が，最も厳しい国の基準へと収束する傾向にある状況を説明するために，「カリフォルニア効果」という用語を作り出した。1970年の米国大気浄化法改正法により，カリフォルニア州は他の州よりも厳しい自動車排出基準を設けることが認められた。1990年には米国連邦議会がカリフォルニア州レベルの排出基準を導入し，カリフォルニア州はさらに厳しい基準を採用した。米国の自動車メーカーは，カリフォルニア州の市場で販売するために，そして，すべての州の排出基準がカリフォルニア州レベルまで引き上げられることを期待しながら，カリフォルニア州の基準を満たす自動車を生産している。

　「カリフォルニア効果」という用語は，より厳しい規制基準が競合国間で一致する場合など，かなり広範な現象を表現するために使用される。このことの経済的説明は，ある国の製造基準が強化されると，当初自国の生産者がその市場において競争優位を持つため，他国は生産者が競争できるように基準を引き上げるインセンティブを持つというものである。

　ヴォーゲルは，より豊かで環境に配慮した国によって要求される水準まで各国に製造基準を引き上げるインセンティブがある場合，製造基準に対する自由競争政策を提唱する。しかし，この効果は，環境問題が製造基準の強化によって解決可能な場合にのみ当てはまる。

キーコンセプト　8.2
ポーター仮説

　ポーター（1990）はサイエンティフィック・アメリカン誌に掲載された論文の中で，厳しい環境政策は必然的に生産費用を上昇させ，この国の産業の競争力を弱め，それゆえ輸出競争力を低下させるという見解に異議を唱えた。むしろ，より厳しい環境基準は企業の競争力を高め，規制を遵守する企業の短期的な費用を上回るイノベーションを引き起こす可能性があると主張している。いわゆる「ポーター仮説」は事例研究からの証拠によって支持されており，厳しい環境規制

の下で操業するいくつかの企業が，比較的高い業績を挙げていることが明らかになっている。Tobey（1990）と Jaffe et al.（1995）の実証的証拠によると，環境規制の強化が競争力を著しく低下させることを示す証拠はほとんどない。このことは，汚染基準の遵守に関するコストの割合が比較的小さいことによって，ほとんど説明できる。

　ポーターの仮説が正しいと考えられる理由は 2 つある。第 1 に，環境規制は，企業にとってこれまで突き止められていなかったやり方に生産活動を変更させるきっかけとなる。第 2 に，外国の競合企業よりも厳しい環境基準を課されている企業は，競争相手の市場で環境基準が強化されると，競争上の優位性を得る可能性がある。

　ポーター仮説に反対する議論には次のようなものがある。第 1 に，なぜ合理的な企業が，競争力を向上させる新しい技術を見つけるために，環境規制によって駆り立てられる必要があるのか。第 2 に，環境規制がいつまでも強化されない場合，緩い環境基準の下で操業する企業は永続的に競争上の優位性を持つことになる。

　現在のところ，ポーター仮説を正当化する理論的根拠はなく（Xepapadeas and de Zeeuw 1999），決定的な実証的証拠もない。しかし，産業界への厳しい環境規制を正当化しようとする政策立案者にとっては魅力的なモデルであるため，幅広い注目を集めている。

　Copeland and Taylor（2003）は，上記の理論モデルを用いて，規模，構成，および技術効果の証拠があるかどうかを検証する汚染の計量経済モデルを開発した。説明すべき従属変数は，選択された都市における 1971 年から 1995 年までの二酸化硫黄汚染の濃度（100 万分率，ppm）である。二酸化硫黄は，人間の健康に有害な影響を与え，酸性雨による環境損害を引き起こす重要な汚染物質として選択されている。二酸化硫黄はまた，他の大気汚染物質（窒素酸化物，粒子状物質など）とも相関関係がある。

　上で述べた一般均衡の効果は，一連の代理変数によって測定される。例えば，経済活動の強度を測るための規模効果は，$1km^2$ 当たりの GDP として測定される。構成効果は資本・労働比率によって測定される。そして，資本／労働が比較的大きい場合は，汚染集約型産業を示す傾向にある。技術効果は間接的に所得効果として測定される。これらの結果は弾力性の形で表 8.3 に与えられ

表 8.3   SO$_2$ 排出量の弾力性

	弾力性
規模効果（1km^2 当たり GDP によって測定）	0.315
構成効果（資本／労働）	0.993
技術効果（1 人当たり所得）	− 1.577
貿易開放度（輸出＋輸入）／GDP	− 0.394

出典）Copeland and Taylor（2003：52, 表 7.4）

る。すなわち，ある変数の値が 1％増加したときの二酸化硫黄排出量の増加率
である。弾力性は平均値で計算される。

　経済活動の規模が 1％増加すると，二酸化硫黄の濃度が 0. 315％増加するこ
とが確認できる。技術効果は，所得の増加が平均して汚染の減少につながって
おり，政策の反応が強力であることを示している。同様に，貿易額（輸出＋輸
入）の GDP に占める割合が大きい国ほど，排出量がより少ない傾向にある。
この分析は，貿易自由化によって豊かな国が環境政策の緩い貧しい国へと汚染
排出産業を移転させると予測した汚染逃避地仮説を，ほとんど支持しない。む
しろ構成効果は，汚染排出産業が先進国に移転していることを示唆している。
その理由は，これらの産業が資本集約的であり，要素賦存効果が汚染逃避地効
果を上回るためである。研究の全体的な結論は，二酸化硫黄によって測定され
る汚染が，より開放的な貿易によって減少したというものである。しかし，著
者らはまた，貿易，1 人当たり所得，および汚染の間に存在する関係は単純で
はないと結論付けている。

　Copeland and Taylor（2003）の研究は，選択される汚染物質，期間，対象
となる国／地域に大きく依存している。Frankel and Rose（2005）は，汚染と
貿易が同時に決定されるため，貿易が環境にどのような影響を及ぼすのかを直
接測定することが不可能であるという，潜在的な問題を指摘している。著者ら
は 1990 年のデータを用いて，次の関数を推計した。

　　環境損害＝f(1人当たりGDP, (1人当たりGDP)^2, 貿易開放度, 政治形態, 1人当
　　たりの土地)

「環境損害」とは，森林破壊のように，様々な汚染物質と環境への影響を表す。1 人当たり GDP は所得の尺度であり，2 乗項の目的は EKC 効果を捉えることである。EKC 効果は，所得がある水準を超えると環境損害が減少し始めることを指す。「貿易開放度」は，輸入と輸出の合計額を GDP で割った値として推計され，「政治形態」は，その国がどれだけ民主的かを測定する。最後に，1 人当たりの土地は，その国の汚染を吸収する能力についての尺度である。

SO_2，NO_2 および粒子状物質（PM）の 3 つの汚染物質の結果はすべて，GDP の二乗項が負かつ統計的に有意であることから，EKC を強力に支持する。すなわち，1 人当たり所得が臨界点に達すると，各国はこれらの汚染物質を削減し始める。この分析では主に貿易の開放に焦点を当てている。貿易開放度は SO_2 と NO_2 を減少させる傾向にあるが，PM には影響しない。環境変数が CO_2 排出量の場合，貿易開放度は排出量にほとんど影響しないが，EKC は決して「下方に折れ曲がらない」。著者らによれば，このことは CO_2 排出量に対処するためには世界的な合意が必要であることを示唆している。所得が増加しても，国内の環境規制によって CO_2 排出量が削減される兆候はないためである。

議論された結果からは，先進国の環境規制が強化されることで汚染排出財の純輸出が抑止されるかどうか，つまり汚染逃避地効果について検証することができない。汚染逃避地仮説は，先進国での環境規制の強化に伴い，汚染集約型産業が発展途上国に移転すると予測する（Taylor 2004）。汚染逃避地効果の存在は，汚染集約的な企業が海外移転する前兆になりうる。メキシコ，カナダ，米国のデータからは，汚染逃避地効果が認められる（Levinson and Taylor 2008）。その結果は，排出削減費用の増加が最も大きい産業は，純輸入量の増加も最も大きいというものである。このことは，企業が「汚染排出財」の生産を，排出削減費用のより低い国に持ち込む可能性があることを示唆している（異なる結論を含む研究については，キーコンセプト 8.3 を参照）。

しかし，Taylor（2004）はその他の一連の実証研究を総括し（Ederington et al. 2004；Elbers and Withagen 2004；Fredriksson and Mani 2004），汚染逃避地仮説の有力な証拠はなく，企業がある国に立地するかどうかは，おそらく汚染防止のコストよりもさらに重要な労働費用などの様々な要因に依存すると結論付けている。

キーコンセプト　8.3
汚染逃避地仮説を検証する

多国籍企業にとって，国内市場への投資を止めて生産を他国に移す決断は，多くの考慮を伴う。彼らの理論モデルを説明するために，Eskeland and Harrison（2003）は製鉄業者の例を取り上げている。政府がより厳しい環境規制を導入すると，それは企業の平均費用を上昇させ，短期的には利潤を減少させる。長期的には（設備投資が可能な期間），排出基準を満たす新型製鋼炉への投資を検討するか，海外市場への投資に切り替える。この決定は，環境コンプライアンス（法令遵守）のコストを含め，企業の収益性を決定するすべての要因に依存するだろう。

Eskeland and Harrison（2003）の実証分析では，メキシコ，モロッコ，コートジボワール，ベネズエラといった発展途上国への対外投資のパターンを分析している。著者らは，排出削減費用（投資国における），市場規模，賃金率，規制障壁などの変数の関数として対外投資を説明した。回帰分析の結果からは，これらの発展途上国への対外投資が，その送出源である先進工業国の排出削減費用に関係しているという証拠は得られなかった。さらに，海外の工場（対外投資の結果として）は，国内の企業よりもエネルギー効率がはるかに高く，よりクリーンなエネルギーを使用していることが分かった。著者らは次のように結論付けている。

　投資と規制の関係は，素朴なモデルで想定されるほど単純ではない。それは多くの要因に依存しており，複合的な効果は正，0，あるいは負になる。また，外国企業は，発展途上国の同業者よりも汚染が少ないことも分かった。これは決して，「汚染逃避地」は存在するはずがない，あるいは発展途上国の汚染について心配することを止めるべきである，ということを意味するものではない。しかし，我々の研究は，政策立案者が投資対象や特定の投資家ではなく，汚染そのものに焦点を当てた汚染防止政策を追求すべきであることを示唆している。（前掲，p.22）

汚染逃避地仮説は，経済学や政治学において，そして環境保護論者の中でも，依然として論争の的になっている。

8.4　国際貿易協定と環境

8.4.1　国際貿易協定

　関税および貿易に関する一般協定の下での多角的貿易交渉は，第二次世界大戦後に開始された。1930 年代の悲惨な保護主義の記憶が，貿易関係をより安定させるための英国と米国の計画につながった。1944 年のブレトンウッズ会議では，国際通貨基金（IMF），国際貿易機関（ITO），国際復興開発銀行（IBRD）の 3 つの国際機関の設立が提案された。ITO の枠組みにおいて交渉が行われる間に，一部の国々は関税の即時引き下げの必要性を認識した。米国が主導して関税および貿易に関する一般協定を起草し，23 ヵ国が GATT として合意した。その後の交渉にもかかわらず，ITO が設立されることはなく，GATT は最も重要な貿易関係の枠組みとなった。1995 年には，世界貿易の80％を占める 100 ヵ国が加盟し，さらに 29 ヵ国が GATT ルールに従った。

　1995 年に GATT の後継として世界貿易機関が発足し，GATT から以下の目的を継承した。第 1 に，多角的貿易交渉の場を提供すること。第 2 に，貿易障壁を撤廃するための枠組みを提供すること。第 3 に，一方的な貿易制限措置を縮小するための合意されたルールを提供することである。これらの目的は，紛争解決の基礎となる 38 の条項によって追求されている。そして，これらの条項は以下の 3 つの基本原則を具体化したものである。

- ・無差別条項，または最恵国待遇（MNF）条項：WTO 加盟国がすべての輸入元を平等に扱うことを義務付けるもの。例えば，ある国が別のある国からの木材に対する関税を引き下げる場合，この新しい関税を他のすべての国に適用しなければならない。この原則は二国間での貿易協定の阻害要因として作用する。
- ・相互主義：ある国が関税の引き下げに合意した場合，別のある国も関税の引き下げに合意し，二国間の貿易収支を不変に保つという原則。
- ・透明性：ほとんどの場合において，関税を支持して貿易数量制限の撤廃を伴う原則。輸出業者や国内消費者に対する関税のコストは，貿易数量割当のコストよりも透明性が高いと主張されている。

　GATT が設立された当時，環境問題への明確な言及はなく，環境保護を理由に正当化される貿易障壁について GATT と WTO が裁定を求められたのは，ごく最近のことである。GATT／WTO のアプローチはいくつかの例によって最もうまく説明される。製品に関するほとんどの環境政策は，国産品および輸入品に等しく適用されるのであれば，WTO ルールと矛盾しない。これは最恵国待遇の原則である。したがって，ドイツが国産車に触媒式排ガス浄化装置とシートベルトの搭載を義務付ける場合，輸入業者にもこれらの基準を課すことはできるが，輸入車だけにさらに厳しい基準に従うよう要求することはできない。また，国内環境を保護するために，各国は大気や水への排出制限を含む様々な政策を採用することができるが，実際に最終製品に影響を与える場合を除いて，これらの政策を輸入品にまで拡大適用することはできない。輸入品は，製造工程が異なることを理由に，同一の国産品と異なる取り扱いをされるべきではない。

　この基本原則は，製造工程および製品を理由に貿易を制限したいと望む国々を，第 20 条の発動へと導いた。第 20 条では，「人，動物または植物の生命または健康の保護のために必要な措置」（第 20 条（b））および「有限天然資源の保存に関する措置で，国内の生産や消費に対する制限と関連して実施される場合」（第 20 条（g））などについて，一般的な GATT 原則の例外を認めている。この条項の適用については，米国とメキシコの間のマグロ・イルカ紛争が参考になる。

　太平洋の東部熱帯地域では，イルカの下を泳ぐキハダマグロの群れがしばしば発見される。マグロをまき網で漁獲するとき，一部のイルカも捕獲されてしまい，すぐに放流しない限り死んでしまうことが多い。米国の海洋哺乳類保護法は，米国の漁船が遵守しなければならない漁獲方法を定めており，太平洋の米国水域で操業している他の国々にも適用される。米国にマグロを輸出しようとする国は，それがイルカの保護基準を満たしていることを証明しなければならない。さもないと，その国からのすべての魚の輸出に対して禁輸措置がとられることになる。

　具体的には，米国はメキシコのマグロ漁がイルカに友好的でないことを理由に，メキシコからのマグロの輸出と，米国に向かう途中でメキシコのマグロを取引する多くの中継国からの輸出を禁止した。メキシコは 1991 年 2 月に

環境経済学の実践　8.1

ヨーロッパの環境規制と貿易

1957 年のローマ条約第 30 条は,「貿易の数量制限」を禁止することで,欧州共同体加盟国間の貿易の自由を促進することを目的としていた。しかし,同条約の第 36 条では,「公衆道徳,公共政策,または公安」,または「人,動物,または植物の健康および生命の保護」を理由に貿易を制限することができると宣言している。したがって,これらの項目の 1 つによって正当化される限り,各国は貿易を制限することができた。それでは,国内の環境政策が偽装された保護主義の一形態にすぎないとされるのはどのようなときだろうか。

1981 年にデンマークは,すべてのビールと清涼飲料水が,デンマークの環境保護庁によって認定された再利用可能な容器で販売されることを求める法律を制定した。デンマークへの輸出業者が使用する容器は,デンマークの厳しいリサイクル要求を満していないことが多く,販売が禁止されていた。外国企業は,デンマークでの容器の変更と回収や輸送の手配などに追加のコストがかかるため,競争力が低下すると苦情を申し立てた。製造業者は欧州委員会に自らの主張を訴え,欧州委員会はデンマークの法律が第 30 条に違反していると裁定した。1984 年のデンマークによる法改正にも納得せず,1986 年 12 月,欧州委員会は欧州司法裁判所に提訴した。各国が環境保護を理由に保護主義的な法律を正当化するおそれがあったからだ。

1988 年 9 月,裁判所は廃棄物の量を減らす他の方法がないという理由で,デンマークのデポジット・リファンド制度は第 36 条の下で合法であると裁定した。しかし,リサイクルされる限りどんな容器も使用可能であるとして,デンマークは容器の種類に関する制限を撤廃することを要求された。

この判決は非常に意義深いものであった。すなわち,裁判所は初めて貿易を制限する環境規制を認めたのである。これによって,ドイツ政府も非常に厳格なリサイクル法を制定したが,この法律もまた貿易を制限するものであった。このことは,欧州単一市場の中でさえ,環境保護を理由に正当化される限り,各国は貿易を制限する法律を導入できることを意味していた。詳しい説明は Vogel（1995：ch.3）を参照。

GATT パネルの設置を要請し,1991 年 9 月に報告された。パネルは,メキシコのマグロの漁獲方法に対する規制が米国の規制ほど厳しくないという理由だ

けで，米国がメキシコからのマグロ食品の輸入を禁止することはできないと結論付けた。しかし，米国が製品の品質を目的として，その規制を適用することはできる。パネルはまた，GATTルールではある国が他国に国内法を強制する手段として貿易政策を利用することは認められていない，とも結論付けた。

この裁定は，「製品は製造工程ではなく，品質だけで判断されるべきである」という原則を強化した点で重要である。しかしパネルは，米国が「イルカに優しい」マグロのブランドを特定する広告を認めることは，容認できると考えた。メキシコの訴えはパネルによって支持されたが，パネルの報告書は採択されず，米国とメキシコの間の紛争は最終的に二国間で解決された。また，国内の環境規制に起因する貿易紛争は，欧州連合においても発生した。この例については「環境経済学の実践8.1」を参照されたい。

1995年にGATTの後継機関として世界貿易機関が設立され，多角的貿易交渉の枠組みが整えられた。1994年に署名されたWTOを設立するマラケシュ協定の前文では，持続可能な開発と環境保全について言及している。WTOは，貿易政策と環境問題が相互に作用するところの紛争の解決に，より深く関与するようになった。この目的のために，WTOは貿易と環境委員会を設立し，環境面での持続可能な開発の問題を取り組みの本流に加えた（WTO 2004）。貿易機関が環境政策に関与することがふさわしいかどうかはまだ定かではない。WTOは環境政策における役割が限定的であることを次のように明確にしている。「しかしながら，WTO加盟国は，WTOが環境保護庁ではなく，そうなることも志向していないことを認めている。貿易と環境の分野におけるWTOの権限は，貿易政策と貿易に重大な影響を及ぼす環境政策の貿易関連の側面に限られている。」（WTO 2004：p6）

8.4.2 多国間環境協定と貿易

8.2節で紹介した理論モデルは，貿易制限が地域的，越境的，そして地球規模の環境問題に対するセカンド・ベストな，つまり次善の解決策を提供すると予測している。排出量に課税するか，取引可能な排出許可制度を導入するかのいずれかによって，ファースト・ベストな，つまり最善の解決策が実現される。多国間環境協定は，合意された基準を達成するために，国内の最適な環境政策と結びつけられるべきである。この原則は，越境的な汚染問題と地球規模

の汚染問題の両方に当てはまる。

　残念ながら，比較的環境への意識が高い先進国でさえ，国内の経済政策が最適に近いという証拠はほとんどなく，多くの発展途上国では，環境政策が緩いか，あるいは効果的に実施されていない可能性がある。したがって，ファースト・ベストな最適値は達成不可能であり，規制当局はセカンド・ベストな政策の中から，少なくとも部分的に環境上の目標を達成するオプションを選択せざるをえない。この議論は，多国間環境協定が主要な政策手段として貿易制限を含む理由を多少なりとも説明している。その例としては，後述するモントリオール議定書や CITES がある。貿易の流れは国境を越える移動を伴うため，財の移動を監視し，制限する機会を与える。これは，効果的な国内の政策がない場合に，特定の製品による環境損害の削減を可能にする。第 7 章では，地球規模の汚染物質の制御や地球公共財の保護のために，自主的に国際協定を結ぶことがいかに難しいかを確認した。なぜならば，各国はそうした協定にただ乗りするインセンティブを持つからである。貿易制裁は，協定への参加を促し，協定に違反した締約国を罰する手段を提供する。以下の政策がその例を与える。

　絶滅のおそれのある野生動植物の種の国際取引に関する条約（CITES）は，1973 年に批准された。この条約で規制しているのは，絶滅のおそれのある種（附属書 I 種）や，取引を厳重に規制しなければ絶滅のおそれのある種（附属書 II 種）の貿易である。貿易は輸出入許可制度によって制限される。輸出許可証が発行される前に輸入許可証を必要とするのは，輸出業者が生きた動物や畜産物を条約に加盟していない国に輸出することを阻止するための試みである。この政策は，貿易を通じて希少種や絶滅危惧種を悪用するインセンティブを低下させることを目的としており，種とその生息地を保護するための効果的な国内政策に対するセカンド・ベストな代替策と見なすことができる。

　1987 年のモントリオール議定書は，オゾン層を破壊する物質に関する 1985 年のウィーン条約を適用したものである。最初の議定書の締約国は，1999 年までにクロロフルオロカーボン（CFCs）を 50％削減することに合意した。1990 年のロンドンにおける交渉は，CFCs の製造を 1996 年までに停止することで合意に達した。さらに，1992 年のコペンハーゲンおよび 1997 年のモントリオールでの会議において，規制の対象となる物質のリストを拡大した（詳細

は UNEP（2018）を参照）。1992 年のコペンハーゲン会議は，規制対象物質を輸出入しないこと，1993 年までに CFCs を含む製品の輸入を禁止することで合意した。禁輸政策は，これらの製品の国内生産と消費に関する合意を含んでおり，議定書に批准していない国がこれらの製品の潜在的な市場となることを防止する貿易措置として説明される。これは，貿易政策が多国間環境協定や効果的な国内政策を事実上補完する手段として利用されている例である。議定書の非締約国が合意された規制の効果を損なうことや，締約国が約束を履行しなくなることを防止するためにのみ，貿易政策は使用される。

　有害廃棄物の国境を越える移動およびその処分の規制に関するバーゼル条約は，有害廃棄物の貿易制限を認める。それは，各国が産業廃棄物問題の国内解決に重点的に取り組むことを強制し，輸出先国が処分場として利用されないよう保護するものである。そのため，バーゼル条約は，廃棄物の輸出が輸入国の同意（輸入企業とは異なる）を得た場合にのみ行われるべきであると定めている。廃棄物が環境保護に関して適正な方法で処分されないかもしれないと，輸出国が考えるのであれば，廃棄物は輸出されるべきではない。非締約国との貿易は認められていない（UNEP 2011）。

8.5　まとめ

　貿易の流れは各国の経済に広範な影響を与えるため，これらの国の環境にも大きな影響を及ぼす。単純化すると，貿易は経済成長，生産，そして消費を増加させるが，より多くの生産がより多くの天然資源を必要とするという事実により，貿易の増加が汚染の増加につながる可能性は高い。しかし，貿易の増加はまた，生産の特化につながる。特化は投入物がより効率的に使用される国々，あるいは環境基準が緩やかで「汚染逃避地」となる国々において生じる。実証的証拠によれば，厳しい環境基準が国の競争力に与える影響は，比較的軽微である。企業は立地を決める際に環境上のコスト以外の要因をより重視するため，環境基準の緩い国が必ずしも汚染逃避地になるとは限らない。

　理論分析や実証分析からは，環境保護を理由として貿易を制限することに明確な正当性はない。ほとんどの国にとって自由貿易は経済厚生を増加させるものであり，各国が効果的な国内の環境政策を持つ限り，自由貿易が制限された

貿易以上に環境に損害を与えるべき理由も存在しない。貿易政策は，ほぼ常にある国の環境を保護するための次善の手段であり，国内の環境政策に置きかえられるべきである。そこから生じる疑問は，なぜ貿易制限が環境政策の主要な手段として使用されるのかということである。第1に，貿易制限に対する環境面での正当化は，時として偽装された保護主義にすぎない。第2に，国際環境協定の場合，各国の国内環境政策の失敗が地球環境に影響を与える可能性があり，貿易制限は次善の代替策になる。例としては，モントリオール議定書，CITES，有害廃棄物に関するバーゼル条約などがある。これらすべての場合において，貿易制限を用いることは，利用可能な中での最良の方法であろう。

　最後に，各国が国内への投資と世界市場でのシェアの両方について競争している世界では，時として環境政策がこれらの目標達成を助ける手段として使用されることは，驚くべきことではない。しかし，汚染逃避地仮説について言えば，このような形での使用は，環境保護基準の上昇（環境にやさしい「緑の」消費者や，環境保護を考慮した対内投資を獲得するための競争），および環境基準の低下のどちらとも整合的である。

ディスカッションのための質問

8.1　自由貿易は環境に良いという命題について議論せよ。

8.2　熱帯材の輸入禁止など，他国の環境損害を防止するために貿易政策を使用することは，正当と認められるか。

練習問題

....

8.1　もしあなたが「グローバル化は環境に悪い」という提言について討論する
としたら，あなたにとって 3 つの主要な論点は何か。また，3 つのうちど
の論点で，あなたは「グローバル化は環境に悪い」という提言に反対の立
場をとるか。

8.2　貿易と環境に関する汚染逃避地仮説とポーター仮説の違いを説明せよ。

8.3　財の生産を制限する国内の環境政策は，開放経済の貿易にどのような影響
を与えると予想されるか。

8.4　貿易自由化の規模効果と構成効果の違いを説明せよ。

8.5　貿易と環境クズネッツ曲線の間にはどのような関係があるか。

参考文献

Ahn, J., Dabla-Norris, E., Duval, R., Hu, B. and Njie, L. (2016). *Reassessing the Productivity Gains from Trade Liberalization*. IMF Working Papers. Washington D. C.: IMF.

Copeland, B. R. and Taylor, M. S. (2003). Trade Growth, and the Environment. *Journal of Economic Literature* 42 (1): 7-71.

Copeland, B. R. and Taylor, M. S. (2004). *Trade and the Environment: Theory and Evidence*. Princeton: Princeton University Press.

Ederington, J., Levinson, A. and Minier, J. (2004). Trade Liberalization and Pollution Havens. *Advances in Economic Analysis and Policy* 4 (2): Article 6.

Elbers, C. and Withagen, C. (2004). Environmental Policy, Population Dynamics and Agglomeration. *Contributions to Economic Analysis and Policy* 3 (2): Article 3.

Eskeland, G. S. and Harrison, A. E. (2003). Moving to Greener Pastures? Multinationals and the Pollution Haven Hypothesis. *Journal of Development Economics* 70 (1): 1-23.

Esty, D. C. (1994). *Greening the GATT: Trade, Environment, and the Future*. Washington, D. C.: Institute for International Economics.

Frankel, J. A. and Rose, A. K. (2002). *Is Trade Good or Bad for the Environment? Sorting out the Causality*. NEBR Working Paper No. 9201.

Frankel, J. A. and Rose, A. K. (2005). Is Trade Good or Bad for the Environment? Sorting out the Causality. *Review of Economics and Statistics* 87 (1): 85-91.

Fredriksson, P. and Mani, M. (2004). Trade Integration and Political Turbulence: Environmental Policy Consequences. *Advances in Economic Analysis and Policy* 4 (2): Article 3.

Grossman, G. M. and Krueger, A. B. (1993). Environmental Impacts of a North American

Free Trade Agreement'. In P. M. Garber (ed.), *The US-Mexico Free Trade Agreement*. Cambridge: The MIT Press, pp. 13-56.

Jaffe, A. B., Peterson, S. R., Portney, P. R. and Stavins, R. N. (1995). Environmental Regulation and the Competitiveness of U. S. Manufacturing: What Does the Evidence Tell Us? *Journal of Economic Literature* 33 (1) : 132-63.

Kander, A. and Lindmark, M. (2006). Foreign Trade and Declining Pollution in Sweden. *Energy Policy* 34 (13) : 1590-9.

Krugman, P. R. and Obstfeld, M. (2009). *International Economics: Theory and Policy* (8th eds.). Boston: Pearson Addison-Wesley.

Levinson, A. and Taylor, M. S. (2008). Unmasking the Pollution Haven Effect. *International Economic Review* 49 (1) : 223-54.

Petersmann, E. and Pollack, M. A. (2003). *Transatlantic Economic Disputes: The EU, the US, and the WTO*. Oxford: Oxford University Press.

Porter, M. E. (1990). America's Green Strategy. *Scientific American* 264 (4) : 168.

Runge, C. F. (1995). Trade Pollution and Environmental Protection. In D. W. Bromley (ed.), *The Handbook of Environmental Economics*. Oxford: Blackwell.

Sheldon, I. (2006). Trade and Environmental Policy: A Race to the Bottom? *Journal of Agricultural Economics* 57 (3) : 365-92.

Smith, A. (1776). *The Wealth of Nations* book IV: 2. New York: Modern Library.

Sraffa, P. (1951-73). *The Works and Correspondence of David Ricardo* 11 vols. Cambridge: Cambridge University Press.

Taylor, M. S. (2004). Unbundling the Pollution Haven Hypothesis. *Advances in Economic Analysis and Policy* 4 (2) : Article 8.

Tobey, J. A. (1990). The Effects of Domestic Environmental Policies on Patterns of World Trade: An Empirical Test. Kyklos 43 (2) : 191-209.

UNEP (2011). Basel Convention. http://www.basel.int/convention/about.html (accessed on 24 June 2011)

UNEP (2018). About Montreal Protocol. http://web.unep.org/ozonaction/who-we-are/about-montreal-protocol (accessed on 1 December 2018)

Vogel, D. (1995). *Trading Up: Consumer and Environmental Regulation in the Global Economy*. Cambridge: Harvard University Press.

WTO (2004). *Trade and the Environment*. Geneva: WTO.

WTO (2006). India etc. versus US: "Shrimp-turtle". *Environment: Disputes 8*. http://www.wto.org/english/tratop_e/envir_e/edis08_e.htm (accessed on 1 May 2011)

WTO (2017). *Annual Statistical Review*. Geneva: WTO.

Xepapadeas, A. and de Zeeuw, A. (1999). Environmental Policy and Competitiveness: the Porter Hypothesis and the Composition of Capital. *Journal of Environmental Economics and Management* 37 (2) : 165-82.

第9章 気候変動の経済学

9.1　はじめに

　気候変動政策は，依然として環境経済学の主要なテーマの1つである。経済学者は，根本的な問いに取り組もうとしている——すなわち，現在の社会の繁栄と，近い将来および遠い将来における地球規模のリスクの増大とのバランスをどのようにとるかという問いである。自然科学者たちは，我々の日々の行動が世界中の気候に影響を与えていると警告している。我々は，土地を転換したり，家畜を育てたり，化石燃料を燃やしたりすることによってより豊かになろうとしているが，こうした行動によって排出された温室効果ガス（GHG）が地球の気候を変えており，人類に壊滅的な結果をもたらす可能性があるというのである。これらのリスクの増大を推し進めている主要な駆動力となっているものは人間であり，その解決策は温室効果ガス排出量の削減（または大気中の温室効果ガス濃度の低減）である。

　排出削減には費用がかかるため，費用対効果の高い政策オプションが求められており，それゆえに気候変動対策は自然科学だけの問題ではなく，経済学的な問題ともなっている。効果的な気候変動戦略に対する経済学的な見識へのニーズは過去10年間で着実に増加しており，経済学もそれに応えてきた。この傾向は今後も続くと考えられる。気候変動やそれにより生じる費用を遅らせるための代替的な政策オプションを支持したり，あるいは異議を唱えたりする多くの経済研究が，国連，米国，日本，欧州連合のような先進国，中国やイン

ドのような発展途上国，非政府組織などで実施されてきた。気候変動防止のための対策は不確実性に対するヘッジであり，経済学はこうした対策をよりよく理解するための物の見方を提供するものである。政策による規制は，地球上のすべての人々の生活に影響を及ぼす可能性があるが，経済学を用いればそういった規制のもたらす帰結を説明することができる。また研究を超えたところでは，先進国と途上国のための政策目標や施策についての交渉が行われている。経済学の知見は，政策オプションの厳格さと柔軟性に関する議論の枠組みを作るにあたって役立っている。

　本章では，気候変動防止政策のための指針を提供するような経済学の知見について見ていこう。気候変動の防止とは不確実性に対するヘッジであるというのが，経済学による重要な知見である。経済学は，なぜ市場が失敗するのか，行動することとしないことの費用と便益，リスクを軽減するための戦略の範囲，経済的インセンティブをいかにして作り出すか，国際環境協定の考え方，気候変動の政治経済学をどのように理解するかを定義する。経済学では，合理的な目標を達成するための費用と便益のバランスをとる手法が研究されている。経済学はまた，発展途上国に対して現実的な形で参加を促せるような価格を設定するのに役立つ。カタストロフィーや予期せぬ脅威の確率を明らかにする。炭素隔離の特徴を評価し，測定，検証，実施にかかる費用がそれによる利益を上回るかどうかを整理する。経済学は，世界の排出量取引市場のような国際的および国内的なインセンティブの実現可能性に関する研究を検証することができる。先進国と途上国の間でどのような制度構築が行われているかを理解し，異なる気候政策によって長期的に生み出される技術進歩に対するインセンティブを検討するのに役立つ。

　本章ではまず，地球規模の環境リスクとしての気候変動の概念を明らかにする。次に，気候変動リスクをどのようにコントロールするかについての国際的な合意を形成しようとする際の課題を議論する。次の2つのセクションでは，CO_2排出削減のための国際協調の費用と便益を検討する。最後に，与えられた排出目標を達成する際の厳しさと柔軟性に存在する経済的トレードオフを議論する。

9.2　背景

　地球は目に見えないキルト[※1]に覆われていると想像してみてほしい。その温かさによって，我々は食料を生産したり，住まいを作ったり，服を着たりすることができる。しかし，潜在的な問題がある。自然科学者は，地球は温暖化しており，人間の行動が気候に悪影響を及ぼしていると警告している。すなわち，土地の開発，家畜の飼育，化石燃料の燃焼が地球の大気を乱しており，その結果は壊滅的なものになる可能性がある。科学者たちの主張は 2 つの傾向に基づいている。第 1 に，地球は過去 100 年間で 0.5℃（華氏 1 度）温暖化した。同時に，大気中の温室効果ガス濃度は過去 200 年間で約 30%増加している。

　科学はこれらの傾向の間に関連性を見出している。より正確にいえば，科学者たちは，人為的な気候変動が存在するという仮説を否定することはできない。この見解は，過去 20 年間にわたって気候変動を評価してきた気候変動に関する政府間パネル（IPCC）に携わる研究者らが考えているものである。IPCC は，様々な証拠を突き合わせると，気候に対する人間の影響が示されると結論づけた。多くの自然科学者や政策立案者は，世界的な温室効果ガス排出量の削減を主張し続けている。気候変動政策の影響は重大である。なぜなら，気候変動のリスクが（不均一に）世界のすべての人々に及ぶのと同じように，炭素排出の制限は地球上のすべての人々に影響を及ぼすためである。

　今日，気候変動は環境政策の議論を支配している。我々は，気候変動によってもたらされるリスクとこうしたリスクを減少するさせるために私たちが持っている選択肢を理解し，対処する必要がある。

　経済学は，気候変動政策の費用と便益に関する議論の枠組みを作るのに役立つユニークな視点を提供している。気候変動から人間と環境の健全性を守るための投資は，「地球保険（planet insurance）」（Blinder 1997）と考えることができる。地球保険は，将来のリスクと被害を軽減するために，今日の社会が支出する必要があるということを表現したものである。本章では，経済学を利用して，費用対効果の高い方法で地球保険に投資する方法を検討する。

※1　訳注：薄い中綿入りの生地。

9.3　地球環境リスク

　地球上の生命活動が可能となっているのは，数種類かのガスによって大気中に太陽光が閉じ込められ，温室のように温かさを保ってくれるためである。主に化石燃料の燃焼から放出される CO_2 は，そのような温室効果ガスの1つである。しかし，これらのガスが過剰になると我々に不利に働き，熱を保ちすぎ，宇宙に放出する熱放射を妨げ，気候を変えてしまう可能性がある。科学者たちは，このような変化が農業生産高，木材収穫高，水資源の生産性に影響を及ぼす可能性があると警告している。こういった影響には，海面水位の上昇，海洋酸性化，飲料水への海水混入，暴風雨や洪水の増加などが含まれるであろう。熱波の増加や熱帯病の蔓延により，人間の健康が脅かされる可能性もある。そのような結果のリスクが何であるかを定義することは，優れた気候変動政策にとって極めて重要である。気候変動のリスクを軽減するということは，我々が富を蓄積するために使ってきた化石燃料の使用から脱却する必要があることを示唆している（Krugman（2010）も参照）。

　優れた政策はまた，ストックとしての汚染とフローとしての汚染を区別しなければならない。ストックとしての汚染とは濃度である。すなわち，大気中に蓄積された炭素のことであり，浴槽の中の水のようなものである。フローとしての汚染とは，排出量——すなわち1年当たりの排出量のことであり，浴槽に流れ込む水のようなものである。リスクは炭素の総ストック量によって生じるので，我々は予測される濃度レベルに焦点を当てるべきである。温室効果ガスは消散する何十年も前から大気中に存在しているため，排出のペースが異なれば，ある年までに同じ濃度に達する可能性がある。政策立案者には，与えられた濃度目標をどのように達成するかについていくつかの選択肢がある。

　経済学者が指摘しているように，排出削減のための1つの政策オプションは，緩やかな削減から開始し，数十年後に削減率を上昇させるものである（例えば，Aldy et al. 2010：Heal 2009）。これにより，自然な資本減耗を利用しながら，石炭などの炭素含有量の多いエネルギーを風力や太陽光などの低炭素エネルギー源に置き換えることができる。多くの研究者や政策立案者は，「幅広く，のち大幅に」という削減経路を推奨している。つまり，まずは先進国と開

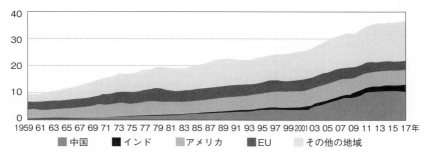

図 9.1　国別年間 CO2 排出量（化石燃料起源），1959～2017 年
出典）Global Carbon Project（http://www.globalcarbonproject.org/）

発途上国の双方が幅広く参加し，削減を徐々に大幅になるよう増やしていき，長期的な濃度目標を達成するのである（Shogren 1999）。Olmstead and Stavins (2012) は，効果的な国際気候政策に関する議論において，これらの点を再び強調している。彼らは，以下の 3 つの要素が不可欠であると指摘している。すなわち，先進国と途上国の両方が参加する仕組み，排出量目標が徐々に増えていく時間的経路に重点を置くこと，コスト削減と負担分担（burden-sharing）を促進する柔軟なインセンティブ制度の活用である。

　優れた政策は，緩和，適応，保険といったリスクを小さくするための代替的な戦略のポートフォリオも考慮すべきである（Kane and Shogren 2000）。緩和には，炭素排出による被害の可能性を減らすための投資が含まれる。緩和は，すべての国の削減努力の合計によって決定される公共財である。

　緩和は公共的なリスク削減戦略であり，リスク削減の便益はすべての国にもたらされる。適応には，起こってしまう被害の強度を軽減するための投資が含まれる。適応とは私的財であり，その便益を受けるのは 1 つの国である。しかも，便益を受けるのはその国の特定の分野であることが一般的である（World Bank 2010）。保険とは，よくないイベントが現実となった場合に，よい自然の状態から悪い自然の状態に富を移転するための投資のことである。

　気候政策は，気候が地球公共財（global public good）であることを認めている。問題となっているのは，世界中から排出される炭素の総排出量である。温室効果ガスの最大の排出主体は今後数十年間で変化するため，この点は極めて重要である。今日では，中国，米国，EU が世界総排出量の大部分を占めている。しかし，インドやブラジルといった急速に成長している経済移行国は，間

もなく世界でも有数の排出国になるだろう（図9.1参照）。費用効率的に公共財を提供することに市場が失敗している状況では，国際協力は不可欠である。

9.4　国際協調への挑戦

　気候変動問題への国際社会の対応は，1979年にジュネーブでの世界気象機関による第1回世界気候会議の開催をきっかけに始まった。1988年には，IPCCが，気候変動に関する科学的知見の現状を取り上げるための第1回会議を開催した。IPCCは，約2500人の自然科学者および社会科学者で構成されており，潜在的な影響を評価し，費用効率的な解決策を見出すことを任務としている。1992年のリオ地球サミットでは，154ヵ国が国連気候変動枠組条約（United Nations Framework Convention on Climate Change: UNFCCC）に署名し，締約国は温室効果ガスの排出を2000年までに1990年の水準まで自発的に安定化させることに合意した。表9.1は，気候変動に関する主要な国際会議を

表9.1　気候変動に関する主要な国際会議

	会議	成果
1992年	リオデジャネイロ	国連気候変動枠組条約（UNFCCC）。各国は「差異ある責任」をもって，拘束力のない二酸化炭素排出削減に合意。
1995年	ベルリン	第1回気候変動枠組条約締結国会議（COP1）。先進国は拘束力のある削減義務を負うとされている一方で，途上国は除外されたことから「限定的な参加者による大幅削減（narrow but deep cut）」という構図が生まれた（「ベルリン・マンデート」）。
1997年	京都	「京都議定書」。COP3では，先進国に対し，2008〜2012年の第1約束期間中の二酸化炭素排出量を，1990年のベースライン排出量に比べて削減することを義務づけた，より狭い範囲のアーキテクチャが承認される格好となった。
2001年	ボン	COP6（再開会合）では，京都議定書の遵守と途上国への資金援助に焦点が当てられた（「ボン合意」）。
2009年	コペンハーゲン	COP15は新たなポスト京都合意を見出せない。代わりに，目標とする気温上昇の上限を2℃とし，先進国は発展途上国に1000億ドルの資金援助を約束した。これは最終的に緑の気候基金と呼ばれることになる（「コペンハーゲン合意」）。
2011年	ダーバン	COP17。各国は気候変動に関する拘束力のある合意を見出すことに合意した。大きな変化は，新しい構図，すなわち広範な参加者による少量排出削減に向かうことである（「ダーバン合意」）。
2015年	パリ	COP21。195ヵ国が，INDCとして知られる排出削減を誓約する「パリ協定」に署名した。この協定には「更新と拡張」があり，5年ごとに各国が約束を再確認し，排出削減の割合を引き上げることを検討する。

まとめたものである。

　1990 年代半ばまで，リオの排出削減目標は実現しない可能性が高いという見方が大勢を占めていた。1997 年京都では，150 ヵ国が京都議定書に署名した。京都議定書には，主要先進国（38 ヵ国の附属書 I 国[※2]）が，2008〜2012 年までに 1990 年レベル以下の排出削減を達成することが定められた。排出枠や吸収源の国際取引に関する基本的な規定は設けられたものの，途上国の責任や経済的インセンティブについては合意に至らず，合意に至るための具体的な措置も定められなかった（京都議定書については，キーコンセプト 9.1 を参照）。ロシアが京都議定書を批准したことにより，附属書 I 国の総排出量の 55％以上が削減対象となったため，2005 年に発効となった[※3]。

　2007 年に IPCC は第 4 次評価報告書（4th Assessment Report: AR4）を発表し，人間活動による気候変動の進行は「疑う余地がない（unequivocal）」と述べている[※4]（Pachauri and Reisinger 2007）。2009 年のコペンハーゲン合意の主要な成果の 1 つは，温室効果ガスの二大排出国である米国と中国を巻き込んで，「世界の気温上昇を 2℃以下に抑えるために世界の排出量を削減する」必要があることに合意したことである。しかし，この合意に法的拘束力はなく，2050 年までの世界全体の排出削減目標は定められなかった。2015 年のパリ協定では，200 近い国々が参加し，気候変動への対応や低炭素社会への移行について合意した。パリ協定の目的は，幅広い合意と（初期の）低い排出削減を内容とする合意を作り上げ，長期的な排出抑制のためのロードマップを作成することである。目標は，産業革命前の水準からの世界平均気温上昇を 2.0℃を大幅に下回る水準に保ち，1.5℃に抑える努力を追求することであった。この長期目標の下では，地球規模の課題に対応するために，各国は 5 年ごとに排出削減を見直し，拡大していくことが求められている。富裕国は，グリーン気候基金への資金供出を通して，貧しい国に対して適応や再生可能エネルギー技術への投資を支援することができる（パリ協定の詳細はキーコンセプト 9.2 を参照）。

※2　訳注：先進国と旧ソ連・東欧諸国から成る。
※3　訳注：締約した附属書 I 国の総排出量が，附属書 I 国全体の排出量の 55％を超えることが京都議定書の発効条件の 1 つであった。
※4　訳注：AR4 では，気候システムの温暖化は疑う余地がない（unequivocal），20 世紀半ば以降の世界平均気温の上昇は，その大部分が人間活動による温室効果ガスの増加によってもたらされた可能性が非常に高い（very likely）と記載されている。

キーコンセプト 9.1

京都議定書

　1997年の京都議定書は，気候変動政策に関する拘束力のある世界的な行動を調整するための最も重要な試みの1つであり，重要な国際環境協定であった。気候変動に関する国際連合気候変動枠組条約（United Nations Framework Convention on Climate Change: UNFCCC。以下，気候変動枠組条約という）に向けた第3回締約国会議（COP3）が京都で開催され，約150ヵ国が参加した。最初の国際的な気候変動条約は，1992年にリオデジャネイロで開催された地球サミットに参加した160ヵ国以上の国が署名したものである。京都議定書は，この条約を強化するための長年にわたる交渉の集大成となった（United Nations 1997）。京都議定書は何を達成したのだろうか。

　①　数値目標と削減スケジュール（第3条）。京都議定書は，先進国39ヵ国が2008年から12年の約束期間における温室効果ガス排出量を，1990年における排出量（基準年排出量）に比べて合計5.2%削減するという法的拘束力のある目標を設定している。この数値目標は国によって異なり，1990年比で，8%減（EU）から10%増（アイスランド）まで幅がある。

　②　各国は目標の達成を共同で実施することができる（第4条）。京都議定書では，複数の国が集まって「バブル」を形成することが可能とされている。そのバブルの中では，バブル全体として達成すべき削減目標を持つことになる。バブル内の各国は，同じバブル内の他の国々に対して責任を負う。

　③　温室効果ガスの定義（第3条：附属書I）。同議定書は，CO_2，メタン，亜酸化窒素，ハイドロフルオロカーボン（HFC），パーフルオロカーボン（PFC），六フッ化硫黄（SF_6）の6種類の温室効果ガスを「バスケット」として対象としている。

　④　排出量取引（第16条）。議定書は，各国間のキャップアンドトレード制度によってその削減目標を達成することを認めている。

　⑤　共同実施・クリーン開発メカニズム（第6条および第12条）。共同実施とは，ある国が他の国（両国とも附属書Iに記載されている先進国）において実施した排出削減プロジェクトにより排出クレジットを得るケースを指す。クリーン開発メカニズムとは，先進国が特別管理費を負担することにより途上国と共同プロジェクトを実施する新しい仕組みである。

　⑥　炭素吸収源。京都議定書では，炭素吸収源，すなわち大気中のCO_2を除

去するための土地利用の変化や林業における森林管理や植林といった活動が認められている。吸収源は低コストの選択肢であるため，一部の国にとって重要な役割を果たすと考えられる。

⑦　取組内容を他国に合わせる必要がない。各国がその目標を達成するための最善の戦略を考えることを可能にしている。

キーコンセプト　9.2

パリ協定

2015 年のパリ協定では，以下の事項に焦点が当てられている。

①　削減数値目標。全球平均気温の上昇を産業革命以前の水準より 2℃ より十分低く保つ総排出量目標：長期的には 1.5℃ 以下に抑えるという目標を掲げている。

②　緩和。各国は，自国が決定する貢献（intended nationally determined contribution: INDC[※1]）を提出する。INDC には，各国が透明性を確保しながらどのようにパリ協定の目的にかなう削減目標を明示するか，削減目標の達成計画，協定の目的を達成することを目的とした排出削減目標，その目標を達成するための計画が記載されており，各国は専門家によるレビューを 5 年ごとに受けなければならない。

2ヵ国以上が INDC を共同で達成する手段には，削減目標の共有，INDC の達成に協力するためのメカニズムがある。各国は，排出量取引の文脈で，あるいは結果に基づく支払いを認める形で，「緩和成果」（mitigation outcome）を国際的に移転することによって INDC の削減目標を達成することができる。

③　適応。途上国において，適応能力を高め，強靱性を強化し，脆弱性を減少させ，移転可能な排出削減を生み出すコミットメントを行うプロジェクトを，官民が支援するための手段。各国は REDD＋[※2]（Reduction of Emission from Deforestation and forest Degradation）のような既存の枠組みを利用することが奨励される。

④　損失と損害（Loss and damage）。気候変動による損失と損害に関するワルシャワ国際メカニズムの継続を決定した。ワルシャワ国際メカニズムとは，気候変動の影響を受けやすい途上国の損失と損害に対処するため，COP19 で合意されたものである。このメカニズムは，脆弱なコミュニティが何らかの障壁

や限界によって気候変動に適応できない事態に直面した場合，そのコミュニティを支援するために何ができるかという問題に取り組むことを目的としている。

⑤　緑の気候基金（Green climate fund: GCF）。途上国が技術開発や技術移転を含む政策，戦略，規制および行動計画の実施を強化することを支援するため，先進国全体として 2020 年までに年間 1000 億ドルの資金を拠出するという目標にコミットする。

⑥　キャパシティ・ビルディング。気候変動対策の便益と費用を理解することを目的として，途上国のキャパシティ・ビルディングを改善するための新たな枠組みを検討する。

訳注
※1　訳注：約束草案と訳されることも多い。
※2　訳注：「森林減少・劣化による排出の削減」というように訳されるが，通常は REDD＋（レッドプラス）と呼ばれる）。

今日，実効力のある国際協定を実現することは依然として困難である。各国は気候変動に対して共通の関心を持っているものの，多くの国は自発的に排出を削減することに消極的である。なぜなら，削減に貢献していようといまいと，他国が行った排出削減の恩恵を受ける「フリーライド（ただ乗り）」を防ぐことはできないことを理解しているからである。途上国では，気候変動政策よりも安全な水や疾病の減少，食料安定供給の緊急性の方が高いため，フリーライド問題はさらに入り組んだ様相を呈している。また途上国では，取り組みのための資金力および技術力も低く，何が努力の公正な配分なのかについての認識も異なっている。

経済学者は，気候変動問題の交渉問題における戦略的行動を理解するためのツールとしてゲーム理論を用いる（第8章も参照のこと）。気候政策における戦略的相互作用の典型的なモデル化の手法は，それを公共財ゲーム（囚人のジレンマ）と捉えるものである。国際環境協定を実施するための信頼できる「国際気候警察」は存在しないため，協定は自発的かつ自己拘束的でなければならない。しかし，公共財ゲームを思い出してほしい。各プレイヤーは協力的な解から逸脱するインセンティブを持っている。つまり，各国は他国の排出削減行動にフリーライドしたがっている（囚人たちはお互い相手を見限っており，期

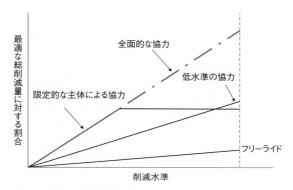

図 9.2　削減への自発的な貢献

待していない）。これらのフリーライダーは，気候変動防止によるすべての恩恵を享受するが，費用をまったく支払わない。この場合，ナッシュ均衡——どのプレイヤーも逸脱するインセンティブを持たない帰結（あるプレイヤーの最適反応に対する別のプレイヤーの最適反応）は，すべての国がフリーライドするというものである。

　実際に私たちが目にしてきた国際環境協定は，協調ゲームと捉えた方が良さそうである。協調ゲームには多くの均衡が（よいものから悪いものまで）あり，1 つの最悪の結果をもたらす古典的な公共財ゲームとは異なる（DeCanio and Fremstad 2011）。協調ゲームが気候政策をより適確に捉えることができるとすると，興味があるのは，多くの努力をする国と何もしない国が存在するような限定的な協力（co-operation-limited）と，すべての国が協力するが，最適量に満たない協力を行う低水準の協力（co-operation-lite）のどちらがよいかである。どちらのシナリオが世界全体として最も多くの削減につながるだろうか。図 9.2 の例では，低水準の協力が最も多くの削減をもたらすが，その反対もあり得る。この問題は注目に値するものである。

　図 9.3 は，3 × 3 ゲームの利得表である。これを使って，協調ゲームにおける戦略的インセンティブとナッシュ均衡を説明しよう（戦略ゲームの詳細については第 8 章を参照）。このゲームでは，米国と中国の 2 ヵ国が，フリーライド，低水準の協力，全面的な協力の 3 つの排出削減行動のいずれかを選択するとする。図 9.3 を見ると，各国の 3 つの行動が，その結果としてもたらされる

	中国		
	フリーライド	低水準の協力	全面的な協力
アメリカ　フリーライド	0 / 0	-1 / 5	-10 / 20
アメリカ　低水準の協力	5 / -1	25 / 25	5 / 15
アメリカ　全面的な協力	20 / -10	15 / 5	100 / 100

図 9.3　協調ゲーム

9 つの利得の書かれたセルによって表現されている。利得のセルは，相手国の行動を所与とした場合に，それぞれの行動をとった場合に得られる純利得を表している。ここでは，単純化のため対称的な利得を仮定している。中国の純利得は各セルの右上の位置にある数字，米国の純利得は各セルの左下の位置にある数字である。例えば，2 国とも「フリーライド」を選択した場合，双方とも 0 の純利得を得る。また，米国が「低水準の協力」を選択し，中国が「フリーライド」を選択した場合，米国の純利得は - 1，中国は 5 となる（逆も同じ）。中国が「全面的な協力」を選択し，米国が「フリーライド」を選択した場合，中国は - 10 ドル，米国は 20 ドルを得る。2 国が「全面的な協力」を選択すれば，双方とも 100 の純利得を得ることになる。また，このセルが「社会的最適」であることに注意してほしい。純利得の合計は 100 + 100 = 200 であり，9 つのセルの中で最大となっている。

　さて，この協調ゲームに存在する 3 つのナッシュ均衡を決定する方法を考えてみよう。ナッシュ均衡が存在するセルでは，どちらのプレイヤーも，その行動を変化させる一方的な誘因を持たないことを思い出してほしい。図 9.4 はナッシュ均衡を解く方法を示している。3 段階のプロセスで考えよう。第 1 段階として，中国の 3 つの戦略に対する米国の最適反応を決定する。中国の 3 つの行動それぞれに対して米国が最適反応をしたときに得られる利得を丸で囲むことにしよう。中国が「フリーライド」を選択した場合，米国の最適反応は「フリーライド」である。なぜなら，その際に得られる利得 0 は - 1 と - 10 よ

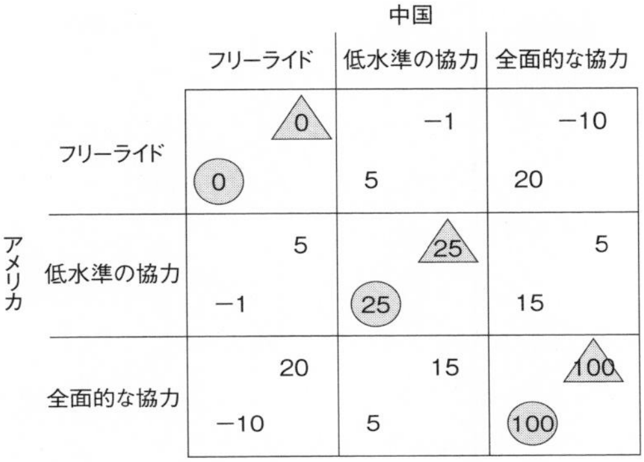

中国

アメリカ	フリーライド	低水準の協力	全面的な協力
フリーライド	⟨0⟩ / (0)	−1 / 5	−10 / 20
低水準の協力	5 / −1	⟨25⟩ / (25)	5 / 15
全面的な協力	20 / −10	15 / 5	⟨100⟩ / (100)

図 9.4　ナッシュ均衡

りも大きいからである。中国が「低水準の協力」を選択した場合には，米国の最適反応は「低水準の協力」になる（25 > 5，5）。中国が「全面的な協力」選択した場合は，米国の最適反応も「全面的な協力」である（100 > 20，15）。3つの丸は米国の最適反応関数を表しており，中国の行動を所与としたとき，最大の純利得が得るための最適な行動である。第 2 段階では，中国について同様に考える。米国のそれぞれの行動に対する中国の最適反応を決定するのである。中国については三角形を使うことにしよう。ゲームの設計が対称であることから，中国の最適反応関数は米国と同じとなる。つまり，もし米国が「フリーライド」すれば中国は「フリーライド」する。米国が「低水準の協力」なら中国もまた「低水準の協力」であり，米国が「全面的な協力」なら中国も「全面的な協力」を選ぶ。3つの三角形は，米国のそれぞれの行動に対する中国の最適反応関数を表している。

　第 3 段階では，丸と三角形の両方を持つセルを見つけることによって，いよいよナッシュ均衡を探す。対称ゲームであるから，この基準を満たすセルは 3つある。すなわち，フリーライド／フリーライド，低水準の協力／低水準の協力，全面的な協力／全面的な協力である。これらの 3つのセルはすべてナッシュ均衡を表している。なぜなら，どちらのプレイヤーも自分の選んでいる行動を一方的に変えたくないからである。しかし，3つのセルは個々の純利得と純利得の合計がすべて異なっている。全面的な協力は，利得支配的なナッシュ均衡（100，100）である。ここでの問題となるのは，両国がフリーライド（0，

0)，あるいは低水準の協力（25，25）のナッシュ均衡に陥っている場合に，どのように協調して全面的な協力に移行するかである。両国間に信頼関係や誠実なコミュニケーションがなければ，両国が全面的な協力に応じる可能性は低いだろう。世界はいわゆる「協調の失敗」に陥っている。これは，純利得が少ないナッシュ均衡の1つである。

　ゲーム理論は，協調している国が違反国に対して貿易制裁で報復することができれば，協調の失敗を減らすことができると示唆している。しかし，この抑止力はいくつかの点で力不足である。第1に，国家が合意から逸脱する動機は，懲罰を受けることによる長期的な損失に比べて，不正行為による短期的な利益をどう見るかにかかっている。安全な水の供給のような他の問題に今すぐに対処しなければならない国々は，制裁の脅威を軽視するかもしれない。第2に，協調している国は懲罰を行使することで利益を得なければならない。そうでなければ，彼らの脅威は信じてもらえないからである。制裁には多くの形があるため，軽微な交渉ではなく，各国が相互に合意できるアプローチを選択する必要がある。あるいは，交渉のプロセスそのものが，協力に対する相互の期待を強化するのに役立つと論じることもできる。この観点によれば，一部の国による信頼形成の動きが，他の国に対して同じ目的を持った行動を喚起することができ，コミュニケーション自体が前向きな期待を促進することができる（例えば Poteete et al. 2010 参照）。

　協調において取り組まなければならない課題は，富，文化，人口が異なる国々で信頼と約束を構築することができる機関を想像し，創設することである。ノーベル賞受賞者のエリノア・オストロムは，気候変動に対して多極的（polycentric）アプローチを提唱した（Ostrom 2009）。多極的アプローチとは，プレイヤーが内生的に同じような連合に集まることを意味し，豊かな国は豊かな国と集まり，人口の多い国は人口の多い国と集まるということである。これらの類似国の各グループは，個々のメンバーの意思決定能力を制限することなく，一体となって行動することを決定するのである。ちょうど欧州連合（EU）の国々や米国の州のようなものである。多極性は，各国がより緊密に結び付いた集合体の中で活動することを可能にし，調整の負担を軽減する。信頼，約束，互恵関係は，情報ネットワークを介してリンクされた小規模なガバナンス単位の国々の間でより効果的に構築される。これらの多極的な機関が，地球規

模の気候変動対策を調整するのに十分かどうかは，時が経てば分かるだろう。おそらく，これらの多極的な機関がどの階層でのガバナンスで機能するにしろ，より高いあるいはより低い階層のガバナンスを行うための機関を作り，その不完全性を補う必要は出てくるだろう。

9.5　気候政策の費用効率性とインセンティブ

　優れた国際気候政策は，炭素税や炭素排出量のキャップアンドトレードといった費用効率的なインセンティブの実施にも取り組むべきである。炭素税は炭素の排出費用を固定し，排出量を民間部門が決定できるようにする。排出量取引は，排出量を固定し，排出許可証を市場価格で取引することを可能にする。このような柔軟なメカニズムを取り入れることで，国際協力の可能性を高められるだろう（第 2 章参照）。

　まず，炭素税について考えてみよう。炭素税は，化石燃料の価格に炭素含有量に応じた料金を加算する（Metcalf and Weisbach 2013）。炭素税は，国内の化石燃料生産にかかる鉱山税や，輸入にかかる関税など，様々な方法で徴収することができる。鉱山税とは，鉱産物，ウラン，石油・ガス，オイルシェール，石炭の産出額に課される費用である。他には，製油所，ガス輸送システム，石炭輸送業者，またはさらに下流の住宅所有者，自動車またはトラック所有者に課せられる 1 次エネルギー投入に対する税が含まれる。油田開発のような化石燃料供給の上流段階で課税するほど，制度の対象とならない活動によるカーボン・リーケージ（炭素の漏れ）を少なくすることができる。化石燃料税も，米国や EU の既存の税制度の仕組みを考えると，管理することはそれほど難しくないであろう。デンマーク，スウェーデン，ノルウェー，英国といったいくつかの国ではすでに炭素税が導入されている。英国の炭素税は 2011 年予算で発電部門に課せられ，当初は CO_2 トン当たり 16 ポンド，2020 年には同 30 ポンドにまで引き上げられた。この税は，EU の排出量取引システムと連携して運営されているため，「炭素下限価格」と呼ばれている。政策立案者は，この炭素税を利用して，再生可能エネルギー資源と非再生可能エネルギー資源の相対価格を変化させている。つまり，風力や太陽光による発電は，化石燃料による発電よりも安くすることができる。

　第2章で見たように，限界削減費用（*MAC*）が炭素税率以下の場合，炭素税はそのような排出者に排出削減のインセンティブを与える。税金は削減のための対応を促す。企業は，CO_2排出量を削減することにより，課税対象を減らすことができる。化石燃料の使用者は，エネルギー効率の改善，炭素集約度の低い燃料の使用，炭素集約度の高い方法で生産された製品やサービスの消費を減らすインセンティブを持つことになる。また，課税は，炭素排出量の少ない新技術の普及と開発のきっかけとなり，*MAC*がすべての排出源の間で均等化されるような制度的な構造を構築するため，費用効率的である。つまり，*MAC*が均一であることから取引の利益が残らない。このため1つのマイナス面は，炭素税が特定の排出削減目標を保証しないことである。

　炭素税は他の温室効果ガスにも適用される。パイプライン輸送システムにのせる際に天然ガスに適切に課税することは，カーボン・リーケージを防ぐことを可能とする上[5]，メタン漏洩防止に有効である。また，炭坑や埋立地から放出されるメタンや，自動車のエアコンなどから大気中に放出されるハイドロクロロフルオロカーボン（HCFC）にも課税することができる。農業分野のメタン排出源に課税を拡大することも考えられるが，農業の地方分権化された現状とこうした排出源の測定困難な性質を考えると，このような拡大は実際には難しいだろう（ブリティッシュコロンビア州における炭素税の成功については，環境経済学の実践9.1を参照）。

　次に，取引可能な許可証システムについて考えてみよう。これはキャップアンドトレードとも呼ばれている。京都議定書は，締約国に対してCO_2排出量削減のための数値目標を定めている。多くの国が削減目標を達成するために排出量取引市場の利用を進めてきたが，それはなぜだろうか。経済学の洞察によれば，それは取引によって価値が生み出されるということである。削減費用の高い企業は，削減費用の安い企業から排出権を購入することができ，どちらの企業も取引によって利益を得ることができる。排出量取引は，取引主体の双方に利益をもたらし，一定レベルの排出削減を保証し，環境税よりも政治的批判が少ないという理由から，魅力的である。環境経済学の実践9.2で説明されているように，2005年にEUは大規模な排出量取引制度を導入した。しかし，

※5　訳注：上流課税により，国内外の消費者すべてが税を負担することになる。

環境経済学の実践　　9.1

ブリティッシュコロンビア州における炭素税の成功事例

　カナダのブリティッシュコロンビア州は，政治闘争を経て 2008 年に北米で初めて炭素税を導入した。現在，事業所や家庭は化石燃料の使用に際して CO_2 トン当たり約 30 カナダドルを支払っており，この制度により同州の CO_2 排出量の約 4 分の 3 がカバーされている。本制度は税収中立となるように制度設計されている。つまり，すべての税収が国庫に入るのではなく，減税や直接移転の形で家計に再分配されるのである。この炭素税制は成功したのだろうか。Murray and Rivers（2015）では，この税制が炭素排出量を削減し，なおかつ州の経済が崩壊しなかったことを示している。この税制は炭素排出量を 5～15% 削減する効果があり，州全体の経済にはほとんど影響しなかったが，一部の炭素集約的な事業所は大きな課題の解決に迫られた。興味深いことに，当初，炭素税は国民の大多数により反対されていたが，世論はその後変わり，現在では一般に炭素税制は支持されている。

温室効果ガスの面源排出（畜産業に関連するものなど）は，許可証取引を用いて規制することは難しい。

　しかし，経済学者の中には，CO_2 削減のコストに伴う不確実性を考えると，キャップアンドトレードが最善の方法かどうか疑問視している者たちもいる。キャップアンドトレード制度の結果，炭素価格の変動が大きくなってしまうと，将来の投資計画が困難になるため，彼らは炭素税の活用を推奨してきた。ある国が，CO_2 の排出，または CO_2 を排出する化石燃料を生産する行為に対して課税（または価格）を設定する。生産者は，CO_2 排出コストを内部化しながら，最も低い生産手段を追求することでこの税に対応している。

　将来の削減費用に不確実性がなければ，排出量取引と炭素税は同様の結果をもたらすであろう。しかし，次の 3 つの要因のために，将来の削減費用がどれだけ大きくなるかについては大きな不確実性がある。①人間には，これほど大幅な排出削減の経験がほとんどない。②将来の技術的なオプションがどのようなものになるかは分からない。そして，③「何もしない」場合の排出量がどのようなものになるのか，どのような達成度が測定され，どのような目標が設定されているのかは不明である（Tol（2012）などを参照）。

環境経済学の実践　9.2
EU 排出量取引

　2005 年 1 月に始まった EU 排出量取引制度（EU Emission Trading System: EU ETS）は，世界最大規模の排出量取引制度である（Ellerman and Buchner 2007）。この制度は，発電所や製造工場など約 1 万 1000 の温室効果ガス排出事業者を対象としており，排出許可証は国内でも国家間でも取引される。対象事業者は第三者検証機関によって検証された排出量の確定値（検証排出量）を毎年報告する義務があり，排出許可証の保有量に照合される。排出量の一部は，京都議定書の下で事業者が購入できる国際的な炭素クレジット（共同実施やクリーン開発メカニズムから創出されたもの）と相殺することができる。

　この制度は導入されて以来，大きく発展してきた。2005 年から 2007 年の第 1 フェーズでは，排出許可証を無償配布する際の配分量の基準となる国別のベースライン排出量を，過去の排出実績に応じたグランドファザリング方式で決定するにあたり，欧州委員会の定めたルールに基づいて各国が策定する国別割当計画（National Allocation Plan: NAP）が使用された。制度が発展するにつれて，対象となる排出事業者の種類が拡大し，排出総量の上限も増え，排出許可証を割り当てる方式も変化してきた。第 2 フェーズ（2008〜2012 年）では，2005 年排出量の 5% 強の削減を目標とした。経済アナリストたちは，この削減目標に

— EUA2007 — EUA2009 — EUA2011 — EUA2013

図　2005〜2011 年の EU 排出許可証（EUA）の価格変動（ユーロ建て価格）
出典）European Environment Agency (2014).
　一連の経済指標に対する EU ETS の影響の詳細な分析については，Marin et al.（2018）を参照。

よって炭素の市場価格（許可証価格）は炭素 1 トン当たり 35 ユーロ程度まで大きく上昇すると考えていた。実際には，2008 年初めの許可証価格は約 20 ユーロ／炭素トンであったものの，2009 年からの世界的な景気後退により，2012 年までに 6 ユーロ／炭素トンにまで急落した。第 3 フェーズ（2013～2020 年）では，排出許可証の初期配分の方法として，第 2 フェーズまでよりも多くの割合に対してオークション方式による有償配布が導入された。その結果，ほとんどの発電事業者はオークションを通じて排出許可証を取得しなければならなくなった。2015 年，欧州委員会は，EU の気候変動目標達成の支援を目的として，第 4 フェーズ（2021～2030 年）における排出許可証の総供給量を大幅に減少させると発表した（EC 2018）。「市場安定下リザーブ（Market Stability Reserve: MSR）」は，EU 排出量取引制度における許可証価格の変動性を小さくし，投資家に対して低炭素プロジェクトの不確実性を小さくするために導入されている。

参考文献
https://ec.europa.eu/clima/sites/clima/files/factsheet_ets_en.pdf

Marin G., Marino, M. and Pellegrin, C. 2018. The Impact of the European Emission Trading Scheme on Multiple Measures of Economic Performance. *Environmental and Resource Economics*, 71：551-582.

　ではいったいどの政策を選択すべきか。その答えは，被害がどのようなものであると我々が考えるかによって決まるだろう。CO_2 のさらなる排出が非常に高い費用（そしてそれはおそらく不可逆な被害である）をもたらすような閾値が存在するならば，排出量取引によって排出量を確実にすることが望ましい。そうではなく，排出量の増加に伴って被害がなだらかに増加するのであれば，脅威はそれほど深刻ではなく，炭素税によって削減費用を確実にコントロールする方が望ましい。気候変動問題において最も懸念しなければならないのは，現在の排出量ではなく，ゆっくりと変化する大気中の温室効果ガスの全体的な蓄積量である。このことを考えると，排出量取引よりも税金が好まれる傾向はさらに強まるだろう。

　Nordhaus（2008）は，排出量取引よりも世界統一炭素税を主張している。彼の主張は，炭素税はその概念がシンプルであるため，より効率的にインセンティブを付与することできる手段である可能性が高いというものである。統一炭素税は，国家間の政策を調整するための方法である。もし，経済成長を促進

するために必要な柔軟性を維持し，非線形性の大きな被害による非効率性を最小化し，排出許可証の価格に生じる変動を回避し，「二重の配当」（炭素税収が増えた分，他の財や投入を対象に減税すること）の奨励を目的とする場合，税は排出量取引を上回る利点を持つ。統一炭素税の潜在的な欠点は，機会費用の違いによって，潜在的な炭素価格が国によって異なることである。このことは，炭素価格の差を相殺するためには，豊かな国は貧しい国に多額の移転支出をしなければならないことを示唆している。Landis and Bernauer（2012）は，世界の炭素価格は CO_2 トン当たり 35 ドルであり，1 年当たりの移転額は 150 億ドルから 480 億ドルと推計している。比較基準として，OECD 開発援助委員会は 2011 年に 1340 億ドルの政府開発援助を供与した。

　しかし，他のすべての税と同様に，炭素税は多くの国で政治的に不人気である。ではどうすればよいだろうか。Pizer（2002）のような経済学者は，税と排出量取引を組み合わせたハイブリッドシステムを主張してきた。この制度では，政府はまずいくつかの時限付きの排出許可証を無償で配分し，許可証価格が「トリガー価格」に達すると排出許可証を追加供給するようにする。このトリガー価格は，炭素税や安全弁のように機能し，気候政策を徐々に引き締めたい場合には，時間とともに引き上げることができる。

9.6　国際協力の便益と費用

　気候変動政策を評価するための従来の経済学的アプローチは，行動した場合としなかった場合の便益と費用を計算することである。これらの便益と費用を推定するためには，経済学者は生物物理学的システムと経済システムの両方，そしてそれらの間の相互作用とフィードバックのループを理解する必要がある。キーコンセプト 9.3 では，一般に統合評価（IA）モデルと呼ばれるものを経済学者がどのように使用しているかを説明している。Pindyck（2011）が指摘しているように，ほとんどの経済学的な統合評価は，便益と費用を次の 5 つのステップで比較している。①従来通り（business as usual: BAU）の炭素排出ベンチマークを定義し，あらゆる政策オプションとの比較することができるようにする。②BAU ベンチマーク経路を取り続けることで生じる潜在的な気温変化を，全球平均あるいは地域別に計算する。③BAU の気温上昇による世界経済

キーコンセプト　**9.3**

統合評価モデル

　統合評価（Integrated assessment: IA）モデルは，生物物理システムと経済システムの重要な要素を 1 つの統合システムに結合させたものである。IA モデルには多くの種類があるが，自然の法則と人間の行動の法則を本質的な要素にまで落とし込んで，大気中の温室効果ガスが増えた場合にどのように気温が上昇し，気温上昇がどのように経済的損失を引き起こすかを描写するものである。これらのモデルには，エネルギー利用に影響を与える要因やエネルギーと経済の相互作用についての十分に詳細な記述も含まれており，異なる CO_2 排出制約によってもたらされる経済的影響をそれぞれに示すことができる。ウィリアム・ノードハウスの DICE モデルは，気候変動分野における IA モデルの最も初期の，最もよく知られた例の 1 つである（Nordhaus 1993）。

　経済学者は IA モデルを用いて，気候政策の実施によって回避される被害（気候政策による便益）から緩和策にかかる費用を差し引いたものの現在価値を最大化するように，CO_2 排出削減の時間的経路をシミュレーションする。多くの IA モデルの重要な発見は，緩やかな排出削減経路が費用効率的であることである。つまり，限定的な GHG 規制の導入から開始し，資本ストックが入れ替わる機会に規制を強化する。大部分の IA モデルでは，GHG 濃度を急激に低下させるための費用は，削減がもたらすと考えられるわずかな便益に比べて高すぎるという結果を示している。GHG 濃度低下による短期的な便益は，多くの研究で炭素 1 トン当たり 25〜40 ドルと推定されている。IA モデルによる評価よれば，温室効果ガス濃度が上昇して初めて，その影響の大きさが排出削減の努力に見合うのである（例えば，Wigley et al.（1996）参照）。

　多くの IA モデルの 1 つの知見は，排出量は増加し続けるべきであるということである。対照的に，これらのモデルは，京都議定書のような実質的かつ短期的な排出コントロールを推進する政策では，予測される便益と比較して，あまりにも多くの費用をあまりにも早い段階での負担を示している。このことは，狭く／深い京都議定書が，広く／浅いパリ協定に改定された理由を理解するのに役立つだろう。これらの知見に対する批評家の反応は，先述の通りである。彼らは，IA モデルが気候変動リスクのいくつかの重要な要素，すなわち不確実性，不可逆性，大災害のリスクに十分に対処していないと主張している。これらの批判の重要性を評価するには，気候保全の経済的便益と費用への影響を調査する必要がある（例えば，Shogren and Toman（2000）参照）。

（GDP）の損失を推計する—推計には人間の適応が含まれる場合もあるが，含まれない場合もある。④ BAU 排出量から目標排出量まで削減するための費用を推定する。⑤社会がこれらの変化をどのように評価しているかについて推定する。

　気候政策の便益とは，炭素の濃度が低くなった場合に回避できる損失で定義される。すなわち，厳しい気象パターン，損傷を受けた生態系，生物多様性の低下，飲料水の減少，沿岸域の減少，平均気温の上昇，マラリアやコレラなどの感染症の増加である。気候変動は，生育期間の長期化と土地の肥沃化によって，農業や林業の一部に便益をもたらす可能性がある。途上国では，経済活動が気候に比較的大きく依存しているため（農業，林業，漁業など），気候協定の恩恵が将来世代に及ぶ可能性が最も高い。Schelling（1997）が主張したように，気候政策は，突き詰めれば，今日の先進国から新興国の将来世代への富の移転に行き着く。

　これらの利益（あるいは損失）は，大きく４つに分類することができる。すなわち，市場で取引される財やサービス，市場で取引されない財，副次的な影響，およびカタストロフィーによる損失の回避である。これらは，定量化するのがますます困難になっている。人々は，気候変動防止の便益を，人間と環境のリスクが BAU ベースラインと比較してどれだけ漸進的に減少するかであると考え，評価している。BAU シナリオの下では，炭素濃度は今後半世紀以内に産業革命以前の水準の二倍になり，平均気温は 2050 年までに約 1℃，2100 年までに 2.5℃上昇すると予測されている。京都目標を遵守するシナリオでは，濃度は依然として倍増する可能性が高く，気温上昇は 2050 年までに約 0.1℃，2100 年までに 0.5℃と予測されている。

　1990 年から 2000 年初頭にかけて提示されたほとんどの推定によれば，気候変動により世界総生産（世界全体の GDP の合計）は約 1～2％減少する可能性があるとされていた。米国の GDP への影響はプラスマイナス 1％と推定されてきた。先進国のほとんどの産業は気候の影響を受けるものではなく，例えば，農業やその他の気候に影響を受けやすい活動は米国経済の 3％未満にすぎない。潜在的な非市場的損害を含めると，米国の市場および非市場的利益は GDP のせいぜい 2％程度であろう。

　Howard and Sterner（2017）のような経済学者は，地球温暖化による経済的影響の合計の推定値の範囲を文献レビューし，まとめた（1994 年から 2015

年の間に推定されたものを対象)。彼らのメタ分析によると，ほとんどの推定では，大気中濃度が倍増すると，3℃の気温上昇(壊滅的なリスクがない場合)により世界のGDPの7〜8％の範囲で損害がもたらされ，壊滅的なリスクがある場合には世界のGDPの9〜10％に損害が生じることが示唆されている。これらの経済的推計から得られる一般的な傾向は，わずかな気温上昇で済んでいる場合には中程度の経済的利益が得られるが，その後，特に4°C以上の大幅な気温上昇に至った場合には著しい経済的損害が生じるというものである。

　これらの推定値には，著名で影響力のあるスターン・レビュー「気候変動の経済学」(2006)が含まれている。このレビューは，世界経済の損害の範囲に関する政治的議論を変化させた(Stern 2006)。スターン・レビューは，世界の排出量を削減する取り組みがされなければ，長期的には世界のGDPが毎年5％ずつ減少する可能性があると推定した。また，最悪のシナリオでは，GDP損失は年20％にも達する可能性があると推定した。スターン・レビューは何もしないことの政治的費用を引き上げた。主な結論は，極端で迅速な気候変動防止の便益(すなわち回避された損害)はその費用を上回るというものであった。もしも国際社会が早期かつ強力な行動をとれば，推定される被害額を削減でき，そのための費用は世界GDPの約1％になるだろう。クルーグマンはこの行動を「気候政策ビッグバン(climate policy big ban)」と呼んでいる。

　スターン・レビューに関する批判は，推定された気候変動対策の費用と便益の両方に異議を唱えるものである。それらは，報告書では社会的割引率が低めに設定されており，予想される将来の損害額は高すぎると主張している。第5章で説明したように，経済学者は異なる時点に生じる経済的影響を比較するために割引率を用いる。社会的割引率は，将来世代にもたらされる便益と費用を現在世代がどのように評価しているかを表すものである。これは，私たち人間が，現在および近い将来の費用を遠い将来と比較してどのように評価するかについての倫理観の表明である。スターン・レビューは，低い社会的割引率(0よりもずっと大きい値ではない)は倫理的で適切であると主張した。ノードハウスなどが行った批判は，このような低い割引率は，今日の市場の様子と整合する暗黙の割引率とは矛盾すると主張した(気候変動経済学における割引率については，環境経済学の実践9.3」を参照)。

　また，気候変動防止の費用が低すぎるという批判もある―もっと合理的な推

環境経済学の実践　9.3
気候変動における時間割引

　今日の炭素排出量を削減すれば、将来の被害を軽減することができる。この
ことは、今日の支出と、後々の、時にはずっと後の遠い将来に生じる便益との
バランスを取る必要があるという意味である。人々は通常、将来の利益を軽視
しがちである。なぜなら、我々は①せっかちであり、②将来もっと豊かになる
と信じているからである（例えば、同じ1ドルであっても10年後に持つよりも今
日持つ方が大きな意味がある）。このように割引があることにより、将来の便益
と費用の現在価値を考えなければならない。将来発生する便益と費用が、あた
かも初年度に発生したかのように価値を割り引くのである。

　将来をどの程度割り引くかという選択は、気候変動の経済学において中心的
な役割を果たしている。割引率は、我々の性急さ、限界価値の減少、資本ス
トックの生産性の低下を反映するものである。

　Frank Ramsey（1928）にちなんで名付けられたラムゼイ方程式は、社会が気
候変動の影響をどのように割引いて考えるべきか、その根拠を与えてくれる経
済原則を理解するために最も一般的に使われる考え方である。割引率 ρ_t のラム
ゼイ方程式は3つの要素から成る。純粋時間選好率 δ（将来より現在の便益を好
む程度。tによらない）、相対的リスク回避度あるいは消費の限界効用の弾力性 θ
（限界消費がどれだけ速く減少するか）、1人当たり消費の成長率 g_t（消費が時間の
経過tとともにどれだけ速く増加／減少するか）である。

$$\rho_t = \delta + \theta g_t$$

　重要なパラメータである δ と θ の大きさを選択する方法には、倫理的原則や
公共政策に基づく規範的アプローチと、金融市場における利子率から推測する
記述的アプローチがある（Arrow et al. 2014参照）。規範的アプローチを用いた
場合、純粋時間選好率の選択は、経済的決定というより倫理的決定となる。ラ
ムゼイ自身は、すべての世代を同じように扱うように純粋時間選好率を設定す
べきである、すなわち $\delta = 0$ であるべきだと主張した。今日、経済学者は一般
的に、正の純粋時間選好率 $\delta = 2 \sim 3\%$ という比較的小さい値を用いるが、これ
は倫理的な値と市場で観察される利子率の値の間に位置する。θ の選択は、例
えば $\theta = 1 \sim 4$ のように、各国の所得税表がどの程度逆進的／累進的であるか調
べることで推測することができる。$\theta = 0$ の場合、割引率は成長率に依存せず、

消費水準は気候変動を防止するための投資意思に影響しない。もし正の成長（g_t ＞ 0）の場合に θ が大きいならば，将来世代はどう転んでも今日より豊かであるので，今日の社会は将来に投資しようとしない。もし負の成長（g_t ＜ 0）の場合に θ が大きいならば，社会は今日より貧しい未来であるから，今日の社会はより多くの投資をするだろう。割引率は一定とされることが多いが，成長率に関する不確実性が反映されるために割引率は時間とともに低下するという議論が現在されている。

定をすれば緩和にかかる費用が上昇するというのである。急速な技術変化や，エネルギー効率化政策（第 12 章参照）の実施に関して有利な仮定をすれば，緩和費用はより低くなる。人々や制度が価格へのショックなしに新しい低炭素技術をどんどん採用すると仮定すれば，緩和コストははるかに低くなる。多くの新しい低炭素技術はすでに存在している。これらの技術オプション（電気自動車など）がどれだけ迅速に導入されるかが問題なのである。経済学者は，新技術の採用を加速するためにはエネルギー価格へのショックが必要な要件だと考えている。

　さらに，非市場の分野には，人間の健康と生態系サービス／絶滅危惧種という 2 つのトピックがあり，これらは気候変動の便益と費用に関する議論を引き起こす可能性があるものである。人の健康に対する潜在的な脅威には大腸菌，ハンタウイルス，HIV のような有効な治療薬のない 30 の疾患および感染症，ならびにコレラ，ペスト，黄熱病およびデング熱，結核，マラリアのような古くからの病気が含まれる。このような脅威はどのように定量化すればよいのだろうか。もう 1 つの課題は，生態系サービスと絶滅危惧種の社会的価値を推定することである。それぞれの種を保全することの社会的価値を測定することには，分析上の大きな困難がある。しかし，保全の利益について判断を下すには，少なくともこれらの価値の範囲を決定することが不可欠である。「環境経済学の実践 9.4」では，気候変動に関するノイズの多い情報や検証可能な情報が，低炭素型製品の経済的価値にどのように影響するかを論じている。

　GHG 削減のための国際協定の便益を拡大する 1 つの方法は，化石燃料消費の抑制によって得られる潜在的な副次的利益を加えることである。このような協定によって，一酸化炭素，硫黄酸化物，窒素酸化物といった大気汚染物質

検証可能な情報がノイズを除去する可能性

　科学の世界では，人為的に引き起こされる気候変動が存在することは多くの科学者によって合意されている。しかし，米国の政治の世界では気候変動政策は論争の的となっており，政界にはまだ多くのノイズがはびこっている。その理由の 1 つは，米国のメディアが気候変動を「論争」と表現し，気候科学の研究者の意見も懐疑論者の意見も平等に報道することにある。このことは，気候変動をめぐる事実を人々が認識する際の大きなノイズとなっている。気候変動に関する第三者の客観的な「検証可能な情報（verifiable information）」を与えることで，気候に悪影響を及ぼさない方法で生産された商品についての人々の考え方や評価は影響されるだろうか。これは経済学がまだ答えられていない問題である。

　Sapci et al.（2016）は，ラボ実験によってこの問題を検討している。彼らは，気候変動に関する事実にノイズがある状況下で，科学者による「検証可能な情報」が与えられた場合，気候に悪影響を及ぼさない方法で生産された商品に対する人々の需要がどのように影響されるかを明らかにするため，評価実験を設計した。実験では，森林保全に役立つ 2 つの商品，日陰栽培されたコーヒーと再生紙を用意した。日陰栽培されたコーヒーは，大気から CO_2 を吸収・隔離する樹木を保護するため，森林保全に役立つものである。再生紙はバージン材の需要を減らし，炭素隔離を増加させるものである（リサイクルについては第 11 章を参照）。

　実験の結果，以下のような 2 つの重要な結果が得られた。①人々は樹木の保全／炭素隔離につながる商品にプレミアムを支払う，②検証可能な情報によりノイズの影響は低減し，日陰栽培されたコーヒーには 51％，再生紙には 48％のプレミアムを支払った。ノイズの多い論争がある状況下で，多くの人々が検証可能な情報を処理できたことは，気候変動の論争において検証可能な情報が消費者に対して重要な役割を果たす可能性があることを示唆している。

や，排気ガス中の有毒物質による健康，視界，資材，農作物への被害が軽減される。EU と米国の研究によれば，気候変動以外で得られる副次的な利益は，気候変動を回避することによる直接的な便益と同程度か，それよりも大きい可能性があると推定されている。環境経済学の実践 9.5 では，米国の市民の炭素排出削減に対する支払意思（WTP）に関する実証研究の結果をいくつか示す

環境経済学の実践　　9.5

気候変動防止に対する支払意思はいくらか？

....

　Lee and Cameron（2008）は，米国の 1651 世帯を対象として表明選好法を用いた研究を行った。彼らは，現在の気候を将来にわたって維持できるような大がかりな緩和策に対する支払意思（Willingness To Pay: WTP）を推定し，支払意思が①「何の対策もしない」シナリオを人々がどの程度真剣に受け止めるか，②緩和策にかかる費用，③その費用を国内外の誰が負担するか（費用分配）といった要因に依存しているかどうかを調査した。彼らは，国内の誰が緩和費用を支払うのかという問題を，エネルギー税，所得税，投資の収益率低下，消費者物価の上昇を見ることによって実行している。また，国際的な費用配分については，①インドと中国，②その他の途上国，③米国と日本，④その他の先進国の間のコストシェアを見ている。

　その結果は事前の予想と一致するものであり，支払意思の決定要因は，気候変動の影響の深刻さをどのように認識しているか，エネルギー税率の上昇によって増加する費用，米国と日本が負担する費用の世界的なシェア，どの分野（例えば，農業，健康，生態系）が大きな影響を受けるかに依存している。

　例えば，「中程度の被害」または「実質的な被害」のリスクを減らすためにより高いエネルギー税を想定したケースでは，1 世帯当たり・ひと月当たりの支払意思の平均は以下の通りである。

　(a)米国／日本が 100％ を支払う場合，6 ドル（中程度の被害）あるいは 456 ドル（重大な被害），(b)米国／日本が 31％，インド／中国が 17％ の場合は 271 ドル（中程度の被害）あるいは 728 ドル（重大な被害）。また，すべての被害ケース，全サンプルについて，米国／日本がすべての費用を支払う場合の支払意思の平均値と中央値は，ひと月当たり 151 ドルと 62 ドルであった。

とともに，これらは他のどの国が取り組みに参加するか，またどういった分野が最も大きな影響を受けるかに依存することを示す。

　最後に，気候変動のモデルを構築する人たちの多くは，気候変動はゆっくりとしたものになる（ゆっくりと着実に気温が上昇し，降水量が増加する）と予測しているが，カタストロフィーの恐怖を高める人もいる。彼らは，破滅的な現象が突然起こる危険性が現実のものであることを示唆している。例えば，海流の構造変化や南極西部の氷床の融解などである。研究者がこれらの事象が起こ

る確率について合理的な推定値を得られていないことは問題であるが，情報に
基づいた政策判断を行うためには，これらの確率を知る必要がある（Copeland
and Taylor 2017)。

　気候変動防止の費用の推定には幅がある。いくつかの研究には，かなり少な
い費用で排出量を世界的に削減できることを示唆する研究がある。一方で，気
候変動政策を「経済的軍縮」と呼ぶ研究もある。2000 年代初頭，米国政府に
よる報告書は，国内および国際的な排出量取引や共同実施，クリーン開発メカ
ニズム（先進国が発展途上国の炭素削減クレジットを購入できるシステム）に
よって効率的に削減が進められれば，米国が京都議定書の目標を達成するため
の費用は小さいと述べた。この報告書では，「小さい」とは，年間 GDP の減
少率が 0.5% 未満（約 100 億ドル）であることを意味している。貿易赤字への
予想される悪影響はなく，米国国内のガソリンや石油の価格が 1 ガロン当たり約
5 セント上昇し，電気料金の値下げ，失業率に大きな影響はないとされている。

　しかし，他の推定によれば，国内排出量取引を活用した場合でも，米国の
GDP は年間 3% 近く，つまり年間で約 2500 億ドルの打撃を受ける可能性があ
る。また，貿易赤字は数十億ドル増加し，ガソリン価格は 1 ガロン当たり 50
セント上昇，電気料金はほぼ 2 倍となり，200 万人の米国人が職を失うことに
なるという。また，世界全体の純費用は 7000 億ドル以上と推定されており，
米国がその約 3 分の 2 を負担するというのである。

　国際的な気候政策が世界の貿易パターンに及ぼす影響は十分に理解されてい
ない。第 8 章で説明したように，多くの国の首脳は「汚染逃避地（pollution
haven)」仮説を思い浮かべる。すなわち，国内産業が排出規制の緩い開発途
上国の「逃避地」に移転するという仮説である。このシナリオは経済的な理由
から実現する可能性は低いだろう。最も炭素集約的な産業を除けば，環境規制
を遵守するための費用は総費用のほんの一部にすぎず，労働，資本，原材料に
関する費用や，為替レートの変化における国際的な違いによって相殺される程
度のものである（Panhans et al. 2016)。先進国の環境規制と主要貿易相手国の
環境規制の違いはそれほど大きくない。また，先進国の企業は，相手国の環境
規制に関係なく，先端施設を海外に建設する。

　首脳たちはまた，炭素政策が国内のエネルギー集約型製品の需要に影響を与
え，貿易収支を悪化させることを懸念する。しかし，この考え方を支持する研

究成果は出てこなかった。これに関連する概念は「リーケージ効果」であり，国内排出量の削減が海外への生産のシフトと現地での排出量の増加によって相殺されるというものである。カーボンリーケージに関する初期の研究によると，OECD 諸国のみが排出削減政策を実施した場合，リーケージ率は 3.5~70％と予測されている。Aichele and Felbermayr（2012）による研究は，より明確で悲観的な話になってしまった。彼らは，京都議定書の参加国のカーボンフットプリントを調査している。カーボンフットプリントとは，その国の国民が排出するすべての炭素排出量を，その財がどこで生産されたかにかかわらず算定する尺度として定義される。1995 年から 2007 年の間の炭素収支を計算すると，彼らは京都議定書が重大なカーボンリーケージを引き起こしたと推定している。京都議定書に参加している国々は国内の排出量を削減したものの，生産拠点の移転を考慮すると，カーボンフットプリントを削減することはできなかった。この結果は，パリ協定のような国際的な気候協定に対する「幅広く，のち大幅に」の考え方を支持している。これもまた，先進国と新興国の広範な参加を促進し，長期にわたって段階的な排出削減を進めるものであり，ノードハウスはこれを「気候政策の坂道（climate-policy ramp）」と呼んでいる。スウェーデンの親たちが子どもを持った後，どのように炭素排出量を変化させるかの実証研究に関しては，環境経済学の実践 9.6 を参照されたい。

　最後に，費用の推定はいくつかの理由により低めになる可能性が高い。モデルはしばしば最も効率的な気候政策のプログラムを想定している。現実世界では，政府が数十年にわたって一貫した管理を維持することは困難であるが，モデルでは管理計画は早期に発表され，しかも無期限に維持されると仮定している。多くのモデルは長期均衡に焦点を当てており，1970 年の石油ショックのような短期的な調整には対応していない。このような調整をモデルで考慮すると，費用の推定値が 1 倍から 4 倍に上昇する可能性がある。

9.7　便益と費用の推定の根底にある経済的課題

　国際協定の便益と費用をどのように算定するかは，気候変動防止の根底にある 3 つの要素，すなわちカタストロフィーの可能性，緩和と適応のための低コストの解決策を見つける柔軟性の程度，および技術進歩の起源についてどう考

環境経済学の実践　9.6

親のカーボンフットプリントは子どもよりも小さい？

　あらゆる消費者の行動の中でも，人口増加は CO_2 排出量を増加させ，気候に最大の影響を与えるものである。地球上に人が増えれば，その分だけ CO_2 排出量は増加する（extensive margin）。しかし，人口増加によって人口1人当たりの CO_2 排出量，つまり生まれた子どもではなく親自身の CO_2 排出量までもが増加（intensive margin）するかどうかは分かっていない。人々は，親になると消費行動を変化させるだろうか。もしそうであれば，その変化は，子どもを持つことによる排出増加を改善するのだろうか，それとも助長してしまうのだろうか。その答えがはっきりしないことは，直感的に分かるだろう。なぜなら，2つの相反する経済的な力が働いているためである。まず，親になると価値観が大きく変化し，将来のことを考えるようになる。このことは，将来の気候変動リスクを軽減するために低炭素型の製品やサービスを利用することにつながる。しかしその反面，時間的な制約がますます厳しくなる。親は学校や活動のために自動車で子どもを送迎し，時間を節約するために炭素集約度の高い食事を摂るようになるかもしれない。

　Nordström et al.（2020）は，この問題を検討している。彼らは，スウェーデンの子どもを持つ大人と持たない大人の CO_2 排出量を定量化して比較し，子どもを持つ人のカーボンフットプリントがより小さいかどうかを調べている。家計支出と CO_2 排出に関する詳細なデータ（2008～2009年の交通・食料・暖房・電力）を用いて，親自身がより「グリーン」になるかどうか，すなわち，より小さなフットプリントを持つかどうかをテストしている。大人2人と子どものいる世帯では，子どものいない世帯に比べて CO_2 排出量が増加する。要するに，スウェーデン人が親になると，より大きなカーボンフットプリントを残すようになる。親になると，交通手段のパターンや食料消費の選択が変化し，平均的に CO_2 排出量を増加させるのである。スウェーデンの親たちは，より厳しい時間的制約を炭素ベースの消費を利用することでしのいでいる。親たちはより厳しい時間的制約に直面しているため，より炭素集約的な製品を利用することで，時間を買い戻すことができる。例えば，車をより多く運転し，すぐに使える加工品を利用するということである。また，肉を食べたり，家族連れに優しいリゾートへ飛行機で出かけたりと，子どもが炭素集約的な消費を好むことによって，子を思う親の消費もまた影響を受ける。

この研究の対象がスウェーデンであることを考えると，これらの結果は衝撃的である。ほとんどのスウェーデン人は，気候変動は現実に起きていると認識し，かなり高率の炭素税を受け入れてきたからである。つまりスウェーデン人は，自分の子どもたちのためにカーボンフットプリントを減らす必要があると考えているにもかかわらず，子どもたちのために大きなカーボンフットプリントを残すという矛盾した選択をしているのである。補足しておくと，スウェーデンでは，子どものいる家庭には補助金が支給され，親の時間的制約を緩和するのに役立てられている。また，充実した育児休暇制度や保育費用への手厚い補助金がある上，親には労働時間を短縮する法的権利がある。しかし，スウェーデンは女性の労働参加率が世界で最も高い国の1つでもあり（2015年には69.5％，欧州連合では51.4％，米国では56.7％），これが子どものいる世帯の時間的制約を厳しくしているかもしれない。

えるかに影響される。ここでは，これらの問題について簡単に説明しよう。

　カタストロフィーが差し迫っていると考えるなら，あるいは少なくとも以前信じられていたよりも起こりそうなことだと考えるなら，今すぐ排出削減を始める必要がある。そう考えないなら，世界的な排出量取引なしでは，急速な気候変動防止の費用を正当化するのは難しい。人々が気候変動の本質を理解するためには，信頼できる情報が必要である。どの地域が温暖あるいは冷涼になるか，どの地域がより湿潤化あるいは乾燥化するか，どの地域の気象が荒れるか穏やかになるかは，科学では確実には分からない。気候政策の議論では，生態系の変化が不連続，つまりカタストロフィー※6の可能性がモデルで扱われているかどうかも考慮される。ほとんどのモデルでは，メキシコ湾流における突然の変化や，生物多様性の喪失した自然システムの解明のような，不連続なショックなどの構造的変化の可能性を考えていない。

　カタストロフィーのリスクは，気候変動の不確実性がある中で，気候変動の便益と費用をどのように評価するかについての議論を引き起こした。いわゆる「ファット・テール」論である。ファット・テールは，極端な影響が生じる確

※6　訳注：地球の気候システムに不可逆な変化をもたらす臨界点（ティッピング・ポイント）を超えた場合に，グリーンランドおよび南極の氷床崩壊，海洋大循環の停止といった地球環境の激変（ティッピング・エレメント）が起こる可能性が指摘されている。気候変動の分野では，カタストロフィーとは，環境激変によってもたらされる，人間を含む生態系に致命的な影響が及ぶ破壊的状況を指す。

率は，BAU 気候シナリオの下で考えられているほど稀ではないという考えを反映している。「ファット・テール」とは，人間社会が気候変動によって引き起こされる極端現象の可能性を排除できないという考えを表すために使われる用語である。気候システムの性質とその変動性については，いわゆる「深い構造的不確実性」が存在する。この構造的な不確実性は，極端現象による被害の可能性がゼロではないことを意味する。つまり，気候変動によって絶対的なカタストロフィーが起こる可能性があるということである。この場合，無限の被害を回避することによる便益は気候変動防止の費用を必ず上回るため，標準的な費用便益分析は役に立たない（Weitzman 2011）。

　加えて，極端な現象や気候変動に関する構造的な不確実性は，普通の人々の行動の変化を誘発する。我々はみな，確率の低い事象を過大評価する傾向がある。気候変動のような低確率のリスクは経験したことがないため，よく分からない。そこで，人々は外部の情報源に頼って，悪い出来事が起こる可能性について判断を下す。その情報が，確率的事象であることに言及せずに深刻さを強調しているものだった場合，人々はリスク認識に上方にバイアスをかけてしまう。多くの研究が，人々が低確率だが甚大な被害をもたらす事象を過大評価していることを明らかにしている。例えば，原子力発電所の事故がよい例であろう。

　第2に，政策を実現するためのコストは，社会がどれだけ早くエネルギーシステムと資本構造を変えたいかにかかっている。厳格で柔軟性のない炭素政策は，柔軟性のある政策よりも大きな経済的負担を誘発する。なぜなら，柔軟性の高い政策の下では，企業が最も低コストの選択肢を探すため，機敏性を発揮することができるためである。取引による柔軟性を伴わない契約では，少なくとも費用が2倍になると推定されている。

　柔軟性とは，最小の費用で炭素排出削減をする能力を意味し，3つの問題が重要である。まず，取引システムをどのように設計すべきか，代替的な政策を評価する前に検討しておく必要がある。適切にインセンティブを付与するような柔軟なシステムのためのルールを定義することは幅広く議論されており，実験経済学者は不確実性を減らすのに重要な役割を果たしている。これは共同実施とクリーン開発メカニズムにも当てはまる。

　我々は柔軟で低コストの解決策としての「炭素吸収源」の役割に取り組む必

要がある。吸収源とは，樹木や土壌などの植生が大気中の CO_2 を吸収するなど，温室効果ガスを破壊したり吸収したりするものである。米国では，森林面積が約 7 億 5000 万エーカーに及ぶため，重要な地上の吸収源となっている。いくつかの研究は，吸収を通じての炭素固定は，米国ではトン当たりわずか 25 ドルである可能性があることを明らかにしているが，この数字は森林の種類，土地の種類，森林の管理方法（Read et al. 2009）によって大きく異なる可能性が高い。泥炭地，塩性湿地，藻場の再生は，地球規模で炭素を隔離し，貯蔵する生態系の能力を高めることにもなる。国連の REDD プログラム（森林減少・劣化に伴う排出削減）も，特に途上国の森林において，炭素貯蔵の経済的価値を創出するための継続的な取り組みである。2008 年に始まった REDD プログラムは，森林減少を抑制する戦略を実施するための技術支援を提供することを目的として設計されている。しかし，森林における炭素の純固定量をどのように測定し算定するかについては，重大な不確実性が残ったままである。一方，森林炭素固定の強化は，生物多様性のような林業に関連する他の公共財に複合的な影響を及ぼす可能性がある（Caparrós et al. 2010）。

　また，既存の税制が気候変動防止の費用を高める可能性があることも考慮する必要がある。労働税と資本税は，雇用と投資の水準を本来の水準以下に引き下げるため，行動に歪みをもたらす。そこへ消費と生産を抑制する炭素税を導入することで，雇用と投資をさらに減少させ，その結果，労働税や資本税の歪みをおそらく 400％ も悪化させてしまう。炭素税の収入があれば，それを労働税と資本税に振り向けることで，こうした追加的な費用を削減することができる。

　最後に，気候変動防止の費用は，技術の普及をもたらすものが何であると信じるかに左右される。価格への反応で技術が普及するのではないと主張する人々もおり，人間は正しい理由で正しいことをするからよい技術が普及するのだと彼らは考えている。経済学者はこのような楽観的なシナリオには賛成していない——というのも，大多数の人々は，環境保全のためだけに費用がかかる技術を採用してはいない。人々は，他にもっと差し迫った必要性があるからそういった技術を採用するのである。経済学者は，技術進歩を起こすものは相対価格の変化であると考えている。たとえ新しい技術が利用可能になったとしても，人々は価格（気候変動政策による補助金という可能性もある）の変化に

よって促されない限り，採用する技術の変更はしない。人々は，おそらく将来のエネルギー価格や技術の信頼性についての不確実性があるため，自分たちの時間軸が短いかのように振舞う。例えば，従来の家庭用暖房システムを低炭素代替システムに置き換える場合に見られるように，初期投資コストが高いことも新しい技術の採用を遅らせる要因となっている。また取引費用も，家計が低炭素技術を取り入れる際の障壁となる。

　電球型蛍光灯，断熱性の向上，冷暖房システム，エネルギー効率の高い機器などの新しいテクノロジーを価格ショックがなくても採用した場合，低コストで炭素排出を削減することができる（Gillingham et al. 2009 参照）。ここで知りたいのは，エネルギーの持続的な価格上昇なしに，人々が気候に優しい技術を採用するよう「つつく（nudge）」ことができるかどうかである。新しい技術を自力で採用する人もいるが，経済学者は，一般的にエネルギー価格の上昇はエネルギー効率の高い機器の採用が大幅に増えることに関連していると推定している。例えば，Chakravorty et al. (1997) は，もし太陽エネルギーにおける費用の歴史的な低下率が維持されれば（30～50％／10 年），世界に残っている石炭の 90％以上が使用されないだろうと主張している。彼らのシミュレーションによると，世界経済は炭素税がなくても石炭や石油から太陽エネルギーへ移行する。すると，世界の気温は 2050 年頃までに 1.5～2.0℃上昇し，その後産業革命以前の水準まで低下する。しかし，Pindyck（2007）が強調するように，これらの楽観的な予測は，技術的な解決策に関する他の予測とはまったく対照的である。これらの有望な予測には信頼区間がないため，長期的な技術確信の便益と費用を予測しようとするときに内在する不確実性を捉えることができる。

9.8　柔軟性と目標の厳しさのトレードオフ

　気候変動の経済性は，その国の排出削減経路の厳しさと，その国が目標を達成するためにどれだけの柔軟性を持っているかのトレードオフにかかっている。厳しい削減目標の達成を掲げながらも柔軟性のない炭素政策は，柔軟性をもって緩い削減目標を達成する政策よりも大きな経済的負担を生み出す。もし費用を許容できるレベルに抑えることを目指すのであれば，厳しい目標の達成

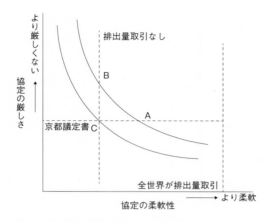

図 9.5　協定の柔軟性と目標の厳しさのトレードオフ

のためには，その国家が目標を達成するために柔軟性を必要とする。市場や制度の欠陥が柔軟性を制限するような場合には，政策立案者は目標を緩めて費用を抑えることができる。図 9.5 は，この目標の厳しさと柔軟性のトレードオフを示している。等費用曲線は，経済に同じ水準の費用をもたらす柔軟性と目標の厳しさの異なる組み合わせを表している。

　ここで，図の点 A と点 B を用いて，パリ協定後の政策オプションを考えてみよう。どちらの点も，経済にとって比較的低いコストをもたらす同じ等費用曲線上にある。点 A は，中国がパリ以降の交渉に入っていることを示している。点 B は，同じ水準の費用をもたらすが，排出量取引が禁止されている。この点は，多くの先進国や途上国が排出量取引に否定的な反応を示していることと矛盾しない。点 A と同じコストを維持するためには，点 B はより弱い削減目標としなければならない。柔軟性が失われると，費用を一定にするためには，厳しい削減目標を設定することをあきらめなければならない。もともとの京都議定書のプロセスから生まれたのは，点 C のようなものであった。この点では，一部の国が当初求めていたよりも政策の柔軟性が低く，より野心的な排出抑制目標が設定されていた。点 C は点 A と点 B よりも高い水準の費用をもたらす等費用曲線上にあり，経済的費用が高い。

9.9　まとめ

　気候変動と人間の行動との関連は，現在ではよりよく理解されている。今日では，経済学者は気候政策をどの程度の強度で，どの程度迅速に実施すべきかについては議論しておらず，炭素排出削減の厳しさと，これらの政策が厳しい目標を緩めることにいつ焦点を当てるべきかについて議論している。経済学は，人々がこれらの代替的な気候リスクの低減をどのように評価しているか，つまり将来の気候リスクを低減するために今日の消費をどれだけ犠牲にしようとしているかについての知見を提供する。このトレードオフを理解することは，より費用効率的な気候変動政策を設計するために必要となる。気候変動への適応は国際的な緩和努力の有効性に影響を与えるため，費用効率的な政策には，各国がどのように行動を調整し，市民がどのように気候変動に適応するかをよりよく理解することが必要である。

　気候政策の費用と便益の推定は，以下の4つの点について，あなたが何を信じようとするかによって決まる。すなわち，人々がカタストロフィーのリスクにどのように対処しようとするか，低コストな解決策（例えば，炭素価格，キャップアンドトレード）を見つけるためにどれだけの柔軟性が必要か，炭素排出量を世界中に移動させるというシェルゲームを避けるため，人々が世界的な制度参加に向けて行動を調整できるかどうか，そして，炭素含有量の多いエネルギーと少ないエネルギーの相対価格の変化の有無にかかわらず，人々がいかに新技術の導入に敏感であるかということである。もしあなたが気候リスクについては悲観的であるものの，人々が合理的な反応をすることについて楽観的であるならば，気候変動の経済学は，人々が今すぐに重要な行動をとるべきであることを提案する。気候変動のビッグバン（大改革）である。もしあなたがカタストロフィーのリスクについては楽観的に考えているが，人間の行動については現実主義であるなら，経済学はより緩やかな政策対応を提案する。それは，化石燃料の使用を減らすために長期にわたって段階的に気候政策の強度を引き上げていくというものである。

ディスカッションのための質問

9. 1　気候変動政策は，現在の豊かな国から将来の貧しい国への富の移転しかないのだろうか。

9. 2　気候変動政策を「地球保険」と呼ぶ経済学者もいる。この「保険」の例えは，気候変動の議論の枠組みとして合理的な考え方だろうか。

9. 3　気候変動政策を考えるとき，ゼロまたは負の割引率という考えを支持できるだろうか。

練習問題

9. 1　気候変動によるリスクを減らすことによる便益を説明しなさい。

9. 2　気候変動政策にかかる世界的な費用を増加させる要因・減少させる要因を説明しなさい。

9. 3　政策担当者から，CO_2排出に対して，それによる社会的な被害を反映した価格をつけるように依頼されたとしよう。キャップアンドトレード制度よりも炭素税がよいと考える理由を説明しなさい。

9. 4　不確実性の概念（例えば，ファット・テールのような確立で起こる極端な現象）は，気候変動の経済学にどのような影響を与えるだろうか。

9. 5　京都議定書やパリ協定のような国際環境協定をどう調整するかを検討する際に，各国が直面する課題を説明しなさい。

参考文献

Aichele, R. and Felbermayr, G. (2012). Kyoto and the Carbon Footprint of Nations. *Journal of Environmental Economics and Management* 63 (3) : 336-54.

Aldy, J. E., Krupnick, A. J., Newell, R. G., Parry, I. W. H. and Pizer, W. A. (2010). Designing Climate Mitigation Policy. *Journal of Economic Literature* 48 (4) : 903-34.

Arrow, K., Cropper, M., Gollier, C., Groom, B., Heal, G., Newell, R., Nordhaus, W., Pindyck, R., Pizer, W., Portney, P., Sterner, T., Toi, R. and Weitzman, M. (2014). Should Governments Use a Declining Discount Rate in Project Analysis? *Review of Environmental Economics and Policy* 8 (2) : 145-63.

Blinder, A.（1997, October 22）. Needed: Planet Insurance. *New York Times*, p. 27.

Caparrós, A., Cerdá, E., Ovando, P. and Campos, P.（2010）. Carbon Sequestration with Reforestation and Biodiversity. *Environmental and Resource Economics* 45（1）: 49-72.

Chakravorty, U., Roumasset, J. and Tse, K.（1997）. Endogenous Substitution among Energy Resources and Global Warming. *Journal of Political Economy* 105（6）: 1201-34.

Copeland, B. and Taylor, S.（2017）. Environmental and Resource Economics: A Canadian Retrospective. *Canadian Journal of Economics* 50（3）: 1381-413.

DeCanio, S. and Fremstad, A.（2011）. Game Theory and Climate Diplomacy. *Ecological Economics* 85: 177-187.

Ellerman, D. and Buchner, B.（2007）. The European Union Emissions Trading Scheme: Origins, Allocation, and Early Results. *Review of Environmental Economics and Policy* 1（1）: 66-87.

European Commission（2018）*The EU Emission Trading System*. https://ec.europa.eu/clima/sites/clima/files/factsheet_ets_en.pdf

Gillingham, K., Newell, R. and Palmer, K.（2009）. Energy Efficiency Economics and Policy. *Annual Review of Resource Economics* 1: 597-620.

Heal, G.（2009）. 'Climate Economics: A Meta-Review and Some Suggestions. *Review of Environmental Economics and Policy* 3: 4-21.

Howard, P. H. and Sterner, T.（2017）. Few and Not So Far Between: A Meta-Analysis of Climate Damage Estimates. *Environmental and Resource Economics* 68: 197-225.

Kane, S. and Shogren, J.（2000）. Linking Adaptation and Mitigation in Climate Change Policy. *Climatic Change* 45: 75-102.

Krugman, P.（2010, April 7）. Building a Green Economy. *New York Times Magazine*. http://www.nytimes.com/2010/04/11/magazine/11Economy-t.html?pagewanted=all（accessed on 11 November 2011）

Landis, F. and Bernauer, T.（2012）. Transfer Payments in Global Climate Change. *Nature Climate Change* 2: 628-33. http://www.nature.com/nclimate/journal/vaop/ncurrent/full/nclimate1548.html（accessed on 1 June 2012）

Lee, J. J. and Cameron, T. A.（2008）. Popular Support for Climate Change Mitigation: Evidence from a General Population Mail Survey. *Environmental and Resource Economics* 41（2）: 223-48.

Marin, G., Marino, M. and Pellegrin, C.（2018）. The Impact of the European Emission Trading Scheme on Multiple Measures of Economic Performance. *Environmental and Resource Economics* 71（2）: 551-582.

Metcalf, G. and Weisbach, D.（2013）. Carbon Taxes. In J. Shogren（ed.）, *Encyclopedia of Energy, Natural Resources, and Environmental Economics*. Amsterdam: Elsevier, pp. 9-14.

Murray, B. and Rivers, M.（2015）. British Columbia's Revenue-Neutral Carbon Tax: A Review of the Latest"Grand Experiment"in Environmental Policy. *Energy Policy* 86:

674-83.

Nordhaus, William D. (1993). Rolling the"DICE": An Optimal Transition Path for Controlling Greenhouse Gases. *Resource and Energy Economics* 15 (1) : 27-50.

Nordhaus, W. (2008) *A Question of Balance: Weighing the Options on Global Warming Policies*. New Haven: Yale University Press.

Nordström, J., Shogren, J. and Thunstrom, L. (2020) Do Parents Counteract the Carbon Emissions of their Children? *PLoS ONE* 15 (4) : e231105.

Olmstead, S. and Stavins, R. (2012). Three Key Elements of a Post-2012 International Climate Policy Architecture. *Review of Environmental Economics and Policy* 6 (1) : 65-85.

Ostrom, E. (2009) *A Polycentric Approach for Coping with Climate Change* World Bank Policy Research Working Paper No. 5095.

Pachauri, R. K. and Reisinger, A. (eds.) (2007) *Climate Change 2007: Synthesis Report. Contribution of Working Groups* I , II *and* III *to the Fourth Assessment Report of the Intergovernmental Panel on Climate Change*. Geneva: IPCC.

Panhans, M., Lavric, L. and Hanley, N. (2016). The Effects of Electricity Costs on Firm Re-Location Decisions: Insights for the Pollution Havens Hypothesis. *Environmental and Resource Economics* 68 (4) : 893-914. doi: 1O. J007/s10640-016-0051-1

Pindyck, R. (2007). Uncertainty in Environmental Economics. *Review of Environmental Economics and Policy* 1 (1) : 45-65.

Pindyck, R. (2011). Uncertain Outcomes and Climate Change Policy. *Journal of Environmental Economics and Management* 63: 289-303.

Pizer, W. (2002). Combining Price and Quantity Controls to Mitigate Global Climate Change. *Journal of Public Economics* 85: 409-34.

Poteete, A., Janssen, M. and Ostrom, E. (2010) *Working Together: Collective Action, the Commons, and Multiple Methods in Practice*. Princeton: Princeton University Press.

Read, D. J., Freer-Smith, P. H., Morison, J. I. L., Hanley, N., West, C. C. and Snowdon, P. (eds.) (2009) *Combating Climate Change: A Role for UK Forests*. The Synthesis Report. Edinburgh: StationeryOffice.

Sapci, 0., Wood, A., Shogren, J. and Green, J. (2016). Can Verifiable Information Cut Through the Noise About Climate Protection? An Experimental Auction Test. *Climatic Change* 134: 87-99.

Schelling, T. (1997). The Costs of Combating Global Warming. *Foreign Affairs* 76 (6) : 8-14.

Shogren, J. (1999) *The Benefits and Costs of the Kyoto Protocol*. Washington, D. C.: American Enterprise Institute.

Shogren, J. and Toman, M. (2000). 'Climate Change Policy'. In P. Portney and R. Stavins (eds.), *Public Policies for Environmental Protection* (2nd edn.). Washington, D. C.: Resources for the Future, pp. 125-68.

Stern, N. (2006). Stern Review on the Economics of Climate Change. *HM Treasury*. http://webarchive.nationalarchives.gov.uk/+/http://www.hm-treasury.gov.uk/sternreview_index.htm (accessed on 30 May 2012)

Toi, R. (2012). On the Uncertainty About the Total Economic Impact of Climate Change. *Environmental and Resource Economics* (online), 53: 97-116.

United Nations (1997) *Kyoto Protocol to the Convention on Climate Change*. New York: United Nations.

Weitzman, M. (2011). Fat-Tailed Uncertainty in the Economics of Catastrophic Climate Change. *Review of Environmental Economic Policy* 5 (2) : 275-92.

Wigley, T., Richels, T. and Edmonds, J. (1996). Economic and Environmental Choices in the Stabilization of Atmospheric CO_2 Concentrations. *Nature* 379: 240-3.

World Bank (2010) *Economics of Adapting to Climate Change*. Washington, D. C.: World Bank.

第10章 水質改善の経済学

10.1　はじめに

　本章では，海洋，河川，沿岸域，湖沼における水質改善の費用と便益について考察する。水質の改善は，ほとんどの場合，汚染物質の流入を減らすことと同義であるが，水域の環境指標を高める他の手法によっても実現することができる。そのような手法には，人為的改変（ダムや堰など）の除去，河畔植生の復元，河川からの灌漑水の削減，侵入種の管理などがある。気候変動も，直接的には降雨量の変化を通じて，間接的には土地利用の変化を通じて，水質に影響を及ぼす（環境経済学の実践10.1参照）。水質の指標には，EU水枠組み指令に基づく「生態的状態（ecological status）」や水域のレクリエーション利用の可能性（例えば，泳ぐことができる，釣りができる）に関連したものがある。

　しかし，「水質汚染」とは何だろうか。自然科学者にとって，水質汚染とはシステムの機能を変化させる物質の水域への排出である。例えば，有機性廃棄物が河川に流入すると生物学的プロセスが加速され，その過程で酸素が使い尽くされる。アンモニアの流入は魚に直接的な害を与えるかもしれない。湖へのリン酸塩と栄養塩類の流入は，水圏生態系の富栄養化につながり，有毒な藻類の増加や動植物群集の変化をもたらす可能性がある。

　しかし，経済学者にとっては，水質汚染（または水質の測定値の低下）が少なくとも1人の厚生に悪影響を及ぼしているか（例えば，地元の海岸が下水の影響を受ける），あるいは生産に悪影響を及ぼしているかどうか（例えば，漁業

者が原油流出の結果として漁獲量の低下に苦しむ）が問題となる。なぜなら，汚染は人々がその影響を受けて初めて外部費用となり，市場の失敗の原因となるからである。水質汚染問題はしばしば下記の2つのタイプに分類され，それぞれ異なる政策的意味合いを持つ。

　・点源汚染（point-source pollution）
　・面源汚染（non-point pollution）

　点源汚染とは，工場や下水処理場の排水口など，特定しやすい単一の排出源から水域に流入する排出と定義される。この種の排出は低コストで監視することができ，個々の企業や家計の行動と関連付けることができる。これとは対照的に，面源汚染は，農地や森林からの表面流出や，地下水の帯水層への汚染物質の浸透のような，拡散した形で水域に侵入する排出である。面源排出は，単一のパイプや水域への流入地点まで追跡できないため，測定が難しい。面源汚染物質を，どの企業または家庭が排出したかを明らかにするのは困難である。

　水質汚染には，以下のような様々な発生源がある。

　・工業からの重金属，有機性廃棄物，その他汚染物質の点的な排出
　・下水処理場
　・旧鉱山からの酸性排水や埋立地からの浸出水
　・ウシを飼育している農場から流出する病原菌
　・都市の街路からの油や溶剤の流出
　・農地や森林からの肥料，農薬の流出および土壌侵食
　・石油タンカーなどからの偶発的（非意図的）流出

　汚染はどのような意味で有害なのだろうか。汚染物質は水中の溶存酸素（DO）を減少させることによって水生生物に大きな影響を及ぼす。水中に溶けている酸素の量は魚類の生存に重要である。あるいは，農薬や塩素が川に流出した場合など，汚染物質は直接的に毒性を示すこともある。汚染物質は川や湖の酸性度を変化させることもあり，特定の生物が生存を続けることを不可能にする。汚染は水温を変化させたり，細菌を増やしたりして，人間の健康を損なうことがある。

　排出による水質への影響は，時と場所により異なる。海への下水の放出を考えてみよう。影響を細菌数で測るとすると，それは潮汐，気温，日照，水循環の全体的な傾向に依存する。このことは，同じ海岸線の2つの異なる地点で排

出された一定量の下水が，地元の浜辺の水質に異なる影響を及ぼす可能性があることを意味する。もう 1 つの例は，有機物質の排出が河口域（estuary）の溶存酸素で測定される水質レベルにどのように影響するかである。ここでも，ある地点で放出された 1 トンの排水が河口域に及ぼす影響は，どこで測定されるかによって異なる（例えば，上流なのか下流なのか。Hanley et al.（1998）参照）。空間的に影響が異なる汚染物質は不均一混合（non-uniformly mixed）と呼ばれ，多くの水質問題は不均一混合汚染物質に関連している。反対に，もし湖が周囲の複数の排出源から栄養塩類の流入によって悪影響を受けているのであれば，どこから来ているのかではなく，総負荷量を減らすことが主な関心事である（Hunter et al. 2012）。汚染物質が均一混合なのか不均一混合なのかは，管理政策が汚染者を立地によって区別する必要があるかどうかを決めるため，政策の設計にとって重要である。

環境経済学の実践　　10.1

気候変動の水質への影響

　気候変動は世界中で水質に直接的，誘発的，間接的な影響を及ぼしうる。直接的な影響は降水量と気温の変化から生じる。誘発的な影響としては，例えば，水温の変化が侵入種の移動に及ぼす影響とそれに伴う水域の生態学的変化がある。間接的な影響は，人々が水質に影響を及ぼすような方法で気候変動に対応するときに生じる。このような間接的影響のうち重要なものには，農業と関連するものがある。気候が変わるにつれて，農業者は土地の管理方法を合理的に変えていくだろう。例えば，新たな降雨レベルに適した作物に転換するなどである。

　カルロ・フェッツィとその同僚は，経済・環境モデルと GIS（地理情報システム）を併用して，気候変動が英国の農業的土地利用に及ぼすであろう影響と，これが硝酸塩とリン酸塩による河川の面源汚染に何を意味するかを調査した（Fezzi et al. 2015）。農業は，河川や湖沼の水質を変化させる主な要因の 1 つである。英国気候影響プログラム（2011）の 2020 年代と 2040 年代の中核予測を用いて，彼らは農業的土地利用の変化を 2km メッシュで予測している。これを行うための統計モデルは 1972～2004 年の「教区」土地利用データから推計された。予測される農地利用の変化（例えば，家畜から耕種への転換，家畜密度の減少）

は，土地利用比率，家畜密度，人口密度を説明変数，硝酸塩濃度とリン酸塩濃度という2つの水質項目を被説明変数とするモデルを使って水質と結び付けられている。

　ここから明らかになるのは，農業者が利益を最大化しようとする場合の農地利用の変化パターンが地域によって大きく異なり，その結果，河川の水質レベルが地域によって大きく異なることが予想される点である。英国の北半分では，農業者はいっそう耕種作物に切り替え，家畜生産を集約化する。英国全体では，硝酸塩とリン酸塩の流入により水質が「危険にさらされている」地域の割合が20〜30％増加する。つづいて，このモデルを用いて，的を絞った植林がこの予測された栄養塩類の増加をどのくらい相殺できるか，また，このような適応戦略の正味の便益はどの程度になるかを提示している。

　この論文から学ぶことは2つある。第1に，気候変動が水質に及ぼす間接的な影響は，地域によっておそらくかなり異なる。第2に，地域性を考慮に入れた統合モデルは，この問題を研究するための強力なツールを提供する。

10.2　水質の推移

　英国やドイツのように，早くから工業化した国々では，ほとんどの水質指標は過去40年間で改善傾向を示している。それ以前は，初期の工業化と都市化に伴って水質は低下していた。例えば，イングランドで最初に成立した法律（1876年河川法）は，1858年にロンドンのテムズ川で起きた「大悪臭」の際に議会が閉鎖されたことを背景にしている。現在，産業と都市（下水道）からの排出は，英国の汚染管理法（1974年），欧州連合（EU）の水枠組み指令（2000年），米国の水質法（1965年）などの法令によって管理されている。例えば英国において，イングランドとウェールズで「汚染がひどい（grossly polluted）」と分類される河川の区間は，1958年の2000kmから1980年には800kmに減少した。それ以降，改善の歩みは遅い。多くの地域で問題が残っている一方で，面源汚染は世界的に重要性を増している（Foley et al. 2005）。バルト海のように多くの国が共有している国際水域では，現在，栄養塩類の過剰な流入が問題となっている（Hasler et al. 2014）。プラスチックによる世界の海や海岸線の汚染など，新たな問題も浮上している（Oosterhuis et al. 2014）。

環境経済学の実践　　10.2

スコットランドにおける河川水質の推移

　1800 年以前，そして急速な都市化が進む前は，スコットランドの川はきれい
で健全だった。しかし，1850 年までにクライド川やアーモンド川などは下水と
産業廃棄物が合わさって汚染され，この傾向は 20 世紀まで続いた。スコットラ
ンドの河川の復元に向けた意味のある取り組みは 1965 年まで始まらなかったが，
それ以来，かなりの進展があった。改善はいくつかの要因の組み合わせによる
が，主なものはスコットランドの重工業基盤の縮小と新法の施行である。

　「統一されたモニタリングステーション」の仕組みに基づき，スコットランド
環境保護庁は多数の水質項目について 1970 年以降の傾向を調べた。主な結論は
以下であった。「水質の多くの面での改善は，環境規制，よりクリーンな技術，
下水処理の改善，農法の変化を通じてもたらされてきた。これは，生物学的酸
素要求量（BOD），アンモニア態窒素，鉛，硫酸塩など，河川水中では全般的に
減少している項目について最も顕著である」。

　軽度の汚染・汚染・重度の汚染に分類された河川区間の割合は，1998 年の
7.4％から 2013 年には 3.4％に低下した。このような改善は，スコットランドの
下水インフラへの投資に起因しているとされた。0.3mgN／ℓ 未満の硝酸塩濃度
は，自然またはバックグラウンドレベルと見なされている。平均硝酸塩濃度が
0.3mgN／ℓ 未満の地点の割合は，2000 年は 27％だったが 2015 年には 34％に増
加した。この改善は，法令の改正と関連付けることができる。例えば現在，ス
コットランドの面積の 10％が EU 硝酸塩指令に基づく硝酸塩警戒地域（Nitrate
Vulnerable Zone: NVZ）に指定され，農業からの面源汚染を減らすために営農の
義務的規制が実施されている。

参考文献
SEPA（2016）River water quality: 1992-2015. Natural Scotland

　政策の改善と水質への投資により，点源の汚染源は減少したが，英国では過
去 50〜60 年の間に，（当初は戦後の食料不足への対応だった）農業集約度の上
昇のため，面源から水域への栄養塩類，殺虫剤，堆積物の流出が増加した
（McGonigle et al. 2012）。英国の水域を汚染している硝酸塩の 55％と堆積物の
75％が農業に関連していると推定されており，イングランドとウェールズで

EU 水枠組み指令（2000／60／EC）の「良好な生態的状態（good ecological status）」を達成している水域はわずか27％にすぎない（McGonigle et al. 2012）。先進国では 2000 年から 2010 年の間，農業が水質に与える影響は横ばいであるかあるいは悪化しており，大幅な改善が見られなかったが，この被害による費用は年間数十億ドルを超えるだろう。農業排水の形での面源汚染は米国における水質問題の主因であり，成功度合いは様々であるが広範な取り組みが見られる（Ribaudo 2009；Shortle et al. 2012）。例えば，北米のチェサピーク湾河口域は，豊かな生物多様性とレクリエーションの機会を提供している。この地域の人口密度が高まるにつれて，森林は団地や農地に変わり，水質は低下した。水質浄化法（1972 年）により，この地域の産業および下水からの汚染物質の点源汚染は減少したが，栄養塩類と堆積物の流出という形の面源汚染は，酸素の減少，藻類の繁殖および河口域の水生生物の減少に寄与した（Savage and Ribaudo 2016）。

　対照的に，多くの途上国では，従来の点源からの汚染が依然として問題となっている。例えば，最近のケニアの経済成長により，ビクトリア湖の集水域周辺の工場や産業施設が増加している。製紙工場，サトウキビ工場，皮なめし工場などの産業の成長は，排水処理のためのインフラ開発の欠如と相まって，流域の水質の低下を招いている（Juma et al. 2014）。さらに，Oguttu et al.（2008）によると，ウガンダのジンジャ市で検出された皮革産業の排水のクロム濃度は，平均で 264mg／ℓ と極端に高かったという。これは世界保健機関が勧告している飲料水の最大許容限界の 0.05 mg／ℓ を大幅に上回る。

10.3　水質改善の費用

　市場の失敗は是正措置を必要とする（第 2 章参照）。水質汚染は市場の失敗の典型例である。点源か面源かにかかわらず，政府は水質汚染を減らすために何ができるだろうか。水質改善のための政策には，3 つの基本的な形態がある。
- 技術基準または達成基準（performance standards）を設定することによる規制。水質汚染では，達成基準は 1 日当たりの河川への排出を制限する量的限界を法令で定めるといったやり方である。技術基準では，下水道事業に関する最低限の技術的な基準（例えば，栄養成分除去技術の導入）を定

めるなどの方法がある。

・自主的手法。河川の過剰な栄養塩類の影響を被っている集水域では，家庭に対してリンの少ない洗濯用製品を使うよう要請する，企業に対しては集水域管理計画に資するよう排出の改善を求めるなどのやり方がある。

・経済的インセンティブ。これには，河口域への有機性廃棄物の排出に対する税や許可証取引制度などがある。デポジット・リファンド制度やレジ袋税などの経済的インセンティブは，海洋に流出するプラスチックの量を減らすことができる（Oosterhuis et al.（2014）：環境経済学の実践 10. 3 参照）。農業環境施策では，面源汚染を減らすように土地の管理方法を変える農業者は支払いを受けることができる（Kuhfuss et al. 2016）。

　水質基準（溶存酸素の最小濃度，アンモニアの最大濃度など）を達成するための費用は，どのような介入をするかによって異なる。第 3 章で述べたように，汚染を最小限の費用で削減するには，限界削減費用（MAC）が排出源の間で均等化されることが必要である。規制によって汚染削減の最小費用の行動を強制できるような，十分な情報を持った強力な規制機関がない場合，経済的インセンティブだけがそのような結果を実現できる。湖の水質汚染対策で，ある目標を達成しようとするとき，最小費用の結果を実現するということは次のような意味を持つ。

・MAC は，異なるカテゴリーの排出源（例えば，農業者，製紙工場，下水処理場間など，すべてが栄養塩類の汚染源である場合）の間で均等化される。

・MAC は，同じカテゴリー内のすべての企業または家庭（例えば，すべての農業者）の間で均等化される。

　全体の削減目標に到達するための費用は，発生源のカテゴリー間およびカテゴリー内に費用の差がある場合には，理論上の最小値を超えるだろう。ある汚染物質を排出する工場間で排出基準を達成するための MAC が大きく異なる場合，もし（許可証取引制度で行われているように）企業が排出権を取引することができれば，MAC の違いを利用して費用の削減を図ることができる。例えば，BK 製紙の MAC が現在の排出量レベルで 2000 ユーロ／トン，エース製紙の MAC が 5000 ユーロ／トンであるとする。BK が排出量をさらに 100 トン削減し，許可証をエースに売却すれば，エースは排出量を 100 トン増加することができ，目標を達成するための経済的な総費用は下がる。前に見たよう

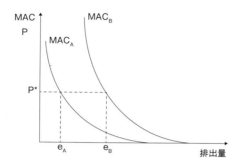

図 10.1　企業 A と企業 B の排出量に対する汚
染税（p）の効果
注）各企業は限界削減費用（MAC）と汚染税の税率が等
しい水準まで排出量を減らすことに注意。

に，汚染税にも同様の効果がある。BK とエースはともに，MAC がそれぞれ
の企業の税率と等しくなるまで排出量を増減する（図10.1参照）。

　不均一混合がある場合は，水質汚染に経済的インセンティブを用いると問題
が起こる。汚染物質が不均一に混合している場合，単一の排出税率は非効率で
ある。これは，課税対象が環境への影響ではなく排出量であることに由来する
ためである（Muller and Mendelsohn 2009）。排出1単位当たりで見て，環境に
与える損害が大きい企業は，その損害が小さい企業よりも高い税率で課税され
るべきである。この問題を解決するには，各企業に固有の税率を適用する必要
がある。より現実的な形として，不均一混合にある程度対処するために「複数
の税率（banded tax rates）」の導入が提案されている。例えば，河口域のどこ
に企業が立地しているかによって税率を変えるような仕組みである。

　第2章でも紹介したように，汚染物質が不均一に混ざっている場合，1対1
の割合で許可証の取引を認めると，水質基準を満たさなくなる可能性が出てく
る。2つの企業が取引を考えているとする。図10.2で，企業 A は企業 B から
買おうとしている。しかし，A は B の上流に位置しているため，A からの1
単位の排出は，企業 B からの1単位の排出よりも大きな害を与える。A が B
から100単位の許可証を購入すると，総排出量は変わらないが，環境への損害
は A のすぐ下流の区域で特に増加する。この状況は，多くの水質汚染管理の
場面で生じており，いくつかの解決策が提案されている。1つは区域内取引で
あり，これは A と B の間の取引を禁止し，A には C との取引だけを認めるよ

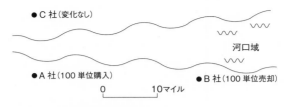

図 10.2　河口域での許可証取引

うな仕組みである。しかし，このように取引を制限すればするほど，この制度の費用削減の可能性は低くなる。もう１つのアイディアは，ＡとＢが取引できる比率を定める取引規則を使うことである。Ａの１単位の排出が平均的な水質で見てＢのそれの２倍有害であるとすれば，0.5対１の交換比率を両社の取引に課せばよい。この仕組みでは，河川沿いのすべての企業の交換比率を計算する必要があるが，水質モデルを使えば計算は可能である（O'Neil et al. 1983）。

環境経済学の実践　10.3

経済的手法と海洋プラスチック

　プラスチックによる世界の海洋汚染は，深刻化する環境問題である。Oosterhuis et al.（2014）によると，バルト海と北海では海ごみの中でプラスチックが圧倒的に多い。主にレジ袋，ボトル，食品包装材，およびキャップ・蓋であり，これらのほとんどは，船が出すものではなく，陸上を起源とするものである。海洋プラスチックは，海岸に漂着すると見苦しいが，鳥やカメがプラスチックに絡み合ったりそれを摂取したりするなど，海洋生物に有害でもある。また，プラスチックが劣化してマイクロプラスチックになると，人間の健康を脅かす可能性がある。

　これは地球規模の問題である。プラスチック廃棄物は海流によって運ばれ，風によって飛ばされる。一国だけではこの問題を解決することはできず，一国が受ける汚染の影響は，おそらく他の複数の国の行動（または行動しなかったこと）の結果である。そして，世界の海の多くは国の管轄外にある。プラスチックによる海洋汚染を削減するために重要なことをするということは，地球規模または少なくとも地域の公共財を生み出すことであり，気候変動に関する効果的で協調的な国際的行動をとる際に直面するのと同じ種類の問題に影響される

（第 9 章参照）。

　しかし，単独で措置を取ることはできる。Oosterhuis らは，このような廃棄物の発生源を削減するために適用できる一連の経済的インセンティブを提案している。その一部を以下に示す。

表　海洋プラスチック汚染対策となりうる経済的インセンティブ

手法	対象	組み	コメント
レジ袋税	海に流出する可能性のある 1 種類の廃棄物の量	買い物客は新しい袋を使うたびに支払う	アイルランドやデンマークなどの国では効果的で受け入れられている
廃棄物の捕獲	海洋におけるあらゆる種類のプラスチック廃棄物	漁業者にプラスチックを回収し，収集場所まで運んでもらうための支払い	実例はわずか，資金調達方法，コスト
デポジット制度	プラスチック飲料容器	消費者は特定の飲料容器にデポジット（預託金）を支払い，容器を返却した場合に返金される	高い返却率を達成できるが，費用便益比は事例により様々
プラスチック回収業者への直接支払い	廃棄物全般の流れの中のプラスチック	収集された廃棄物 1kg 当たりに支払われる価格	インドネシアと南アフリカの低所得地域では一定の成功が見られる
ごみ有料化（Pay as you throw scheme）	廃棄物総回収量	廃棄物の量に対応した家庭への料金徴収	リサイクルの促進になることは分かっているが，プラスチックをターゲットにしていない
罰金	プラスチックの海洋投棄	不法投棄に対する罰金	実施が困難，領海の外では不可能

10.4　面源水質汚染——解決困難な問題

　面源汚染が多くの国において水質問題の重要な原因であることを指摘してきた。点源汚染が減少するにつれて，水質基準を高めようとする政府にとっては，農地やその他の土地被覆からの面源排出がより重要になってくる。農業は現在，多くの国での淡水と沿岸水域における過剰な硝酸塩とリン酸塩の主な供給源である（Conley 2012）。ミシシッピー川流域からメキシコ湾への栄養塩類の負荷の分析によると，メキシコ湾で季節的に生じる貧酸素水塊（デッドゾーン）の原因である窒素の 80％，リンの 60％以上が農業に起因している（Rabotyagov et al. 2014)。さらに，ヨーロッパの集約的農業も過度に窒素とリンを蓄積しており，EU における富栄養化水域への面源汚染の 55％が農業によるものと推計されている（Bouraoui and Grizzetti 2014)。

　面源汚染は規制，自主的措置あるいは経済的インセンティブを用いた管理ができる。面源の課題の 1 つは，傾斜地からの土壌流出や河口域への栄養塩類の流入など，排出量を測定し監視する費用である。さらに難しいのは，これらの排出量を個々の土地管理者の行動に帰することである。ここでは，様々な政策手法がどのように面源汚染を制御するかを説明するために硝酸塩汚染を例にとる。水域の硝酸塩濃度が高すぎると富栄養化が起こり，その結果，魚が死に，アメニティが失われる。農業は硝酸塩の主要な発生源である。化学肥料や家畜の排泄物は汚染物質となりうる。化学肥料からの硝酸塩の投入量と汚れた湖の硝酸塩の水準との間に安定した関係があれば，投入物のコントロールで対策ができる。これは，発生源 i の肥料投入量 N_i とモニタリング地点周辺の水質 Q_j の関係を示す「汚染生産関数」（g）の情報が必要であることを意味している。

$$Q_j = g(N_i, Z) \tag{10.1}$$

　ここで Z は，降雨量や栽培されている作物の種類など，ある時点における湖の硝酸塩濃度を決定する他のすべての観測可能な要因を表している。ある湖について，（例えば，Fezzi et al. 2015 のように）水質モデルを用いて（10.1）式を推定できると仮定する。

　政策の選択肢は点源汚染の場合と同じである。硝酸塩肥料 N への課税か，N の購入・施用に対する許可証取引制度がある。あるいは，農業者が施用できる N の量を規制することもできる。図 10.3（a）は硝酸塩肥料への課税の影響を示している。初期価格は P_n で，N_1 を施用することによって農業者は利益を最大化する。なぜならこのとき，N の限界費用（つまりその価格）は肥料の需要曲線 N^D によって測定される肥料の限界便益に等しいからである。ここに t の税を導入すると，価格は（$P_n + t$）に上がり，硝酸塩の施用量は N_0 に減る。肥料使用量の減少によって，河川への硝酸塩投入量は N_1 から N_0 に減少するので，図 10.3（b）に示すように，水質が Q_1 から Q_2 に改善される。

　肥料 1 単位の削減は収量が減るので，農業者にとって生産量の逸失という形の費用になるため，肥料の需要曲線 N^D は農業者の窒素使用に関わる MAC 曲

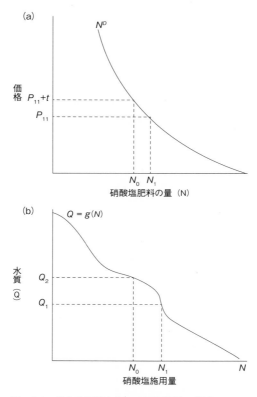

図10.3　投入物課税を用いた面源汚染の削減

線と解釈することができる。生産量の減少は，例えば土地生産性，営農技術，気候などにより，農場によって異なる。これは，点源汚染の場合と同様に，硝酸塩利用の MAC 曲線が農場によって異なっていることを意味する。このような MAC 曲線の違いが存在するのであれば，税などの経済的インセンティブの手法は，規制と比べ低い総費用で望ましい排出削減をもたらすはずである。この場合の規制は，すべての農場に対して窒素の施用を N_0 以下に制限することである。しかし，N^D が農場間で異なる場合，画一的な規制は税金よりも高くつく（非効率である）。また，硝酸塩税の下では，農業者は使用する肥料にも税金を支払わなければならないため，失われた生産物の価値を上回る金銭的負担を負っていることが分かる。肥料投入量に対する課税の代替策には，①予測

排出量に対する課税と，②シガーソン税（Segerson tax）として知られる，湖の硝酸塩レベルに基づく税・補助金制度がある（Shortle and Horan 2001; Suter et al. 2008）。

　これは理論的には簡単に思えるが，実際には多くの問題が存在する。1単位の窒素施用が湖の硝酸塩レベルに及ぼす影響は，農場内でも（例えば，施肥の時期，畑で育つ作物，畑の傾斜によって），農家間でも異なる。土地管理手法は施肥量より重要かもしれない。これは，関数 $Q = g$（ . ）がより複雑なものになるということである。硝酸塩汚染は不均一混合でもある。このことは，国内の多くの地域では問題がないことを意味している。多くの河川や地下水の硝酸塩レベルは，様々な理由で問題を引き起こすレベルを下回っている。他の河川では，硝酸塩レベルは流出量が多い雨期（例えば冬）には目標を超えるが，乾期には超えない。したがって，窒素への課税は政策手法としては大雑把すぎて，多くの面源汚染問題が顕著な地域の目標を達成することには使えない。そこで他の選択肢を検討して，経済的インセンティブの性質をなんらかの形で維持できているかどうかを確かめる必要がある。

　1つの選択肢は，硝酸塩汚染を減らす営農活動に金銭的なインセンティブを与えることである。この活動には，冬に土地を裸地にしておかないこと，過剰な硝酸塩の散布や過大な家畜の密度を避けることなどがある。国内の特定の地域の汚染を減らすように定められた営農活動を，農業者が取り組むことを自発的に約束すれば補助金を支払うという手法がある（例えば，この手法のフランスの農業者への適用については，Kuhfuss et al.（2016）を参照）。農業者が自発的に参加する仕組みでは，汚染削減費用が最も低い農業者たちが取り組む可能性が高いため，すべての農業者に同じ活動をすることを求めるのに比べて費用が少なくなるだろう。同様の補助金制度は，農地の土壌侵食の抑制を目的とする米国の保全休耕プログラム（Conservation Reserve Program）で使われており，実際，オーストラリアでは農業に関連する様々な水質問題に用いられている（Whitten et al. 2013; Connor et al. 2008）。このような営農インセンティブ型の手法は，画一的な営農活動基準を強制するよりも費用対効果が高いという研究がある（Shortle and Horan 2001）。経済的インセンティブを使うにせよ，規制をかけるにせよ，土地利用そのものをコントロールの対象とすることができる。

　投入物への課税，行為の規制，望ましい土地利用の変更に対する補助金と

表 10.1　水質目標を達成するための選択肢の費用による順位付け

	平年並みの場合	雨が多い場合
推定排出量に対する税	1	1
投入税	3	4
投入割当	4	5
家畜密度制限＋投入税	2	8
休耕＋投入税	6	3
家畜密度制限＋休耕＋投入税	5	2
休耕＋家畜密度制限	7	7
休耕	8	6

出典）Aftab et al.（2007）

いった要素を組み合わせた「混合手段」アプローチは，経済的インセンティブのみに基づくシステム，あるいは規制のみに基づくシステムのいずれよりも優れている。Aftab et al.（2007）は，スコットランド東部のある集水域の硝酸塩汚染を削減するいくつかの政策オプションを作った。そして，集水域内の異なる農場類型のモデルを構築し，土地利用と河川の硝酸塩レベルを関連付ける水質モデルとつなげた。彼らは以下のような政策オプションを検討した。

・推定硝酸塩流出量（推定排出量）に対する課税
・硝酸塩の投入量に対する課税（投入税）
・面積当たりの投入割当
・家畜密度の上限
・休耕要件（農地の一定の区画を耕作しないという要件）

規制当局が目的を達成するために複数の政策手段をどう使うかを把握するために，インセンティブの組み合わせを検討した。モデルを計算し，硝酸塩の目標最大濃度（年間何週間目標値を超えることを許すかというように設定し，ここでは 6 週間とした）を実現する費用を推計した。硝酸塩汚染は天候にも左右されるので，平年並みの場合と雨が多い場合の 2 つのシナリオを用意した。政策オプションを費用によって順位付けした結果を表 10.1 に示す。

推定排出量に対する税という純粋な経済的手段は，いずれも費用が最低となっている。しかし，そのような税を実施することは実際には困難であり，問題が多い。なぜなら，推定された排出量の水準に農業者が異議を唱える可能性

があるためである。投入税単独は比較的費用が低いが，家畜密度の制限と投入税など，手段を組み合わせることでより効率的になる。雨の多い年は順位が少し変わる。この場合，雨が多いときに硝酸塩流出を減少させる効果的な方法（休耕など）は，順位が上がる。これらの結果は，規制当局が面源対策として，経済的手法とより多くの規制的手法を組み合わせることに，十分な根拠があることを示唆している。著者らは追跡調査において，隣接する 2 つの集水域における硝酸塩汚染の制御のための潜在的な政策手段の順位付けが，集水域間で異なり，規制の目標によって集水域内で異なることを示した。河川の硝酸塩濃度に関して同じ削減目標を達成するために必要な投入税の税率についても，集水域によって異なり，現在の水質が悪いほうが税率はかなり高くなる。しかし，肥料税に家畜密度制限または休耕を組み合わせた混合手段は，どちらの集水域においても経済手法のみ，または 1 つの規制のみによる対策よりも順位は上であった（Aftab et al. 2017）。

　面源汚染に対するもう 1 つの政策オプションは，点源・面源取引である。栄養塩の汚染の発生源が，下水処理場や産業施設のような点源と農地の両方であるような水域がある。発生源の間での許可証取引を認めれば費用を削減できる。点源と面源との間の排出削減の効率的なバランスを見つけるには，両方の部門に汚染税を課すか，排出削減クレジットの取引を認めるかのいずれかが必要である。自治体にとっては，農地からの排出を減らすため，低投入作物への転換などに対して農業者に支払いをするほうが，下水処理場の栄養塩類除去施設に投資するよりも安上がりな場合がある。

　点源と面源との間で排出削減クレジットが取引されるかどうかは，両者のMAC の差の大きさ次第である。原則として，排出削減量の点源・面源取引は，この制度がない場合よりも低い費用で汚染削減目標を達成することができる。環境経済学の実践 10.4 はこの制度の一例を示している。様々なプログラムが米国，カナダ，ニュージーランドで実施されており，点源・面源間の取引が認められている。これらは，いくつかの要因のため，それほどうまくいっているわけではない。農業者による一連の行動からどの程度の排出削減がもたらされるかについての推計が不確実なこと，農地からの排出が天候に左右され，季節によって異なる，といったこともそうした要因である。点源と面源との間の適切な交換比率を把握することは難しい。点源・面源取引制度の設計と実施

に関する賛否両論については，Shortle and Horan（2001）と OECD（2012）を参照のこと。点源・面源取引制度における勝者と敗者のシミュレーションについては，Lankowski et al.（2008）を参照されたい。

環境経済学の実践　10.4

水質取引の実際

Shortle（2013）によれば，2008 年の時点で世界で 26 件の水質取引（WQT）プログラムが導入され規則が制定されており，21 件はプログラムを開発中であり，さらに 10 件が未完成であった。この全体で 57 件のプログラムのうち 6 件以外は米国のものだが，オーストラリア，カナダ，ニュージーランドにも同様の政策が存在する。

カナダ・オンタリオ州のサウス・ネーション川におけるリン管理のための点源・面源取引プログラムは，15 の自治体と工業部門の 2 つの点源が，農業からの排出を削減するプロジェクトに資金を提供することによって，リンの排出削減の義務を相殺することを認めている。取引規則では，点源からのリン 1kg の削減を相殺するために，農業から推定 4kg のリンを減らさなければならない。この取引規則であっても，農業からの削減は高度処理による点源からの削減よりも安価であるため，このプログラムは費用削減につながると考えられる。制度の対象となっているすべての点源は，農業への資金提供を選択した。ただし，農業者と点源とは直接交渉せず，排出削減プログラムに取り組む農業者と契約する機関が削減量を点源に販売することで実質的に取引が成り立っている。一方，オーストラリアのハンター川塩類取引制度（Hunter River Salinity Trading Scheme）では，点源同士がインターネット上の取引サイトで汚染削減クレジットを直接取引している。

また，米国における面源取引制度の例としては，カリフォルニア草地地域プログラム（農地からのセレンの排出削減量を取引している）と 2005 年にオハイオ州で導入されたグレート・マイアミ川流域点源・面源取引制度がある。カリフォルニアの仕組みは興味深いことに，排出量の推定値に基づくのではなく，実際のセレンの量に基づいている。これは，ここの灌漑システムの特質によりモニタリングが可能であるためである。オハイオの仕組みでは，硝酸塩とリン酸塩を対象とする栄養塩類削減クレジットが流域内の農業者と規制を受けている点源との間で取引されている。ニュージーランドの事例について，より詳しくは環境経済学の実践 10.5 を参照のこと。

> ### 環境経済学の実践　　10.5
> ## タウポ湖の水質取引
>
> 　タウポ湖はニュージーランドで最大の湖である。長いこと，規制当局は湖に流入する硝酸塩の量と水質指標の低下を懸念してきた。「制御可能」に分類される，栄養塩類の最大の発生源は，主にヒツジ・肉牛経営と酪農経営からなる，農業からの流出である。2009 年には，農業間で栄養塩類の排出取引を行う革新的なキャップアンドトレード制度が作られた。この制度の環境目標は，2080 年までに湖の水質を 2001 年レベルに回復させることである。
>
> 　この制度は，汚染している可能性が「かなり」ある，集水域のすべての農場，合計 180 の農場に対して，推計排出量を既得権として認めた。この推計された許容排出量は，その合計が総許容量（キャップ）であり，OVERSEER というコンピュータモデルに基づいている。総許容量の上限は 2001〜2005 年の平均推計排出量から 20％少ない水準に設定された。農業者は排出枠（NDA と呼ばれる）を売買できる。買い手はおそらく生産量を増やしたい農場やヒツジや肉牛から酪農に転換したい農場だろう。中央機関は，タウポ湖保護トラストと呼ばれており，総排出量を削減するために，これらの排出枠の一部を買い戻した後，廃棄することを義務付けられている。
>
> 　この制度のレビューで，Duhon et al.（2015）は，① 180 人の農業者のうち 30 人が 2012 年までに取引を行っており，これらの農業者が集水域の管理区域の約 47％を所有していたこと，②排出枠の販売は，他の農業者より保護トラストへのほうが多かったこと，③売買に参加するための取引コストは農業者にかかるが（例えば，取引の承認のための費用），他の水質取引制度と異なり，取引を「過度に制限していない」と考えられていること，が分かったとしている。興味深いことに，多くの農業者は，政府が開設したインターネット上の市場を使わずに，対面で取引している。

10.5　水質の便益を測る

水質の便益は，以下の様々な障害の原因を改善することから生まれる。

・農地・森林の面源汚染
・河川形態の変更

・水力発電

・雨水流出

・工場・下水処理場の点源汚染

・生息地の消失と改変

　便益は，川の外観・美観と流れの改善，岸辺の植生の改善，河川内生態系の改善，生物多様性の増大（水鳥，カワウソ，両生類），健康リスクの低減（藍藻によるリスクなど）などから生じる（Hunter et al. 2012）。水域におけるこのような物理的変化は，漁業者やカヤックをする人などにとっての利用価値の増大（Johnstone and Markandya 2006；Hynes et al. 2009）と，希少種の生存確率の向上などによる非利用価値の増大を含む，一連の経済的便益を生み出す。多くの便益は市場価格に直接反映されないため，非市場評価法を用いて推定しなければならない。水質改善の経済的価値を測定するために多くの方法が用いられてきた。

　1980 年代以降，仮想評価法は水質の変化を評価するための一般的な手法となっている（Mitchell and Carson（1989）などを参照）。例えば，Loomis et al.（2000）は，プラット川の生態系サービスのフローを回復する便益を測定するために仮想評価法の調査を行い，Holmes et al.（2004）は，リトルテネシー川の生態系サービスの回復の便益を検討した。この 2 つの研究は河川の環境を回復させることについての費用便益分析の一部として用いられ，どちらの場合も便益が費用を上回ることが示された。英国では，夏期に流量が低下する河川の流況改善の便益を推定するために，仮想評価法が用いられている（Hanley et al.（2003）などを参照）。この方法は，栄養塩類の投入量を減らし，水の透明度や藻類の大量発生に伴う問題を減らすことによって，バルト海の水質を改善する便益を推定するためにも使われてきた（Ahtiainen et al. 2014）。

　表明選好法の第 2 の手法は選択型実験である。この方法は，水質の様々な属性（例えば，河川内生態系，美観，河岸植生）を個別に評価できるため，水質研究者にとって魅力的である。このような属性ごとの値は，環境管理または政策の見地から有用であると見なされている。政策立案者は，水質管理手法の相対的な便益についての詳細な全体像を望んでいる。例えば，Hanley et al.（2006）はスコットランド東部の 2 つの河川の改善の価値を調べた。Bennett et al.（2016）はオーストラリアのホークスベリー・ネピアン川の生態

方針 影響	何もしない	A	B
地元での農業の 雇用の喪失・創出	どちらもなし	5 人の雇用喪失	2 人の雇用創出
視覚的影響： 河川の低流量状態の月数	5ヵ月	2ヵ月	3ヵ月
河川の生態的状態	悪化	わずかな改善	大幅な改善
水道料金の上昇（年間）	0 ポンド	2 ポンド	40 ポンド
方針を選択してください	☐	☐	☐

図 10.4　選択型実験の質問例
出典）Hanley et al.（2006）

的状態を改善することの便益について検討している。ベネットらの調査では，次の属性を使って河川に対する将来の管理手法の影響を説明している。

- ・泳ぐのに適している（つまり，水に触れるレクリエーションに関する最低基準を満たしている）川の区間の長さ
- ・バスという一般的な種が川にどれだけいるかという指標として，その捕獲に要する時間
- ・在来の植生が良好な状態にある河岸の長さ
- ・外来雑草が侵入していない川の長さ
- ・特定の新しい管理プログラムに要するシドニー地域の世帯の今後 10 年にわたる費用（年当たり）

　Hanley et al.（2006）の選択実験の質問例を図 10.4 に示す。図 10.5 は，水質属性の水準の違いを回答者にどのように説明したのかをより詳細に示している。表 10.2 は，これも Hanley et al.（2006）による，河川属性の改善の限界値に関する代表的な結果を示している。環境経済学の実践 10.6 では，選択型実験と仮想評価法の両方を使ったアイオワにおける水質改善の便益調査を，環境経済学の実践 10.7 では，アイルランドにおける沿岸域の水質改善に関する選択型実験の結果を紹介している。

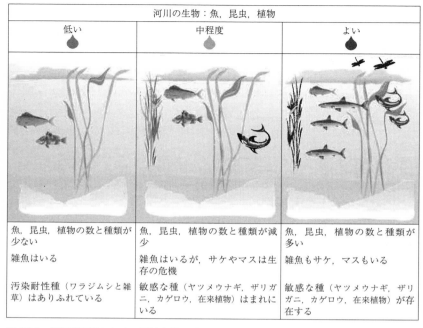

図10.5　選択型実験における属性水準の説明
出典）Stithou et al.（2012）

表10.2　スコットランドの2河川における選択型実験による1世帯当たり支払意思額
（ポンド／年）

	モトレイ川	ブロソック川	集計データ
地域の農業雇用	3.52（2.38；4.66）	3.63（2.41；4.98）	3.65（2.81；4.48）
河川流量条件の1ヵ月当たりの改善	3.87（2.52；5.07）	2.7（0.9；4.21）	3.0（1.74；4.25）
環境の多少の改善	8.97（5.41；12.38）	10.53（4.57；17.19）	9.45（6.25；12.93）
環境の大幅な改善	24.03（18.53；31.08）	28.26（19.65；40.57）	25.91（21.1；31.74）

出典）Hanley et al.（2006）
　注）支払手段は地域の水道料金。括弧内は95％信頼区間。

環境経済学の実践　　10.6

水質改善の評価額——仮想評価法と選択型実験の比較

....

　水質改善の便益を測定するために，仮想評価法と選択型実験が使われてきたが，どちらの評価方法によっても，一定の改善に対して同じ答えが得られるだろうか。Christie and Azevedo（2009）は，アイオワ州クリア湖の水質改善の事例でこの問題を検討している。クリア湖はアイオワ州で 3 番目に大きい天然の湖で，レクリエーションによく利用されている。しかし，農業の面源によるリン酸塩汚染は，水の透明度の低下，藻類の大量発生の増加，魚類の多様性の低下をもたらした。

　仮想評価法は，アイオワ州民 900 人を対象に実施された。水質の異なる 3 つのシナリオが用意された。プラン A は，水質のさらなる悪化を防止する対策である。プラン B は「中程度の」改善をもたらし，プラン C は水質の「大幅な」改善をもたらす。水質は水の色と透明度，藻類の大量発生回数（年当たり），水のにおい，魚の数で評価した。これらの項目は 600 人を対象とした選択型実験にも用いられた。回答者には，そのような改善は増税がなければ実現しないと伝えた。

　次の表は，両者の方法による支払意思額（WTP）の推計値を示している。

表　仮想評価法と選択型実験による支払意思額推計値（ドル／世帯）

	仮想評価法（ドル／世帯）	選択型実験（ドル／世帯）
プラン A：さらなる悪化	− 1327	− 2341
プラン B：中程度の改善	1093	385
プラン C：大幅改善	1642	2692

　表にあるように，2 つの方法ともプラン A は厚生が低下すること（WTP がマイナス）を示しており，この値は，水質が現状より低下した場合の人々の厚生低下の大きさと解釈される。水質の改善に対しては，どちらの方法も厚生の向上（WTP がプラス）を示しており，改善幅が大きければ WTP も大きい。しかし，どのプランについても WTP の平均値は 2 つの方法の間で有意に異なっている。次にクリスティとアゼベードは，これらの回答のもととなる選好が，選択型実験と仮想評価法の間で異なるかどうかを検定するために，仮想評価法の 3 つのシナリオを 1 つのデータセットにまとめた。そして，上記の 4 つの項目（水の色と透明度，藻類の大量発生回数，水のにおい，魚の数）に対する限界評価額

は両者の間で統計的に有意な差がないことが分かった。したがって，これら2つの表明選好法は「収束的妥当性」の点では，さほど問題がないのでは，と著者たちは考えている。

環境経済学の実践　10.7

選択型実験によるアイルランド沿岸域における水質改善の便益評価

　欧州連合の2006年遊泳水域指令（Bathing Waters Directive）は，遊泳を目的として水質を4段階（「不可」「可」「良」「優」）に格付けする仕組みを作り，すべての遊泳水域で2015年までに「可」の状態を達成することを求めた。環境規制当局は，この基準を満たしていないビーチに警告標識を設置しなければならない。基準に達していない状態が続けば，ビーチの指定が取り消されることになる。この指令は，腸球菌と大腸菌という2つの新しい項目の基準を定めている。2011年以降，これら2つの微生物の項目が監視され，遊泳水域の格付けに用いられてきた。この目標を達成するためには，新たな下水処理施設への投資や農地からの汚染物質の流出を減らす対策が必要となるため，費用がかかる。しかし，その便益の大きさはどの程度なのだろうか。

　Hynes et al.（2013）は，選択型実験を用いて，アイルランドの沿岸域の水質が改善された場合の，海岸を利用する人々にとっての便益を推計している。水質の改善を表すために次の3つの項目を使った。

- ・海で泳ぐ人々の健康リスクの変化：健康リスクは，水浴をする人や，サーファーやカヤックをする人など他の水利用者の眼や胃の感染を引き起こす糞便性病原体から生じる。この項目は，規制当局が遊泳水域指令で実現しようとしていることと最も密接に関連している。
- ・海岸のごみ（破片）の量の変化：これまでの研究で人々が関心を持っていることが示されていたため。
- ・ビーチにおける水底の健全性の変化：この生態学的指標もこの指令の実施によって影響を受ける可能性が高い。多くの回答者が「水底の健全性」という言葉を知らないおそれがあったため，鳥類，魚類，海洋哺乳類への影響の可能性という表現で説明された。

　アイルランドのビーチでレクリエーションをする人々，特にサーフィン，水泳，シーカヤックなどの「活動的な」レクリエーションをする人たちが，沿岸

域の水質変化をどう評価しているかということが，この選択型実験の主たる関心である。回答者たちは，遊泳水域指令の改正による水質改善の影響を受ける可能性が特に高い。なぜなら，この指令が重視している水質項目の多くは，人の健康に関連しているからである。上記 3 つの項目の水準が異なるビーチへのレクリエーション利用者の旅行費用を価格として用いた。

　推計結果は，回答者が 3 項目すべての改善を，統計的に有意にプラスと評価しており，改善幅が大きければ評価額も大きいことを示している。例えば，水底の健全性の「少しの改善」は，「大幅な改善」よりも効用の増加が小さい一方，リスクの 10％から 5％への減少は，10％から事実上ゼロへの減少よりも評価が低い。海岸のごみの管理については，回収と防止は回収だけの場合と比べて評価が高い。改善の評価額は，回答者の所得と教育水準によって異なる。下の表は，3 種類のモデルについて，支払意思額の推計値を示している。条件付きロジットモデルは，サンプル全体の平均的な選好を表す。ランダムパラメータモデルと潜在クラスモデルは，「選好の不均一性（回答者によって評価が異なること）」を扱う 2 つの方法である。潜在クラスモデルからは，沿岸域の水質改善に対する支払意思額が大きく異なる 2 つのタイプの回答者が存在することが分かる。

表　モデルごとの限界支払意思額（ユーロ／1 人・年）

	条件付きロジット	潜在クラスモデル			ランダムパラメータロジット
		階級 1	階級 2	階級の加重平均	
水底の健全性：少しの改善	4.77	7.13	1.27	4.72	4.41
水底の健全性：大幅な改善	4.84	7.46	1.9	5.18	5.11
健康リスク：病気になるリスクが 10％から 5％に	4.08	4.33	2.3	3.5	3.91
健康リスク：事実上ゼロに	9.03	12.06	3.61	8.6	8.58
海岸のごみの管理：防止のみ	6.6	10.06	2.4	6.92	6.31
海岸のごみの管理：回収・防止	7.2	11.18	3.0	7.82	7.04

　水質改善に使われている第 3 の評価方法はトラベルコスト法である。その一例が，Johnstone and Markandya（2006）である。彼らは釣り人が 1 年間で釣りに出かける回数および行先と，河川中の分類群数，有機汚染レベル，生息地の質，魚種の数などの水質項目との関係を分析している。釣り人の回答に基づき，英国の低地の川，高地の川，チョークストリーム（石灰岩地帯を流れる

表 10.3　イングランドの釣り人にとっての水質改善による経済的便益
係数が統計的に有意な水質項目の 10%改善に対する釣り 1 回当たり消費者余剰の変化

	高地の河川	低地の河川	チョークストリーム※
魚種数		2.49	
BOD	− 0.43		
アンモニア		− 0.13	
溶存酸素	2.09		0.29
流量	1.97	3.7	0.15

出典）Johnstone and Markandya（2006）より抜粋。
　注）単位はポンド。現状の水質での消費者余剰は 3 つのカテゴリーの平均で 25 ポンドであった。
　　　空白のところは有意水準 5%で水質項目の係数が有意でないことを意味する。
訳注）※石灰岩地帯を流れる河川。

川）について別々の推計式で推定した。釣りに出かける回数と行先の地域的分布は，どちらも分析に用いた水質項目の大半と有意に関連していたが，係数（パラメータ）の符号は時に予想に反していた。次に，釣りに出かけるかどうかと行先の選択を統合したモデルを使って，水質項目の 10%改善のための便益（釣り 1 回当たりの消費者余剰の変化）を測定した。その結果を表 10.3 に示す。しかし，トラベルコストモデルを水質改善の評価に適用する場合の問題の 1 つは，水質項目同士の多重共線性が強く，個々の項目への影響が判別しにくいことである。これが彼らの研究の論点であった。

　最近では，Czajkowski et al.（2015）が，バルト海へのアクセスの便益に，沿岸国の間でどの程度違いがあるかトラベルコスト法で推計している。海辺でレクリエーションを行う確率（参加）と訪問回数の両方をモデルに組み込んでいる。バルト海でのレクリエーションによる現在の年当たり経済的便益は国によって大きく異なり，旅行回数と参加の程度にも大きな違いが見られた。このモデルを用いて，水質改善シナリオの下でレクリエーションの便益の変化を検討したところ，9ヵ国での年間便益が 6〜25％増加するという結果となった。表 10.4 では 3 つの国の値を示した。対策の費用の配分方法にもよるが，バルト海の水質改善による便益にこのような差があることは，すべての国にとって同じように便益が増えるわけではないということであり，そのような改善を実現するために国際協力をすすめていくことが困難であることを意味している。

　ヘドニック価格法は，環境質改善の便益を測定する方法として，水質の変動を住宅価格の変動に関連付ける顕示選好アプローチである。Leggett and

表10.4　バルト海 3ヵ国のトラベルコストモデルの結果

	デンマーク	エストニア	フィンランド
成人人口（100万人）	4.2668	1.0493	4.2146
平均旅行回数の予測値	5.4436 [3.9056]	1.8561 [0.871]	3.1501 [2.1511]
平均旅行回数の回答値	5.9644 [15.4424]	1.8289 [5.6251]	3.9548 [19.785]
旅行 1 回の平均消費者余剰 （ユーロ）	31.4763*** (29.878～33.068)	78.5992*** (67.060～90.248)	80.6823*** (75.942～85.454)
総消費者余剰（10億ユーロ）	0.7221***	0.1495***	1.0427***
（バルト海の水質が現状の場合）	(0.626～0.809)	(0.115～0.180)	(0.772～1.212)
水質変化による旅行回数の影響*1	0.403*** (0.205～0.604)	0.1425*** (0.076～0.208)	0.249*** (0.133～0.367)
総消費者余剰の予測値 （10億ユーロ）	0.7762*** (0.674～0.874)	0.1612*** (0.125～0.194)	1.1274*** (0.842～1.312)
総消費者余剰の変化（10億ユーロ）	0.054	0.0117	0.0844
総消費者余剰の相対的変化（%）	+ 7.47%	+ 7.84%	+ 8.1%

出典）Czajkowski et al.（2015）
注）＊1　5段階の変数「バルト海の環境状態に関する認識」の 1 単位の改善による 1 人当たりの旅
　　　行回数の平均的な変化。

Bockstael（2000）は，メリーランド州アナランデル郡の不動産価格に対する，沿岸水域の糞便性大腸菌群数の変動の影響を検討している。ここの海岸線が特徴的なのは，住宅市場の中で水質の違いがかなり大きいことである。分析は1993～1997 年の水辺の住宅の販売データに基づいている。著者たちは，糞便中の大腸菌群数は，健康上のリスクから，水泳やボート遊びなどの水を利用したレクリエーションをする場合はとりわけ，人々が気にしていて，知っている可能性が高いものであるため，ヘドニック価格法での使用に適した水質の尺度であると主張している。糞便の量が多いと水の臭いや見た目が悪くなり，利用者に健康上のリスクをもたらす。彼らは，線形，両対数，片対数，逆片対数などの関数形でヘドニック価格方程式を推計した。線形を除いて，糞便性大腸菌群濃度は説明変数として有意かつ負である。糞便性大腸菌群数の減少による厚生の変化を次に評価する。海岸のある区域が汚染度が高く，大腸菌群数が100ml 当たり 135～240 個であったが，大腸菌群数を 100ml 当たり 100 個に減らせば，不動産の価値は 23 万ドル上昇し，価格が 2%上昇すると試算された（逆片対数のヘドニック価格方程式の場合）。

キーコンセプト 10.1

水質改善は誰が費用を負担し，誰が便益を得ているのか？

　水質改善は，水質汚染の責任を負う部門に費用を課す。市場構造によっては，これらの費用の一部は消費者に転嫁される。浄化費用を支払っている人々は，よりよい水質から便益を得ている人々とは異なる可能性が高い。これをよく表しているのが，Fezzi et al. (2008) によるヨークシャーの河川における水質改善の費用と便益に関する研究である。この地域における硝酸塩汚染の主要な発生源は農業である。硝酸塩汚染の削減対策は，利益の逸失という形で農業者に費用を課す。便益は，集水域でレクリエーションをする人々を含め，水質改善に価値を認める人々に生じる。地理情報システムと様々な環境評価手法を組み合わせて使用することで，Fezzi らは，その地域の都市部の住民にほとんどの便益が生じることを示した。水枠組み指令で求められる水質改善による便益が 1250 万ポンドほどであるのに対して，農業者の費用は 550 万ポンド程度となっている。したがって，（都市の）住民は水質改善から便益を得ているが，その費用は，高収益な作物栽培をあきらめることによる収入の逸失として農業者は認識する。この研究は，水質汚染削減の便益と費用を測定するために統合モデルを使用し，これらの便益と費用が誰に帰属するかを示す好例である。

10.6　水質改善の費用便益分析の課題

　水質問題に費用便益分析を使う場合には，大きく2つの問題がある。

① 評価すべき水質の変化を特定すること
② 水質の変化を特定したら，それを評価すること

10.6.1　評価すべき水質の変化を特定すること

　経済学者はまず，水質や水量の変化がはっきり分かっているという仮定から議論を始める。しかし，これは強い仮定である。厚生経済学は，公共財の「事前」と「事後」の量が分かっており，それによって支払意思額が測定できるという前提に立っている。しかし，水質管理への適用には2つの問題がある。第1に，費用便益分析は，対策を講じなかった場合，時間の経過とともにどのよ

うな変化が生じるかを把握する必要がある。これが「従来どおり」のシナリオである。多くの要因が将来の水質を決定するため，これは厄介である。例えば，景気後退による工場の閉鎖は，他の法律の要求事項と同様に，浄化プログラムとは無関係に水質改善をもたらす可能性がある。消費者は河川がきれいになった理由を気にしないかもしれないが，対策プログラムに費用便益分析を適用するには，原因と結果を区別する必要がある。

　第 2 に，対策プログラムが水質に及ぼす影響は不確実である。乳牛頭数の削減は集水域の水質を改善するだろうが，これらの予測値は暗黙的であれ明示的であれ誤差を伴って示される。肥料税や水路沿いの緩衝帯の設置などが水質にもたらす影響の不確実性を，支払意思額調査の回答者に意識させるべきであろうか。最後に，研究者は，水生生態系である汚染が生じ，その修復から回復するのにどれくらいの時間がかかるか，よく分からない場合がある。時間的経路が変われば，費用便益分析の一部を構成する毎期の便益の大きさが変わり，回答者に選好を尋ねるときに示すシナリオも変わってくる。この不確実性を，便益を得るであろう人々にどのように伝えるべきだろうか。

10.6.2　環境変化を評価するときの問題点

　ここでは 3 つの問題を検討する。第 1 に，科学者がどのように水質を測定しているかということは，何を測定することが重要なのか，あるいは（健康上のリスクに関する）実際の水質が人々の感じている水質に対応しているのかという意味で，一般の人々がどのように水質を認識しているのかということとは別の話である。しかし，行動を決定し，それによって支払意思額を決めるのは人々が認識している水質である（Adamowicz et al. 2003）。このように，科学者や規制当局が測定している水質と，一般の人々が認識している水質が一致していないことが，水政策や水管理に費用便益分析を適用する上で問題となる。選択型実験において，回答者に対する水質項目の説明のしかた（それによって支払意思額が算出される）が，科学的に意味があり，妥当であり，理解しやすいものであることをどのように確認するかに関する文献が増えている（例えば，Johnston et al.（2012））。

　第 2 に，費用便益分析における総便益は，水質改善の 1 人当たりまたは訪問 1 回当たりの値と，この変化によって影響を受ける人の数または訪問回数に

①ミムラム川

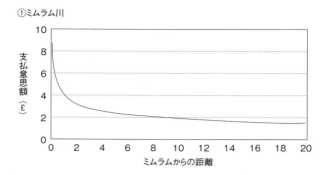

②マンチェスター船舶運河

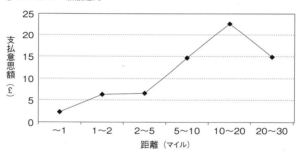

図10.6　英国の水域の距離減衰関数
出典）Hanley et al.（2003）; Hanley et al., 未発表

よって決まる。経済学者は「何人が恩恵を受けるか」よりも，「1人当たり」や「訪問1回当たり」の測定に注目しがちである。水質の観点からこの問題を解決する1つの方法は，距離減衰関数を推定することである。距離減衰関数は，水質改善の支払意思額と，回答者の住所と川との距離の関係を見出そうとするものである（Bateman et al. 2006）。図10.6は，イングランドのミムラム川とマンチェスター船舶運河の水質改善に関する2つの距離減衰関数を示している。

　第3に，人々は，水質改善が自分たちにとってどれだけ重要か，つまり，特定の変化にどれだけの金額を支払う意思があるかはっきり分かっていないかもしれない。Hanley et al.（2009）は，支払いはしご（payment ladder）方式を用いた仮想評価法によって，沿岸の水質改善に対する地域住民の支払意思額の不確実性を捕捉している。支払いはしご方式では，人々は，水質の特定の変化

に対して（この場合，地方税の増税という形で）支払ってもよいと最も強く確信している金額，および支払わないと最も強く確信している金額を尋ねられる。これら2つの金額の間に差（間隔）がある場合，それが「評価ギャップ」となる。この研究では，ほとんどの人が支払意思額を区間で答えることを好むことが明らかになった。また，どのような要因が評価ギャップの大きさを決定しているのかを調査し，環境財（この場合は沿岸域の水質）をよく知っていることと所得水準が，その人の評価ギャップの大きさを説明することが分かった。Czajkowski et al.（2015）も，選択型実験を用いて，沿岸域の水質をよく理解していることが評価額の不確実性に及ぼす影響を調査している。

10.7　まとめ

　水質の経済学は，政策と経済理論との興味深い対比を表している。経済学者の議論にもかかわらず，政府は水質汚染を減らすため，規制に比べると経済的手段を採用することに消極的である。水質汚染税や許可証取引制度の例はあるが，大気汚染防止に比べて水質汚濁防止の分野では，全体的に経済的手法は「牽引力」を得ていない。これは，面源汚染源に税金や許可証取引を適用することが困難であること，および，汚染物質の排出量と環境水準との関係が複雑で地域特有であることによる。

　これとは対照的に，費用便益分析と便益評価の経済学的な考え方は，例えばEU水枠組み指令との関連で，水質汚染のプロジェクト評価と政策評価の両方で比較的注目を集めるようになってきた。水質の変化に経済的評価手法を適用した文献は数多く存在するが，これは政策的な需要が主な背景である。

ディスカッションのための質問

10.1「農業からの面源汚染の問題に対処する最善策は，汚染の責任を負う農業者に汚染に応じた課税をすることである」。この意見の①どこが正しいのか，②どこが問題なのか。

10.2 河川の水質改善は，貧しい世帯よりも裕福な世帯に大きな便益をもたらす傾向があるか。

練習問題

10. 1 水質汚染の主な種類と発生源は何か。なぜ問題の発生源が政策設計に関係するのか。

10. 2 工場や下水処理場からの点源排出が主として問題となっている河川の水質を改善するために，汚染税の制度を利用する際，規制当局はどのような問題に直面するだろうか。規制と比較して，そのような税の手法を使うことの主な便益は何か。

10. 3 河口域における面源からの汚染を削減するために，経済的手法をどのように用いることができるか。面源の特質は，政策設計に関して，政府にどのような問題を課すのか。

10. 4 都市部の河川の水質改善の便益を推計するために，①選択実験と②ヘドニック価格法をどのように使うか。

10. 5 下水処理の改善による沿岸域の水質改善計画の費用便益分析を実施する際の問題点は何か。

参考文献

Adamowicz W., Swait J., Boxall P., Louviere, J. and Williams, M. (2003). Perceptions Versus Objective Measures of Environmental Quality in Combined Revealed and Stated Preference Models of Environmental Valuation. In Hanley N., Shaw, D. and Wright, R. (eds.), *The New Economics of Outdoor Recreation*. Cheltenham: Edward Elgar.

Aftab, A., Hanley, N. and Kampas, A. (2007). Co-ordinated Environmental Regulation: Controlling Non-Point Nitrate Pollution while Maintaining River Flows. *Environmental and Resource Economics* 38 (4) : 573-93.

Aftab, A., Hanley, N. and Baiocchi, G. (2017). Transferability of Policies to Control Agricultural Nonpoint Pollution. *Ecological Economics* 134: 11-21.

Ahtiainen, H., Artell, J., Czajkowski, M., Hasler, B., Hasselström, L., Huhtala, A., Meyerhoff, J., Smart, J. C. R., Söderqvist, T., Alemu, M. H., Angeli, D., Dahlbo, K., Fleming-Lehtinen, V., Hyytiäinen, K., Karlõševa, A., Khaleeva, Y., Maar, M., Martinsen, L., Nõmmann, T., Pakalniete, K., Oskolokaite, I. and Semeniene, D. (2014). Benefits of Meeting Nutrient Reduction Targets for the Baltic Sea—A Contingent Valuation Study in the Nine Coastal States. *Journal of Environmental Economics and Policy* 3: 1-28.

Bateman, I., Day, B., Georgiou, S. and Lake, I. (2006). The Aggregation of Environmental Benefit Values: Welfare Measures, Distance Decay and Total WTP. *Ecological*

Economics 60 (2) : 450-60.

Bennett, J., Cheesman, J., Blamey, R. and Kragt, M. (2016). Estimating the Non-Market Benefits of Environmental Flows in the Hawksebury-Nepean River. *Journal of Environmental Economics and Policy* 5 (2) : 236-48.

Bouraoui, F. and Grizzetti, B. (2014). Modelling Mitigation Options to Reduce Diffuse Nitrogen Water Pollution from Agriculture. *Science of The Total Environment* 468: 1267-77.

Christie, M. and Azevedo, C. (2009). Testing the Consistency between Standards Contingent Valuation, Repeated Contingent Valuation and Choice Experiments. *Journal of Agricultural Economics* 60 (1) : 154-70.

Conley, D. J. (2012). Save the Baltic Sea. *Nature* 486: 473-64.

Connor, J. et al. (2008). Designing, Testing and Implementing a Trial Dryland Salinity Trading System. *Ecological Economics* 67 (4) : 574-88.

Czajkowski, M., Hanley, N. and LaRiviere, J. (2015). The Effects of Experience on Preference Uncertainty: Theory and Empirics for Public and Quasi-Public Environmental Goods. *American Journal of Agricultural Economics* 97 (1) : 333-51.

Duhon, M., McDonald, H. and Kerr, S. (2015) *Nitrogen Trading in Lake Taupo*. Wellington, New Zealand: MOTU.

Fezzi, C., Rigby, D., Bateman, I. J., Hadley, D. and Posen, P. (2008). Estimating the Range of Economic Impacts on Farms of Nutrient Leaching Reduction Policies. *Agricultural Economics* 39: 197-205.

Fezzi, C., Harwood, A., Lovett, A. and Bateman, I. (2015). The Environmental Impact of Climate Change Adaptation on Land Use and Water Quality. *Nature Climate Change* 5 (3) : 255-260. http://dx.doi.org/10.1038/nclimate2525

Foley, J. A. et al. (2005). Global Consequences of Land use. *Science* 309: 570-4.

Hanley, N., Faichney, R., Munro, A. and Shortle, J. (1998). Economic and Environmental Modelling of Pollution Control in an Estuary. *Journal of Environmental Management* 52 (3) : 211-225.

Hanley, N., Schlapfer, F. and Spurgeon, J. (2003). Aggregating the Benefits of Environmental Improvements: Distance-Decay Functions for Use and Non-Use Values. *Journal of Environmental Management* 68 (3) : 297-304.

Hanley, N., Colombo, S., Tinch, D., Black, A. and Aftab, A. (2006). Estimating the Benefits of Water Quality Improvements Under the Water Framework Directive: Are Benefits Transferable? *European Review of Agricultural Economics* 33 (3) : 391-413.

Hanley, N., Kristrom, B. and Shogren, J. (2009). Coherent Arbitrariness: On Value Uncertainty for Environmental Goods. *Land Economics* 85 (1) : 41-50.

Hasler, B., Smart, J. C. R., Fonnesbech-Wulff, A., Andersen, H. E., Thodsen, H., Mathiesen, G. B., Smedberg, E., Göke, C., Czajkowski, M., Was, A., Elofsson, K., Hurnborg, C., Wolfsberg, A. and Wulff, F. (2014). Hydro-Economic Modelling of Cost-Effective

Transboundary Water Quality Management in the Baltic Sea. *Water Resources and Economics* 5: 1-23.

Holmes, T. P., Bergstrom, J. C., Huszar, E., Kask, S. B. and Orr Ⅲ, F. (2004). Contingent Valuation, Net Marginal Benefits, and the Scale of Riparian Ecosystem Restoration. *Ecological Economics* 49 (1): 19-30.

Hunter, P., et al. (2012). The Effect of Risk Perception on Public Preferences and Willingness-To-Pay for Reductions in the Health Risks Posed by Toxic Cyanobacterial Blooms. *Science of the Total Environment* 426: 32-44.

Hynes, S., Hanley, N. and O'Donoghue, C. (2009). Alternative Treatments of the Cost of Time in Recreational Demand Models: An Application to Whitewater Kayaking in Ireland. *Journal of Environmental Management* 90 (2): 1014-21.

Hynes, S., Hanley, N. and Tinch, D. (2013). Valuing Improvements to Coastal Waters Using Choice Experiments: An Application to Revisions of the EU Bathing Waters Directive. *Marine Policy* 40: 137-144.

Johnston, R., Schultz, E., Segerson, K., Besedin, E. and Ramachandran, M. (2012). Enhancing the Content Validity of Stated Preference Valuation: The Structure and Function of Ecological Indicators. *Land Economics* 88 (1): 102-20.

Johnstone, C. and Markandya, A. (2006). Valuing River Characteristics Using Combined Site Choice and Participation Travel Cost Models. *Journal of Environmental Management* 80 (3): 237-47.

Juma, D. W., Wang, H. and Li, F. (2014). Impacts of Population Growth and Economic Development on Water Quality of a Lake: Case Study of Lake Victoria Kenya Water. *Environmental Science and Pollution Research* 21 (8): 5737-46.

Kuhfuss, L., Preget, R., Thoyer, S. and Hanley, N. (2016). Nudging Farmers to Enrol Land into Agrienvironmental Schemes: The Role of a Collective Bonus. *European Review of Agricultural Economics* 43 (4): 609-36.

Lankowski, J., Lichtenberg, E. and Ollikainen, M. (2008). Point/Nonpoint Effluent Trading with Spatial Heterogeneity. *American Journal of Agricultural Economics* 90 (4): 1044-58.

Leggett, C. G. and Bockstael, N. (2000). Evidence on the Effects of Water Quality on Residential Land Prices, Journal of Environmental Economics and Management'. 39 (2): 121-44.

Loomis, J., Kent, P., Strange, L., Fausch, K. and A. Covich. (2000). Measuring the Total Economic Value of Restoring Ecosystem Services in an Impaired River Basin: Results from a Contingent Valuation Survey. *Ecological Economics* 33 (1): 103-17.

McGonigle, D. F., Harris, R. C., McCamphill, C., Kirk, S., Dils, R., Macdonald, J. and Bailey, S. (2012). Towards a More Strategic Approach to Research to Support Catchment-Based Policy Approaches to Mitigate Agricultural Water Pollution: A UK Case-Study. *Environmental Science & Policy* 24: 4-14.

Mitchell, R. and Carson, R. (1989) *Using Surveys to Value Public Goods: The Contingent Valuation Method*. Washington, D. C.: Resources for the Future. (環境経済評価研究会訳 2001『CVM による環境質の経済評価──非市場財の価格評価』山海堂)

Muller, N. Z. and R. Mendelsohn. (2009). Efficient Pollution Control: Getting the Prices Right. *American Economic Review* 99 (5): 1714-1739.

OECD (2012) *Water Quality Trading in Agriculture*. Paris: OECD.

Oguttu, H. W. et al. (2008). Pollution Menacing Lake Victoria: Quantification of Point Sources Around Jinja Town, Uganda. *Water SA* (online), 34 (1): 89-98.

O'Neil, W., David, M., Moore, C. and Joeres, E. (1983). Transferable Discharge Permits and Economic Efficiency: The Fox River. *Journal of Environmental Economics and Management* 10 (4): 346-55.

Oosterhuis, F., Papyrakis, E. and Boteler, B. (2014). Economic Instruments and Marine Litter Control. *Ocean and Coastal Management* 102: 47-54.

Rabotyagov, S. S. et al. (2014). Cost-Effective Targeting of Conservation Investments to Reduce the Northern Gulf of Mexico Hypoxic Zone. *Proceedings of the National Academy of Sciences of the United States of America* 111 (52): 18530-5.

Ribaudo, M. (2009). Non-Point Pollution Regulation Approaches in the U. S'. In J. Albiac and A. Dinar (eds) , *The Management of Water Quality and Irrigation Techniques*. London: Earthscan, pp. 83-102.

Savage, J. and Ribaudo, M. (2016). Improving the Efficiency of Voluntary Water Quality Conservation Programs. *Land Economics* 92 (1): 148-66.

Shortle, J. S. and Horan, R. D. (2001). The Economics of Nonpoint Pollution Control. *Journal of Economic Surveys* 15 (3): 255-89.

Shortle, J. S., Ribaudo, M., Horan, R. D. and Blandford, D. (2012). Reforming Agricultural Nonpoint Pollution Policy in an Increasingly Budget-Constrained Environment. *Environmental Science & Technology* 46 (3): 1316-25.

Shortle, J. S. (2013). Economics and Environmental Markets: Lessons from Water-Quality Trading. *Agricultural and Resource Economics Review* 42 (1): 57-74.

Stithou, M., Hynes, S., Hanley, N. and Campbell, D. (2012). Estimating the Value of Achieving "Good Ecological Status" in the Boyne River Catchment in Ireland Using Choice Experiments. *Economic and Social Review* 43 (3): 397-422.

Suter, Jordan F., Vossler, Christian A., Poe, Gregory L. and Segerson, Kathleen. (2008). Experiments on Damage-Based Ambient Taxes for Nonpoint Source Polluters. *American Journal of Agricultural Economics* 90 (1): 86-102.

Whitten, S., Reeson, A. and Rolfe, J. (2013). Designing Conservation Tenders to Support Landholder Participation: A Framework and Case Study Assessment. *Ecosystem Services* 6: 82-92.

<table>
<tr><td>第11章</td><td>家計の廃棄物と
リサイクルの経済学</td></tr>
</table>

11.1 はじめに

　家計が排出する廃棄物（ごみ）は何らかの方法で処分される必要がある。人々は豊かになるほど，消費量が増加し，1世帯当たりの廃棄物発生量は増加する傾向がある（Mazzanti and Zobboli 2009）。廃棄物は，リサイクル，焼却，堆肥化，埋立などの様々な方法で処理されている。これらの方法にはそれぞれ，私的費用（例えば，リサイクル可能な材料を収集場所に運ぶ時間的費用，ごみ収集車を走らせる燃料費）と環境費用（例えば，埋立地からのメタンの排出や水質汚染，焼却による粒子状物質の排出）がある。この環境費用のような外部性のため，廃棄物処理の社会的費用は，私的費用を上回ると予想される。すでに述べたように，私的な動機による行動は，社会的に最良の結果とは異なる結果をもたらす。このように，廃棄物処理は市場の失敗の一例である。

　図11.1では，廃棄物の量が増加するにつれて，MEC（Marginal External Cost，限界外部費用）曲線が上昇することを示している。廃棄物の排出者に外部費用を支払わせる市場メカニズムはないため，廃棄物の発生者（家計や企業）は外部費用を無視するかもしれない。一方，廃棄物の収集の需要曲線は，廃棄物を処分する機会に対する社会の評価を示しており，ごみ有料化への反応から推定できる。個人は，Q_pの量の家庭系廃棄物をもたらし，これは社会的に最適な水準であるQ_sより大きい。この私的な廃棄物量と，社会的に最適な廃棄物量の差が，私たちが関心を有している市場の失敗である。

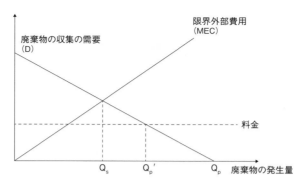

図 11.1　廃棄物処分の社会的・私的費用

　廃棄物 1 単位当たりの費用 t を課すと（例えば，収集のために排出された廃棄物 1kg 当たりの料金という形で），私的な廃棄物量は Q_p'（これは社会的に最適な量により近いが，等しくはない）に変化する。

　私たちは，消費者または生産者への廃棄物処分料金と，家計へのリサイクル補助金の組み合わせによって，社会的に最適な水準の廃棄物処分または廃棄物発生により近づくことができる（Fullerton and Kinnaman 1995）。そのようなインセンティブの組み合わせによって，規制当局は生産者に製品設計の変更を促すことができ，その結果，製品販売に伴う廃棄物処分とリサイクルの費用が削減される。

11.2　廃棄物処分の外部費用の定量化

　廃棄物の外部費用はいくらであろうか。廃棄物処分の環境影響を把握するためにライフサイクル分析が行われてきている（Kinnaman 2014）。埋立処分場は依然として多くの国で家庭系廃棄物の主な最終的な行き先であり，埋立は温室効果ガスの排出，浸出水の地表水や地下水への影響（水質汚濁），不快さ（例えば不快なにおいによる）が結果として生じる。英国政府は 1990 年代に，埋立地の限界外部費用を推定する研究を委託した。そして，その結果を用いて，埋立地に送られる廃棄物にトン単位で税金を課すこととし，大気汚染や気候変動への埋立地の影響に焦点をあて，最終的には廃棄物 1 トン当たり 1〜9 ポンドの税額とした（Davies and Doble 2004）。英国政府はまた，住宅価格に

表 11.1　廃棄物の処分方法別の（社会への）外部費用・便益,（処分・回収当局の）金銭的費用

処分方法	外部費用	外部便益	金銭的費用
埋立	大気汚染, 水質汚染, 気候変動による排出（主にメタン）, 不快さ, 埋立地への輸送からの排出	メタンが回収され, 化石燃料の代替として使用されない限り, なし	埋立地を稼働させる費用, 埋立地への輸送費用, 埋立税（あれば）
リサイクル	輸送からの排出	バージン原材料の抽出・加工による環境影響の回避	回収システムの費用（「持ち込み」のシステムよりも, ごみステーション収集の方が高い）
エネルギー回収を伴う焼却	煙突からの大気汚染, 焼却炉への廃棄物の輸送, 残渣の埋立による環境影響	化石燃料由来の電力からの排出の回避	焼却炉の運転費用, 残渣の埋立費用

及ぼす影響という観点から, 埋立地の不快さの費用を, 廃棄物 1 トン当たり 3 〜4 ポンドと推計した。これらの外部費用の見積りは, 廃棄物の埋立処分に対する環境税の設定を通達するために使用された。

　Kinnaman（2014）は, ライフサイクル分析の結果を含めて文献調査を行っている。そこでの主な結論は, 埋立の限界外部費用は「かなり小さく」, 1 トン当たり約 7 ドルだということである。埋立地から発生するメタンが回収され, 発電に利用されれば, 化石燃料による電力を節約でき, 費用はマイナスになる。この結果は各地域／国でどのように電力が生産されるかによってはっきり異なるであろう。廃棄物の焼却には 1 トン当たり約 9 ドルの費用がかかる。瓶や紙のような材料のリサイクルによって, これらの材料をバージン資源から得ることに伴う外部費用のいくらかを回避できる。これらのことから, リサイクルの限界外部便益（リサイクルによって回避される環境費用の価値）は「比較的大きい」と判断される。Kinnaman が言うように, 「……アルミ缶, スチール缶, 紙が埋立地に運ばれていくとき, 社会は損をする……なぜなら, これらの物質は採掘され, 再び製造される必要があるからである」（Kinnaman 2014: 310）。しかし, そのような推計を根拠にしている実証研究はほんのわずかにすぎない。外部費用がいわゆる廃棄物ヒエラルキーとどのように関連しているかについての具体的な研究は, 環境経済学の実践 11. 1 を参照されたい。増大する海洋プラスチック汚染の課題など, 廃棄物の収集方法が十分に活用されないことや管理に起因する様々な新たな環境問題が生じている（Haward（2018）参照）。

環境経済学の実践　11.1

廃棄物ヒエラルキー

　廃棄物ヒエラルキーは，下の図に示すものであり，オランダ，デンマーク，英国，欧州連合（EU）を含む多くの国の政府や国際機関の廃棄物管理戦略の道しるべとなっている。この図は，廃棄物ヒエラルキーにおいて発生抑制が優先的な選択肢であり，次に再利用，リサイクル，エネルギー回収を伴う焼却が続くことを示している。廃棄物の埋立は最後の手段としてのみ考慮されるべきとなっている。廃棄物ヒエラルキーは環境保護主義の直感に一致しているかもしれないが，有害廃棄物の安全な処理のための工学的なアプローチに基づいている。また，この廃棄物ヒエラルキーは，有害でない廃棄物を管理する「持続可能な」方法として，長年採用されてきた。しかしながら，廃棄物ヒエラルキーは，経済的な効率性の分析なしに，広範に採用されてきた。

望ましさの低下

発生抑制
再利用
リサイクル
エネルギー回収を伴う焼却
埋立

　Brisson（1996）による研究では，EU における廃棄物ヒエラルキーの一般的な適用性を問う費用便益分析を行った。分析はリサイクル，堆肥化，焼却，埋立に焦点を当てた。下記の表は主な結果を示したものである。

表　外部費用と私的費用に基づく廃棄物管理方法の順位付け（Brisson 1996）

	持ち込み制度 （シナリオ1）	平均費用 （ECU／t）	ごみステーションでの 一括収集（シナリオ2）	平均費用 （ECU／t）	ごみステーションで 別に収集（シナリオ3）	平均費用 （ECU／t）
1	リサイクル	－ 170	リサイクル	－ 131	リサイクル	24
2	埋立	92	埋立	91	埋立	96
3	焼却 （古い石炭による）	115	堆肥化	102	焼却 （古い石炭による）	119
4	焼却（EUの平均 的な燃料の混合に よる）	150	焼却 （古い石炭による）	114	堆肥化	133
5	堆肥化	170	焼却（EUの平均 的な燃料の混合に よる）	148	焼却（EUの平均 的な燃料の混合に よる）	155

注）負の数は純利益を示す。表における数字は外部費用と私的費用を合わせた社会的費用を示す。

　上の表は，3つの異なるシナリオにおける廃棄物管理の方法を，EUの平均的な社会的費用に基づいてランク付けしたものである。シナリオ1は，リサイクルや堆肥化が可能な廃棄物を個々の家計ゴミ処理場に持ってくるというものである。シナリオ2は，リサイクルや堆肥化が可能な廃棄物が，他の廃棄物の流れとともに，ごみステーションで同時に収集されるというものである。シナリオ3は，リサイクルや堆肥化が可能な廃棄物がごみステーションで収集されるが，その他のゴミとは別に収集されるというものである。

　これらの推定値は廃棄物ヒエラルキーにおけるリサイクルの位置付けを明らかにしているように思われる。シナリオ1とシナリオ2では，リサイクルの環境上の便益が私的費用を上回るため，かなりの社会的純便益となる。しかしながら，シナリオ1からシナリオ2に移行するにつれて，リサイクルの社会的純便益が減少することは注目すべきであり，リサイクルや堆肥化が可能な廃棄物がごみステーションで残りの廃棄物とは別に回収されると，リサイクルは社会的に費用となる。

　埋立，焼却，堆肥化の私的費用は，環境費用を完全に上回っているようである。そして，3つのシナリオのいずれにおいても，埋立は焼却より費用が低いことを意味している。これは，すべての選択肢の中で埋立が最も望ましくないとされている廃棄物ヒエラルキーの順位と矛盾している。なお，表のデータはEUの平均値に基づいているため，各国間の多様性を捨象していることに注意されたい。どのエネルギー源で焼却するか，そしてエネルギー回収を含めた焼却の社会的純便益は，国によって異なることが予想される。

　結論として，発生抑制と再利用は廃棄物ヒエラルキーの最上位にあるが，リサイクル・焼却・埋立の順位は費用便益分析では支持されない。各国のインフラや費用構造の違いが，リサイクル，焼却，埋立の相対的な望ましさに影響している。このように，廃棄物管理の方法の費用と便益は状況によって大きく異なるため，それぞれの状況に関係なくすべての国の廃棄物管理方法に廃棄物ヒエラルキーを厳密に適用することは不可能であると経済学者は考えている。廃棄物管理を担当する当局は，廃棄物ヒエラルキーに固執するのではなく，費用便益分析を行うなどして，地域の状況を考慮した廃棄物管理方法の組み合わせを考案することに尽力する方がよいであろう。

11.3　廃棄物管理のための政策オプション

　どの程度，どのような種類の廃棄物を処分する必要があるかは，家計がどのような購買決定をするかによって決まる。すなわち，私たちがどれだけの「物」を買うかということだけでなく，私たちがそれらの製品をどのような形で買うかによって決まる。例えば，最小限に包装された財や，よりリサイクル可能な性質を有する財を選ぶことができる。Fenton and Hanley（1995）が述べているように，廃棄物の発生とその後の処分に影響を与えるために使用できる政策手段は，「購入関連」と「廃棄関連」に分けることができる。いずれも，家計が意思決定をする際に直面するインセンティブのバランスを変えようとするものであり，家庭系廃棄物の管理のための政策パッケージの一部である。

　政策手段として，価格シグナルや行動のナッジを使うことができる（キーコンセプト 11.1 参照）。また，地方自治体による規制やリサイクルインフラの提供もある。表 11.2 は，これらの政策手段をまとめたものである。

　規制には，私たちが購入するものや販売方法を規定する規制もある（例えば，容器包装のリサイクル可能性の表示）。また，廃棄物の処分方法を制限する規制もある（例えば，家計からの廃棄物の収集頻度を減らす）。経済的インセンティブは，家計が消費時に支払う価格を変化させたり（例えば，マイバッグの使用を促すため，レジ袋税を課す），廃棄時に支払う価格を変化させたりする（例えば，地方自治体が家計から収集する廃棄物の量に応じた可変費を課す）。行動イニシアティブは代替行動の価格を変えることとは異なる方法で人々の行動を変えうる。キーコンセプト 11.1 は，行動イニシアティブによるアプローチをより詳細に説明している。例えば，リサイクルにおける隣人の行動や，リサイクル

表 11.2　購入・廃棄の決定に影響を与える政策オプション

	購入関連の政策オプション	廃棄関連の政策オプション
規制	容器包装の内容および表示に関する法律，容器包装業者の使用済み容器包装の回収義務（例：EU 指令 94/62）	ごみ収集の頻度を減らす
経済的インセンティブ	デポジット制度，レジ袋税，包装税	ごみ収集の従量制有料化，埋立税
行動イニシアティブ	スーパーでのレジ袋の提供方法の変更	リサイクルの社会的規範，ごみステーションにおける分別数の変更

に関して社会が期待していることに人々がより気付くようになるのであれば，社会的規範に関する情報の提供も，行動の変化の「てこ入れ」に利用できる。

キーコンセプト　11.1

行動経済学とリサイクル

　　行動経済学は，行動科学から洞察を得て，それらを経済的文脈において人々の行動の理解と動機付けに適用する（Croson and Treich 2014）。本章では，こうした知見に基づく政策オプションをいくつか紹介する。

　　行動経済学の文脈における「ナッジ」という用語は，人々が直面する価格インセンティブを変えることなく，そして，規制を変えることなく，人々が選択することを変えるように情報を提供することを意味する。ナッジは，意思決定の社会的および／または私的な文脈（「選択アーキテクチャ」）を変化させることにより，行動を変化させる（Thaler and Sunstein 2008）。例えば，あるスーパーマーケットで，買った物を詰めるレジ袋を客に提供することを基本とすることから，客がレジ袋を求めた場合にのみ提供することを基本とするように変えたとする。これにより，レジ袋の値段を変えなくても，レジ袋の使用枚数やプラスチックごみの量を減らすことができうる。また，地方自治体が家計にごみ用として小さい容器を提供し，大きな容器は依頼された場合にのみ提供することを基本とすることもナッジの例である。期待される効果は，この小さなごみ箱に収まるように，家計が出す廃棄物の量を減らそうとすることである。

　　レジ袋に関する「社会的規範」として人々が理解していることを変えることも効果があるかもしれない。ほとんどの人が買い物のたびにマイバッグをスーパーに持参するのであれば，人々は周囲と同じ行動をしたいので，自分もマイバッグを持参するかもしれない。あるいは，使い捨ての袋を持って自分が家に歩いて帰るのを友人が見たら，友人は私のことを悪く思うだろうと思うのであれば，次の買い物のときはマイバッグを持っていくことをより思い出すであろう。自分のリサイクル行動が近隣の人と比べてどうであるか，あるいは自分たちが近隣の人と比べてどれだけのごみを出しているのかを家計に伝えることも，行動を変えるかもしれない。家計のリサイクル行動の変化を促すための社会的規範の利用について，詳しくは Czajkowski et al.（2016）を参照されたい。なお，ナッジが機能する保証はなく，効果は短期間しかないかもしれない。ナッジに焦点をあてた政策のパフォーマンスは，その政策がどれほど正確に定義されるか（例えば，環境性能を相対的に知らされるか絶対的に知らされるか）によるであろう。

　購入と廃棄の両方の決定に影響する政策オプションもある。例えば，デポジット制度では，消費者は購入時にデポジットを（例えばビール瓶に）支払わなければならず，そのデポジットは空き瓶を収集場所に持ってくることで返却される。ノルウェーでは，ペットボトル廃棄物の排出を最小にするため，デポジット制度を活用している。サウスオーストラリア州では，1977年からペットボトルと瓶のデポジット制度を導入し，回収率80%を達成している（Environmental Protection Agency South Australia 2018[*1]）。

11.3.1　ごみ有料化

　家計がごみを道路脇に置き，それを行政が回収する場合，家計は社会に一定の費用を課している。これらの費用には，廃棄物の収集と処理の金銭的費用（廃棄物の埋立税も含む）と，処分に応じて異なる環境費用がある。一般に，人々は廃棄物処分サービスに対して，排出する廃棄物の量にかかわらず定額の年間料金を支払う。このことは，支払われる料金は容積や重さによらないため，排出する廃棄物の量を減らす金銭的インセンティブがないことを意味する。1980年代後半，米国の地方自治体は，連邦規制の変更を受けて，収集する廃棄物の容積や重量に応じた料金を導入し始めた（Kinnaman 2014）。他国（ニュージーランドなど）の廃棄物当局もこのような制度を利用している。現在，このような地域の家計は，廃棄物の収集料金を節約するために，廃棄物の排出量を減らす経済的インセンティブを有している。

　Fullerton and Kinnaman（2000）は，既往研究のサーベイを行い，ごみの従量制有料化が導入されたことで廃棄物量は減少したが，減少は比例的ではないことを示した。Bel and Gradus（2016）は，メタ分析を用いて，ごみ有料化の効果は，有料化額が重量当たりであるか容積当たりであるかに依存することを示した。また，時間の経過とともに，例えば，家計が有料化額の支払いに慣れてくるなどして，ごみ有料化の有効性が変化することも予想される。ごみ有料化は，家計が排出する廃棄物の量を減らすかもしれないし（例えば，購買行動に影響を与えることによって），廃棄物をリサイクルや堆肥化のルートに移動させるだけかもしれない。

　＊1　http://www.epa.sa.gov.au/environmental_info/container_deposit

環境経済学の実践　11.2

レジ袋税

　2002 年に，アイルランドはスーパーマーケットで買い物客に手渡されるレジ袋への課税を導入した。その目的はプラスチックの使用を減らすことだった。廃棄物の流れに入った非常に多くのレジ袋が最終的に岸に打ち上げられたり，海に漂ったりしている。Convery et al. (2007) によると，この税は，低い費用であったにもかかわらず（1 袋当たり 15 ユーロセント），消費者に人気があり，レジ袋の需要を減らすのに有効であった。レジ袋の使用量は 90％減少し，行政経費は税収の 5％以下であった。

　スコットランドは 2014 年に同様の税を 1 袋当たり 5 ペンスで実施した。税の効果はアイルランドの場合と同様であり，レジ袋の使用がかなり減った。スーパーマーケットで手渡されるレジ袋の枚数は，課税が実施された最初の年に約80％減少し，約 6 億 5000 万枚のレジ袋（4000 トンのプラスチック）を節約し，670 万ポンドの税収が流通の「正当な理由」に活用された。イングランドは2015 年にスコットランドと同じ 1 袋当たり 5 ペンスのレジ袋税を導入した。2014 年には 70 億枚以上のレジ袋が 7 つの主要な小売で手渡され，レジ袋に 5 ペンスの課税を導入した最初の 6 カ月で 5 億枚ほどに減少した。約 2900 万ポンドの税収が流通の「正当な理由」に活用された。

　この例では，行動を変えることの消費者にとっての費用は，買い物時にマイバッグを持っていくことを覚えていなければならないぐらいで，かなり低い。さらに，レジ袋税は，環境の観点から買い物は望ましくないときに新しい「使い捨ての」レジ袋を使っていると見られるという，社会的な汚名の効果もあるかもしれない。

　　参考文献
　　　http://www.bbc.co.uk/news/uk-scotland-34575364
　　　http://www.ciwm-journal.co.uk/billions-fewer-plastic-bags-englands-streets/

11.3.2　政策オプションの組み合わせ

　表 11.2 に示す政策オプションのいくつかは，実際には組み合わせられる。この組み合わせは，企業と家計のいずれのインセンティブにも影響を与える。例えば，埋立税は，廃棄物の処分費を変化させ，消費者が支払う収集費を変化

させることで消費者が何を購入するかについても影響を与えうる。埋立税による価格変化は，製品をどう設計するかについての企業のインセンティブを変えるであろう（例えば，包装のリサイクルを容易にする）。デポジット制度は，購入，リサイクル，法的および違法な廃棄物処分の動機を変える（Aalbers and Vollebergh 2008）。同時に，政策オプションの組み合わせは，インセンティブを不幸にも相殺する結果となりうる。例えば，Matsueda and Nagase（2012）は，埋立税の増加と，EU における生産者責任義務の実施の一部として導入された再資源化事業者の証明書（Packaging Recycling Note）と呼ばれるスキームのような取引可能なリサイクル許可証の制度との組み合わせは，より多くの廃棄物を発生させ，最終的に埋め立てることを意味しうるとしている。これは直感に反しているように思われるが，企業と家計に対するすべてのインセンティブを考慮すると，完全に妥当であることが分かる。

11.4　リサイクルを増やすためのベストな方法

　家計レベルでのリサイクルに関する実証的な経済学の文献のほとんどは，リサイクル活動に従事することの家計にとっての直接的な費用に焦点をあてている。これらの費用は，消費者がリサイクル可能物を中心的な回収拠点に運ばなければならないという「持ち込み」の制度よりも，「ごみステーションでのリサイクル可能物の収集」の利用可能性に依存している。リサイクルしないことの機会費用も重要であり，このことは，より多くの自治体や国が廃棄物の収集にごみ有料化を導入してきているため，注目が高まっている（Reichenbach 2008）。また，家庭ごみの収集の責任を有する自治体レベルでリサイクル行動を見ている研究もあり，そこでは例えば，ごみステーション収集の設置意欲（De Jaeger and Eyckmans 2008）や，ごみ収集の利用料の変動とリサイクル率の関係についてのデータを見ている。

　各家計が廃棄物をリサイクルするインセンティブは，リサイクルに要する時間と労力に左右され，それは自治体が提供するリサイクルのインフラの性質に左右される。家計がリサイクル可能物をごみステーションに置くことができるか，リサイクル可能物（紙，瓶，ダンボール）を自宅から離れた場所にあるリサイクル施設に運ばなければならないかということも重要である（Abbott et al. 2011)。Jenkins et al.（2003）は，米国の 20 の大都市圏の 1049 世帯を対象に調査を実施し，不便さの要因の 1 つの尺度として，リサイクル可能物のごみステーション収集が利用可能であることの影響を調べた。そして，すべての材料（瓶，新聞紙，ペットボトル，アルミ，剪定ごみ）について，ごみステーションにおけるリサイクル可能物の収集はリサイクルの労力を増加させるが，廃棄物の収集の単価がリサイクルの労力の重要な決定要因では決してないことを見出している。リサイクルでない廃棄物の通常の収集に課される，収集量や収集頻度の量的な制限のような規制も，リサイクルへの参加の決定を促す。効用はリサイクル自体の行為に由来しているかもしれず，そのことは人々が取り組みたいリサイクルの労力の水準を高める。

　米国のデータから，家計が排出する廃棄物の量に応じて（より高い）収集料を徴収することを通じて，家庭ごみの処分の限界費用を増加させることは，リサイクルの労力にかなりの影響があることが示されている（Huang et al. 2011）。Kuo and Perrings（2010）は，台湾と日本の 18 都市における実際のリサイクル率は，リサイクル可能物と埋立を意図したごみの両方の収集の頻度に依存していることを示している。

　別の文献では，社会資本やコミュニティの規範の指標がリサイクル行動に影響する度合を調べている。Kurz et al.（2007）は，「コミュニティ意識」の代理変数が北アイルランドにおけるリサイクルへの取組と密接に関連していることを示している。Videras et al.（2012）は，米国の 2000 世帯以上のサンプルを対象に，社会的な結びつきの強さと，環境に配慮したコミュニティの規範がリサイクル行動と関連していること，「隣人と強いつながりを持ち，ほとんどの隣人が環境を助けるために何かをしていると考えている個人は，リサイクルする可能性が高い」（Videras et al. 2012: 42）ことを示している。Knussen et al.（2004）は，スコットランドのグラスゴーにおける「持ち込み」リサイクルスキームへの参加意向に関する研究で，参加意向のばらつきの 29％は，態度，機会，主観的な規範と呼ばれるもの（この場合，回答者の家族や友人がリサイクルをよいことと感じている度合）によって説明されるとしている。

　自分自身の倫理基準や個人的な義務感に従いたいという欲求も重要かもしれない。Hage et al.（2009）は，スウェーデンの 2800 世帯をもとに，自己申告のリサイクル活動（包装廃棄物回収スキームへの参加）と個人的な責任感との

関係を明らかにしている。彼らは、「私はリサイクルする道徳的義務を認識している」という見解に同意する度合が増えるほど、自己申告されたリサイクル率は増加していること、隣人のリサイクル率が高いと見るほどリサイクル率は上昇していることを見出している。Bruvoll et al.（2002）は、ノルウェーの市民 1162 人のデータをもとに、リサイクル可能物の家計での分別の動機は、「他の人にしてほしいことをするべきである」が最も多く、「自分を責任ある人と考えたい」が次に多いとしている。Brekke et al.（2010）は、ノルウェーの家計による瓶のリサイクルの調査データを用いている。彼らは、リサイクルが友人や家族の間で一般的であるほど、個人的な責任感が強いこと、さらに、友人や家族の間でのリサイクルの一般性について回答者が確信を持っているほど、個人的な責任感が強いことを示している。責任感が強まるにつれて、瓶のリサイクルが起こりやすくなるのである。

　Czajkowski et al.（2014）は、選択型モデル（第 4 章参照）を用いて、リサイクルの要件を含む廃棄物収集契約について、ポーランドの家計の選好を調べた。彼らの選択型実験には、家計から廃棄物が回収される頻度（週に 1 回、月に 2 回、月に 1 回）と、収集前に家計が廃棄物を分別しなければならない区分数（1、2、5 区分）が属性として含まれていた。図 11.2 は、選択カードの例を示している。

　シンプルな多項ロジットモデルに基づき、結果の一部を表 11.3 に示す。「分別数 2」は、分別なしよりも 2 分別を好むことを意味する変数である。「分別数 5」は分別なしよりも 5 分別を好むことを意味する変数である。「回収頻度 2」は廃棄物収集について月 1 回よりも月 2 回を好むことを意味する変数、「回収頻度 4」は廃棄物収集について月 1 回よりも毎週を好むことを意味する変数である。「収集費用」は毎月の廃棄物の収集料金である。表 11.3 は、ポーランドの人々は、より多くのリサイクルを要求する廃棄物収集契約に対して、より高い料金を支払う意思があることを示している。家庭系廃棄物をより多くの区分に分別することは、時間的にも手間的にも個人にとっては費用がかかるとすれば、これは奇妙に聞こえる。しかし、人々がリサイクルから得る満足度（効用）は、これらの費用を正当化するのに十分高いということであろう。著者らはデータをさらに詳細に分析し、人々は異なる「潜在的な」クラスに分けられることを発見した。各クラスでリサイクルに対する人々の好みは同じだが、ク

選択状況 1	選択肢 1	選択肢 2	選択肢 3
家計での分別数	5 分別	2 分別	分別なし
回収頻度	4 週間に 1 回	2 週間に 1 回	毎週 1 回
家計の月額の廃棄物収集費用	75PLN.	50PLN.	100PLN.
あなたの選択	☐	☐	☐

図 11.2　選択カードの例

出典）Czajkowski et al.（2014）.
訳注）PLN はポーランド・ズロチ。1PLN = 27.64 円（2020 年 3 月 9 日時点）。

表 11.3　ポーランドにおける廃棄物管理契約の特徴に関する全体としての選好

変数	係数 （標準誤差）	支払意思額［PLN］ （95％信頼区間）
分別数 2	0.6144*** (0.0978)	15.66*** (11.18〜20.14)
分別数 5	0.7314*** (0.0708)	18.64*** (15.32〜21.95)
回収頻度 2	0.4630*** (0.1020)	11.80*** (6.41〜17.19)
回収頻度 4	0.2601*** (0.0758)	6.63*** (2.90〜10.36)
収集費用	− 0.0392*** (0.0015)	—
McFadden の擬似 R2	0.3100	
n（サンプル数）	1850	

注）***，**，* は，1％，5％，10％水準で有意。
訳注）PLN はポーランド・ズロチ。1PLN = 27.64 円（2020 年 3 月 9 日時点）。

ラス間で好みが異なる。そのようなクラスが 3 つ見つかった。1 つのクラスはどのようなごみの分別も嫌った。他の 2 つのクラスは分別が増えることを好み，そのうちの 1 つのクラスは，より多くリサイクルすることを特に強く望んでいた[*2]。

　社会的規範および個人の倫理的信念がリサイクルへの表明された選好に果たす潜在的な役割についても，ポーランドの異なる世帯をサンプルとして，潜在クラス選択型モデルの手法を用いて，Czajkowski et al.（2016）によって調査された。そこでも，図 11.2 の選択カードに示す形で，同じ実験デザインが用

＊2　後述の表 11.4 で示す。

表 11.4　廃棄物管理契約の特徴に関する選好の不均一性：潜在クラスモデル

変数	係数（標準誤差）			支払意思額（95%信頼区間）		
	クラス1	クラス2	クラス3	クラス1	クラス2	クラス3
分別数2	2.3369***	0.5814***	0.2226***	58.83***	6.23**	13.87
	(0.0910)	(0.1325)	(0.0331)	(42.49〜75.16)	(0.24〜12.22)	(−6.5〜34.24)
分別数5	3.4176***	0.6096***	−0.6293***	86.03***	6.53***	−39.21**
	(0.0343)	(0.1044)	(0.0352)	(68.03〜104.03)	(2.91〜10.15)	(−72.52〜−5.9)
回収頻度2	0.4225***	−0.1603**	0.8232***	10.64	−1.72	51.29***
	(0.1071)	(0.0721)	(0.0354)	(−3.66〜24.93)	(−8.44〜5)	(16.71〜85.87)
回収頻度4	0.0281	−0.4170***	0.9013***	0.71	−4.47**	56.15***
	(0.0331)	(0.0144)	(0.0169)	(−5.22〜6.63)	(−7.93〜−1)	(28.95〜83.36)
収集費用	−0.0397***	−0.0933***	−0.0161***	—	—	—
	(0.0001)	(0.0000)	(0.0000)			
モデル特性						
対数尤度			−1196.75			
McFadden の擬似 R2			0.4094			
n（サンプル数）			1850			

注）***，**，* は，1%，5%，10%水準で有意。

いられた。表 11. 4 はこのモデルの結果を示したものである。選好パラメータ
に関して，クラス1に属しているであろう個人は，より多くの区分に分別する
ことを好み，月1回に比べて月2回の収集頻度を好む。クラス1の人々は，リ
サイクルを道徳的義務として見る傾向があり，リサイクルしない人を否定的に
判断し，家庭での分別行動から満足を得る傾向があった[*3]。同時に，彼らは自
分で分別することを面倒であるとは思わない傾向がある。より多くの分別区分
に対する彼らの支払意思は，有意に大きい。

　クラス2の人々は，分別しないよりも2つの区分に分別することを好むが，
2分別と5分別の間に統計的な差はない。クラス2は，収集は月に2回や4回
よりも，月に1回だけを有意に好んでいる。リサイクルによって最終的にお金
を節約できると考えているほど，そして，家計収入が低いほど，個人はクラス
2を好む傾向がある。彼らは，リサイクルが道徳的義務であるとは考えておら
ず，家庭での分別から得られる満足はクラス1よりも低い。家庭での分別はク

　＊3　このことは表 11. 4 からは伺えないが，Czajkowski et al.（2016）には記されている。

ラス 1 よりも面倒と思う傾向があるが，クラス 3 ほどではない。クラス 1 の回答者ほど明らかではないが，家庭での分別をしなければ，隣人に否定的に思われるだろうと考えている。クラス 2 の人々は分別数が増えることに正の支払意思を有しているが，クラス 1 より小さい。以上より，廃棄物収集契約に課される料金について負に有意であることを考え合わせると，クラス 2 にいるであろう人々は主に費用削減の考慮によって動機付けられていることが示唆される。

　クラス 3 に属しているであろう人々は，5 つの区分に分別しなければならないことに強い負の重みをつける。彼らはより頻繁な廃棄物収集サービスを好む。他の 2 つのクラスと同様に，彼らは高価な契約よりも安価な契約を好む。クラス 1 やクラス 2 の人々に比べて，リサイクルに対する道義的責任を感じにくく，所得が高い。彼らは家庭での分別からは満足を得ず，クラス 1 やクラス 2 に比べて家庭での分別を面倒と見る。近所の人に見られていると思うが，他人を批判しない傾向がある。

　このように，この分析は，どれだけの人々が家庭系廃棄物をリサイクルしようとしているか，どのような要因がリサイクルへの選好と関連しているかという点から，ポーランドの家計の複雑な様相を示している。道義的責任と社会的プレッシャーは，リサイクル活動にどれだけ積極的に参加する意思があるかという点で，あるクラスの家計にとって重要な要素である。

環境経済学の実践　　11.3

オランダにおけるリサイクル

　オランダは，EU で家庭系廃棄物のリサイクル率が約 50％と最も高い国の 1 つである（Dijkgraaf and Gradus 2017）。しかし，これは EU の目標である 65％より低い。Dijkgraaf and Gradus（2017）は，自治体レベルのデータを使用し，519 の自治体の 1998 年から 2012 年のデータに基づいて，リサイクル率をさらに向上させるためのさまざまな選択肢の可能性を調査している。家庭系廃棄物の収集にいわゆる「ごみ有料化」を利用することが増えており，2012 年までに36％の自治体が利用している。ごみ有料化とは，家計が排出する廃棄物の量に応じた額を，家計に課すことを意味する。ごみ有料化には以下の 4 つのスキームがある。

　・収集された廃棄物の容積に応じて料金が異なる

・収集頻度によって料金が異なる

・収集された廃棄物の袋の数によって料金が異なる

・収集された廃棄物の重量によって料金が異なる

　ごみ有料化を活用する自治体の数を増やすことは，現在のリサイクルの水準を向上させる1つの方法であり，ごみステーションでの収集の利用を増やすであろう。

　次の表は，そこでの結果の一部を示したものである。各列の従属変数は，各市町村における各年の分別されていないその他の廃棄物の量，収集されたリサイクル材の量である。ごみ有料化は，分別されていないその他の廃棄物の発生を有意に減らし，ほとんどのリサイクルの水準を有意に増やす。しかしながら，著者らは，これらの影響は小さすぎるため，単にごみ有料化の利用を増やすだけでは65％の目標を達成できないであろうと結論付けている。リサイクル可能物のごみステーションでの収集頻度の増加はリサイクル率を高める（表の「頻度」というラベルの付いた変数）が，効果が小さすぎて65％のリサイクル率が達成されると認められない。EUの65％という目標は，オランダでさえ非現実的なのであろうか。

表　推定されたモデル（1998〜2012年）

	その他（％）	紙（％）	堆肥（％）	ガラス（％）	衣類（％）
世帯規模	− 0.0244	0.0042	0.0815***	− 0.0119	− 0.0144***
人口密度	− 0.0159	0.0030	0.0157	− 0.0042	0.0013
2万人以上5万人未満の自治体か否か	− 0.0011	0.0017	0.0017	0.0010	− 0.0023
5万人以上10万人未満の自治体か否か	0.0166	0.0014	− 0.0128	− 0.0011	− 0.0023
10万人以上の自治体か否か	− 0.0289	0.0081	0.0053	0.0042	0.0009
民族	0.0141**	− 0.0002	− 0.0115*	0.0003	− 0.0009
収入	− 0.0155	0.0080	0.0042	0.0051	0.0041*
容積単位のごみ有料化か否か	− 0.0225***	0.0107***	0.0104**	0.0018	0.0002
収集頻度単位のごみ有料化か否か	− 0.0241***	0.0491***	− 0.0530***	0.0165***	0.0022***
ごみ袋単位のごみ有料化か否か	− 0.1431***	0.0320***	0.0836***	0.0140***	0.0028*
重量単位のごみ有料化か否か	− 0.0509***	0.0989***	− 0.1042***	0.0303***	0.0041**
紙の収集頻度	− 0.0002*	0.0001*	0.0001	0.0000	0.0000
堆肥の収集頻度	0.0004***	0.0000	− 0.0004***	0.0000	0.0000*
ガラスの収集頻度	− 0.0002*	0.0001	− 0.0001	0.0001**	0.0000
衣類の収集頻度	− 0.0002**	0.0000	0.0001	0.0000	0.0000
決定係数	0.51	0.56	0.44	0.43	0.07
サンプル数	5321	5321	5321	5321	5321

注）***, **, *は，1％，5％，10％水準で有意。市町村や年を固定効果として推計されたモデル

11.5　まとめ

経済学者は「リサイクル問題」の以下の側面に焦点を当ててきた。

・どのようにしてリサイクルの「最適な」レベルを特定することができるか
・これと関連して，家庭系廃棄物をリサイクルしない場合の外部費用はいく
　らか
・リサイクルを増やしたり，埋立地への廃棄物を減らしたりするために，
　様々な経済的インセンティブを与えた場合，その効果はどのようなものか
　最近では，リサイクルを奨励する行動メカニズムの有効性に関心が集まって
いる。そこには，リサイクルを増やすようにという家計への情報の提供や働き
かけから，社会的規範の活用まである。また，廃棄物の分別やリサイクルに
よって効用を得ている人もいるようで，リサイクルには時間と労力がかかると
しても，リサイクルプログラムに他の人よりも多く参加することを選ぶ人もい
るだろう。家計でのリサイクルから正の効用が生じる理由は興味深い。理論的
モデルでは，Czajkowski et al.（2016）が，これは倫理的，利己的，社会的圧
力の混合から生じることを示唆している。経済的な政策オプションと行動的な
政策オプションの間の相互作用を研究することは，今後の研究の有望な方向性
と思われる。

ディスカッションのための質問

11.1 経済学は，家庭系廃棄物を 100％リサイクルするという目標は達成可能で
　　　ないことを私たちに示している。これは正しいか。

11.2 経済学は，海洋プラスチックごみという地球規模の問題に対処する最善の
　　　方法について，私たちに何を教えているか。

練習問題

11.1 廃棄物の発生・処分に関して，私たちはなぜ市場の失敗が発生すると予想するか。

11.2 廃棄物削減の政策手段における「購入関連」と「廃棄関連」の違いは何か。

11.3 ある地理的地域内における家庭系廃棄物の排出の経時的変化を説明する上で，どのような要因が最も重要であると考えられるか。

11.4 11.3に対するあなたの回答を考えると，ヨーロッパの都市間でのリサイクル率のばらつきを最も適切に説明しているであろう要因は何か。

11.5 家計に対してよりリサイクルをするよう奨励するために，「ナッジ」をどのように使うことができるだろうか。

参考文献

Abbott, A., Nandeibam, S. and O'shea, L. (2011). Explaining the Variation in Household Recycling Rates across the UK. *Ecological Economics* 70 (11) : 2214-23.

Aalbers, R. and Vollebergh, H. (2008). An Economic Analysis of Mixing Wastes. *Environmental and Resource Economics* 39: 311-30.

Bel, G. and Gradus, R. (2016). Effects of Unit-Based Pricing on Household Waste Collection Demand: A Meta-Regression Analysis. *Resource and Energy Economics* 44: 169-82.

Brekke, K. A., Kipperberg, G. and Nyborg, K. (2010). Social Interaction in Responsibility Ascription: The Case of Household Recycling. *Land Economics* 86 (4) : 766-84.

Brisson, I. E. (1996). Externalities in Solid Waste Management. *SOM Publication 20.* Copenhagen: AKF Forlaget.

Bruvoll, A., Halvorsen, B. and Nyborg, K. (2002). Households' Recycling Efforts. *Resources, Conservation and Recycling* 36 (4) : 337-54.

Convery, F., McDonnell, S. and Ferreira, S. (2007). The Most Popular Tax in Europe? Lessons from the Irish Plastic Bags Levy. *Environmental and Resource Economics* 38 (1) : 1-11.

Croson, R. and Treich, N. (2014). Behavioral Environmental Economics: Promises and Challenges. *Environmental and Resource Economics* 58: 335-51.

Czajkowski, M., Kądziela, T. and Hanley, N. (2014). We Want to Sort!—Assessing Households' Preferences for Sorting Waste. *Resource and Energy Economics* 36 (1) : 290-306.

Czajkowski, M., Hanley, N. and Nyborg, K. (2016). Social Norms, Morals and Self-Interest as Determinants of Pro-Environment Behaviours: The Case of Household Recycling. *Environmental and Resource Economics* 66: 647-70. doi: 10. 1007/s10640-015-9964-3

Davies, B. and Doble, M. (2004). Development and Implementation of the Landfill Tax in the UK. *Addressing the Economics of Waste*. Paris: OECD.

De Jaeger, S. and Eyckmans, J. (2008). Assessing the Effectiveness of Voluntary Solid Waste Reduction Policies: Methodology and a Flemish Case Study. *Waste Management* 28 (8) : 1449-60.

Dijkgraaf, E. and Gradus, R. (2017). An EU Recycling Terget: What does the Dutch Evidense Tell Us?. *Environmental and Resource Economics* 68: 501-526.

Environmental Protection Agency South Australia (2018). Container Deposits. http://www.epa.sa.gov.au/environmental_info/container_deposit

Fenton, R. and Hanley, N. (1995). Economic Instruments and Waste Minimization: the Need for Discard-Relevant and Purchase-Relevant Instruments. *Environment and Planning A* 27: 1317-28.

Fullerton, D. and Kinnaman, T. (1995). Garbage, Recycling and Illicit Dumping. *Journal of Environmental Economics and Management* 29 (1) : 78-91.

Fullerton, D. and Kinnaman, T. (2000). The Economics of Residential Solid Waste Management. H. Folmer (ed.), *International Yearbook of Environmental and Resource Economics*. Cheltenham: Edward Elgar, pp. 100-47.

Hage, O., Söderholm, P. and Berglund, C. (2009). Norms and Economic Motivation in Household Recycling: Empirical Evidence from Sweden. *Resources, Conservation and Recycling* 53 (3) : 155-65.

Haward, M. (2018). Plastic Pollution of the World's Seas and Oceans as a Contemporary Challenge in Ocean Governance. *Nature Communications* 9: Article number 667.

Huang, J. -C., Halstead, J. M. and Saunders, S. B. (2011). Managing Municipal Solid Waste with Unit-Based Pricing: Policy Effects and Responsiveness to Pricing. *Land Economics* 87 (4) : 645-60.

Jenkins, R. R., Martinez, S. A., Palmer, K. and Podolsky, M. J. (2003). The Determinants of Household Recycling: A Material-Specific Analysis of Recycling Program Features and Unit Pricing. *Journal of Environmental Economics and Management* 45 (2) : 294-318.

Kinnaman T. C. (2014). Understanding the Economics of Wastes: Drivers, Policies and External Costs. *International Review of Environmental and Resource Economics* 8: 281-320.

Knussen, C., Yule, F., MacKenzie, J. and Wells, M. (2004). An Analysis of Intentions to Recycle Household Waste: The Roles of Past Behaviour, Perceived Habit, and Perceived Lack of Facilities. *Journal of Environmental Psychology* 24 (2) : 237-46.

Kuo, Y. -L. and Perrings, C. (2010). Wasting Time? Recycling Incentives in Urban Taiwan and Japan. *Environmental and Resource Economics* 47 (3) : 423-37.

Kurz, T., Linden, M. and Sheehy, N. (2007). Attitudinal and Community Influences on Participation in New Curbside Recycling Initiatives in Northern Ireland. *Environment and Behavior* 39: 367-91.

Matsueda, N. and Nagase, Y. (2012). An Economic Analysis of the Packaging Waste Recovery Note System in the UK. *Resource and Energy Economics* 34: 669-79.

Mazzanti, M. and Zoboli, R. (2009). Municipal Waste Kuznets Curves: Evidence on Socio-Economic Drivers and Policy Effectiveness. *Environmental and Resource Economics* 44: 203-30.

Reichenbach, J. (2008). Status and Prospects of Pay-As-You-Throw in Europe. A Review of Pilot Research and Implementation Studies. *Waste Management* 28 (12) : 2809-14.

Thaler, R. and Sunstein, C. (2008) *Nudge: Improving Decisions about Health, Wealth, and Happiness.* New Haven and London: Yale University Press.

Videras, J., Owen, A. L., Conover, E. and Wu, S. (2012). The Influence of Social Relationships on Pro-Environment Behaviors. *Journal of Environmental Economics and Management* 63 (1) : 35-50.

第12章 エネルギーと環境

12.1　はじめに

　経済学の観点から見れば，エネルギーには3つの重要な役割がある。1つ目は，消費財としての役割である。エネルギーは石油や天然ガス，石炭，水力，原子力，バイオマス，地熱，太陽光，風力などの再生可能，および再生不可能な資源から得られ，私たちの暮らしや，食べ物の調理，家の暖房や照明，車の動力の供給などに役立っている。2つ目は，生産要素としての役割である。エネルギーは，資本や労働，土地とあわせて，ほとんどすべての財やサービスの生産に不可欠な生産要素である。3つ目は，戦略的資源としての役割である。経済におけるエネルギーの重要性や，石油などの地理的に集中しているエネルギー資源は，エネルギー安全保障上，国家に対して莫大な戦略的価値をもたらすことを意味している。このようなことから，エネルギー安全保障を維持するための戦争も行われている。

　本章では，以下のことについて述べる。

・世界のエネルギー需要の成長と，その結果としての温室効果ガス排出量の増加
・化石燃料から再生可能エネルギーへのエネルギー転換の考え方
・再生可能エネルギー導入に向けたエネルギー政策の役割

　開発経済学者のジェフリー・サックスは，自身の著書で「持続可能な発展」について以下のように述べている。

　　　成長と地球の限界を調和させる課題の中で，おそらく，世界のエネルギー
　　システムへの挑戦ほど，緊急かつ複雑な課題はないだろう。(Sachs 2015: 200)

　国のエネルギーシステムは，財・サービスの生産能力や，経済成長の水準を
決定する。18世紀後半以降，エネルギーは化石燃料に依存するようになり，
それが世界経済の成長と発展をもたらした。経済発展のこの段階から，温室効
果ガスの排出は気候変動をもたらしており，多くの人々が，持続的な成長と繁
栄を阻害する最大の障壁と見なしている (Rockström et al. 2009 ; Steffen et al.
2015)。本節では，世界のエネルギー消費と，それが経済活動にどのように結
びついているかについて述べる。
　世界の電力消費量は，2014年には546(×1000兆)Btu(英国熱量単位)であっ
た (米国エネルギー情報局 2017)。図12.1は，世界のエネルギー使用量が1981
年以降ほぼ直線的に増加しているのに対して，世界の実質GDPは逓増的に増
加していっていることを示している。これは，経済成長からのエネルギー需要
の「緩やかな乖離」を示している。世界には基本的な2つのトレンドがある。
1つ目は，省エネルギー化が進んでいる (エネルギー集約度が低下している)
先進国の経済成長，2つ目は，発展途上国によるエネルギー使用を伴った急速
な経済発展である。
　図12.2は，世界のエネルギー消費量の大部分を占める国々について，2015
年までの実際のエネルギー消費量と，2050年までのエネルギー消費量の予測
を示している。最も注目すべきトレンドは，米国とヨーロッパのエネルギー消
費量がほぼ一定だと予想されていることに対して，消費の伸びの大部分は，中
国やインド，アフリカなど，よりエネルギー集約的な経済に発展していくで
国々によってもたらされるであろうということである。これらの国のうち，イ
ンドやアフリカのエネルギー消費量は，逓増的に増加することが予想されてい
る一方で，中国のエネルギー消費量は逓減的な増加になると予想される。
　エネルギーを用いた生産行動や消費行動は，環境に対して有害な影響を与え
るため，エネルギー消費におけるこれらの変化を促進する経済の現状を理解す
ることは，環境経済学において重要である。地球規模の気候変動や，地域の環
境汚染，大気汚染問題は，すべて化石燃料の使用に関連している。石油や天然
ガス，石炭は，どんなに効率的に燃やしても，気候変動の原因となる CO_2 を

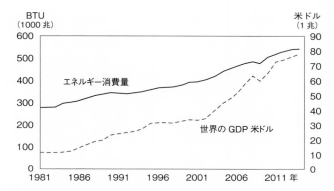

図 12.1　1981 年から 2014 年の 1 次エネルギー消費量と GDP の推移

出典）US EIA（https://www.eia.gov/opendata/qb.php?sdid=INTL.44-2-WORL-QBTU.A）
　　　IMF（https://www.imf.org/en/Publications/WEO/Issues/2018/03/20/world-
　　　economic-outlook-april-2018#Statistical%20Appendix）

注）米ドルについて，2000 年を 100 としている。

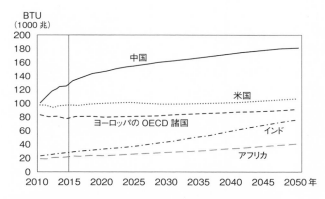

図 12.2　2015 年から 2050 年までのエネルギー消費の予測

出典）US EIA（2017）

　排出してしまう。また，それらは土壌や水の酸性化につながる硫黄酸化物と窒素酸化物を生み出し，さらに，人の健康に影響を与えるスモッグや粒子状物質も生み出す。人々はまた，エネルギー資源の採掘や，採掘と破砕による環境被害からもたらされる健康や安全の問題にも気を配っている。

　図 12.3 は，最も汚染の大きな 2 つの化石燃料（石油・石炭）の消費が，

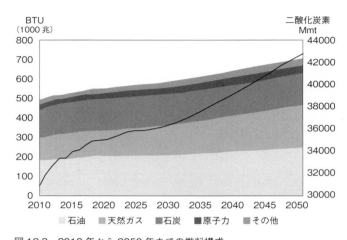

図 12.3　2010 年から 2050 年までの燃料構成
出典）US EIA（2017）
　注）実線は化石燃料から排出される二酸化炭素量（100 万トン）を表している。

2015 年から 2050 年にかけて増加し続けること——石油は年率で 0.7%，石炭
は 0.1%——を示している。一方で，「その他」に含まれている再生可能エネ
ルギーについては，年率 2.1% で増加し，2015 年の 11% に対して，2050 年に
は 18% となる見込みである。化石燃料の燃焼による温室効果ガスの排出量は，
全体の約 78% を占めている（IPCC 2014）。パリ協定は，気温上昇を産業革命
以前の 2℃ 未満に抑えることを目標としており，多くの国で，エネルギー消費
による温室効果ガス排出量を削減するように求めている。例えば，オーストラ
リアは，2030 年までに 2005 年比で 26〜28% 削減，EU は 2030 年までに 1990
年比で 40% の削減を行うことを約束している。また，中国は 2030 年以降の削
減開始を目指している（UNFCCC 2015）。このパリ協定では，各国に対して，
CO_2 集約的なエネルギーの使用から脱却するための，エネルギー政策の施行を
求めている（例えば，スコットランドでは，現在，電力需要の 70% は再生可能資
源から得られたものであるが，20 年前にはわずか 8% にすぎなかった）。このこ
とは，エネルギー消費に関連した他の環境汚染問題とあわせて，外部費用によ
る市場の失敗を修正するためには，エネルギー市場への介入が必要であること
を意味している。

環境経済学の実践　　**12.1**

ポルトガルにおけるエネルギーの乖離

....

　ここでは，Guevara and Domingos（2017）と，本論文に引用されている文献に
基づいて紹介する。経済におけるエネルギー集約度は，GDP で測る経済活動 1 単
位当たりの 1 次エネルギー消費量である。1995 年のポルトガルの家庭部門と産業
部門の燃料と電力は，ほぼすべて石炭と石油によって供給されていた。2009 年ま
でに，再生可能エネルギーが，1 次エネルギーの 23.5 ％を占め，GDP で測ったエ
ネルギー集約度は 20.6 ％まで低下した。この減少は，ポルトガルの経済成長が，
エネルギー供給の拡大にあまり依存しなくなったことを意味している。

　このエネルギー転換はどのように達成されたのだろうか。2008 年の世界金融危
機以前は，化石燃料価格が相対的に高く，他の EU 加盟国と比較しても，高い状
態が続いていたため，ポルトガル経済は，サービス部門への構造転換を進めた。
そして，ポルトガルは，EU の再生可能エネルギー導入目標と温室効果ガス排出
削減目標を設定した。

　著者たちは，産業部門と家庭部門のエネルギー使用量の個票分析によって，エ
ネルギー需要が GDP の成長とともに増加してきたが，この傾向は経済の構造変化
やエネルギー効率向上に伴って減少してきていることを示した。経済活動と 1 次
エネルギーとの関係のまとめとして，彼らは UNEP（2011）のエネルギー乖離指
標（弾力性）を用いて示している。この指標は，ある一定期間の 1 次エネルギー
の変化率と GDP の変化率の比率である。1995 年から 2010 年までの間では，この
指標は 0.36 であり，これは 1 ％の経済成長は，1 ％以下の 1 次エネルギー増加しか
もたらさないことを表しており，相対的にエネルギーの乖離があることを示して
いる。さらに，2008 年から 2010 年の期間だけで計算すれば，この指標は − 1.98
となり，これはポルトガルにおいて，経済成長に伴って，エネルギー使用量が減
少していることを示しており，絶対的なエネルギーの乖離が起こっていることを
表している。いいかえれば，この期間にポルトガルの GDP は増加して，1 次エネ
ルギー使用は減少したのである。しかしながら，1 次エネルギーの 76.5 ％は化石燃
料（石油・石炭・天然ガス）で占められており，ポルトガルが 2030 年までに，
1990 年比で 40 ％削減するという，EU の温室効果ガス排出削減目標を達成するに
は，まだまだ道のりがあることを示唆している。大まかな対策としては，1 次エ
ネルギーに占める再生可能エネルギーの割合を 40 ％まで増加させ，再生可能エネル
ギーの利用を，電力部門だけでなく，運輸部門にまで拡大させていく必要がある。

12.2 エネルギー消費の歴史的傾向

過去200年の経済発展の中には，2つの大きなトレンドが存在する。1つ目は産業化に伴うエネルギー需要の増加，2つ目は生産物のエネルギー集約度の低下である（Ruhl et al. 2012）。このような傾向は，国を越えて収束していくが，それぞれの国の経済発展の中で，発生する時期は異なる傾向にある。20世紀には，エネルギー資源（特に非再生可能資源）の供給が需要を満たさなくなり，それらが経済成長の制約になるのではないかという懸念があった。それと同時にエネルギーの使用は，温室効果ガスや他の汚染物質の排出により，多大な外部費用を生み出していた。この節では，需要の決定要因，さらに，化石燃料から自然エネルギーへの段階的な移行という供給側の観点から，エネルギー市場の発展を考察する。

エネルギー需要の決定要因は，需要曲線のシフトをもたらす要因と，需要曲線に沿った動きを引き起こす価格の2つに分けることができる。家庭部門のエネルギーのシフトをもたらす要因には，世帯行動，所得，人口増加がある。同じように，産業部門のエネルギー需要は，技術水準と生産物価格によってシフトする。産業部門のエネルギー需要曲線は，温室効果ガスや他の汚染緩和政策にも影響を受ける可能性がある。例えば，炭素税や排出権取引市場は，エネルギー供給曲線を上方にシフトさせる。

図12.4は標準的な需要曲線と供給曲線で，エネルギー生産物に対する税を，固定価格税として表したものである。課税される前の市場均衡は価格 p' と生産量 Q' である。課税されることで，消費者余剰と生産者余剰はそれぞれ $p^{tax}ab$ と $0p^{prod}d$ となり，政府の税収は $p^{prod}p^{tax}bd$ となるため，残りの dbc は死荷重，つまり課税による厚生損失となる。この図は，税を課した場合にエネルギー市場において需要が減少するという多くの状況に適用することができる。

12.2.1 エネルギーの推移

これまで，家計や企業，国は，低品質のエネルギー（木材の燃焼など）から，高品質のエネルギー（電力など）に移行させてきた。このような推移は，低所得の国々がエネルギーの質や量を増やして発展を遂げるために極めて重要なこ

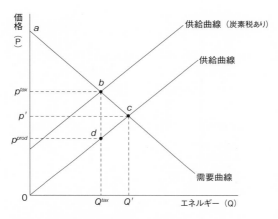

図 12.4　エネルギーの需要と供給

とである。また，高所得の国々にとっては，化石燃料を燃やした際の温室効果ガスや他の汚染物質の排出基準を達成しながら，エネルギー需要を満たすことを目的に，エネルギー転換を行なっている。

　経済学者は，家庭部門はエネルギーを他の財と同じように扱っていると仮定している。すなわち，家庭がエネルギーの構成を考える際には，価格に反応したり，所得に制約されたりする。例として，図 12.5 に示しているように，実質所得の上昇によって，家庭はエネルギーを次の段階のエネルギーへとシフトさせる。それはまた，地元の電力やガスの市場へのアクセスのしやすさにも依存する。このようなプロセスに導くには，政府による政策が重要な役割を果たす。

　家庭部門におけるこのプロセスの速度は，所得の大きさや相対価格に依存するが，必ずしもすべてのステップを経るとは限らない。例として，小規模太陽光発電計画がバングラデシュの地域をどのよう変えたか（Laursen 2017）について，環境経済学の実践 12.2 を参照されたい。いいかえれば，図 12.5 に示したエネルギーの移行については，間の段階を飛ばすことで，初期のエネルギー（薪など）から，再生可能エネルギー（太陽光など）に直接移行することも可能なのである。

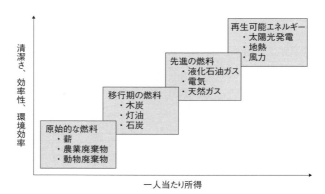

図12.5　所得水準によるエネルギー構成の推移

出典）van der Kroon et al.（2013）。

環境経済学の実践　　12.2

小規模太陽光発電網

　エネルギー経済学では，原始的な燃料から，先進的なエネルギーへ段階的に
シフトしていくと考えられているが，必ずしもそうとは言い切れない。約35万
人の人口があるバングラデシュのサンドウィップ島では，つい最近までに，電
力網の利用ができなかったため，島の経済発展が阻害されていた。裕福な家庭
では，小型のディーゼル発電機を使用していたが，これは効率が悪く，また環
境汚染をもたらしていた。他の世帯は，太陽光システムを導入していたが，こ
れは限られた出力の電力しか得られなかった。2009年に，プルボグリーンエナ
ジー社は，太陽光とディーゼルを組み合わせた，ハイブリッド型の小規模電力
網を導入したことで，約200の世帯や企業に対して，1日13時間ほどの電力供
給を可能にした。これにより，サンドウィップ島の多くのビジネスが変わった。
例えば，地元の信用組合のシステムが電子化したことや，医療機関において，X
線やスキャンを利用できるようになったことなどが挙げられる。

　この小規模電力網は，料金や計測の費用が高いため，大規模なディーゼル発
電との競争にさらされることなる。この問題への解決策として，この小規模太
陽光発電網にとって，有利な固定価格買取制度を導入すること，すなわち，小
規模電力網が提供する電力に対する補助を十分に行うことが考えられる。

12.3　エネルギー政策の役割

　エネルギーは非常に重要な役割を果たしているため，将来のエネルギーの動向については気になるところである。政策立案者は国家安全保障上の理由から，長年エネルギーの管理を望んでいたため，政府はたびたびエネルギー市場に介入してきた。国家安全保障上の理由から，政府が介入することを正当化するための多くの合理的な議論がある。例えば，「エネルギー危機」のリスク軽減や，新技術のための研究開発の促進などである。また，発展途上国の政府は国際援助機関の支援を得て，電力やよりクリーンな調理・暖房用燃料などの提供により，エネルギー貧困を減らすために介入する。そして現在では，エネルギー市場への介入の根拠として，環境問題が追加されている。本書全体を通して，民間市場は社会的に望ましい水準まで，財やサービスを提供することに失敗することがありうるが，エネルギー市場もその例外ではない。

　問題は，政府が環境保全のためにエネルギー市場に介入すべきかどうかであり，もしすべきであるとすれば，どのように介入すべきかということにある。まず，環境保全のための介入が正当性を持つには，保全のために導入する新しい制度や規制によってもたらされる便益が，それらを導入した際に起こるであろう生産性の成長阻害などの費用を上回るかどうかにかかっている。もし便益が費用を上回る場合，政府がエネルギー市場に介入できる一般的な方法が3つある。1つ目は，図 12.4 に示したような化石燃料に対する課税や，再生可能エネルギーへの補助金など，経済的インセンティブを利用したものである。2つ目は，研究開発の促進や助成による技術的な選択肢の増加（R&D）である。3つ目は，省エネルギー促進のための情報提供である。

12.3.1　経済的インセンティブ

　それぞれのエネルギーの価格やその相対価格は，人々がどのエネルギーをどの程度使用するか（エネルギー構成）を決めるために用いられる。環境保全のためにこのエネルギー構成を変えたい政府は，税金や補助金などの経済的インセンティブを通して，相対価格を変えることができる。エネルギー政策では，様々な方法で経済的インセンティブが用いられる。典型的な例としては，化石

燃料の費用を増加させ，使用者に汚染物質排出の社会的費用を負担させる方法がある。この政策は，環境に悪影響を及ぼす可能性のある対象に課税することで，排出量の価格を引き上げるものである（例として，英国のように自家用車に使用されるディーゼル燃料に課税したり，ニュージーランドのようにディーゼル車の走行距離に対して課税する方法がある）。あるいは，再生可能エネルギーや低排出燃料の利用を促進するために，新たに補助金をつける方法もある（電気自動車の購入補助金など）。

　化石燃料の相対価格を変えることによって，人々にエネルギー消費量を減らすインセンティブを与えることができる。例えば，走行距離や運転の頻度を減らしたり，冷房の設定温度を上げる行動などを促すなどである。またそれは，住宅の断熱性を高めたり，燃費のよい車に買い替えたりするなど，エネルギー効率の高い機器を購入するインセンティブにもなるだろう。売り手も，エネルギー効率の悪い製品への需要が減少すれば，よりエネルギー効率の高い技術を開発したり，汚染の排出が少ないエネルギー源を用いるように調整するようになるだろう。

　しかしながら，経済学者は，こうした省エネは技術者が予想するほどには高いエネルギー消費削減にはならないだろうと主張する。なぜなら，省エネ製品を購入した人々には，「リバウンド効果」という経済現象が発生する可能性があるからである。これは，燃費のよい車に買い替えると，同じ走行距離や使用頻度であれば，ガソリン代が節約されるので，以前よりも多くの距離を走行してしまい，買い替え前に予想したガソリン削減量の一部がこうした追加的な走行によって相殺されてしまう現象である。リバウンド効果は，代替効果と所得効果の両方の効果を含む。燃費の向上は，走行に必要な燃料費用を低下させることで，ガソリン消費量を増加させる。また，燃料費用の低下は消費者の実質所得を増やし，それが他の財やサービスの需要（エネルギーを消費する）に回ることも考えられる。Turner and Hanley（2011）は，リバウンド効果がどれくらい大きくなりうるかと，その大きさを決定する要因について示している。

キーコンセプト	12.1

エネルギー貧困と不平等

　OECD 諸国の一部の国では，エネルギー使用が過剰であると見なされている。それと同時に，エネルギー価格が外部費用を完全には内部化できていないことから，エネルギー貧困は，世界で 10 億人以上に影響を及ぼしている（Guruswamy 2011）。ここで，エネルギー貧困とは，安全で供給面で信頼性のあるエネルギーの利用ができないことにより，人々が潜在的な経済水準に達することができない状態であると定義される。エネルギーの過剰利用は，経済学では，エネルギー価格が低すぎることや，外部費用を考慮できていないなどによる，市場の失敗によって起こっていると説明される。エネルギー貧困はまた，電力やガスなどの供給網が整備されていないため，国内の人々にエネルギーが供給されないことによる市場の失敗にもよる。また，エネルギー貧困は，発展途上国の農村地域でよく見られ，調理や暖房のための木材や動物の排泄物などのバイオマスを集めるのに，相当量の労働時間が割り当てられていることによって生じている。

　国連の 8 つのミレニアム開発目標（United Nations 2010）は，エネルギー貧困を減らすことについては明確に言及していないが，多くの目標は，貧困削減のために，近代的なエネルギーの導入を増やすことに依存している。SDGs の 17 の中目標のうち 7 つが，すべての人に信頼性が高く持続可能で現代的なエネルギーが，手頃な価格で利用可能になることを含んでいる（United Nations 2010）。エネルギーへのアクセスを可能にすることによって，発展途上国の人々の厚生を大きく向上させることができる。例えば，極度の貧困や飢餓をなくすには，灌漑効率を高めるための電力灌漑ポンプや，収穫後の損失を減らすための電気作物乾燥機の導入支援が有効である（Guruswamy 2011）。家庭や学校に対する電力供給が可能になれば，テレビやインターネット，携帯電話などによる情報へのアクセスが容易になったり，勉強時間が増えたりすることで，子どもたちの教育の質を高めることが可能になる（Khandker et al. 2013）。また，エネルギー利用が可能になると，農村社会において，女性が料理や暖房のために，水や薪などを収集するのに費やす時間が短縮され，ジェンダーの平等推進が促進される。家庭においても，料理に用いるエネルギーを木材から天然ガスに置き換えることで，家庭内での汚染レベルが下がって，健康状態が改善する（WHO 2007）。また，家庭内での電化が進んで，時間が節約できるような家電（電子レ

ンジや掃除機，洗濯機など）が導入されると，利用できる時間が増加する。その分，外で働く時間を増やすことで，世帯所得が増加することが期待できる（Khandker et al. 2013）。

　いったん，各国が近代的なエネルギーを利用できるようになれば，次のステップは，化石燃料から再生可能エネルギーにシフトしていくことである。これにより，化石燃料への依存を減らし，温室効果ガスの排出削減目標を達成することが可能になる。

12.3.2　技術的な選択肢の拡大

　政府は，化石燃料の使用による環境問題への対処として，新しい技術の研究開発を促進することによってエネルギー市場に介入することもある。この種の研究開発投資は，一般的には利益を確保することが難しいことから，民間部門は過少投資となる傾向がある。そのため，このようなプログラムには，公的研究開発などの政府資金のプログラムに加えて，民間の研究開発への補助金も含まれている。選択肢としては，変換効率の高い化石燃料の技術や，バイオマス，風力，太陽光，地熱，原子力エネルギーなどの非化石燃料への研究開発などがある。

12.3.3　情報提供

　政府は，省エネに関する様々な情報を人々に提供することで，エネルギー市場を変化させることもできる。新しい技術の市場への普及促進政策には，情報や支援プログラム，グリーンプログラム（例として，再生可能エネルギーによる電源供給をより高い価格で提供する），市場の特定などがある。また，政府は環境へのダメージが少ない燃料の使用を促進するために，産業界などとパートナーシップを組むこともできる。省エネに関する情報の提供によって，政府は，家主と借家人の省エネ投資に関する問題を解決することができるかもしれない。家主は月々の光熱費を払わないし，借家人は長期間住むわけではないので，省エネ投資を行っても，投資費用を回収できる見込みがないと考えてしまい，どちらも省エネ投資を行うインセンティブを持たないのである。

情報を通じて多くの変化を引き起こす可能性には，未解決の問題がある。まだ見落とされている費用の削減機会があるのかもしれないが，他の要因が，このような機会の実現を妨げている。人々は，エネルギー価格や，技術移転に関する隠れた費用を減らせるような明確な情報に対して反応する。エネルギー技術の選択はタダではないし，たとえ新しい技術が利用可能でも，多くの人々は新しい技術を現在の価格で試したいとは思わない。新しい技術を利用する際には，エネルギー効率以外の要素，例えば，品質や新しい技術について十分な情報を得るのに必要な時間や労力なども考慮する必要がある。また，将来のエネルギー価格や，新しい技術の信頼性については不確実性が存在するため，人々はそれらを反映して短期的な視点で行動するのかもしれない。そのような現状の下では，「ナッジ」と呼ばれる行動経済学の手法が有効かもしれない。例えば，家庭でのエネルギー消費量を近隣住民と比較する情報を与えることで，消費者のエネルギー消費量を下げる効果が確認されている（Alcott 2011）。

12.3.4 英国のエネルギー政策

英国は，先進国として，今後20〜50年におけるエネルギー転換において，化石燃料への依存度の低下，エネルギー安全保障の確保，温室効果ガス排出削減目標の達成を推進していく。現在の英国のエネルギー構成は，ほとんどが化石燃料に依存している状況である。そのため，2008年の英国気候変動法（Legislation UK Government 2008）の下で求められているように，2050年までに，1990年比で20％の温室効果ガス排出削減という大幅な削減を達成していくことになる。この目標の達成には，現在のエネルギー部門の抜本的な転換が必要であり，エネルギー需要の削減と，再生可能エネルギーと原子力の利用を拡大させるなどが必要となる。図12.6は，2035年までのエネルギー使用量の予測値の推移であり，図12.7は，同じ時期におけるエネルギー価格の予測値の推移を表している。

図12.8は，価格と経済成長の予測に基づいて，各部門のCO$_2$排出量の推移を示したものである。これには，2050年までに温室効果ガス排出削減目標を達成するための課題が示されている。CO$_2$だけで見ると，2035年までの排出目標は約1億2000万トンであるが，現在およそ3億1700万トンと，目標の2.64倍の水準となっている。排出削減政策においては，エネルギー部門がCO$_2$

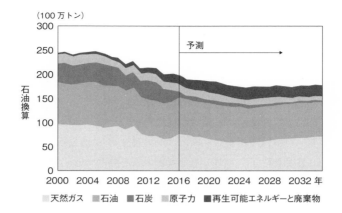

図 12.6　英国のエネルギー消費量
出典）BEIS（2017）エネルギーと排出量の最新予測。

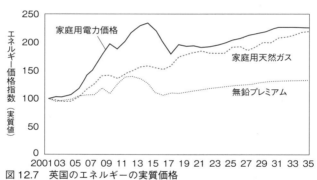

図 12.7　英国のエネルギーの実質価格
出典）BEIS（2017）エネルギーと排出量の最新予測。

排出削減の主要な部門となり，その他の運輸部門，家庭部門，産業部門では，
より少ない割合で削減がなされそうである。

　Keay（2016）は，エネルギー政策には，エネルギー安全保障，環境保全，
経済効率の3つの目標間でのトレードオフが必要であると指摘している。これ
らの目標は先進国間で広く共有されているが，エネルギー転換をどこから始め
るのかによって，その対応は大きく異なる可能性がある。各国はそれぞれ異な
る資源の水準から始め，各国のインフラ（発電所やパイプライン，建物の特性，
輸送インフラなど）によって制約をうけることになる。

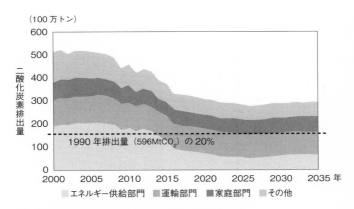

図 12.8　英国における部門別二酸化炭素排出量
出典）BEIS（2017）エネルギーと排出量の最新予測。

　英国は，2050 年までを目標年とした脱炭素化にむけたエネルギー転換が，現在のエネルギーシステムによって大きな制約を受けている例であり，現在の状況は，過去の政策の結果がもたらしたものとされている。1980 年代から 1990 年代におけるエネルギー政策の主目的は，市場の規制緩和や，エネルギー投資の促進，エネルギー市場への政府の直接的な介入を減らしていく，というものであった。英国では，酸性雨や CO_2 排出に関する環境保全は，この時期に市場価格が有利に働いたこともあり，石炭から天然ガスへのエネルギー転換が起こったことで，偶然にも部分的に目標が達成された（図12.6を参照）。ここで，石炭からの CO_2 排出量が，平均で 921g／kWh なのに対して，ガスは平均 383g／kWh である（IEA 2016）。

　CO_2 排出削減目標が強化されたため，2003 年のエネルギー白書は，2050 年までに 1990 年の CO_2 水準で 60％の削減目標を提唱した（HMG 2003）。そして，2008 年の気候変動法において，2050 年までに 1990 年比で 80％の削減目標が掲げられた。これにより，政府はエネルギー市場の計画立案によりいっそう関与しなければならなくなった。2000 年初頭に設定された政策は，温室効果ガス削減目標を達成できるような野心的なものではなかったのである。

　3 つの政策目標があることは，これらの目標を同時に達成するには，複数の政策を組み合わせるポリシーミックスが必要であることを示している。1980 年以降，歴代の英国政府は市場の自由化を好んできたため，エネルギー政策に

における上記の３つの目標達成のための政策設計は難しかった。例えば，温室効果ガス削減達成のために，コマンドアンドコントロールの手法が用いられた場合，排出削減費用を最小化するインセンティブを与えないため，経済的な効率は低下してしまう。

　2000年以降，英国のエネルギー政策は，市場自由主義から，政府のエネルギー市場や計画への介入を含めたものにシフトし始めなければならなかった（Keay 2016）。この80％の排出削減というのは，実質的に電力部門の排出量がゼロでなくてはならないことを意味している。これを実現するには，風力発電や小型の家庭用太陽光発電のような，より断続的な再生可能資源を統合する電力供給システムの劇的な変更が求められる。再生可能エネルギーや，関連するインフラへの投資を促進するため，電力の卸売市場の規制緩和から，全量固定価格買取制度（FiTs）に移行する必要があった。また，新たに作られる発電所には性能基準が設けられ，発電に使用する石炭，ガス，石油には炭素税が課された。全量固定価格買取制度は高価であったため，供給者が再生可能エネルギーの供給契約を競い合うオークションベースの仕組みに変更されることになった。

　政府は，断続的な再生可能エネルギーの供給不足を補うために，ベースロード電源の確保の問題にも対処しなければならなかった。石炭や原子力，天然ガスに由来するベースロード電源は，エネルギーの安全保障の観点から不可欠である。2017年までに石炭による発電量は非常に少なくなり，代わりに天然ガスが有効な代替燃料となった。温室効果ガスの排出量が少ない原子力発電は，もっと問題を抱えていた。原子力発電所は近々寿命を迎えるが，新規の原子力発電所は発電費用が相対的に高い状況にある。政府の当面の課題は，ベースロード電源への長期的な投資を確保しつつ，時には限界費用ゼロで電力を供給できる再生可能エネルギーを奨励していくことであり，それに対して，原子力のような他の発電への投資収益率を減らしていくことである。

　北海で多く取れる天然ガスは，電力供給において石炭よりもkWh当たりの炭素排出量が少ないため，暫定的な発電燃料と見なされている。しかし，天然ガスは家庭用の暖房燃料として不可欠である。多くの家庭や企業の暖房は，ガスによって提供されているため，将来にわたってこの制約がある。そのため選択肢は限られており，電力による暖房への切り替えや，空気熱源ヒートポンプ

や太陽熱などの自然エネルギーシステムを選択する世帯に補助金を支給する
「再生可能熱インセンティブ」（OFGEM 2018）などにより，新技術への切り替
えを促す方法が考えられる。

12.4　再生可能な電力政策

　国連は，2014 年から 2024 年を，「すべての人のための持続可能なエネルギー
の 10 年」と定めた。2014 年の世界の 1 次エネルギー供給量は 1 万 3700Mtoe で，
このうちの 13.8％は再生可能エネルギーによるものであった（IEA, 再生可能
エネルギー情報 2016）。REN21 の 2016 年報告書[*1] によると，再生可能エネル
ギー発電への世界的な投資額は 2658 億ドルと過去最高に達し，これは石炭や
天然ガスへの投資額の倍以上になる。再生可能エネルギーの普及促進は EU の
エネルギー戦略の重要な側面であり，EU における再生可能資源エネルギー利
用促進令（Directive 2001/77/EC）は，再生可能エネルギー導入の義務的な目
標を課している。一方で，2014 年には，気候変動エネルギー政策 2030 の枠組
みとして，2030 年までに EU 内で消費される再生可能エネルギーの割合を少
なくとも 27％とする拘束力のある目標を設定した（European Commission
2014）。

　IEA（2018a）のデータによると，再生可能エネルギーは，1990 年以降，年
間に平均で 3.1％の割合で増加してきた。特に太陽光発電と風力発電の成長率
が高い（図 12.9 を参照）。再生可能エネルギーの近年の成長の大部分は，補助
金や税額控除，固定価格買取制度，政策介入（Bhattacharya et al. 2016）など
の政府の支援プログラムに依存している。EU では，このようなプログラムに
よって，投資費用が大幅に削減されたことから，再生可能エネルギー源による
電力生産量が増加した。Nicolini and Tavoni（2017）は，当時の EU 主要 5ヵ
国（フランス，ドイツ，イタリア，スペイン，英国）に対する，再生可能エネ
ルギー電力の普及促進政策の効果を検証した。彼らは，補助金と再生可能エネ
ルギーの生産との間に正の相関関係があることを発見し，固定価格買取制度と
グリーン電力証書がヨーロッパにおける再生可能エネルギーの生産の成長に

※1　訳注：https://www.ren21.net/wp-content/uploads/2019/05/REN21_GSR2016_FullRe-
port_en_11.pdf

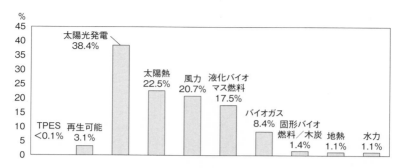

図12.9　世界における再生可能エネルギー供給の年平均成長率の比較（1990〜2016年)

出典）IEA（2018a).

　注）TPES は Total Primary Energy Supply（1次エネルギー総供給量)。

とって有効であることを示した。

　再生可能エネルギーは，世界のエネルギー供給に占める割合という意味では，世界的に大きく成長している。再生可能エネルギーには，水力，地熱，風力，太陽光，波力発電が含まれている。この点では，電力供給を化石燃料から再生可能エネルギーへシフトしようとしている英国は，他の多くの国々と類似している。

　経済学は，①どのように再生可能エネルギーの容量を増やすインセンティブを与えるのか，②そのような政策を実行する場合の費用と便益はどのくらいか，について考える際の手助けをしてくれる。また経済学によって，消費者が自由に電力会社を選ぶことができる国や地域において，人々が再生可能資源から生産された「グリーン電力」にどれだけ支払いたいと考えているのかを定量化することができる。再生可能エネルギーは，CO_2 排出の削減，硫黄酸化物や窒素酸化物など，局地的・地域的な大気汚染物質の排出回避といった観点から，化石燃料由来のエネルギーよりも有利である。また，国のエネルギーポートフォリオの多様化は，エネルギー供給の確保に対する投資と考えることができる。いくつかの国では，再生可能エネルギーへの投資は，比較優位を進めて輸出を促進することにもつながっている。

　もし納税者が，新しい再生可能エネルギーの発電所の建設に，実際に補助金を出しているなら，そのような投資の社会的便益が社会的費用を上回るかどうかを尋ねることは理にかなっている。便益には，主に次の2つがある。

表12.1　再生可能エネルギー開発促進のための政策手段の種類

1 次	2 次
・固定価格買取制度	・投資への補助金
・グリーン電力証書	・長期低利貸付
・入札制度	・財政的インセンティブ
・ネットメータリング	

①発電された電力の価値：市場における電力の需要は，消費者が電力に対して支払いたいという思いを表している。一方で，再生可能エネルギーで発電された場合，「グリーンプレミアム」によって，電力需要はさらに増加するかもしれない。

②化石燃料発電による電力生産に由来する汚染を回避した場合の経済的価値は，新しい再生可能エネルギーに置き換わったときに得られるものである。これらの回避費用は，窒素酸化物や硫黄酸化物などによる汚染物質からの損失回避費用や，CO_2 などの気候変動に起因する排出の回避費用からなる。

　費用には，発電所の建設費用や維持費などが含まれているが，再生可能エネルギーに関する外部費用も含める必要がある。外部費用には次のようなものが含まれる。陸上や海上に設置された風力発電所が景観を損ねる影響，土壌や特に泥炭に蓄積された炭素への風力発電の影響，また，水力発電や陸上および洋上の風力発電による野生生物への影響などである。

　これらには，時々負の影響を及ぼすものがある。例えば，風力発電の影響で鳥やコウモリが死ぬことや（Tatchley et al. 2016），洋上風力発電がアザラシの動きに悪影響を与えることなどがある。しかしながら，良い効果もある。例えば，洋上風力発電施設の周囲を漁業禁止の水域にできたり，海上に新たな人工構造物を作ることで生物多様性の改善が見込まれる。

　再生可能エネルギーをより普及させるためにどのようにインセンティブを与えるかについて考えるとき，典型的な出発点としては，少なくとも普及の初期段階において，多くの再生可能エネルギー技術は，石炭や天然ガスなどの代替的な化石燃料に比べて，高い発電費用になる。しかし，太陽光発電や陸上・洋

上風力発電などの再生可能エネルギー技術の資本費用やランニングコストは，大きく低下している。その理由としては，実践的な経験からのフィードバックや，規模の経済，また生産技術の向上などが指摘されている（Lindman and Söderholm 2012）。再生可能エネルギーに対する民間投資の収益率を高めるため，政府は2つの主要な政策オプションを用意している。表12.1に1次および2次のインセンティブを示している。以下に，1次の主要なインセンティブとして，固定価格買取制度とグリーン電力証書について述べる。

（a）固定価格買取制度

　再生可能エネルギーで発電した電力の（高い）卸売価格を，政府が保証する制度。この高めの価格は，通常は電力を購入する消費者に転嫁されるか，もしくは，政府が，固定価格買取制度における価格と，電力供給側の平均的な電力卸売価格との差額を支払う。後者の場合，その差額支援の費用は納税者が負担するため，あまりにもこの費用が高くなりすぎると，政府はこの制度の導入を諦めるかもしれない（例えば，Verbruggen and Lauber（2012）におけるデンマークの事例）。政府が特に導入を支援したいと考えている再生可能エネルギーで，導入初期段階で費用が高くなる場合，買取価格が高く設定されると考えられる。

（b）グリーン電力証書

　グリーン電力証書は，政府が電力会社に対して生産する電力のうち，少なくとも何パーセントかは再生可能エネルギーから得るという規制を課したものである。多くの場合，この証書は取引のために用いられている。すなわち，風力発電の開発者のような再生可能エネルギーへの投資家は，彼らが建設した発電所からメガワット単位でグリーン電力証書を受け取り，これらを，電力供給の一部を再生可能エネルギーから得るという規制要件をクリアする必要のある電力会社に対して販売する。多くの場合，この規制要件が満たされない場合はペナルティが課されることになるが，グリーン電力証書の価格には，上限が課せられることがあるため，要件を満たすための費用が膨らみすぎることはない。グリーン電力証書の取引市場は，スウェーデン，ノルウェー，米国，イタリアで実施されており（Agnolucci 2007），そこではすべての投資家が同じ市場価格に直面しているため，費用対効果の高い再生可能エネルギーへの投資を促すこ

表 12.2　主要各国のエネルギー源別割合（2016 年）

燃料	スペイン		アメリカ		イギリス		IEA29 の平均	
	1 次エネルギー総量（%）	電気（%）	1 次エネルギー総量（%）	電気（%）	1 次エネルギー総量（%）	電気（%）	1 次エネルギー総量（%）	電気（%）
石炭	9	14	16	31	7	9	17	9
石油	42	6	37	1	34	1	36	1
天然ガス	21	19	30	33	39	43	27	43
原子力	13	22	10	20	11	21	10	21
非再生可能エネルギーの合計	85	61	93	85	91	74	90	74
水力	3	13	1	6	0	2	2	2
バイオ燃料	6	2	4	2	6	10	6	10
風量	4	18	1	5	2	11	1	11
地熱	0	0	0	0	0	0	1	0
太陽光	3	5	0	1	1	3	1	3
再生可能エネルギーの合計	15	39	7	15	9	26	10	26

出典）IEA（2018b）.
　注）「IEA29 の平均」は，国際エネルギー機関のメンバーである 29ヵ国の平均。

とができるという利点がある。規制側が，異なる再生可能エネルギー（例えば，風力と太陽光）ごとに異なる量のクレジットを提供しない限りは，政策は技術的な中立性を保つことができる（Verbruggen and Lauber 2012）。英国のイングランドでは「非化石燃料義務」，スコットランドでは「再生可能エネルギー法令」が施行された。再生可能エネルギーによる発電所は，実際の発電や売電よりも，グリーン電力証書の販売によって，より多くの利益を得ることが多い。一方で，このような仕組みの費用は，電力消費者の負担となるため，最終的には彼らが高い電力価格を支払うことになってしまう。

　以下は，エネルギー賦存量や環境政策が異なる国々における，各エネルギー源別の割合や排出量をまとめた表である。表 12.2 からは，スペインと英国のエネルギー構成における再生可能エネルギーの割合は相対的に高いのに対して，米国の割合は低くなっていることが分かる。また，表 12.3 からは，米国の 1 人当たりエネルギー消費量や排出量はスペインや英国よりも多くなっていることが分かる。

表 12.3　主要各国のエネルギー，排出量，経済規模

	スペイン	アメリカ	イギリス	IEA29 の平均
1 人当たりの 1 次エネルギー総供給量（TOE／人）	2.56	6.66	2.71	4.42
1 人当たり電力量（MWh／人）	5.5	12.75	4.99	8.69
1 人当たり排出量（CO$_2$ トン／人）	5.32	15.53	5.99	9.88
エネルギー原単位（Mtoe／100 万米ドル）	78	128	70	96
排出原単位（CO$_2$ トン／100 万米ドル）	168	301	157	193

出典）IEA（2018b）.
　注）TOE は石油換算値。エネルギー原単位と排出原単位は 100 万米ドル当たり（購買力平価）。
　　　「IEA29 の平均」は，国際エネルギー機関のメンバーである 29 ヵ国の平均。

12.4.1　英国

　英国では，336. 4TWh の発電のうち，26％が再生可能エネルギーによるものであり，そのうちの大部分が風力発電によってもたらされている。近年の英国における再生可能エネルギー生産量の増加は，主に政策介入と EU の規制によるものである。EU の再生可能エネルギー令（RED）の下で，英国は 2020 年までに，エネルギー消費量の 15％を再生可能エネルギーから調達するという目標を設定した。英国の再生可能エネルギーによる発電は，2015 年には前年よりも 30％増加したが，再生可能な熱エネルギーにとその輸送に関する取り組みは遅れており，2020 年までの目標を達成できないかもしれないと予想されている（European Commission 2014；IEA 2018b；IREA 2016）。EU 離脱後の英国の政策については明らかではないが，離脱が完了するまでには，EU の政策に同調し続けるのかもしれない。

12.4.2　米国

　米国では，4297TWh の発電量のうち，15％が再生可能エネルギーによるものである。2007 年以降，米国のエネルギー政策は根本的に変わり，エネルギーの適切かつ安定的な価格については改善されてきた。一方で，将来の需要予測を満たすことや，温室効果ガスの削減のために，電力システムへの大規模な投資が今後必要である。しかしながら，この国の現在の政治情勢では，今後 4 年間にこのようなことは起こりにくいと考えられる[※2]。米国の気候変動計画は，化石燃料への依存を減らし，再生可能エネルギーへの再投資を目的とした一例

である（OECD／IEA 2014）。しかしながら，2017 年 6 月のパリ合意からの離脱は，温室効果ガスに対する米国の明確な政策がもはや存在しないことを意味している。

　州レベルのエネルギー政策と，カリフォルニアを先行事例とする連邦政府の取り組みとの間には，非常に大きな格差がある。カリフォルニア州は，GDPと温室効果ガス排出量がヨーロッパに匹敵する，世界第 6 位の経済規模である。カリフォルニア州議会法第 32 により，2020 年までに 1990 年の排出レベルまで削減することを法律で義務付けられている。Williams et al.（2012）によると，その目標を達成するには 3 つのエネルギー転換が必要であるとされている。すなわちエネルギー効率の向上，大規模な電力供給の脱炭素化，既存の自動車のように燃料を直接使用する機器の大規模な電化である。

12. 4. 3　スペイン

　スペインでは，227. 2TWh の発電のうち，39％が再生可能エネルギーによるものであり，そのうちの大部分が風力発電によってもたらされている。2009年から 2015 年の間に，スペインはエネルギー資源の輸入を減らし，エネルギー資源の多様化や，信頼性の高い大規模な発電施設を建設することで，エネルギー安全保障を大きく改善した。スペインでは，EU の目標である 2020 年の温室効果ガス排出量と再生可能エネルギー導入を達成するため，電力システムを対象としたエネルギー改革において，「ブロード・アンド・ディープ・アプローチ」を採用している。2013 年時点で，スペインの電力供給の 20％は風力発電であり，デンマークやスウェーデンについで世界第 3 位である（Bean et al. 2017）。しかしながら，スペインでは 2001 年以降，大幅な取引赤字の累積が，電力部門の最優先課題となっている（OECD／IEA 2015）。例えば，王立法令 1614／2010 の施行により，この課題を調整する試みが行われ，風力発電への最大限の財政支援と，限度を超えた風力発電には支援を受ける資格を与えなくなった（Bean et al. 2017）。2008 年の経済危機以前に，風力発電に対するスペインの財政支援は 12 億ユーロに達していたが，2013 年までに 24 億ユー

※ 2　訳注：本書編執筆当時の共和党トランプ政権を指す。

ロにまで倍増した。しかしながら，こういった経済が不安定な時期に補助金が増額されたことで，スペインの再生可能エネルギー導入に対する見通しが変化してしまい，風力発電導入の拡大は，2013年に停止した（Bean et al. 2017）。スペインは，固定価格買取制度の導入によって起こる政策設計上の問題の一例であり，電力消費者への追加費用と，再生可能エネルギーへの投資のインセンティブとの間のトレードオフの重要性を強調している。このことは，一部の投資に過度の利益を出させず，かつ他の投資家の利益が低くならないように，買取価格を設定することの難しさを表している（Schaffer and Bernauer 2014）。

12.4.4　何が再生可能エネルギーの成長を促進しているのだろうか？

　環境汚染，地球温暖化，エネルギー安全保障などへの対応として，ここ10〜20年の間に再生可能エネルギーへの開発支援が拡大してきた。しかしながら，特に気候変動緩和に対して，これまで各国はどのくらい再生可能エネルギー技術を導入してきただろうか。エネルギーの生産は CO_2 排出の大部分を占めているため，気候変動政策には再生可能エネルギーの開発支援が不可欠である。他方で，再生可能エネルギーの開発は，政治情勢が不安定な国からの化石燃料の供給依存を減らすための，ある種の安全保障政策と見なすこともできる（Schaffer and Bernauer 2014）。Marques et al.（2010）と Aguirre and Ibikunle（2014）は，エネルギー安全保障が，再生可能エネルギーの成長の原動力となりえるかどうかを評価するため，エネルギーの輸出依存度を，エネルギー安全保障の代理変数として用いている。Aguirre and Ibikunle（2014）によると，エネルギー安全保障は再生可能エネルギー導入を促進する要素ではないことを示しており，代わりに，環境への配慮がより重要な促進要素であることを明らかにしている。この研究とは対照的に，Marques et al.（2010）は，ヨーロッパ諸国ではエネルギー依存度が高いほど統計的に有意に再生可能エネルギー開発にプラスの影響をもたらすことを示しており，これは，他国からのエネルギー輸入に依存している国ほど自国において再生可能エネルギーへの投資が増えることを示している。

　Schaffer and Bernauer（2014）は，固定価格買取制度とグリーン電力証書の効果に関する研究において，国の総エネルギー供給量に占める，化石燃料エネルギーと原子力エネルギーの割合が大きいほど，再生可能エネルギーの導入の

可能性が高くなること，さらに，EU 加盟国では，再生可能エネルギーの普及の可能性が高くなることを明らかにした。これに対して，Aguirre and Ibikunle（2014）は，CO_2 の排出水準が，再生可能エネルギーの開発に有意な影響を与えることを示している一方で，エネルギーの輸入依存度はそうではないことを明らかにしている。彼らの結果は，エネルギー安全保障よりも環境問題が，再生可能エネルギー開発を推進している可能性を示している。また，エネルギー利用と再生可能エネルギーの導入との間には負の相関関係があることが示されており，これは，ある国がエネルギー供給を確保するように圧力を受けている場合，費用が安い化石燃料が増え，代わりに再生可能エネルギーの利用が減少する傾向にあることを意味している。

12.5　まとめ

　エネルギー政策は，先進国と発展途上国の双方に課題を残している。発展途上国では，エネルギー貧困や，石油や石炭の輸入依存を回避するため，近代的なエネルギー源への十分な選択肢が提供されている。また，発展途上国では，再生可能エネルギーへの飛躍的なエネルギー転換の可能性もある。一方，先進国は，莫大な投資を行って電力，暖房，輸送システムを変更することで，パリ協定で定められた温室効果ガスの大幅な削減要件を満たす必要がある。再生可能エネルギー技術は急速に発展しているが，図 12.3 に示したように，2030 年の排出削減目標の実現までにはまだまだ長い道のりがある。エネルギー転換の負担が電力生産部門にかかっている英国の場合も同様である（図 12.4 参照）。

ディスカッションのための質問

12.1 エネルギー供給過剰よりも，エネルギー貧困への対応の方が優先されるだろうか。

12.2 パリ協定における温室効果ガス排出削減目標の達成には，ヨーロッパと米国で原子力発電を大幅に拡大することが避けられないだろうか。

練習問題

12.1 経済学者が考える，人々の生活におけるエネルギーの3つの主要な役割を説明せよ。

12.2 エネルギー転換の段階とはどのようなものか。国が発展する過程で，いくつかの段階を飛ばすことは可能か。

12.3 英国のような国のエネルギー部門は，2030年までに温室効果ガスの排出削減目標をどのように達成していくと予想されるか。

12.4「エネルギーの乖離」とは，何を意味しているか。

12.5 なぜ一部の国では，エネルギー貧困が発展の障害となっているのか。

参考文献

Agnolucci, P. (2007). The Effect of Financial Constraints, Technological Progress and Long-Term Contracts on Tradable Green Certificates. *Energy Policy* 35 (6) : 3347-59.

Aguirre, M. and Ibikunle, G. (2014). Determinants of Renewable Energy Growth: A Global Sample Analysis. *Energy Policy* 69: 374-84.

Alcott H. (2011). Social Norms and Energy Conservation. *Journal of Public Economics* 95 (9-10) : 1082-95.

Bean, P., Blazquez, J. and Nezamuddin, N. (2017). Assessing the Cost of Renewable Energy Policy Options—A Spanish Wind Case Study. *Renewable Energy* 103: 180-6.

BEIS (Department for Business, Energy & Industrial Strategy) (2017). *Updated Energy & Emissions Projections 2017.*

Bhattacharya, M. et al. (2016). The Effect of Renewable Energy Consumption on Economic Growth: Evidence from Top 38 Countries. *Applied Energy* 162: 733-41.

European Commission. (2014) *Communication from the Commission to the European Parliament, the Council, the European Economic and Social Committee and the Committee of the Regions.* Brussels: European Commission.

Guevara, Z. and Domingos, T. (2017). Three-Level Decoupling of Energy Use in Portugal 1995-2010. *Energy Policy* 108: 134-42.

Guruswamy, L.(2011). Energy Poverty. *Annual Review of Environment and Resources* 36(1): 139-61.

HMG (2003) *Energy White Paper 2003: Our Energy Future—Creating a Low Carbon Economy.* London: The Stationery Office. http://webarchive.nationalarchives.gov.uk/20090609015453/http://www.berr.gov.uk/files/file10719.pdf

IEA (International Energy Authority). (2016) *CO2 Emissions from Fuel Combustion 2016.*

Paris: IEA.

IEA（2018a）*Renewables information overview*. Paris: IEA.

IEA（2018b）*Energy System Overview（Spain/UK/US）*. International Energy Agency IEA Energy Balance 2017.

IPCC（The Intergovernmental Panel on Climate Change）（2014）*Climate Change 2014: Synthesis Report. Contribution of Working Groups I, II and III to the Fifth Assessment Report of the Intergovernmental Panel on Climate Change*. Geneva: IPCC.

IREA（International Renewable Energy Agency）（2016）*Renewable Capacity Statistics*. Paris: IRENA.

Keay, M.（2016）. UK Energy Policy—Stuck in Ideological Limbo? *Energy Policy* 94: 247-52.

Khandker, S., Barnes, D. and Samad, H.（2013）. Welfare Impacts of Rural Electrification: A Panel Data Analysis from Vietnam. *Economic Development and Cultural Change* 61（3）: 659-92.

Laursen, L.（2017）. The Next Step on the Energy Ladder. *Nature* 551（7682）.

Legislation UK Government（2008）*Climate Change Act 2008*. https://www.legislation.gov.uk/ukpga/2008/27/contents（Accessed on 30 July 2018）

Lindman, Å. and Söderholm, P.（2012）. Wind Power Learning Rates: A Conceptual Review and Meta-Analysis'. Energy Economics, 34（3）: 754-761.

Marques, A. C., Fuinhas, J. A. and Pires Manso, J. R.（2010）. Motivations Driving Renewable Energy in European Countries: A Panel Data Approach. *Energy Policy* 38（11）: 6877-85.

Nicolini, M. and Tavoni, M.（2017）. Are Renewable Energy Subsidies Effective? Evidence from Europe. *Renewable and Sustainable Energy Reviews* 74: 412-23.

OECD/IEA（2012）*Energy Policy of IEA Countries: The United Kingdom*. Paris: International Energy Agency, pp. 103-18.

OECD/IEA（2014）*Energy Policies of IEA Countries: European Union*. Paris: International Energy Agency, pp. 11-20.

OECD/IEA（2014）*Energy Policies of IEA Countries: The United States*. Paris: International Energy Agency, pp. 1-6.

OECD/IEA（2015）*Energy Policies of IEA Countries: Spain*. Paris: International Energy Agency, pp. 9-12.

OFGEM（2018）*Domestic Renewable Heat Incentive*. https://www.ofgem.gov.uk/environmental-programmes/domestic-rhi

Rockström, et al.（2009）. A Safe Operating Space for Humanity. *Nature* 461（7263）: 472-5.

Ruhl, C., Appleby, P., Fennema, J., Naumov, A. and Schaffer, M.（2012）. Economic Development and the Demand for Energy: A Historical Perspective on the Next 20 Years. *Energy Policy* 50: 109-16.

Sachs, J.（2015）*The Age of Sustainable Development*. New York: Columbia University Press.

Schaffer, L. M. and Bernauer, T. (2014). Explaining Government Choices for Promoting Renewable Energy. *Energy Policy* 68: 15-27.

Steffen, W., Richardson, K., Rockström, J., Cornell, S., Fetzer, I., Bennett, E., Biggs, R., et al. (2015). Planetary Boundaries: Guiding Human Development on a Changing Planet. *Science* 347 (6223) : 1259855.

Tatchley, C., Paton, H., Robertson, E., Minderman, J., Hanley, N. and Park, K. (2016). Drivers of Public Attitudes Towards Small Wind Turbines in the UK. *PLoS One* https://doi.org/10.1371/journal.pone.0152033

Turner, K. and Hanley, N. (2011). Energy Efficiency, Rebound Effects and the Environmental Kuznets Curve. *Energy Economics* 33 (5) : 709-20.

UNEP (2011) *Decoupling Natural Resource Use and Environmental Impacts From Economic Growth* (ebook). Paris: United Nations Environment Programme. http://www.unep.org/resourcepanel/decoupling/files/pdf/decoupling_report_english.pdf

UNFCCC (2015) *The Paris Agreement*. https://unfccc.int/process-and-meetings/the-paris-agreement/the-paris-agreement (Accessed on 30 July 2018)

United Nations. (2010) *The Millennium Development Goals Report 2011*. New York.

van der Kroon, B., Brouwer, R. and van Beukering, P. J. H. (2013). The Energy Ladder: Theoretical Myth or Empirical Truth? Results from a Meta-Analysis. *Renewable and Sustainable Energy Reviews* 20: 504-13.

United Nations (2015) *Transforming Our World: the 2030 Agenda for Sustainable Development*. A/res/70/1. Geneva: United Nations.

U. S. Energy Information Administration. (2017) *International Energy Data*. https://www.eia.gov/opendata/qb.php?sdid=INTL.44-2-WORL-QBTU.A (Accessed on 1 September 2018)

Verbruggen, A., La uber, V. (2012). Assessing the Performance of Renewable Electricity Support Instruments. *Energy Policy* 45: 635-44.

Williams, J. H. et al. (2012). The Technology Path to Deep Greenhouse Gas Emissions Cuts by 2050: The Pivotal Role of Electricity. *Science* 335 (6064).

World Bank (2018) *Tracking SDG7: the Energy Progress Report*. Washington, D. C.:World Bank.

World Health Organization (WHO) (2007) *In Door Health Pollution Takes a Heavy Toll on Health*. 30 Apr. http://www.who.int/mediacentre/news/notes/2007/np20/en/index.html (Accessed on 30 September 2018)

第13章 生物多様性

13.1 はじめに

　どの種や生息地をどのように保護すべきか，どのように保護すべきかを決めることは，社会にとって主要な課題である。これらの問題に関する現代の議論の多くは，「生物多様性」という概念に集中している。生物多様性とは，鳥や哺乳類の種類や生態系の違いなど，地球上の生物の多様性のことである。これには，種内の多様性（例えば異なる系統の小麦間の遺伝子における多様性），種間の多様性（例えば，異なる種類の農地に生息する鳥），および生態系の多様性が含まれる（Convension on Biological Diversity 1992：Article 2）。

　しかし，陸上および海洋の生息地は，現在，不可逆的に大規模に消失または劣化しつつある。経済的な観点から見ると，生物多様性は，一部の種が失われ，他の種が絶滅の危機にさらされるようになるにつれて，減少している。もう1つの考え方は，人々に価値ある生態系サービスを提供する生態系が，生態系の機能における役割を通じてそれらのサービスを生み出す種を失いつつあるということである。

　本章では，次のような一連の疑問を取り上げる。
・生物多様性保全の目的は何か。
・生物多様性の経済的価値や，生物多様性の保全に対する人々の意欲をどのように評価するのか。
・特に，多くの生物多様性が私有地に見られる場合，生物多様性を保護する

　ためのより良い政策をどのように設計することができるのか。

　時代を通じて，進化の過程で無数の種が淘汰され，突然変異によって進化する環境により適した新しい種が生み出されてきた。この過程はほとんどの種で徐々に進行した。化石記録からの証拠は，何百万年もの年月がある種を別の種から分離し，新しい種を生み出した（ただし，その2種間の遺伝的差異はほんのわずかである）のであろうということを示唆している。定期的に大量絶滅が起きているが（Raup 1988；Stork 2010），そのときには多数の種が消滅している。初期の化石で知られていた種の65〜95％が消滅した6億年間に，5回の大量絶滅があったと推定されている（Raup 1988）。これらのうち最後のものは隕石の衝突によるものと考えられており，それが一時的に地球全体を長い冬に突入させた。多くの生物学者（May et al. 1995；Stork 2010）は，我々が現在，新たな大量絶滅を目撃していると信じている。しかし今回の生物多様性の突然の喪失は，人間の行動によるものである。

　種の絶滅率を正確に評価することは困難である。なぜならば，どれだけの種が存在し，どれだけの種が失われたかを推定することは困難だからである（キーコンセプト13.1を参照）。推定では，10年間に種が失われる割合は5〜30％（Stork 2010）である。IUCN（2010）の予測によると，現在我々が目撃している絶滅率は，化石記録で測定された平均的な絶滅率の100倍から1000倍である。種の消失速度の重要な決定要因は，熱帯雨林，地中海の植生群落，サンゴ礁（Myers et al. 2000）などの生態系を含む，生物多様性の高い生息地の破壊である。しかし，生息地の劣化は全世界的に広範囲の生態系で起こっており，これが種の喪失と生存する種の個体数の減少につながっている。生物多様性損失の他の重要な要因は，気候変動と侵略的外来種である（Armsworth et al. 2004）。

　生態学には，生物多様性，保全，絶滅に関する議論の鍵となる概念として，種数・面積曲線がある。種数・面積曲線はその地域で見られる生息地の面積と種の数の関係を表している。面積が大きいほど，小さな面積よりも多くの種を含む傾向があるが，面積が大きくなるにつれて，種数の限界的な増加は減少する（MacArthur and Wilson 1967）。この曲線は，典型的には，図13.1に示されるような非線形の関係となる。具体的に考えるために，この曲線が，ある地域の放牧地における高等植物の種数を表していると仮定しよう。この曲線か

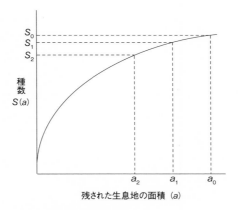

図 13.1　種数・面積曲線

　ら，生息域が失われると，最初はほとんどの種が失われないことが予測される。例えば，生息地の面積が a_0 から a_1 の場合，対応する種の消失は S_0 から S_1 の差であることが縦軸から分かる。さらに同じ面積の生息場所が失われると，種の損失は大きくなる。すなわち，S_0 と S_1 の差は，同じ面積の減少がもたらす S_1 と S_2 の差よりも小さくなるのである。この基本的な生態学的概念が保全計画に与える示唆は，もし保全機関が最大数の種を保護したければ，相対的に希少な生息地に多くの資源を配分し，よりありふれた生息地の保全には少ない資源を配分する必要があるということである。

　生物多様性の損失は，ゾウやクロサイのような注目すべき種の損失以上のものである。それは，種の地域的な損失や，種の遺伝的多様性を減少させる種の地理的な範囲の縮小に関係するからである。例えば，マルハナバチの多くの種は，100 年前には英国のどの地域でも目にすることができたのだが，今では農法の変化や生息地の消失によって姿を消してしまった（Goulson et al. 2015）。

　なぜ，加速している生物多様性の喪失が関心を集めているのであろうか。種の喪失は，次の 3 つの理由から社会にとっての費用であるといえる。第 1 に，失われた種は，新たな食用作物の遺伝物質を発見するために必要となる知識の源として，あるいは新薬の活性化合物の源として，直接的な価値を持つ可能性がある（Simpson et al. 1996）。第 2 には，種は生態系の機能を維持し，昆虫による受粉のように人間の生活を支えるような，様々な生態系サービスを人間に

提供する上で重要な役割を果たす可能性がある（Hanley et al. 2015；Gallai et al. 2009）。最後に，ある種には審美的な便益や非利用的な便益があるかもしれない。例えば，人々は野鳥や蝶のような「カリスマ的な」種を見たいと思い，価値ある生態系が機能し保護されていることを知ることに価値を置く（Lundhede et al. 2014）。生態系と生物多様性の経済学（The Economics of Ecosystems and Biodiversity: TEEB）プロジェクトでは，現在の生物多様性の喪失の速度がもたらす潜在的な経済的影響が強調された（TEEB 2010）。生物多様性保全の重要性については，本章の後半で再び取り上げる。

　ある生息場所を保護し，他の生息場所を枯渇させることによって，どの種が絶滅する運命にあり，どの種が生き残るかということが決定される全体として，人間社会はノアが「生存のための方舟」の上でどの種を許容し，どの種を絶滅させるかを決定する役割を果たしている。人類の活動が種の絶滅率を増加させてきたのであるから，経済学が解決策の発見に関与すべきであろう。Shogren et al.（1999）は，生物多様性に関する社会の意思決定における経済学の重要性を強調している。経済活動は，種が絶滅に直面するリスクを決定する。その一方で，種を保護することは，他の貴重な公共財や私的財のための資源を削減するという点で，機会費用を伴う。資源不足が生じるということは，我々がどの生物多様性を優先して保全するべきであるかという選択に直面することを意味する。最後に，経済学は，生物多様性を保全する最も費用効率的な方法，例えば保護地域制度や生態系サービスへの支払い（Payments for Ecosystem Service: PES）制度の設計についての指針を提供することができるのである（Miteva et al. 2012；Clements et al. 2013）。

　生物多様性を積極的に保全することは，保全への資源配分による経済的機会の損失という意味で費用がかかる。莫大な数の絶滅危惧種を考慮すると，私たちはすべての絶滅危惧種を救うことはできない。社会は，限られた資源を他の公共財よりも生物多様性の保全にどのように配分するかについて，難しい選択をしなければならないのである。

13.2　何を保全するべきなのか

13.2.1　保全目標に対する経済学的洞察

　どの種を保存するべきかという問題は，経済学の枠組みの中では，保全の便
益が保全にかかる費用を上回るかどうかに基づいて判断される。便益と費用の
両方を推定することは困難であるため，この計算は複雑である。Weitzman
(1992) は，特殊性の尺度に基づいて，どの種を保存するべきかという理論を
展開した。区別性は，ある種とその近縁種との間の「遺伝的」差異として解釈
できる。しかし，「独自性」は，人々が実際にどの程度その種を好んでいるの
かということや，生態系サービスの供給におけるその種が持つ役割については
何も反映していない。その一方，薬としての潜在的な価値や，米や小麦のよう
な重要な作物の新品種開発における重要性といったような点に関する何かにつ
いては，その種が持つ特殊性に反映されているといえるであろう。このような
ことについて，さらに詳しく見ていこう。

　政策立案者は，保全のために資源を配分する際には，種や生態学的群集の選
択をしなければならない。理想的な世界において，次の式を使用できる。

$$w_i(a_i) = p_i(a_i)\{v_i^d + v_i^e + u_i\} - c_i(a_i) \tag{13.1}$$

　ここで，$w_i(a_i)$ という項は，種 i を長期にわたって保全することによって得
られる期待純便益である。どの種が遠い未来まで生き残るかを100％の確率で
確定することは不可能である。そこで，式 (13.1) において，$p_i(a_i)$ は，種 i
が生き残る確率を表現している。この生存の可能性は，生息地を保全するため
の土地所有者と政策立案者の決定に依存している。この単純なモデルでは，生
存確率は生息場所 a_i の残存面積の関数である。

　種を保全する経済的価値には3つの要素がある。特殊性が持つ直接的な価値
v_i^d は，種が「情報」を我々に提供するという期待に対して付けられる価値で
ある。この情報とは，商業的な価値を持った，潜在的な薬物または遺伝物質に
関する化学情報である（例えば新しい農作物はこのような情報を持っているであ

ろう）。この直接的な価値は期待価値である。なぜなら，ある種やある種のグループが，商業的に価値のある物質を提供するかどうかは我々には確実には分からないからである。また，種の特殊性が商業的価値を決定するのは，ある種が類似の性質を持つ近縁種にどれだけ近いかを示すからである。もし2つの種が類似の遺伝子型を持っているならば，それらは化学の点では近い代替物である可能性がある。

　生態系サービス価値 v_i^e は，生態系サービスに対する種の貢献を表している。種の生態系サービスへの貢献は，その種が生態系の回復力（生態系が「ショック」に耐え，その機能を維持する能力（Seidl et al. 2016））を高め，生態系の機能と生態系サービスの供給に重要な役割を果たすことによってなされる。後で議論するように，この価値は，ある種が占有する生態的地位を引き継ぐことができる代替種が生態系内にどの程度多く存在するかということに依存する。すなわち，多くの近い代替種を持つ種は，一般的に，ほとんどあるいはまったく代替種を持たない種よりも価値が低い。上で述べた生態系の回復力を高めることは，生態系サービスの供給の失敗によって生じる将来の損失に対して保険をかけることに例えることができる（Baumgartner and Strunz 2014）。もし，より多くの生物多様性のある生態系を持つことが，より回復力のある生態系を持つことを意味するのであれば，生物多様性を保護することは，（13. 1）における他の価値要素に追加的な便益をもたらすといえる。

　最後に，審美的価値および非利用価値 u_i（この概念については第4章で概説した）は，種を保護に関して社会が持つ選好に依存する。例えばアフリカ南部に生息する「五大野生動物（ライオン，ヒョウ，サイ，ゾウ，アフリカスイギュウ）」の保護のために喜んでお金を支払いたいと考える人々がいる。これは，彼らが幸運にもサファリを訪れて五大動物に会うことができたからかもしれない。あるいはこれらの人々がそうした種が保護されているということをただ知りたいだけなのかもしれない（Verissimo et al. 2014；Di Minin et al. 2012）。これらの種は保全地域の審美的価値に寄与するのである。したがって，種の総価値は，$v_i^t = \{v_i^d + v_i^e + u_i\}$ となる。

　保全費用 $c_i(a_i)$ は，保全にかかる直接費用と失われた開発機会の機会費用であり，残された生息地の面積の関数となる。これは，保全される生息場所の面積が増加するにつれて，開発機会の喪失による機会費用が増大するということ

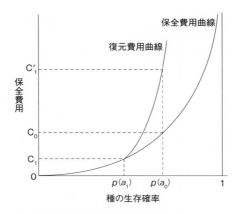

図 13.2　保全費用と生存確率間のトレードオフ
注）ただし，生存確率は生息地の面積の関数となっている。

を反映している。機会費用は，例えば，熱帯雨林からウシの放牧場所へ転換することによって得られたはずの利益の逸失である。図 13.2 は，コストと生存確率とのトレードオフを示している。この図では，現在の生息場所は a_0 で与えられる。生存の可能性を高めるには，復元と保全管理の強化が必要である。保全費用を節約するために，例えば a_0 から a_1 に土地が失われた場合，a_1 から a_0 に戻るには，a_0 から始まる保全よりもはるかに大きな費用がかかるという点で，費用の非対称性がある。

　より多くの生息地が保全または復元されるにつれ，生存の可能性は近づいていくが，1 には到達しない。なぜなら，保全活動が行われたとしても，種が絶滅する可能性は常にあるからである。費用曲線は，農業，林業，または開発から，生息地を回復させるために，社会がより価値のある土地をより多く利用するにつれ，より急勾配になる。多くの生息地では破壊が不可逆的であるため，どのように高い費用を支払ったとしても元の状態に復元することが不可能な生息地もある。また，既存の生息地を保全するよりも，生息地を再生する方が何倍も費用がかかるというのが一般的なルールである。Prach and Hobbs（2008）は，採鉱後の土地回復に関してこの点を指摘している。

13.2.2　異なる種間または生態系間の資源の配分

保全に責任を持つ政府機関が直面している問題は，複数の種の間で，あるいは異なる生息地間で，どのように予算を配分するかという問題である。式 (13.1) は，単一の種または生息場所に関する目的関数である。しかし，現実には，多くの種や生態系が危機にさらされており，それらの種に資源を配分するという選択をしなければならない。ここで，規制当局が農業者に保全のための機会費用を支払い，限られた資金が2つの種の間だけで配分されるような問題を設定しよう。まず2つの種をオーストラリアの絶滅危惧種にちなんで名付けることにする。1つの種の名前は，チュディッチである。この種はウエスタンクオールという名前でも知られており，キツネやネコといった外来の捕食者によって絶滅の危機に瀕しているいる小さな有袋類の捕食者であり，現在も生息地を失いつつ，オーストラリアの南西の下部に限定して生息している。もう1つはの種の名前はビルビーである。これは，ミミナガバンディクートという名でも知られ，生息地の損失と捕食に脅かされる絶滅危惧種の雑食性有袋類であり，現在は西オーストラリア州北部の遠く離れた乾燥地帯に限定して生息している。西オーストラリア州の環境保全省は，これらの生物種に配分する予算を有している。彼らが直面している問題は以下のような，両種の保全から期待される純便益の最大化問題である。

$$
\begin{aligned}
J(a_{bilb}, a_{chud}) = w(a_{bilb}) + w(a_{chud}) &= p_{bilb}(a_{bilb}) v^t_{bilb} \\
&+ p_{chud}(a_{chud}) v^t_{chud} - c_{bilb}(a_{bilb}) - c_{chud}(a_{chud})
\end{aligned}
\tag{13.2}
$$

ビルビーの生息地に割り当てられた面積は a_{bilb} で表され，チュディッチの生息地に割り当てられた面積は a_{chud} と表される。それぞれの種の総価値は，v^t_{bilb} と v^t_{chud} である。予算制約（資金はすべて使い切ると想定する）は次のように与えられる。

$$
M = c_{bilb}(a_{bilb}) + c_{chud}(a_{chud})
\tag{13.3}
$$

ここで，M はドルで表した利用可能な総予算であり，$c_{bilb}(a_{bilb})$ は，ある特定

の地域のビルビーに生息地を与える機会費用であり，また，$c_{chud}(a_{chud})$ について
ても同様である。環境保全省が予算制約式（13. 3）の下で，目的関数（13. 2）
を最大化したい場合，どのようなルールを彼らは使うのであろうか。1 つの方
法は，チュディッチの生息地が 1ha 増やしたときと比較したときの，ビルビー
の生息地が 1ha 増やすことによって得られる純便益を考えることである。そ
うすると，ビルビーの生息地面積を新たに 1 単位増やすことによって得られる
追加的な純便益（限界純便益）は次のようになる。

$$MNB_{bilb} = (\Delta p_{bilb} v^t_{bilb} - \Delta c_{bilb}) / (\Delta a_{bilb}) \tag{13. 4}$$

そしてチュディッチの生息地が増えることによる限界純便益は，下のようにな
る。

$$MNP_{chud} = (\Delta p_{chud} v^t_{chud} - \Delta c_{chud}) / (\Delta a_{chud}) \tag{13. 5}$$

　式の中の Δ は，面積の変化に対応する変化を示すために用いられる。もし微
小な変化を考えるのであれば，これは導関数として解釈される。Metrick and
Weitzman(1998) が提唱したように，MNP_{bilb} と MNP_{chud} を比較することによっ
て，保全への投資の指針を決定することができる。例えば，もし $MNB_{bilb} >$
MNP_{chud} であれば，より多くの資源がビルビーの保全に配分され，より少ない
資源がチュディッチに配分されることになるのである。
　我々の例は基本的なものであるが，土地あるいは漁獲のような海洋資源に関
する保全の機会費用が認識されてきているため，体系的な保全計画の利用は，
次第に一般的になってきている（Margules and Pressey 2000）。このアプロー
チの例としては，グレート・バリア・リーフを対象にして研究した Fernandes
et al. (2005)，オレゴン州の費用効率的な陸上生態系保全に関する研究を行っ
た Polasky et al. (2001) が挙げられる。生態系サービスの提供と農業生産の間
のトレードオフを考慮に入れた生物多様性の保全の最適化を分析した Nelson
et al. (2009) も参照するとよいであろう。費用対効果分析では，種や生態系に
金銭的な価値を置く必要はない。なぜなら，1ha の生息地を保全したときにか
かる費用を生息地間で比較することや，絶滅の危機に瀕したアホウドリを保全

するためにかかる費用を2つのアホウドリの間で比較することができるからである。次のセクションで説明されるように，生物多様性に金銭的な価値を置くことは難しいため，このような分析手法は有用であるといえる。

13.3　生物多様性の経済的価値

　すべての生物多様性の総価値は，現在および将来の世代にわたるすべての人間の厚生の合計である。生物多様性がなければ，人類は存在しなくなるであろう。この意味において，世界の生物多様性の経済的価値は無限である。しかし，この自明の真実は，生物多様性の限界的変化の価値や，どの種を保護すべきで，どの種を無視すべきかについて，より適切な問題を提起する助けにはならない。農業の拡大と集約化，森林伐採，都市化など，種を絶滅に追いやる商業活動には，少なくとも部分的には市場価格で測定される費用と便益がある。生物多様性の損失を評価することは，その保全のための市場が欠如しているか不完全であるため，より困難である。主要な経済的問題は，生物多様性そのものの限界的価値と，生息地の特定の部分を保全することの便益に関するものである。すでに述べたように，保全の便益は3つの源泉に由来する。これらの価値の源泉のそれぞれについて，より詳細に考察する。

13.3.1　直接的価値

　現在，我々は約4万種類の植物，動物，菌類，微生物を利用している（Elridge 1998；Heal 2000）。生物には幅広い用途があり，その一部は当然のことと考えられている。例えば，放線菌は一般的な抗生物質の生産に用いられる。一般に，我々は菌類から食用のキノコ類を得ることができるが，その一方でチャワンタケ類は菌根の中に窒素固定のための構造を提供している。有用な昆虫には，カイコ，農業に受粉サービスを提供するミツバチ，およびアブラムシを食べるテントウムシが含まれる。有用な動物には，食物や繊維のためのヒツジや，肉，牛乳，牽引力，輸送，皮革および肥料を提供する水牛が含まれる。高等植物は作物，材木，殺虫剤，飼料を供給し，伝統的および現代的な医薬品の重要な供給源でもある。植物は，柳の樹皮から得られるアスピリンや，イチイから得られる癌治療薬タキソールなど，多くの一般的な薬剤の基礎を提

供してきた。

　時間の経過とともに，我々は我々にとって有用な種を発見し，開発すること
に熟達してきており，これは，我々が新たな作物を探したり，既存の作物から
新薬のための新しい遺伝物質を探す中で続いている。バイオテクノロジーに
よって，病気に対する抵抗性などの形質を，近縁種から作物へと移植すること
が可能になった。そして，これらの形質を，商業的品種にも移植することが可
能になった。

　これらの遺伝子が発見されるためには，これらがすでに野生種や栽培種の中
に存在している必要がある。生息場所を破壊することによって，我々は貴重な
遺伝物質を含む作物種の近縁種を不注意にも破壊することがある。テオシンテ
はその一例である（Iltis et al. 1979）。テオシンテは飼料作物用のトウモロコシ
の滅多にない近縁種であるが，よく知られておらず，メキシコのシエラ・デ・
モナントランに残された最後の生息地で絶滅の危機に瀕していた。この植物は
商業種のトウモロコシに被害を与える多くの病気に抵抗性を示し，新しい商業
用のトウモロコシの品種に遺伝物質を供給することができる。

　作物植物の野生にある近縁種間の多様性が失われるにつれて，我々はますま
す少数の「スーパー作物」に依存する危険がある。一方で，国際貿易，気候変
動，および生産の特化が進むにつれて植物，動物の病気および害虫の「侵入」
が増加しているため，これらの「スーパー作物」は将来，農薬への抵抗力を進
化させ得る病気や害虫の危険に曝される可能性がある（IUFRO 2016）。古い作
物品種や野生の近縁種からの遺伝的多様性がなければ，伝統的な植物育種家は
既知の品種の中から得られる遺伝子プールに頼らざるを得なくなる。コムギや
トウモロコシのような主要食用作物の野生型または伝統的品種の保護への投資
は，気候変動，侵略的な病虫害，および食料需要の増加による将来の食料不安
からのリスクを低減する方法と考えることができる（Di Falco and Perrings
2005）。

13.3.2　医薬品のための生物資源探査

　生物の遺伝情報には，生物活性のある化学物質を合成するための暗号が含ま
れている。これらの化学物質の中には，医薬品の開発・製造に利用できるもの
もある。天然に存在する物質は，有望な分子のありそうな形態への「先導

（リード）」を医薬化学者に与えるが，これらが医薬として使用される前には調整が行われる必要がある。生物多様性を保全することで，利用できる種数を維持することが可能となる。しかし，生態系内の生物間にも代替性もある。第1に，生物は広い生態学的範囲に分布する。第2に，異なる植物は同じような薬効を持つ化学物質を生み出す。このことは，活性成分の価値が特定の植物の局所的な個体群の保存と完全には関係しているわけではないということを意味している。新薬の価値は，病気の治療の改善に対する貢献度によって測られる。例えば，タキソールなどの新しい癌治療薬は寛解率を高め，治療費を減らし，生活の質を改善する。その価値は，特定の疾患の治療において，新薬が最も近い代替薬よりどれだけ優れているかによって測られるのである。

　種の価値についての次のような簡単な分析を考えてみよう（Simpson et al. 1996）。新医薬品の価値は，新薬からの収益 R と検体を分析する費用 c によって与えられる。新薬発見の成功確率は p で与えられる。したがって，単一の植物標本を分析することの期待値 $v(1)$ は，期待収益からコストを引いたもの，すなわち，

$$v(1) = pR - c$$

である。例えば，R = 1000万ドル，c = 50万ドル，p = 0.1 であるとすると，新薬の素となる物質が見つかる確率は10%であり，検体の価値の期待値は 0.1 × 1000 − 50 = 50万ドルとなる。もし，類似した医薬品を生産する生物の候補が複数存在する場合には，発見された時点で探索が停止するような探索手順を同定する。したがって，2つの生物が候補としてある場合には，検体の価値の期待値は次式で与えられる。

$$v(2) = pR - c + (1-p)(pR - c)$$

ここで，第2項は第2の生物の価値の期待値であり，$(1 - p)$ は第1の生物に化合物が存在しない確率である。例えば，p = 0.1 の場合，第2の生物が分析を必要とする確率は 0.9 あるいは90%である。この新たに追加的な種を分析対象とすることの価値は，単に第2の種の価値の期待値である $(1 - p)(pR - c)$。

　この定式は，次のように，任意の数（n）の種の期待値を与えるように一般化することができる。

$$v(n) = pR - c + (1-p)(pR-c) + (1-p)^2(pR-c) + \cdots + (1-p)^{(n-1)}(pR-c)$$

「限界」種の値は次のようになる。

$$(1-p)^n(pR-c)$$

　これは，当該医薬品の試験を行う生物種が1つ増えることの期待値である。限界種の期待値は，成功の確率と種数に反比例する。例えば，1000の種が存在し，医薬品が見つかる確率が10%（$p = 0.1$）であれば，$(1-p)n = 1.747 \times 10^{-46}$（小さい数）となる。成功率とは，新薬の基礎となる可能性のある生物活性物質を含む100種類の植物種の中に，平均して実際に医薬品の成分を持つ植物が何種類あるかをパーセントで表したものである。ある生成物が得られる確率が1%のわずか1／10（$p = 0.001$）であるならば，$(1-p)^n = 0.3677$となり，同時に（$pR - c$）の項は減少するが，その減少速度は$(1-p)^n$が増加するほどには速くはない。種の数を1000種から100種に減らし，1%の成功率を1／10と仮定すると，$(1-p)^n = 0.905$となる。多くの種が存在する生態系では，候補種の数が増加するにつれて，限界種の価値はゼロに近くなる。このことは，例えば，熱帯雨林の限界種の「生物資源探査（バイオプロスペクティング）」値が非常に低い可能性を示唆している。

　次の例を考えてみよう。歴史的に，高等植物は最も多くの新薬を生み出してきた。では，1つの植物種の保全を，その潜在的な薬用価値という観点からどのように評価すればよいのだろうか。Simpson et al. (1996) は，以下のアプローチおよびパラメータを提案している。科学的に知られている植物種は約25万種（n）ある（Wilson 1992）。平均して1981年から1993年の間に，年間23.8種類の新薬が米国食品医薬品局によって承認された。これは，世界の創薬率の目安であるといえる。なぜならば，他の国で最初に販売された医薬品が米国で販売されるには，販売前に米国食品医薬品局によって承認を得る必要があるためである。これらの医薬品の約1／3が高等植物由来であり，毎年約8種類の新薬が高等植物から発見されている（Chichilnisky 1993）。新製品の発見にかかる費用は約3億ドルである。製薬会社が研究費用の50%の利益を得ていると想定すると，期待収益（R）は4億5000万ドルであり，単一サンプルの評価コスト（c）は3600ドルである。個々の植物種の保全価値vの式を用い

ると，7169 ドルの薬価に基づいて個々の植物種の保存価値を推定することができる。この価値は熱帯雨林の追加的な 1ha の面積を保護する際に，重要であろうか。その答えは，植物検体がどの程度一般的であるかということに大きく依存する。もしある 1 種類の植物が 1ha の熱帯雨林に広がっても，その植物の長期的な生存にはほとんど貢献しないであろう。もしそうではなく，比較的小さな熱帯雨林地域が多くの希少種の生息地（宿主）であれば，貴重な資源となる。熱帯雨林の伐採が進み，残った種が発見される地域の面積が減少すると，薬物探査のための検体となる種を提供するという理由だけでも，1ha 当たりの熱帯雨林を保全することの価値が，より重要になるのである。

13.3.3　生物多様性の持つ生態系サービスの価値

　我々を取り巻く生態系は，廃棄物の浄化，水の浄化，栄養循環など，人間の厚生につながる多くの直接的・間接的便益を提供している（MEA（2005），第 4 章を参照）。複雑な生態系はこれらのサービスを提供するが，我々は生態系内の特定の種の価値を評価することはできない。生物多様性は，生態系の機能のいくつかの側面にとって重要であることが知られているが，その関連性の特定と定量化は困難である（Mace et al. 2012）。

　多様な生態系は，任意の生態系機能にとって重要な多数の種を有するが，同時に，機能を失うことなく多数の種の喪失に耐えることができる。生態系のある部分への被害は，別の部分での調整によって補われる可能性があり，より多くの生物多様性のある生態系は，火災や干ばつなどのショックに対してより回復力があり，人々に価値ある生態系サービスを提供し続けることができる。対照的に，生物多様性がより少ない生態系には，より脆弱で，種の喪失に対して回復力が弱い傾向がある。

　生態系サービスの例をいくつか考え，それらが種の喪失によってどのような影響を受けるかを考えてみよう。熱帯雨林の樹木はスポンジのような働きをし，土壌中に水を保持し，降雨を蒸散（蒸発）させることによって局所的な水循環を調節する。このように樹々は洪水の頻度と強度を減らすのである。森林樹種の喪失はこの生態系サービスを著しく減少させる可能性があるが，サル種の局所的喪失はこのサービスに直接影響しない可能性がある。サンゴ礁は沿岸地域を保護し，沿岸湿地やマングローブ湿地を嵐から保護する。サンゴ礁の大

部分が汚染や堆積，気候変動による海面上昇によって失われた場合，生態系サービスの大部分が失われることになるが，その一方で，魚種の局所的な喪失は生態系サービスには直接的な影響を与えない。最後に森林はどうであろうか。種数の少ない森林は，新たに侵入してくる害虫や病気にかかりやすくなる（Guyot et al. 2016）。樹種の喪失は，森林が長期的に炭素固定，木材生産，レクリエーションといった便益をもたらすことができなくなることにつながるのである。

　ここでの一般的な論点は，生態系の機能と生産性という点で，ある種の近縁の代替種が少なければ少ないほど，その損失は大きくなるということである。例えば，マングローブの樹木は，堆積物を安定化させ，水を濾過するため，沿岸の湿地の機能にとって重要である。この生態系の一次生産者であるマングローブの一種が失われれば，地域の海洋環境に壊滅的な影響を与えるであろう。なぜなら，沿岸湿地において，塩水で生き延び，堆積物を安定させる一次生産者としての役割を果たすマングローブの代替種が存在しないからである（環境経済学の実践 13.1 を参照するとよい）。

環境経済学の実践　13.1

メキシコ・カンペチェ州におけるマングローブと漁業の関係

　メキシコ湾での漁業の高い生産性は，マングローブにおおわれた，広大な沿岸ラグーンや河口区域が一役買っている。マングローブは商業的に利用されるエビや魚の理想的な繁殖地である。メキシコのこの地域のマングローブは貝養殖場の発達と都市の侵食の脅威にさらされている。カンペチェ州の漁業について研究を行った Barbier and Strand（1998）は，マングローブ林を 1km^2 破壊することによって，カンペチェ漁業は年間収入を平均して 0.19％を失っていると推定した。この推定値は，マングローブ林の消失が沿岸エビ漁業（このエビ漁業はマングローブがもたらす保育機能の恩恵を受けている）の環境収容力を低下させると想定したシミュレーションモデルに基づいている。

　彼らの研究の結論は，もし漁業がオープンアクセスから規制された漁業に転換されると，マングローブ林の減少と漁業に関する全体の費用は増加するであ

ろうという興味深い結論を導いている。問題は例えば次の2つの市場が存在し
ないことである。すなわち，マングローブ林が提供している生態系サービスの
市場が存在しないことと，エビのストックの市場が存在しないことである。エ
ビのストックがオープンアクセスであるがゆえにエビのストックの市場は存在
しなくなり，そのことがマングローブ林の持つ価値の低下につながるのである。

13.3.4　生物多様性の審美的価値と非利用的価値

　野生に存在する種の観察や，特定の種が保護されていることを知っているこ
とからさえも，効用を得ることができる人もいる。人々はハクトウワシ，ト
ラ，ゾウ，クジラのような個々の種や熱帯雨林，大草原，荒野などの生態系全
体を高く評価する。コンティンジェント・バリュエーション法（CVM）や選
択型実験などの手法を用いて，アフリカのゾウの個体数の保護や，スコットラ
ンド沿岸のクジラの個体数の増加のために，どのような人々が支払意思を持っ
ているのかという観点から，これらの種の経済的価値を推定することができ
る。例えば，Lundhede et al.（2014）は，選択型実験を用い，気候変動によっ
て個体数への悪影響を受ける可能性のある，様々な種類の鳥の保護に対するデ
ンマーク国民の支払意思額を推定した（これらの鳥は，デンマーク原産である
が，気候の変化に伴ってデンマークに「移動する」可能性のある種でもある）。

　Bartkowski et al.（2015）は生物多様性の経済的評価に関する概観と批判的
な考察を提供している。Bartkowski et al.（2015）は123件の研究をレビュー
しているが，そのうち約80％が表明選好法を用いていると述べている。この
論文で指摘されたように，研究者がどのように「生物多様性」を定義または記
述するかという選択が，この種の応用研究における推定値（具体的にこの推定
値が何を表した値であるかということ）を解釈する際に極めて重要である。多
くの研究者が次の2点を指摘している。まず，①これらの推定値は多様性その
ものよりも，個々の種や生息地に関係するものであるということである。ま
た，②推定値はより「カリスマ的な」種や生態系に対して，高い値が出る傾向
にあるということである。大型の哺乳類と鳥類は，生態系の機能にとって不可
欠である，昆虫，菌類，両生類，草木類よりも高く評価される傾向があるので
ある（Jacobsen et al. 2008）。しかし，これは，例えば Christie et al.（2006）に

示されているように，あまりよく知られていない，カリスマ的な種に対して，人々が正の支払意思額を表明しないということを意味しているわけではない。ただし，ここでは情報と知識がおそらく重要な役割を持っている。Bartkowski et al.（2015）は次のように述べている。

　　表明選好法によって生物多様性が評価される場合の主たる課題は，回答者に提供される適切な情報量を決定することである。この適切な情報量とは，回答者には評価対象を完全に理解するには十分であり，かつ回答者の思考に負担をかけない程度の量である（Bartkowski et al. 2015: 7）。

　環境経済学の実践 13. 2 は，生物多様性の様々な属性の値が選択型実験によって評価されている事例を示しており，有望なアプローチであると思われる。

　最後に，生物多様性の経済的価値は，時間の経過とともに変化する可能性が高いことも指摘しておいた方がよいであろう。これは一部には，上述したように，世界中で種や生息地が継続的かつ大幅に減少していることが原因であるといえる。しかし，経済成長もこの原因である。経済成長は平均的に国民の実質所得が増えることを意味する。多くの研究が，所得と生物多様性保全のための支払意思額の関係を調査している（例えば，非利用価値を推定している研究の大規模のレビューを行っている Jacobsen and Hanley（2009）が挙げられる）。これらの研究によると，我々の予想に反し，人々の生物多様性保全のための支払意思額は所得が増加するにつれて増加するが，その増加速度は所得の増加速度よりも遅いことが分かっている。「支払意思額の所得弾力性」は約 + 0. 4 であると推定されている。これはつまり，所得が 10 ％増加すると，生物多様性保全のための支払意思額が 4 ％増加するということである。

環境経済学の実践　13.2

ポーランドの森林における生物多様性

　ポーランドの陸地面積の30%は森林で覆われている。ビャウォヴィエジャの森はヨーロッパの温帯地域では最後の低地天然林とされ，特にその豊富な種数および生態系の構造と機能が評価されている。

　Czajkowski et al.（2009）は，ポーランドの回答者がどのように生物多様性保全の様々な特性をどのように評価するのかということを調査するために，この森林を事例研究の対象地域として選んだ。生態学者は，政策的観点から最優先すべきは，景観，生息地とその構成要素，種，および生物学的・生態学的過程を含めた，ビャウォヴィエジャの森内のあらゆる形態の生物学的多様性の保護であると提言している。そのような政策は，植物相の季節的変化だけでなく，動態，遷移と退行，変動，および退化と再生に関する長期的な観測結果を考慮に入れる必要がある。ポーランドやヨーロッパの他の地域において，どんなに改変された人工林であっても積極的に管理されている自然林であっても，上記のすべての過程に関して観察することは不可能である。この事実がビャウォビエツの森を唯一の森にしている。現在知られているポーランドに生息する種（1万1000以上）の約40%が，ビャウォヴィエジャの森で見つけることができる。この森林という生息地は，大量の枯れ木が存在することが特徴であり，多くの絶滅危惧種がこの枯れ木に依存して生息しているのである。この森林に生息する象徴種の1つにヨーロッパバイソンであり，ビャウォヴィエジャの森はこの種の回復に重要な役割を果たした。

　Czajkowski et al.（2009）は，ビアロビエザの森における生物多様性保全の便益を評価するために，選択型実験アプローチを適用した。彼らは，生物多様性の持つ3つの特性に基づいた選択型な質問を設計した。それらの3つの特性とは，生態学的過程（科学的研究を促進するような生態学的遷移に関する動学的過程），動植物の希少種，および森林内のビオトープや生態学的ニッチを保護する生態系の構成要素である。最終的には，これら3つの特徴に併せて，追加的な税金の支払いという形で森林を保護するためにかかる費用が，選択型質問の中に含まれた。すべての選択肢は現状と比較されるように設計されている。この，現状とは，保全を強化させるために行うべき森林管理が変更されないときに起こりうる状態と特徴付けられる。この分析結果から，まず，ポーランドの人々はすべての森林特性の「最大限の改善」のために，一世帯当たり年間約20ユーロ

を支払うことに前向きであることが分かった。しかし同時に，他の 2 つの生物多様性特性と比較して，回答者は森林における生物多様性の複雑な生態学的側面を保護するために最も多く支払うことにも前向きであることが分かった。

表　選択型実験でのアンケートの質問例

	選択肢 A： 現状	選択肢 B： 国立公園の拡張	選択肢 C： 他の保護形態
生態学的過程	変化なし：森林面積の16 ％の領域において，生態学的過程が保護された状態にある	変化なし：森林面積の16 ％の領域において，生態学的過程が保護された状態にある	変化なし：森林面積の16 ％の領域において，生態学的過程が保護された状態にある
動植物の希少種	変化なし：衰退・絶滅の危機	大幅な改善：現在の森林の状態の改善と森林面積の拡大	部分的改善：現在の森林の状態の維持と改善
生態系の構成	変化なし：劣化した構成部分の一部が欠落した状態，現在存在している生態系の質の低下	わずかな改善：森林面積の10 ％に存在する，劣化した構成部分の再生	部分的な改善：森林面積の30 ％に存在する，劣化した構成部分の再生
費用：税負担の増分(zl／年分)	0 zl	50 zl	10 zl
選択	☐	☐	☐

出所：Czajkowski et al.（2009）

環境経済学の実践　13.3

価値あるクサリヘビの毒

　ブラジルのクサリヘビに噛まれた人は，血圧の急激な低下や，出血多量を引き起こすような血液の抗凝固作用によって苦しむことが知られている。この毒液は 1960 年にブラジルの生化学者モリーシオ・ロカ・デ・シルバ（Mauricio Rocha de Silva）によって抽出された。英国の薬剤師ジョン・ベーン（John Vane）による初期の研究と，その後の長きにわたる商業的および学問的発展により，1975 年にヘビ毒の作用を模倣する合成化合物が同定された。高血圧治療薬「カプトプリル」はブリストル・マイヤーズスクイブ（Bristol-Myers Squibb）が 1981 年に米国で発売し，売上高は数十億ドルに達している。しかしながら，この収入の分け前が，この毒の世界初の分離に成功したブラジルの研究機関に配分されることはなかった。また同様に，このクサリヘビのいる地域にもその

分け前が配分されなかったのである。将来における同様のケースの是正を目的として，COP10では，利益配分のための議定書を導入することによって資源へのアクセスと利益配分に関する合意が行われた。この合意は将来の医薬品の情報源として生物多様性を保護するインセンティブを各国に与えるため，生物多様性の保全にとって重要な合意であった。これに関する考察については，Patlak（2004）を参照されたい。

13.4　生物多様性と保全政策の設計

　生物多様性の水準の低下への政策対応には，国際，国，地域の３つのレベルがある。生物多様性に関する国際協定は，国および地方自治体の政策の指針となる枠組みを提供する。将来的には，生物多様性が集中する途上国に保全資金を提供し，この公共財の保護に関する協力問題を解決する上で，国際政策がより重要になるかもしれない。任意の公共財について当てはまるように，個人や国家には，その財が他者から（犠牲を伴って）提供されることを望むという，ただ乗りをするインセンティブがある。

　生物多様性条約（CBD）において生物多様性の喪失に焦点が当てられて以来，生物多様性の喪失速度の抑制は限定的にしか成功していない。ミレニアム生態系評価（2005）では，世界の生態系サービスの60％が劣化しており，そのほとんどが過去50年間に劣化したと結論付けられている。生物多様性の喪失速度を2010年までに減じさせるという生物多様性条約の一部として導入された目標は達成されておらず，生物多様性の喪失速度はむしろ加速し続けている。2010年に日本の名古屋で開催されたCOP10会議での講演に関する解説の中で，Moony and Mace（2009：1474）は次のように述べている。

　　　最も控えめな推定でさえ，カリフォルニア州の面積を超える熱帯雨林のある地域が1992年以降，主に食料と燃料のために破壊されたことを示唆している。種の絶滅率は，人類が出現する以前の時期の少なくとも100倍であり，今後上昇すると予想されている。

　なぜこのようなことになるのであろうか。この問題は，まず，環境保全のための資源の適切な目標設定がなされていないことに起因している。第2に，取り組む問題の規模に比べて資金が不足しているということ，第3に，生物多様性を保護するために十分なインセンティブを民間の農業者，林業者，漁業者に与える政策に設計上の問題があるためである（Ferraro and Pattanayak 2006）。国際条約やそれに触発された国内政策には科学的に正当な目的があるかもしれないが，生物多様性に直接影響を及ぼす行動をとる土地管理者や漁業者が，その行動を改める経済的インセンティブを持たなければ，生物多様性は失われ続ける。さらに，このようなインセンティブが逆に違法な狩猟による野生生物資源への減少圧力を増大させる可能性もある（環境経済学の実践 13.4 と環境経済学の実践 13.5 を参照）。

　私有地の保全政策を立案する際の課題は 1973 年米国絶滅危惧種法に対する経済的批判の中で Shogren et al.（1999：1260）によって簡潔に述べられている。

　　　　政策立案者が自然の法則を無視できないように，絶滅危惧種を保護する際に人間の持つ法則を無視することもできない。経済的行動は，絶滅危惧種の保護と回復にとって重要である。効果的な連邦（つまり国家的な）と地方の政策は，我々が視点を調整し，人間の行動と種のリスクに対する反応に関する知識を，絶滅危惧種政策の様々な影響の組み合わせに対してより良く統合することを必要としているのである。

　先進国と途上国で費用対効果の高い政策を見出すことは，多大な努力にもかかわらず困難であることが証明されたが，保全科学の本質を理解する上で大きな進歩もあったことには知っておくべきことである。

環境経済学の実践　　13.4

ゾウを救う象牙の国際貿易

　ワシントン条約は 1989 年 12 月にアフリカゾウを「附属書 I」の絶滅危惧種に指定し，象牙の国際取引を違法にした。この決定は，ゾウの個体数が 1979 年か

ら 1989 年の間に 50％減少し，60 万 9000 頭になったことに端を発している。この減少は，象牙を違法に採取されたことと，ゾウの生息地が農業に奪われたことによるものであった。

　この禁止令は 359 頭の象が生存する確率を高めることに成功したのであろうか。個体数の推計によると，その結果は地域によって異なる。1990 年代にアフリカの一部の国ではゾウの個体数が増加した。その影響もあり，1999 年には一度限りの国際貿易禁止令の緩和があり，ナミビア，ジンバブエ，ボツワナでは，すでに備蓄されていた分だけの象牙が日本に輸出されるようになった。次に，2008 年に再び，一度限りの国際貿易禁止令の緩和が行われた。その際には，上記の国に南アフリカが追加され，自然死または管理の一環として（つまり法的に）殺処分された動物の象牙の販売が許可された 。中国と日本が公的に輸入が認められ，合計 107 トンが取引された。Hsiang and Sekar（2016）は，違法な象の殺害に関するデータを分析し，この動きの影響を考察し，この一回限りの合法的な取引によって，おそらく違法な象牙取引が約 66％増加したと結論付けている。これはおそらく，一時的な取引の合法化が密猟者や商人の費用や消費者の需要に影響を与えたためである。合法な取引を違法取引と並べて認めることは，税関職員が合法輸入と違法輸入を区別することを難しくしてしまう。そのため，この事例では，合法的な象牙の供給が違法な供給に取って代わり密猟の純減につながるということは起こらず，むしろ密猟の純増を引き起こしたのである。

　象牙の取引が禁止されているにもかかわらず，なぜこのようなことが起きてしまうのであろうか。答えは，あらゆる犯罪行為と同様に，密猟の努力の程度は潜在的な費用と便益に依存するということである。象牙の違法な世界市場が残り，密輸や密猟を取り締まる法律が比較的ゆるい国がある限り，違法な象狩りへのインセンティブは残るのである（Wasser et al. 2010）。

　次のような単純なモデルを考えてみよう。密猟からの期待利益は，次の式で与えられる。

　　　利益 ＝（1 − prob）pq − 費用 − prob × 罰金

　つまり，密猟から得られる利益は象牙の販売からの収入と等しくなるのである。ここで p は象牙の値段で q は象牙の量です。費用は密猟にかかる労働と移動や輸送の費用であり，prob は密猟者が捕まえられる確率であり，罰金は密猟者が捕まったときに支払う罰金である（Burton 1999）。

　密猟のインセンティブを０にするためには，期待利益を０にしなければならない。これを実現するためにはどうすればよいのであろうか。第１にするべきことは，密輸にかかる費用をより高くすることで象牙の純価格を下げることであろう。第２は，密猟者を捕まえるための資源を増やすことで，密猟者が捕まる可能性を高めることであろう。最後に，密猟者が逮捕された場合に科される罰金の額を増やし，密猟から期待される利益を減少させることである。

　もしある国が密猟者を捕まえること，または捕まえたときに多額の罰金や拘留刑を科すことを確実に行うことを約束していなければ，密猟は利益を生む活動であり続ける可能性が高い。国際機関の役割の１つは密猟者を捕まえるための資源を提供することかもしれない。しかし，ゾウやゾウの生息地を保護するための利益を地元の人々に提供することの方が，より良いアプローチであるかもしれない。このシステムがうまくいけば，地元の人たちが密猟者たちを自分たちで選別し追い出してくれるかもしれないのである。違法なブッシュミート狩りを「代替する生計手段」を提供するアプローチが適用された，タンザニアのセレンゲティ国立公園における事例については，Moro et al.（2013）を参照されたい。

環境経済学の実践　13.5
サイの角の取引の法制化で密猟は減少するのか

　環境経済学の実践 13.4 で見たように，象牙のような動物製品のある程度の合法的な取引を認めることで，絶滅危惧動物（この場合は象）の個体数減少圧力を減らすことができると主張する人々がいる理由は次の３つである。①製品の供給量が増加すると価格が下がるため，違法な狩猟のインセンティブが減る。また，②消費者は違法に調達された象牙から合法に調達された象牙に移行するため，密猟者の観点からは需要がさらに減少する。さらに，③販売を合法化することは，ゾウの個体数が多い国にとって収入源となり，それを利用して密猟対策を強化し，地元住民に代替的な生計手段を提供することができる。

　Hanley et al.（2017）は，消費者は違法な代替品よりも合法的な製品を購入することを好むかということについて分析し，上記の議論②を詳細に考察している。彼らは，サイの角を使った伝統的な漢方製剤（このサイの角はアフリカの密猟者から不法に入手されている）の顧客であるベトナムの消費者に対して選択型

実験を行った。研究チームは，以下の4つの観点から，どのようなサイ由来の医薬品を購入したいと思うのかについて尋ねられた。まず，①製品の価格の観点，次に②製造に用いた角が殺されたサイから入手されたものなのか，非致死的な手段（例えば，角を取り除く前に動物に麻酔が打たれたかどうか）によって入手されたかどうかという観点である。さらに，③サイは飼育されていたか（急速に減少する人口に対する解決策の1つとして，サイの飼育が提案されている），あるいは野生であったかという点である。最後に，④取引が国際的に合法なものかどうかという点である。研究者たちが発見したのは，消費者は合法的に取引されたサイの角から作られた薬よりも，違法に取引されたサイの角から作られた薬の方に高い金額を支払う意思があるということであった。彼らはこの発見を，「違法性の魅惑（lure of the illegal）」と呼んでいる。これは，もしサイの角の取引が合法化されると，サイの角の需要とアフリカのサイに対する違法な狩猟圧力が実際に減少するであろうことを意味している（ただし，ここでは監視の強化といったような密猟者に影響を与える他の要因を無視した場合を考えている）。

13.4.1　国際レベルの政策

　1992年6月5日，リオデジャネイロで開催された，国連環境開発会議（UNCED）において，生物多様性条約（CBD）が採択された。この条約には154ヵ国が署名し，生物多様性の保全の必要性が，種の絶滅率を減らすという観点だけでなく，生態系や遺伝的多様性を保全するという観点からも必要であることが認識された。この条約の目的は，生物多様性の保全，その構成要素の持続可能な利用，遺伝資源の利用から得られる利益の公正かつ衡平な配分など多岐にわたっている。しかし，各国による署名が，国際社会による拘束力のある（強制可能な）ものであることを保証する仕組みはないのである。

　条約の目的は多岐にわたるが，具体的にどのような便益がもたらされたのであろうか。このような包括的な目的を持つ条約は，それを支える資金が限られていると効果がないという危険性は常に存在する。国際的な政策は，生物多様

性保護のための追加的なインセンティブを提供するような国内政策や地域政策の中に反映されていく必要がある。生物多様性条約には，生物多様性を保護する途上国および移行国の保護プロジェクトに先進国から資金を提供する「地球環境ファシリティ」（Global Environmental Facility: GEF）が含まれている。生物多様性保全のための資金を途上国に移転する経済合理性は，生物多様性は地球規模の公共財であり，生物多様性を「ホスト」している国だけでなく，すべての国によって支払われるべきであるということにある。この基金の原則は，追加的な世界的便益をもたらすプロジェクトの増分費用を支払うことである。この基金は，39 のドナー国からの拠出金によって賄われ，世界銀行によって管理されている（GEF のウェブサイトを参照せよ）。地球環境ファシリティの最近完成した「財源補充」では，2010 年から 2014 年にかけて米国，スウェーデン，オーストラリアなどが 44 億ドルの資金を拠出した。ただし，地球環境ファシリティは，生物多様性に関連するプロジェクトだけでなく，気候変動や有害廃棄物などの他の地球環境問題に関連するプロジェクトにも資金を提供していることに注意する必要がある。

　2010 年に日本の名古屋で開催された第 10 回締約国会議は，2010 年までに生物多様性の喪失速度を減少させるという国際社会的な失敗に直面した。この失敗は，生物多様性の一連の指標を用いた評価によって明らかにされた（Butchart et al. 2010）。このような状況を受けて，生物多様性に関するいわゆる「愛知目標」を掲げた新たな国際計画が策定され，2011〜2020 年にかけて「国家計画」を通じて達成されることになっている。例えば，カナダの場合，国家計画には 19 の目標が含まれており，目標 1 は以下の通りである。

　　2020 年までに，保護地域とその他の効果的な地域保全対策のネットワークを通じて，少なくとも陸域と内水域の少なくとも 17％と沿岸域と海域の 10％が保全される。

　また，同条約では，生物多様性条約の実施方法の 1 つとして，遺伝資源へのアクセスと利益配分に関する協定が締結され，合計 94ヵ国が署名した。生物多様性の商業上の利益を生物多様性のホスト国と共有するという点については，いくつかの重要な進展もあったが，さらなる進展が必要とされている（環

境経済学の実践 13.3 を参照）。

　生物多様性条約の締約国である欧州連合は，2020 年を基準として，EU 全体で生物多様性のための（2011 年 5 月に署名された EU 全体の生物多様性戦略の一環として）を設けている。例えば，2020 年の全体的な目標は次の通りである。

　　EU における生物多様性の喪失と生態系サービスの劣化を 2020 年までにゼロにし，可能な限り回復させるとともに，世界的な生物多様性の喪失を回避するための EU の貢献を強化する。（European Commission 2011）

　絶滅のおそれのある野生動植物の種の国際取引に関する条約（CITES，通称ワシントン条約）も，生物多様性の保護に関する重要な国際協定である。この条約は 1972 年 3 月に調印され，三年後に発効した。その目的は，種の取引を制限し，取引を通じて種の需要を効果的に減少させることにより，絶滅危惧種を保護することである。その仕組みとしては，附属書Ⅰ（Appendix I）には将来絶滅のおそれのある種を登録し，これらのリストは隔年開催の締約国会議で見直されている。附属書Ⅰの種は，取引が種の生存に影響しないことを保証するために輸出国からの許可が必要であり，種が商業目的で使用されないことを保証するための輸入国からの許可も必要となる。附属書Ⅱのリストはそれほど厳密ではなく，輸出国からの許可のみが必要となる。ワシントン条約事務局は，絶滅のおそれのある種の状況に関する重要な情報源でもある。事務局は，附属書に載せられた種の取引水準に関する年次報告書を，締約国から受け取っている。附属書のリストに種を掲載することは，その種が絶滅の危機に瀕しており，その需要を減らすためには有益であるという公式宣言になる。

　しかし，取引の制限は，せいぜい，野生生物の保護に次善のアプローチを提供するにすぎないことに注意しなければならない。需要を減少させることは，土地所有者や政府に対し，種の生息地を保護するために資源を費やすようなインセンティブを与えない。例えば，象牙の取引を禁止することは，たとえ地元の人々に機会費用（例えば，ゾウが農作物に対して与える被害や，ライオンが家畜であるウシを捕食することによって生じる被害など）がかかるとしても，農村の人々にゾウの個体群や生息地を保護するインセンティブを与えはしない（Hsiang and Sekar 2016）。

　こうした予想外の逆インセンティブ効果のいくつかは，途上国において対処され始めている。1981 年にニューデリーで開催されたワシントン条約第 3 回締約国会議では，野生動物資源の乱獲の抑制を目的として，附属書 I に記載されていたいくつかの種に対して，附属書 II への「格下げ（ダウンリスト）」が行われた。例えば，ジンバブエのナイルワニについては，生息地保護のための資金を供給するための商業利用を拡大するために，下位の分類に入れられた。また，1983 年の第 4 回会議では，このアプローチは輸出割当を含むように拡張された（例えば，アフリカヒョウに対して輸出割当が設定された）。このアプローチは 1985 年にさらに拡大され，輸出割当が認められる限り，ある範囲の種についてのダウンリストが認められた。タンザニアとザンビアは，自分の国の象から採れる象牙の取引を 2010 年に許可されるように要求したのであった（Wasser et al. 2010）。象牙取引禁止の有効性については，環境経済学の実践13. 4 を，サイの角の取引禁止の影響については環境経済学の実践 13. 5 を参照するとよい。

13. 4. 2　国家レベルの政策

　国の生物多様性保全政策は，様々な私的財や公共財を提供する資産への投資に関係している。この便益を確保するための 1 つのアプローチは土地の購入であるが，保全目標を達成するための，比較的費用の高い手段である。ほとんどの国では，生息地のほとんどの面積が私有地である。米国の絶滅危惧種法のように，生物多様性を損なう行動の規制も一般的である。しかし，多くの国では，政府は，土地所有者や土地管理者が自分たちの土地でより多くの生物多様性を「生産」したり，生物多様性の低下を防いだりする際にかかる私的費用を認識し，その上で農業者と契約し，私有地で生物多様性を保全するようにしている。このような契約は，農業者または林業者に提供され，基本的にはより多くの生物多様性を「生産する」ことが期待されるような管理の変化に対して，見返りとしての支払いをする，生態系サービスへの支払い（Payment for Ecosystem Services: PES）スキームの一種である（Hanley et al. 2012）（第 3 章のインセンティブの議論を参照）。しかし，このような契約に署名するか否かを決定するのは，各農業者である（Claasen et al. 2008）。

　保全契約を通じた生物多様性への投資は，情報の非対称性（第 2 章参照）の

2つの側面によって複雑化している。これらの1つの側面は「逆選択（アドバース・セレクション）」として知られており，それは規制者（政府）が保全行動を実施する農家のコストを観察することが不可能であることを意味する。例えば，これらの費用は，集約的な放牧からの失われた利益である。土地の所有者は，保全活動（例えば放牧圧の低減）を行うための費用を，真の費用よりも高く要求することによって，いわゆる「情報レント」を得るのである。このため，保全費用の高い農家に支払うよりも，保全費用の低い農家に支払う方が望ましいと考えている政府にとっては，保全費用が高くなる（Armsworth et al. 2012）。第2の問題は「モラル・ハザード」として知られており，規制当局が農業者の行動を直接に観察ができないために，農業者が合意された保護活動を実際には行わない可能性がある。例えば，生物多様性の保全のために，水質を守るために肥料の使用量を削減する必要がある場合を考えてみよう。農業者は実際に肥料の使用量を削減したと申告し，補償金を受け取ることができる。しかし，このような契約を受けている農業者の数が多く，肥料使用量の削減が行われる土地の面積が広いため，規制当局は農家による申告の真偽を検証することができないのである。

　規制当局がこの政策設計の難問を解決するためにとることのできるアプローチは，次第に洗練されてきている（Ferraro 2008; Hanley et al. 2012）。1つの方法は，保全オークションである。この方法は，規制当局が，契約を獲得するために互いに競争する農家から保全契約のための入札を募ることによって逆選択問題を解決しようとするものである。これは，政策規制者にとって，登録された農業者1人当たりの政策の規制者への予算コストを削減するが，同時に，各農業者が契約条件を満たすために要する実際のコストについても明らかにする。オーストラリアや米国において，生物多様性政策の一環として，自然保護オークションが広く利用されている（Whitten et al. 2013）。しかしながら，一様な価格オークションと差別的な価格オークションのどちらがいいのか，登録された土地の空間的な調整をどのように促進するかなど，多くの設計上の問題が未解決のままである（Krawczyk et al. 2016）。またオークションは，他の種類の生態系サービスのための支払制度（PES）と比較して，高い取引費用と低い参加率に苦しむ傾向がある。

　また，契約は，土地の管理方法の変更に対する支払いとして提供されるべき

か，生物多様性の成果の変化に対する支払いとして提供されるべきかについても議論されている。もし農業者が放牧を減らし，在来植生の地域に柵を設置すれば，生態学的改善（ここでは，保全された在来植生の面積の増加）がもたらされることを期待して，彼らは管理行動を変えるための支払いを受けることができる。あるいは，契約は生態学的な結果に基づくこともできる。生息場所の条件や鳥類の個体数のような生態学的結果は，気候条件や環境条件のために時間の経過とともに非常にランダムであるため，実際に結果に基づいた契約はほとんどない。しかし，結果に基づく契約は，土地所有者に対して保全をより効率的にする方法を開発するようなインセンティブを与えるので，将来開発されるべき政策の一側面であるといえる（White and Sadler 2012；White and Hanley 2016）。

　実際には，私有地における生物多様性保全のためのほとんどの支払いは固定価格であるため，各農業者は同じ保全活動を行うために同じ支払いを受ける（英国の環境スチュワードシップスキームはその一例である）。

　一律の支払いスキームの利点は，規制当局にとっては管理が比較的簡単であり，かつ公正に見えることである（特定の保護活動を行うために，誰もが同じ額を支払われる）。しかし，一律の支払いは，必ずしも生物多様性保護における最大の限界便益を提供する農家ではなく，低い遵守費用を有する農家を引き付ける傾向がある。したがって，これらの方式は，様々な支払方式や保全のためのオークションよりもはるかに費用対効果が低い可能性が高い（Armsworth et al. 2012）。

　最後に，生態系サービスへの支払い（PES）の設計者は，参加者が空間上の特定の配置を形成することを望むかもしれない。例えば，規制当局が集約的な農地の中に野生生物の回廊を作りたいと考えているのであれば，あるいは洪水を緩和をするために川岸に沿った氾濫原を作り出したいのであれば，規制当局は隣り合う農業者たちが一緒に契約に加入することを望むであろう。しかし，参加が自発的な場合はどうすればよいのであろうか。1つのアイディアは集積ボーナス（agglomeration bonus）である。この集積ボーナスを含む契約の下では，農業環境支払い（農業分野のPES）の参加農家には，2つの部分から構成される支払いがなされる。1つ目は参加農家全員への通常の支払いである。2つ目は，近隣農家が何人参加したかに応じて，それぞれの農家に支払われる

ボーナスである。Parkhurst and Shogren（2007）はこの種のインセンティブが，規制当局が追求しているような空間的配置を実現できることを初めて示した。

　経済学者はラボ実験とフィールド・ラボ実験を用いて，集積ボーナスの実効性を調べた。一定の条件下では，ボーナスは望ましい連続的な土地保全パターンを達成でき，経済的に効率的で生物学的に有効な保全を，義務的な保全または一律の支払いよりも低いコストで達成できることが分かった（Parkhurst and Shogren 2007）。他の研究では，分断化された生息場所を持つ大きな生息場所と，隣接した生息場所を持つ小さな生息場所の間のトレードオフに対処しなければならないと論じられている。このようなトレードオフが生じるのは，目標とする生息地が小さいほど，経済的目標と生態学的目標の両方を達成しやすいからである。

　米国の絶滅危惧種法（ESA）は，国の生物多様性保護政策（米国絶滅危惧種法の経済学のレビューについては，Brown and Shogren（1998）および Langpap et al.（2018）を，また，カナダ絶滅危惧種法（SARA）の経済学的研究のレビューについては Adamowicz（2016）を参照するといい）に関する興味深い事例研究を提供している。絶滅危惧種法の目的は，「絶滅危惧種や絶滅危惧種が依存する生態系を保全するための手段を提供すること」とされている。この法律は，魚類野生生物局（USFWS）と海洋漁業局（NMFS）によって管理されている。米国絶滅危惧種法には4つの重要な節がある。

- ・第4節では，魚類野生生物局が種を指定し，重要な生息地を指定し，回復計画を作成するための手順を示している。当局は種を指定することが生じさせる経済的影響を考慮できない。重要な生息地を指定する際には経済的影響を考慮することができる。
- ・第7節では，連邦政府機関が魚類野生生物局と協議し，その行動が指定種を危険にさらしたり，重要な生息地を破壊したりしないことを保証することを求めている。
- ・第9節は，指定種の「taking」を禁止する。「taking」とは，種に直接害を与える行為のことをいう。この節については議論が続いており，魚類野生生物局と民間の土地開発との間に対立が生じている。
- ・第10節は，第9条からの免除を認める。魚類野生生物局は，土地所有者が，種の回復に貢献する行動を実施するためのセーフ・ハーバー協定の締

結を緩和するために生息地保全計画を作成する場合，偶発的な捕獲許可を
発行することができる。

　米国絶滅危惧種法が持つ明確な意図とは，すべての種を救うことにある。同
法の当初の文言では，種の保護から得られる便益または保護にかかる費用を考
慮することは要求されていない。同法ではすべての種を平等としているが，現
実の予算上の制約により，規制当局は優先順位を明確にしなければならず，そ
の結果，一部の種が絶滅する危険性がある。2018 年 4 月までに絶滅危惧種に
指定された米国の 1461 種のうち，1292 種が承認された回復計画がある。しか
し，回復計画の存在は，その勧告を実施するための資金が利用可能であること
を保証するものではない。Carroll et al.（1996）および Tear et al.（1993）の
初期の分析結果によると，記載されている種の 60％弱の種の生存の見通しが
実際に悪化していることが示唆されている。さらに，承認された回復計画の中
には，依然として絶滅の重大なリスクを示唆するものもあった。

　Schwartz（2008）は米国絶滅危惧種法の成功に関して，実証的分析から明
らかにされた科学的証拠を紹介しており，どちらかといえば楽観的である。米
国水産野生生物局の報告によると，14 種が回復し，リストから削除され，う
ち 7 種が絶滅した（USFWS 2008a）。全部で 20 種が回復（絶滅の危機に瀕して
いる）を示す記載状態に変化したのに対し，7 つは減少（絶滅の危機に瀕して
いる）に向かって変化した（USFWS 2008b）。経済学者にとっては，米国絶滅
危惧種法が成功したかどうかの一部は，効率性が達成されたかどうかにもか
かっている。つまり，成功したか否かは，16 億 4000 万ドル（2010）という限
られた予算で最大の種の保護が達成されたかどうかである（USFWS 2012）。

　米国の野生生物の状況は，絶滅の危機に瀕しているかもしれないが絶滅の危
機にあるのか「識別ができない」3600 種の指定種に関する情報が不足してい
ることによって，さらに複雑になっている。指定過程自体は，絶滅危惧種事務
所の専門家の選好による部分もあり，このことは指定されている哺乳類，鳥
類，顕花植物の割合が高く，クモや両生類の割合が低いという事実を説明して
いる。この状況は，科学的「客観性」を要求する 1982 年の議会による修正に
よって一部修正された。これにより，「脅威の程度」「回復の可能性」「分類」
および「開発との衝突」の測定を含む 18 段階の尺度が開発された。回復のた
めの支出は，生息地と開発の間に生じる衝突の程度と，その種がクマ，オオカ

ミ，ワシなどの巨大動物相であるかどうかと相関している（Metrick and Weitzman 1998）。この傾向は，Ferraro et al.（2007）によっても確認されているが，その結果によると，種の指定の科学的根拠は，時間の経過とともに，絶滅危惧種の指定がカリスマ的・政治的動機を上回る傾向がある。Ferraro et al.（2007）は，指定だけでは種の回復の可能性は低くなるが，資金提供を伴う上場は生存の可能性を高めることを発見している。種の回復に及ぼす種を指定することの負の影響は，逆のインセンティブ効果を反映している可能性がある。ひとたび指定が行われるか，または指定されることが予想されると，土地所有者は，土地利用や開発の制限を避けるために，自らの土地から絶滅危惧種を根絶するインセンティブを持つ可能性があるのである。

　経済学の役割は，重要な生息地が指定される段階にしか現れないので，経済学的な考慮は種のリスト作成において目には見えない形で考慮される。1978年の修正に基づき，内務省長官は，除外が絶滅につながらない限り，費用便益の観点から重要な生息地を除外することができる。この法律の権限は，民間団体や公的機関の活動を制限することができることにある。民間団体は，指定種に危害を加えたり，危害を加えたり，傷を負わせたりすることはできない（ここで「危害を加える（harm）」とは生態系への損害を含む）。もしこれらのことを行うと，民間団体には1000ドルから5万ドルの罰金と，10日から1170日の懲役刑 が科されるのである（GAO 1995）。

　経済学者は絶滅危惧種法の経済学について多くのことを学んだが，考慮すべきことはまだ沢山ある。例えば，非営利の環境団体が種の回復に大きな役割を果たしていることが分かっている。例えば，400万エーカー以上の土地を所有する1700以上の土地信託と，2300万エーカー以上の土地を保護する13万以上の地役権がある。これらの団体は，保護に対する国民の支持を得るために支援運動，教育，生息地の回復や保護を利用し，法制度を利用して規制措置を強制し，開発を阻止している。しかし，これらの非営利団体がどのように種の回復に影響を与え，公共機関とどのように関係しているかについてはほとんど知られていない。米国絶滅危惧種保護法の経済性とそのパフォーマンスについての詳細は，Langpap et al.（2018）を参照するといい。

　国際的および国家的な保全政策は善意に基づいたものであるが，地域社会からの支援がほとんどなければ，効果は期待できない。これは極めて重要であ

る。保全対策の費用の負担は，保護されていた資源を，保全政策が導入される
より前に利用して便益を得ていた農村人口にかかる傾向がある（Bush et al.
2013）。アフリカやその他の途上国では，農村人口は最も貧しい人々の中に含
まれる。国立公園などを通じて自然保護区を設定することによって，これまで
に食料や収入を支えてきた資源から，人々は排除されていく。このような人々
には，密猟に目を向けたり，ウシ，ヒツジ，ヤギを保護地域に侵入させたりす
る強いインセンティブが存在する。

　このような結果は避けられないものなのだろうか。アフリカの事例を基に，
McNeely（1993）は生物多様性の提供という問題の解決策は，次のような保全
スキームを設計することであると提案している。

　・地域社会に資源保護のインセンティブを与える。
　・保全政策が導入されていなかった頃よりも，人々が多く資源を利用するこ
　　とを実際に奨励してしまうような，保護インセンティブとは真逆のインセ
　　ンティブが生じることを避ける。
　・有害な行為に罰則を科すようなディスインセンティブ（阻害要因）を設け
　　る。

アフリカにおける保全スキームの例を考えてみたい。

　マラウイのカンスンガ国立公園では，過度の薪の採取のような森林に被害を
与える行為を抑制する代わりに，地元の人々に木の毛虫を採集し，ミツバチの
巣箱を設置する権利が与えられており，環境保全に対する積極的なインセン
ティブの一例となっている。これらの活動から得られる収入は，毛虫の採取で
は ha 当たり 198 米ドルであり，養蜂では ha 当たり 230 米ドルである。この
ような現金収入を得ることによって，一部の農民はより多くの換金作物を生産
するために必要な農業投入の購入が可能になる（Mkanda 1992）。また，エコ
ツーリズムも，保護のための強いインセンティブを提供することができる。
Heal（2000）では，公共財と私的財を結びつける方法としてエコツーリズムに
ついて分析を行っている。このスキームでは，観光収入に税金が課され，そこ
から得られた税収が公共財の供給に必要な資金となるのである。ケニアでは，
観光収入がケニア野生生物局を支援するために使われている。また，エチオピ
アの野生生物の生息地に損害を与えるような地元の活動を軽減するために，ト
ロフィー・ハンティング（趣味を目的とした野生生物の狩猟）に関連した観光

収入が用いられている。Fischer et al.（2015）は，このような観光収入がどのように用いられているのかということについての考察を行っているので，興味がある読者は読むとよいだろう。

　残念ながら，逆のインセンティブを与えてしまうような政策の例もよく見られる。これらは，天然資源や農業政策が環境を悪化させるインセンティブを人々に与えるという，政府のおかした失敗の代表例である。例えばボツワナでは，EU による輸出用牛肉の価格補助に加え，家畜産業への投入物への補助金を組み合わせた政策が行われた。これは，家畜のための柵の設置，獣医療サービス，または家畜の餌となる草地を育成するために必要となる，地下水を汲み上げるための井戸の穿孔などへの補助金であった。その結果，少数の牧場主が恩恵を受けるだけであったが，大規模な過放牧が行われることとなった（Perrings and Stern 2000）。

　インセンティブは，資源に対して被害を与えるようなな行動を思いとどまらせる阻害要因（ディスインセンティブ）によって強化される必要がある。しかし，地域社会の経済的繁栄にどれだけ配慮をした保全計画があったとしても，ほとんどの場合，人々がオープンアクセスの土地や共有財産の資源を不適切に利用したり，自分たちの権利以上の魚を釣ったり，密猟したり，家畜を過放牧させたりするインセンティブがある。Hannah（1992）は，実施されている対策の実際の執行力が強力であればあるほど，その目的に関連する保全プロジェクトがより効果的であることを明らかにしている。執行は，法的措置によって裏付けられた従来の監視を用いて行われる。資源の不正利用は，地域社会内で不名誉な認識を受けることによっても減少する可能性がある。地域社会が資源に対して所有権を共有しているという感覚を持っている場合，地域社会は資源を自ら保護する可能性が高い。

環境経済学の実践　13.6

アラスカの海洋生態系 —— 事例研究

　経済と生態系は複雑で相互に関連したシステムである。この複雑さは，経済学者や生態学者が複雑な経済と生態系の相互に結びついた部分を，システム全体を分析するのではなく，「分離可能な」ものとして扱うことを意味する。例外は，アラスカ経済とそれを支えている生態系についての Finnoff and Tschirhart (2008) による研究である。彼らのモデルの概要は，生態系が経済，価値の決定要因，生物多様性の役割とどのように関連しているかということについての洞察を与えている。

　アラスカ経済は，再生可能および再生不可能な天然資源に大きく依存している。アラスカの多くの企業は，海や陸の生態系の状態に直接依存する商業漁業や観光活動に従事している。調査時点でのアラスカ経済の総産出額は 320 億ドルであり，これは次の漁業産出額から成る。6億5900万米ドル（総産出額の2%），レクリエーション活動の産出額は 16 億 6100 万米ドル（総産出額の5%），その他の産出額は 300 億米ドル（総産出額の 93%）である。

　Finnoff and Tschirhart (2008) によって開発されたモデルを以下に示す。

　経済モデルには，インプット（労働・資本・天然資源）を部門別の産出水準に結び付ける生産関数が含まれる。漁業分野は，総漁獲量制限と操業時間制限で規制されている。レクリエーション部門も労働力と資本を利用しているが，その生産量はレクリエーションのための旅行の販売数に比例する。一方，販売されるレクリエーションのための旅行数はカリスマ的捕食者（シャチ，アザラシ，ラッコ）の個体数に依存する。計算可能な一般均衡モデルは，商品価格と要素価格の調整によって 3 部門間の資源の均衡配分を決定する。

　このモデルは捕食と収穫を説明する均衡種個体群を決定する。生態系の均衡は，エネルギー獲得における個々の種の行動を最大化することによって決定される。例えば，個々のトドは，スケトウダラを捕食するための次のような純エネルギー方程式を持っている。

$$R_{pred} = (e_{pred} - e) x_{pred} - r_{pred}(x_{pred}) - \beta_{pred}$$

　この式において，R_{pred} は単位時間当たりの kcal で表した純エネルギーフローであり，e_{pred} はバイオマス（生物体量のことをバイオマスと呼ぶ）単位当たりのエネルギー（kcal/kg）であり，e はトドがスケトウダラを攻撃するために位置

を決め，実際に攻撃し，スケトウダラを消費するために用いるエネルギーである。x_{pred} は単位時間当たりに消費されるバイオマスであり，単位は kg である。$r_{pred}(x_{pred})$ は呼吸に消費するエネルギーであり，捕食レベルの関数としてのエネルギーであり，β_{pred} は新陳代謝率である（Tschirhart 2004）。捕食者の問題が純エネルギー最大化であると想定すると，バイオマス消費 1kg 当たりの純エネルギーの増加（$e_{pred} - e$）が，呼吸で消費するエネルギーのわずかな増加に等しくなるまで，捕食者は消費するバイオマスを増加させ続けることとなる。このことは，捕食者の行動を，限界便益と限界費用を等しくするものと解釈することを可能にしている。ただし，これらの限界便益と限界費用は，単位時間当たりの貨幣で測定ではなく，単位時間当たりのエネルギーで測られている。このモデルの他の構成要素には，大型の捕食者を避ける捕食者からのエネルギー消費も含まれる。この場合の捕食者とは，大型の捕食者であるシャチに捕獲されるトドである。このモデルにおける均衡では，捕食者が需要するバイオマスの合計が被食者から利用できるバイオマスの合計と等しくなければならない。最後に，このモデルは，各期間において，トドと経済的に重要な魚類資源であるスケトウダラの個体数を決定する個体数成長モデルとリンクしている。

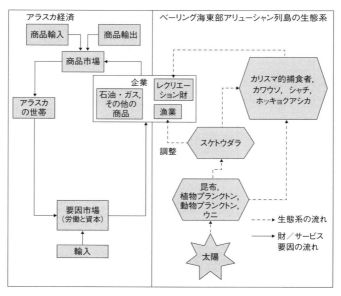

図　アラスカの海洋生態系サービス

　この相互にリンクした経済・生態モデルの価値は，政策立案者が経済と生態系の間の共同依存関係を理解できることにある（Finnoff and Tschirhart 2008）。例えば，スケトウダラの漁獲割当量の減少は，スケトウダラ，植物プランクトン，ウニ，アシカ，シャチの個体数を増加させるが，動物プランクトン，昆布，ラッコの個体数を減少させる。経済モデルを通じ，これはスケトウダラの価格を上昇させるが，海洋哺乳類のエネルギー「価格」は，スケトウダラを捕獲するために支払う。ラッコの減少により，海の哺乳類を見るために観光客が支払う金額が減少する。この事例研究では，経済的厚生は，スケトウダラ漁獲割当量の削減により増加する。

環境経済学の実践　　13.7

イースター島の興味深い事例

　イースター島は，太平洋にある，チリの海岸から約 2000km 離れた共同体である。現在の人口は約 2000 人で，1722 年に最初のヨーロッパ人がこの島を発見して以来，この人口はほぼ一定のままである。島には，過去に大きな石像（モアイ）を作ることができる洗練された文化が存在したことが明らかである一方で，1722 年に島を訪れた探検家は，当時の人口が少なく，文化的豊かさを示す証拠をほとんど見つけられなかった。そのため，このことは考古学や人類学において謎と考えられてきた。文化的洗練についての初期の説明には，地球外生命体からイースター島が失われた帝国アトランティスの一部であったという説明まで様々にあった。それらの中でより明快な説明は，森林資源の枯渇，および樹木と樹木に依存する種の絶滅に関するものである。花粉記録からの証拠は，この島が元々，広大なヤシ林で覆われていて漁船を建造するための木材を住民に提供したことを示している。ヤシ林はまた，像の採石と建立のための木材を提供した。当初，人口は増加したが，成長の遅いヤシの森は徐々に減少した。食料を得るための船を作る手段がなくなったため，食料供給と人口が減少した。

　Brander and Taylor（1998）は，イースター島の共同体衰退についての 1 つの経済分析を提案している。このモデルの数学的な詳細は本書の範囲外であるが，いくつかの側面に注目してみよう。著者らは，2 つの財を生産する経済を想定している。1 つは天然資源由来の財である魚であり，もう 1 つは像と住居を含む「製造された」財である。最初の資源水準は，最初の労働力供給と同様に固定さ

れている。第1に，漁業，森林，労働の関係は，再生可能資源モデルによって
表される。

$$dx/dt = g(x) - h$$

　すなわち，天然資源のストック x の変化（dx/dt）は，資源の成長 $g(x)$ から
収穫量 h を引いたものに等しい。次に，収穫量 h は次式で与えられる。

$$h = a\,xL_h$$

　ここで，a はパラメータ，L_h は収穫に投入される労働力である。ヤシ林と漁
業の収穫は制限されておらず，誰でも収穫を行うことができ（このような状態
は，オープンアクセスと呼ばれる），漁業への労働投入量は，新たに得られる1単
位の魚の価格とその魚を得るために新たにかかる労働投入費用に等しくなるまで
増加する。このモデルのマルサス的な要素は，人口増加と食料供給の関係である。

$$dL/dt = L(b - m + \phi[h/L])$$

　この式によると，人口（総労働供給量でもある）L の変化（dL/dt）は，出生
率 b，死亡率 m，および人口1単位当たりの収穫量（食物）$[h/L]$ にパラメー
タ ϕ を乗じた値である出生調整項から構成される。この最後の項が，食料供給
と人口増加の間のつながりを取り入れているマルサス的な項である。このモデ
ルでの定常状態は，人口や天然資源のストックに変化がない状態であるが，森
林ストックが確実に保全されることを保証する規制政策がモデルにないため，
「望ましい」定常状態であるという保証はない。Brander and Taylor（1998）では，
イースター島用に調整されたパラメータを用いて，人々が経済の天然資源基盤
を過度に利用するにつれて，天然資源基盤の崩壊とそれに続く漸進的な人口減
少を伴う13世紀初頭の人口のピークを予測している。

　ここで，イースター島の例から，今日の天然資源を過剰に利用し，社会を支
える生物多様性を取り除くことが社会にもたらす悲惨な結果について，より広
い結論を導き出してもよいのではないだろうか。しかし，イースター島には珍
しい特徴がいくつかあったことも確かである。まず，イースター島のヤシの木
が実をつけるまでには，40年から60年という比較的長い期間が必要である。第
2に，この島は限られた天然資源に大きく依存しており，地理的な位置を考える
と取引の機会がほとんどなかった。このイースター島の物語をさらに興味深く
展開した議論と，気候変動政策に関する現在の議論との関連を知りたい読者は，
Taylor（2009）を読むとよいだろう。

13.5　まとめ

地球は現在，大量の種が絶滅する段階にある。かつての大量絶滅とは異なり，現在進行中の大量絶滅の現象は生息地の消失と破壊によるものである。人類は農業生産や他の破壊的な土地利用のために，豊かで多様な生息地を勝手に利用する。これにより，どの種が生き残り，どの種が繁栄し，どの種が絶滅に追いやられるかが決定されている。これらの決定が下される際には，どの種が，新薬，作物，遺伝物質，審美的価値，および生態系サービスを将来世代に与えるために生き残るかが決定されているのである。これらの決定は，彼らの重大性をまったく感じることなく行なわれている可能性がある。むしろ，人類は，どの種が破壊されているかについて，その遺伝的構成，形態，行動，そしてその種が組み込まれている生態系での役割という点について，まったくの無知であることが多いのである。

生物多様性の経済学は，ある種が絶滅をすると不可逆的に失われてしまうような情報を持っている可能性も含め，詳細にわたって生物多様性を評価することを試みるべきである。残念ながら，我々がこれを実現するには程遠い道のりにある。生物多様性の価値は，その潜在的な薬用価値から部分的に評価することができる。生態系サービスの中には，特に市場価値と結びついているものがあれば，それを評価することができる。我々は，種と生息地の保護への支払意思を推定することができる。しかし，複雑な生態系の中での役割という観点から種や種のグループの価値を評価することは，容易ではない課題である。経済学者にとってのもう 1 つの課題は，価値のある種や生息地を費用対効果の高い方法で保護するインセンティブを，土地所有者や土地利用者に与えるような政策を設計することである。

また，生物多様性の価値については，本章で議論した経済的価値の他にも，多くの有用な考え方があることも事実である。この点については，Laurila-Pant et al.（2015）を参照するとよいであろう。そこでは，保全管理と政策立案における生物多様性の経済的，生態的，そして彼らが言うところの社会文化的価値のそれぞれの役割が論じられている。また，生物多様性の評価が，現在支配的となっている生態系サービスの価値のパラダイムの中で「不安定になっ

ている」ことも指摘しておく必要がある。これは，生物多様性の価値が生態系の機能（と生態系サービスの生産）との関連からのみ生じているのか，あるいは，生物多様性の価値が生態系サービスの価値に付加されたものであり，生態系サービスの価値とは別のものであるのかが明確でないために，生じているのである（Mace et al. 2012）。

ディスカッションのための質問

13.1 絶滅危惧種の指定リストの作成と，指定種に損害を与える行為の禁止は，これらの種を保全するためには効果的な方法ではなく，問題を悪化させることさえある。経済学の観点から，なぜそうなるのかを説明せよ。

13.2 アフリカゾウの象牙の取引に関する世界的な規制を撤廃すれば，どのような結果になるであろうか。

練習問題

13.1 生態学者たちが考えている，世界の生物多様性の喪失の主たる要因は何であろうか。

13.2 「種数・面積曲線」を説明し，この曲線がなぜ生物多様性の保全にとって重要なのかを説明せよ。

13.3 生物多様性の保全は，どのような便益を生み出しているだろうか。その便益を推定するためには，どのような分析方法を利用することができるのだろうか。

13.4 すべての種を保護するコストが高いことを考えると，経済学者はどの種を優先的に保護すべきか，どのような基準を用いればよいのか，アドバイスを求められるかもしれない。これらの基準は何であろうか。

13.5 ワシントン条約に絶滅危惧種を指定し，この種に由来する産品の国際取引を制限することが，なぜ絶滅危惧種の保護に有害な結果をもたらすのかということについて，経済学的な議論をせよ。貿易が絶滅危惧種の保護に役立つという命題に対して，経済学者はどのように反論をすることができるのであろうか。

参考文献

Adamowicz, W.（2016）. Economic Analysis and Species at Risk: Lessons Learned and Future Chalenges. *Canadian Journal of Agricltural Economics* 64: 21-32.

Armsworth, P., Kendall, B. and Davis, F.（2004）. An Introduction to Biodiversity Concepts for Environmental Economists. *Resource and Energy Economics* 26: 115-136.

Armsworth, P., Acs, S., Dallimer, M., Gaston, K., Hanley, N. and Wilson, P.（2012）. The Costs of Simplification in Conservation Programmes. *Ecology Letters* 15（5）: 406-414.

Barbier, E. B. and Strand, J.（1998）. Valuing Mangrove-Fishery Linkages—A Case Study of Campeche, Mexico. *Environmental and Resource Economics* 12（2）: 151-66.

Bartkowski, B., Lienhoop, N. and Hansjürgens, B.（2015）. Capturing the Complexity of Biodiversity: A Critical Review of Economic Valuation Studies of Biological Diversity. *Ecological Economics* 113: 1-14.

Baumgärtner, S. and Strunz, S.（2014）. The Economic Insurance Value of Ecosystem Resilience. *Ecological Economics* 101: 21-32.

Brander, J. A. and Taylor, M. S.（1998）. The Simple Economics of Easter Island: A Ricardo-Malthus Model of Renewable Resource Use. *American Economic Review* 88: 119-38.

Brown, G. M. and Shogren, J. F.（1998）. Economics of the Endangered Species Act. *Journal of Economic Perspectives* 12: 3-20.

Burton, M.（1999）. An Assessment of Alternative Methods of Estimating the Effect of the Ivory Trade Ban on Poaching Effort. *Ecological Economics* 30: 93-106.

Bush, G., Hanley, N., Moro, M. and Rondeau, D.（2013）. Measuring the Local Opportunity Costs of Conservation: A Provision Point Mechanism for Eliciting Willingness-To-Accept Compensation. *Land Economics* 89（3）: 490-513.

Butchart,S. H. M. et al.（2010）. Global Biodiversity: Indicators of Recent Declines. *Science* 328: 1164-8.

Carroll, R., Augspurger, C., Dobson, A., Franklin, J., Orians, G., Reid, W., Tracy, R., Willcove, D. and Wilson, J.（1996）. Strengthening the Use of Science in Achieving the Goals of the Endangered Species Act: An Assessment by the Ecological Society of America. *Ecological Applications* 6: 1-11.

Chichilnisky, G.（1993）*Property Rights and Biodiversity and the Pharmaceutical Industry*（Working Paper）. New York: Columbia University Graduate Business School.

Christie, M., Hanley, N., Warren, J., Murphy, K., Wright, R. and Hyde, T. 2006. 'Valuing the Diversity of Biodiversity. *Ecological Economics* 58（2）: 304-17.

Clements, T., Rainey, H., An, D., Rours, V., Tan, S., Thong, S., Sutherland, W. J. and Milner-Gulland, E. J.（2013）. An evaluation of the effectiveness of a direct payment for biodiversity conservation: the Bird Nest Protection Program in the Northern Plains of Cambodia. *Biological Conservation* 157: 50-9.

Claasen, R., Cattaneo, A., Johansson, R.,（2008）. Cost-Effective Design of Agri-

Environmental Payment Programs: U.S. Experience in Theory and Practice. *Ecological Economics* 4 (1) : 737-752.

Czajkowski, M., Buszko-Briggs, M. and Hanley, N. (2009). Valuing Changes in Forest Biodiversity. *Ecological Economics* 68: 2910-7.

Di Falco, S. and Perrings, C. (2005). Crop Biodiversity, Risk Management and the Implications of Agricultural Assistance. *Ecological Economics* 55: 459-66.

Di Minin, E., Fraser, I., Slotow, R. and MacMillan, D. C. (2012). Understanding Heterogeneous Preference of Tourists for Big Game Species: Implications for Conservation and Management. *Animal Conservation* 16: 248-58.

Elridge, N. (1998). *Life in the Balance: Humanity and the Biodiversity Crisis*. Princeton: Princeton University Press.

European Commission (2011). Our Life Insurance, Our Natural Capital: An EU Biodiversity Strategy to 2020. Communication from the Commission to the European Parliament, the Council, The Economic and Social Committee and the Committee of the Regions Brussels, 3. 5. 2011. http://ec.europa.eu/environment/nature/biodiversity/strategy/index_en.htm#stra.

Feeley, K. J. and Silman, M. R. (2009). Extinction Risks of Amazonian Plant Species. *Proceedings of the National Academy of Sciences of the United States of America* 106 (30) : 12382-7.

Fernandes, L., Day, J., Lewis, A., Slegers, S., Kerrigan, B., Breen, D., Cameron, D. F., Jago, B., Hall, J., Lowe, D., Innes, J., Tanzer, J., Chadwick, V., Thompson, L., Gorman, K. and Possingham, H. (2005). Establishing Representative No-Take Areas in the Great Barrier Reef: Large Scale Implementation of Theory on Marine Protected Areas. *Conservation Biology* 19 (6) : 1733-44.

Ferraro, P. J. (2008). Asymmetric information and contract design for payments for environmental services. *Ecological Economics* 654, 810-21.

Ferraro, P. J., McIntosh, C., Ospina, M. (2007). The Effectiveness Of The US Endangered Species Act:An Econometric Analysis Using Matching Methods. *Journal of Environmental Economics and Management* 54: 245-61.

Ferraro, P. J. and Pattanayak, S. K. (2006). Money for nothing? A call for empirical evaluation of biodiversity conservation investments. *PLoS Biology* 4: 482-88.

Finnoff, D. and Tschirhart, J. (2008). Linking dynamic economic and ecological general equilibrium models. *Resource and Energy Economics* 30: 91-114.

Fischer A., Weldesemaet, Y., Czajkowski, M., Tadie, D. and Hanley, N. (2015). Trophy hunting for wildlife conservation? On sport hunters'willingness to pay for conservation and community benefits. *Conservation Biology* 29 (4) : 1111-1121.

Gallai, N., Salles, J. M., Settele, J. and Vaissière, B. E. (2009). Economic valuation of the vulnerability of world agriculture confronted with pollinator decline. *Ecological Economics* 68 (3) : 810-21.

GAO（1995）. Endangered Species Act: Information on Species Protection on Non-federal Lands RCED 95-16. Washington, D. C.: US General Accounting Office.

Global Environmental Facility. www.thegef.org

Goulson, D., Nicholls, E., Botías, C. and Rotheray, E.（2015）. Bee declines driven by combined stress from parasites, pesticides, and lack of flowers', *Science* 347, 6229: 1255957.

Guyot, V., Castagneyrol, B., Vialatte, A., Deconchat, M., Jactel, H.,（2016）. Tree diversity reduces pest damage in mature forests across Europe. *Biology Letters* 12（4）: 20151037.

Hannah, L.（1992）. *African People, African Parks*. Washington, D. C.: Conservation International.

Hanley, N., Banerjee, S., Lennox, G. and Armsworth, P.（2012）. How should we incentivise private landowners to'produce'more biodiversity? *Oxford Review of Economic Policy* 28（1）: 93-113.

Hanley, N., Breeze T., Ellis C. and Goulson, D.（2015）. Measuring the economic value of pollination services: principles, evidence and knowledge gaps. *Ecosystem Services* 14: 124-132.

Hanley, N., Sheremet, O., Bozzola, M. and MacMillan, D.（2017）. The lure of the illegal: choice modelling of rhino horn demand in Vietnam. *Conservation Letters* 11（3）: 1-8.

Heal, G. M.（2000）. *Nature and the Marketplace: Capturing the Value of Ecosystem Services*. Washington D. C.: Island Press.

Hsiang, S. and Sekar, N.（2016）. *Does Legalisation Reduce Black Market Activity?* NBER Working Paper 22314.

Iltis, H. H., Doebley, J. F.; Guzman, R.; et al.（1979）. Zea-Diploperennis（Gramineae）: New Teosinte from Mexico. *Science* 203: 186-8.

IUFRO（2016）. Biological invasion: anundesired effect of globalization. *IUFRO Spotlight* 40. October 2016.

IUCN（International Union for Conservation of Nature）（2010）. IUCN Red List of threatened species, Version 2010, IUCN, Gland, Switzerland. http://www.iucnredlist.org（Accessed on 10 June 2010）

Jacobsen, J. B., Boiesen, J. H., Thorsen, B. J. and Strange, N.（2008）. What's in a Name? The Use of Quantitative Measures Versus'Iconised'Species when Valuing Biodiversity. *Environmental and Resource Economics* 39（3）: 247-63.

Jacobsen, J. and Hanley, N.（2009）. Are there income effects on global willingness to pay for biodiversity conservation? *Environmental and Resource Economics* 43: 137-160.

Krawczyk, M., Bartczak, A., Hanley, N. and Stenger, A.（2016）. Buying spatially-coordinated ecosystem services: an experiment on the role of auction format and communication. *Ecological Economics* 124, 36-48.

Langpap, C., Kerkvliet, J. and Shogren, J.（2018）. The Economics of the US Endangered

Species Act: A Review of Recent Developments. *Review of Environmental Economics and Policy* 12: 69-81.

Laurila-Pant, M., Lehikoinen, A., Uusitalo, L. and Venesjarvi, R. (2015). How to value biodiversity in environmental management? *Ecological indicators* 55, 1-11.

Lundhede, T. H., Jacobsen, J. B., Hanley, N., Fjeldåa, J., Rahbek, C., Strange, N. and Thorsen, B. J. (2014). Public support for conserving bird species runs counter to climate change impacts on their distributions *PLoS One* 9 (7) : e101281.

MacArthur, R. H. and Wilson. E. O. (1967). *The Theory of Island Biogeography*. Princeton: Princeton University Press.

Mace, G. M., Norris, K., Fitter, A. H. (2012). Biodiversity and ecosystem services: A multilayered relationship. *Trends in Ecology & Evolution* 27 (1) :19-26.

Margules, C. R. and Pressey, R. L. (2000). Systematic conservation planning. *Nature* 405: 243-53.

May, R. M., Lawton, J. H. and Stork, N. E. (1995). Assessing Extinction Rates. In J. H. Lawton and R. M. May (eds.) , *Extinction Rates*. Oxford: Oxford University Press.

Mcneely, J. A. (1993). Economic incentives for conserving biodiversity—lessons for Africa. *AMBIO* 22 (2/3) : 144-50.

Metrick, A. and Weitzman, M. L. (1998). Conflicts and choices in biodiversity preservation. *Journal of Economic Perspectives* 12: 21-34.

Millennium Ecosystem Assessment. (2005). *Ecosystems and Human Well-Being: General Synthesis*. Washington, D. C.: Island Press. https://www.millenniumassessment.org/en/index.html.

Miteva, D., Pattanayak, S. and Ferraro, P. (2012). Evaluation of biodiversity policy instruments. *Oxford Review of Economic Policy* 28 (1) : 69-92.

Mkanda, C. X. (1992). The potential of Kasanga National Park in Malawi to increase income and food security in neighbouring communities. Paper presented at IV World Congress on National Parks and Protected Areas, Caracas, Venezuela.

Moony, H. and Mace, G. (2009). Biodiversity Policy Challenges: Editiorial. *Science* 325. 1474.

Moro, M., Fischer, A., Czajkowski, M., Brennan, D., Lowassa, A., Naiman, L. C. and Hanley, N. (2013). An investigation using the choice experiment method into options for reducing illegal bushmeat hunting in western Serengeti. *Conservation Letters* 6 (1) : 37-45.

Myers, N., Mittermeier, R. A., Mittermeier, C. G., da Fonesca, G. A. B. and Kent, J. (2000). Biodiversity hotspots for conservation priorities. *Nature* 403: 853-8.

Nelson, E., Mendoza, G., Regetz, J., Polasky, S., Tallis, H., Cameron, D., Chan, K. M. A., Daily, G. C., Goldstein, J., Kareiva, P. M., Lonsdorf, E., Naidoo, R., Ricketts, T. H., Shaw, M. (2009). Modeling multiple ecosystem services, biodiversity conservation, commodity production, and tradeoffs at landscape scales. *Frontiers in Ecology and the Environment* 7 (1) : 4-11. doi: 10. 1890/080023

Parkhurst, G. M. and Shogren. J. F. (2007). Spatial Incentives to Coordinate Contiguous Habitat. *Ecological Economics* 64 (2) : 344-55.

Patlak, M. (2004). From Viper's Venom To Drug Design: Treating Hypertension. *The FASEB Journal* 8: 421-34.

Perrings, C. and Stern, D. I. (2000). Modelling loss of resilience in agroecosystems: rangelands in Botswana. *Environmental and Resource Economics* 16: 185-210.

Polasky, S., Camm, J. D. and Garber-Yonts, B. (2001). An Application to Terrestrial Vertebrate

Conservation in Oregon. *Land Economics* 77: 68-78.

Prach, K. and Hobbs, R. J. (2008). Spontaneous Succession versus Technical Reclamation in the Restoration of Disturbed Sites. *Restoration Ecology* 16: 363-6.

Raup, D. (1988). Diversity Crises in the Geological Past. In E. O. Wilson (ed.), *Biodiversity*. Washington, D. C.: National Academy Press.

Schwartz, M. W. (2008). The Performance of the Endangered Species Act. *Annual Review of Ecology, Evolution, and Systematics* 39: 279-99.

Seidl, R., Spies, T. A., Peterson, D. L., Stephens, S. L. and Hicke, J. A. (2016). Searching for resilience: addressing the impacts of changing disturbance regimes on forest ecosystem services. *Journal of Applied Ecology* 53 (1) : 120-29.

Shogren, J. F. et al. (1999). Why economics matters for endangered species protection. *Conservation Biology* 13 (6) : 1257-61.

Simpson, R. D., Se djo, R. A. and Reid, J. W. (1996). Valuing biodiversity for use in pharmaceutical research. *Journal of Political Economy* 104: 163-85.

Stork, N. E. (2010). Re-assessing current extinction rates. *Conservation Biology* 19: 357-71.

Taylor, S. M. (2009). Environmental crises: past, present and future. *Canadian Journal of Economics* 42: 1240-75.

Tear, T., Scott, J., Hayward, P. and Griffith, B. (1993). Status and prospects for success of the Endangered Species Act: a look at recovery plans. *Science* 262: 976-7.

TEEB (2010). The Economics of Ecosystems and Biodiversity Mainstreaming the Economics of Nature a Synthesis of the Approach, Conclusions and Recommendations of TEEB. http://www.teebweb.org/Portals/25/TEEB%20Synthesis/TEEB_SynthReport_09_2010_online.pdf (Accessed on 1 August 2011).

Tschirhart, J. (2004). Integrated ecological-economic models. *Annual Review of Resource Economics* 1: 381-407.

United Nations (1992). *Convention on Biological Diversity*. http://www.cbd.int/doc/legal/cbd-en.pdf (Accessed on 31 September 2011).

U. S. Fishery and Wildlife Service (2008a). *Conservation Plans and Agreements Database*. Washington, D. C.: U. S. F. W. S.

U. S. Fishery and Wildlife Service (2008b). Summary Reports to Congress on the Recovery Program for Threatened and Endangered Species. Washington, D. C.: U. S. F. W. S.

U. S. Fishery and Wildlife Service (2012). Budget at a Glance. http://www.fws.gov/budget/2012/PDF%20Files%20FY2012%20Greenbook/04.%20Budget%20at%20a%20Glance%202012.pdf (Accessed on 12 May 2012)

UK National Ecosystems Assessment. http://uknea.unep-wcmc.org/ (Accessed on 3 August 2011)

Veríssimo D. et al. (2014). Evaluating Conservation Flagships and Flagship Fleets. *Conservation Letters* 7 (3).

Wasser, S. et al. (2010). Elephants, Ivory and Trade. *Science* 327: 1331-2.

Weitzman, M. L. (1992). On diversity. *Quarterly Journal of Economics* 108: 157-83.

White, B. and Sadler, R. J. (2012). Optimal Conservation Investment for a Biodiversity Rich Agricultural Landscape. *Australian Journal of Agricultural Economics* 56: 1-21.

White, B. and Hanley, N. D. (2016). Should we pay for ecosystem service outputs, inputs or both? *Environmental and Resource Economics* 63: 765-787.

Whitten, S. M., Reeson, A., Windle, J. and Rolfe, J. (2013). Designing conservation tenders to support landholder participation: A framework and case study assessment. *Ecosystem Services* 6: 82-92.

Wilson, E. D. (1988). The current state of biological diversity. In E. O. Wilson and F. M. Peter (eds.), *Biodiversity*. Washington, D. C.: National Academy Press.

訳者あとがき

「じつは来月，こんな本が出るんだけど…」

2019 年春，共同研究の打ち合わせで訪れていたグラスゴー大学の研究室で，ニック・ハンレー先生より手渡されたのが本書，Introduction to Environmental Economics 3rd Edition の最終原稿であった。

初版から世界的ベストセラーとなり，環境経済学の定番的な入門書として確立された書籍であるが，手にとってすぐ，この第 3 版では大幅に手が加えられていることに気づいた。特に目を引いたのが，環境問題における近年のトレンドや研究成果を反映した新章（第 3 章，第 11 章，第 13 章）と，「環境経済学の実践」「キーコンセプト」などの囲み記事である。これらの特徴については，ハンレー先生の巻頭言および「本書の使用方法」に詳しいのでそちらを参照されたい。

一般に経済学の入門書では，数式をできる限り省いて文章での説明に重点を置くものである。ただし文字情報がどうしても過度になりがちで，要点をつかみにくく理解が不十分になってしまうこともあると感じている。この第 3 版では，上述の囲み記事などの工夫により重要事項に意識が向きやすく，かつ本文とは異なる視点での解説は理解の促進につながり，実践事例として実際におこなわれている関連政策も知ることができる。本書を読み進めるにつれて，環境経済学のエッセンスを網羅的に学習できるだけでなく，環境経済学が机上の空論ではなく，きわめて実践的な学問であることが理解できるだろう。

近年は大学教育の国際化が進み，学部教育でも原書による英語講義が珍しくない時代となった。しかしながら，学部の基礎科目や一般教養科目などでは，履修生の前提知識が限られることも多く，拙速な英語講義は内容の消化不良につながりかねないと危惧している。環境経済学の入門的講義では，学部低学年や経済学部以外の学生など，経済学（特にミクロ経済学）の素養が十分でない履修生が主体であることも珍しくない。そのため，海外の良書を母国語で学ぶことには依然としてニーズがあると考え，本書の翻訳に着手した次第である。

なお，日本語化に際しては分量の都合により，どうしても一部の章を割愛せ

460

ざるを得なかった。ハンレー先生ら原著者と協議した結果，基礎編のうち応用編との関連性がさほど高くない原著第8章（対立と協調），第9章（枯渇性資源），第10章（再生可能資源）は翻訳版には含めないこととした。この点はどうかご容赦いただきたい。

　日本語版の刊行に至るまでに多くの方々に助けられた。まず，多忙な中にも関わらず各章の翻訳を快諾していただいた研究者各位に感謝したい。特に上智大学の堀江哲也氏には，翻訳作業の人的体制を検討する上で大変お世話になった。また，滋賀大学の近藤紀章氏，訳者ゼミ卒業生の松本光生君には，ドラフトの段階から目を通して数々の有益なフィードバックをいただいた。

　そして，本書の企画段階から親身に相談に乗っていただき，刊行に至るまで多大なる支援を受けた株式会社昭和堂の関係者各位には厚くお礼申し上げたい。特に，度重なる遅延にも関わらず本書が日の目を見ることができたのは，編集部の土橋英美氏の忍耐強いご支援と鼓舞によるものである。記して感謝したい。

　最後に，いつも訳者の膝の上から応援してくれて，校了間際に急逝した愛猫ココに本書を捧げたい。

研究滞在先のオレゴン州ポートランドにて
田中勝也

索　引

■訳者紹介 （翻訳順。＊印編訳者）

＊田中勝也（たなか　かつや）　　　　　　　　　　　　　　　　第1章，第2章，訳者あとがき
　　滋賀大学経済学部・環境総合研究センター教授，農林水産政策研究所客員研究員。オレゴ
　ン州立大学Ph.D. 専門は環境・資源経済学。おもな著作に「森林の生態系サービスの価値に
　対する主観評価と推論評価の比較」（共著，『環境経済・政策研究』，2019年），*Institutional
　mechanisms and the consequences of international environmental agreements*（共著, Global Environmental Politics,
　2017）など。

松下京平（まつした　きょうへい）　　　　　　　　　　　　　　　　　　　　　第3章
　　滋賀大学経済学部教授。京都大学博士。専門は環境経済学，農業経済学。おもな著作に
　Shadow value of ecosystem resilience in complex natural land as a wild pollinator habitat（共著，American
　Journal of Agricultural Economics，2018）など。

久保雄広（くぼ　たかひろ）　　　　　　　　　　　　　　　　　　　　　　　　第4章
　　国立環境研究所生物多様性領域主任研究員，オックスフォード大学・ケント大学・農林水
　産政策研究所客員研究員。京都大学博士。専門は環境経済学，生物多様性経済学。おもな
　著作に*Mobile phone network data reveal nationwide economic value of coastal tourism under climate change*（共
　著，Tourism Management，2020）など。

杉野誠（すぎの　まこと）　　　　　　　　　　　　　　　　　　　　　　　　　第5章
　　山形大学人文社会科学部准教授。上智大学博士。専門は環境経済学。おもな著作に*The effects
　of alternative carbon mitigation policies on Japanese industries*（共著，Energy Policy，2013）など。

堀江進也（ほりえ　しんや）　　　　　　　　　　　　　　　　　　　　　　　　第6章
　　尾道市立大学経済情報学部准教授。オハイオ州立大学Ph.D. 専門は公共経済学，災害の経
　済学。おもな著作に*Why do people leave or stay in Fukushima?*（共著，Journal of Regional Science,
　2017）など。

小松悟（こまつ　さとる）　　　　　　　　　　　　　　　　　　　　　　　　　第7章
　　長崎大学人文社会科学域（多文化社会学系）准教授。広島大学博士。専門は環境経済学，
　開発経済学。おもな著作に*Water for life: Ceaseless routine efforts for collecting drinking water in remote
　mountainous villages of Nepal*（共著，Environment, Development and Sustainability，2020）など。

杉山泰之（すぎやま　やすゆき）　　　　　　　　　　　　　　　　　　　　　　第8章
　　福井県立大学経済学部教授。大阪大学博士。専門は国際経済学。おもな著作に*Oligopolistic
　eco-industries with free entry and trade liberalization of environmental goods*（共著，The International
　Economy，2019）など。

岡川梓（おかがわ　あずさ）　　　　　　　　　　　　　　　　　　　　　　　　第9章
　　国立環境研究所社会システム領域主任研究員。大阪大学博士。専門は環境経済学。おも
　な著作に*Assessment of GHG emission reduction pathways in a society without carbon capture and nuclear
　technologies*（共著，Energy Economics，2012）など。

西澤栄一郎（にしざわ　えいいちろう）　　　　　　　　　　　　　　　　　第10章
　　法政大学経済学部教授。メリーランド大学Ph.D. 専門は環境政策論，農業経済学。おもな著
　　作に『農業環境政策の経済分析』（共編，日本評論社，2014年），『環境政策史──なぜいま
　　歴史から問うのか』（共編，ミネルヴァ書房，2017年）など。

沼田大輔（ぬまた　だいすけ）　　　　　　　　　　　　　　　　　　　　　　第11章
　　福島大学経済経営学類准教授。神戸大学博士。専門は環境経済学，廃棄物・3Rの経済学。
　　おもな著作に『デポジット制度の環境経済学──循環型社会の実現に向けて』（勁草書房，
　　2014年），「ペットボトルの店頭回収の日瑞比較」（『環境科学会誌』，2018年）など。

溝渕健一（みぞぶち　けんいち）　　　　　　　　　　　　　　　　　　　　　第12章
　　松山大学経済学部教授。神戸大学博士。専門は環境経済学。おもな著作に*The influences of*
　　financial and non-financial factors on energy-saving behavior: A field experiment in Japan（共著，Energy
　　Policy 63，2013）など。

堀江哲也（ほりえ　てつや）　　　　　　　　　　　　　　　　　　　　　　　第13章
　　上智大学経済学部教授。ミネソタ大学Ph.D. 専門は環境・資源経済学。おもな著作に*Optimal*
　　strategies for the surveillance and control of forest pathogens: A case study with oak wilt（共著，Ecological
　　Economics，2013）など。

■著者紹介

ニック・ハンレー（Nick Hanley）
　英グラスゴー大学生物多様性・動物衛生・比較医学研究所教授。専門は環境経済学。おもな著作に*Environmental economics in theory and practce 2nd edition.*（本書の原著者らとの共著，McMillan International，2007），*Measuring the economic value of pollination services: Principles, evidence and knowledge gaps*（共著，Ecosystem Services, 2015）など。

ジェイソン・ショグレン（Jason F. Shogren）
　米ワイオミング大学経済学部冠教授。専門は環境・資源経済学。おもな著作に*Social dimensions of fertility behavior and consumption patterns in the Anthropocene.*（共著，Proceedings of the National Academy of Sciences，2020）など。

ベン・ホワイト（Ben White）
　豪西オーストラリア大学農業環境学部准教授。専門は環境経済学。おもな著作に*Should we pay for ecosystem service outputs, inputs or both?*（共著，Environmental and Resource Economics, 2016）など。

環境経済学入門

2021年10月25日　初版第1刷発行

編訳者　田　中　勝　也
発行者　杉　田　啓　三
〒607-8494　京都市山科区日ノ岡堤谷町3-1
発行所　株式会社　昭和堂
振替口座　01060-5-9347
TEL（075）502-7500／FAX（075）502-7501
ホームページ　http://www.showado-kyoto.jp

© 田中他 2021　　　　　　　　　印刷　モリモト印刷

ISBN978-4-8122-2033-7